应用型本科规划教材

土木工程施工

主　编　石晓娟　李金云
副主编　李瑾杨　高国芳　田芳芳

ZHEJIANG UNIVERSITY PRESS
浙江大学出版社

图书在版编目(CIP)数据

土木工程施工 / 石晓娟,李金云主编. —杭州:
浙江大学出版社,2016.10
ISBN 978-7-308-16279-1

Ⅰ.①土… Ⅱ.①石… ②李… Ⅲ.①土木工程－工
程施工－教材 Ⅳ.①TU7

中国版本图书馆 CIP 数据核字(2016)第 240871 号

土木工程施工

石晓娟 李金云 主编

责任编辑	王 波
文字编辑	陈静毅
责任校对	余梦洁 丁佳雯
封面设计	周 灵
出版发行	浙江大学出版社
	(杭州天目山路 148 号 邮政编码 310007)
	(网址:http://www.zjupress.com)
排 版	杭州中大图文设计有限公司
印 刷	富阳市育才印刷有限公司
开 本	787mm×1092mm 1/16
印 张	25.75
字 数	627 千
版 印 次	2016 年 10 月第 1 版 2016 年 10 月第 1 次印刷
书 号	ISBN 978-7-308-16279-1
定 价	49.00 元

前　言

　　土木工程施工是土木工程专业必修的专业课程之一，本课程主要研究土木工程施工技术和管理方面的基本理论、方法和相关施工规律。通过本课程的学习，学生可以了解土木工程施工领域国内外的新技术和发展动态，掌握土木工程施工中常用的施工技术和施工方法，掌握单位工程施工组织设计及施工组织总设计的编制步骤、方法，具有初步解决土木工程施工技术和施工组织设计问题的能力。

　　本书系浙江大学出版社组织出版的应用型本科院校土木工程专业规划教材之一，是按照教育部关于土木工程专业本科生的培养目标和土木工程专业指导委员会制定的课程教学大纲编写的。本书按照国家新颁布的土木工程技术规范进行编写，删除了规范中已经废除和已经过时的施工技术与施工方法，力求反映国内外的新技术、新工艺和新方法，扩大学生的知识面和专业面，以满足土木工程专业培养目标的要求。

　　本书可作为土木工程专业或工程管理专业的本科生教材，也可作为相关专业的教学用书，同时还可作为土木工程技术人员解决施工技术和施工管理方面问题的参考用书。

　　本书由北京科技大学天津学院石晓娟、李金云担任主编，李瑾杨、高国芳、田芳芳担任副主编，北京科技大学刘胜富教授主审。全书共分13章，由石晓娟统稿，具体编写分工如下：李瑾杨第1章、第5章；田芳芳第2章、第3章；李金云第4章、第8章、第9章；高国芳第10章、第11章、第12章；石晓娟绪论、第6章、第7章、第13章。

　　本书在编写的过程中参考了相关书籍及资料，其中主要资料已列入本书参考文献，在此谨向各位作者表示衷心的感谢！同时感谢北京科技大学天津学院土木工程系和浙江大学出版社对本书的大力支持与帮助！

　　由于作者水平有限，书中的错误和不足之处在所难免，恳请读者提出宝贵意见。

编　者

2016 年 4 月

目　录

绪　论

1. 我国土木工程施工技术的发展

土木工程是一门古老的学科,我国古代土木工程施工技术就有着辉煌的成就。早在公元前 2000 年,我国就已掌握了夯填、砌筑、营造、铺瓦和油漆等方面的施工技术。

新中国成立后,我国的施工技术得到不断的发展和提高。在施工技术方面,不仅掌握了大型工业建筑,多层、高层、超高层民用建筑与公共建筑施工的成套技术,而且在地基处理和基础工程施工中推广了大直径钻孔灌注桩、旋喷桩、挖孔桩,掌握了振冲法、深层搅拌法、强夯法、地下连续墙、土层锚杆、"逆作法"施工等新技术。在现浇钢筋混凝土模板工程中推广应用了爬模、滑模、台模、筒模、隧道模、组合钢模板、大模板、清水混凝土模板、早拆模板体系。混凝土工程采用了泵送混凝土、喷射混凝土、高强混凝土以及混凝土制备和运输的机械化、自动化设备。在预制构件方面,不断完善了挤压成型、热拌热模、立窑和折线形隧道窑养护等技术。在预应力混凝土方面,采用了无黏结工艺和整体预应力结构,推广了高效预应力混凝土技术,使我国预应力混凝土的发展从构件生产阶段进入预应力结构生产阶段。在钢结构方面,采用了高层钢结构技术、空间钢结构技术、轻钢结构技术、钢-混凝土组合结构技术、高强螺栓连接与焊接技术和钢结构防护技术。在大型结构吊装方面,随着大跨度结构与高耸结构的发展,创造了一系列具有我国特色的整体吊装技术。在墙体改革方面,利用各种工业废料制成了粉煤灰矿渣混凝土大板、膨胀珍珠岩混凝土大板、煤渣混凝土大板、粉煤灰陶粒混凝土大板等各种大型墙板,同时发展了混凝土小型空心砌块建筑体系、框架轻墙建筑体系、外墙保温隔热技术等,使墙体改革有了新的突破。

特别是近一二十年,随着我国基本建设投资规模的扩大,建筑业更加蓬勃发展,成为我国的支柱产业。工程数量之多、施工技术难度之大都是空前的。继北京奥运会、上海世博会后,一批运用世界先进施工技术的超级工程像国家大剧院、鸟巢等相继建成,还有正在建设中的天津 117 大厦和港珠澳大桥。

2011 年 12 月 26 日,天津 117 大厦大底板混凝土开始浇筑,82h 内 6.5 万 m^2 混凝土一气呵成,创造了世界民用建筑底板混凝土体量之最,其施工组织难度之大、技术创新要求之高,均开创国内先河。2015 年 9 月 7 日,117 大厦 621m 的泵送高度一举超越了哈利法塔601m 的"净身高",同时也超越了上海中心大厦 606m 的混凝土泵送高度,缔造了世界混凝土泵送新高度。天津 117 大厦建成后将成为中国乃至世界的又一标志性建筑。

2009 年开工建设的港珠澳大桥,全长约 50km,跨海逾 35km,建成后将成为世界上最长的跨海大桥。大桥将建约 6km 长的海底隧道,施工难度世界第一;大桥建成后,使用寿命长达 120 年,可以抗击八级地震。正是由于工程建设的推进,我国土木工程施工技术已有部分项目赶上或超过了发达国家,在总体上已正接近发达国家的水平。

随着施工技术的进步,我国施工组织计划及管理水平也不断提高。近年来,随着网络计划技术和计算机等新技术的应用,我国的施工组织与企业管理水平进一步提高,并逐步与国际接轨。自 2002 年建筑信息模型(building information modeling, BIM)技术引入我国,国内已经有不少建设项目在项目建设的各个阶段不同程度地运用了 BIM 技术,其中上海中心大厦是全生命周期应用 BIM 的典型案例。上海中心大厦目前是中国第一高楼,整个项目运用 BIM 对设计、施工、运营进行全方位规划。BIM 在该项目中的全程应用尚属首次,为以后 BIM 更广泛的应用奠定了基础,进一步推动了 BIM 在中国的发展势头。

2. 土木工程施工课程的性质、任务和学习方法

土木工程施工课程是土木工程专业的一门主要的专业课,它分为主要工种工程的施工技术和组织计划两个方面的内容。本课程是一门应用性学科,具有涉及面广、实践性强、发展迅速等特点,涉及测量、材料、力学、结构、机械、经济、管理、法律等多学科的知识,并需要运用这些知识解决实际的工程问题;本课程又是以工程实际为背景的,其内容均与工程有着直接联系,需要有一定的工程概念。

根据本课程的任务及其特点,学生首先要坚持理论联系实际,加强实践环节(现场参观、实习、课程设计);其次,要注意与基础课、专业基础课及有关专业课知识的衔接和贯通;最后,除了学习本教材外,还应尽量阅读参考书籍与科技文献、专业杂志,汲取新的知识,了解发展动向,扩大视野,为今后发展打好基础。

第1章 土方工程

【内容提要】

本章主要介绍土的工程分类、土的工程性质,以及土方工程量的计算,具体包括基坑(槽)土方量计算、场地平整土方量计算等。重点论述基坑边坡稳定、支护措施和基坑降水等内容。在土方机械化施工中,着重阐述常用土方机械的类型、性能及提高生产率的措施,最后介绍土方填筑与压实方法。

【学习要求】

通过本章学习,掌握土的工程性质,并能熟练应用土的可松性解决实际问题;熟悉土的渗透性及土方边坡的概念;了解土方工程施工的内容和土方工程分类。掌握基坑(槽、沟)土方量计算,了解场地平整土方量的计算方法。掌握基坑降水方法和流砂产生的原因与防治;掌握土方边坡的留设原则和稳定分析;掌握挖掘机的土方开挖方式和一般要求。熟悉人工降低地下水位方法的适用范围和轻型井点设计计算思路;熟悉土壁支护形式和适用范围;了解土方施工前的准备工作和轻型井点的设计计算。掌握填土压实的方法和影响填土压实的因素,熟悉土料选择及填土压实的一般要求,了解填土压实的质量要求。熟悉钢板桩和深层搅拌法的施工工艺及施工要点。

1.1 概　述

在土木工程施工中,常见的土方工程内容包括场地平整、基坑(槽)开挖、地坪填土、路基填筑以及基坑回填等,以及排水、降水、坑壁支撑等准备工作和辅助工程。土方工程具有施工面积和工程量大,劳动繁重,大多为露天作业,施工条件复杂,施工易受地区气候条件影响等特点。如某中心大厦深基坑土方开挖面积为 $2.5×10^4 m^2$,开挖深度达 25m,土方开挖总量达 $4.2×10^5 m^3$,实际工期达到 210d。

土方工程施工过程受气候、水文、地质、地下障碍等因素的影响较大,不可确定的因素也较多,有时施工条件也极为复杂。因此,为了减轻劳动强度,提高劳动生产效率,确保土方工程顺利施工的同时,加快施工进度,降低工程成本,在组织施工时,应根据工程特点和周边环境,详细分析和核对各项技术资料(地形图、工程地质条件、水文地质勘查资料、地下管道、电缆和地下构筑物资料及土方工程施工图等),根据现场踏勘和现有的施工条件,拟订经济合理的施工方案,应尽可能采用新技术和机械化施工,为后续工作做好准备。

1.1.1 土的工程分类

土的种类繁多，分类方法各异。地基土按《建筑地基基础设计规范》可划分为岩石、碎石土、砂土、粉土、黏性土和特殊土等，它们与土方边坡稳定和土壁支护有密切关系。按施工时开挖的难易程度土可分为八类，如表1-1所示。该分类是施工中选择合适的机械与开挖方法的依据，也是确定土木工程劳动定额的依据。前四类为一般土，后四类为岩石。土的开挖难易程度直接影响土方工程的施工方案、施工机械、劳动量消耗和土方工程劳动定额。

表 1-1 土的工程分类

类别	土的名称	开挖方式	可松性系数	
			K_s	K_s'
第一类（松软土）	砂，粉土，冲积砂土层，种植土，泥炭（淤泥）	用锹、锄头挖掘	1.08～1.17	1.01～1.04
第二类（普通土）	粉质黏土，潮湿的黄土，夹有碎石、卵石的砂，种植土，填筑土和粉土	用锹、锄头挖掘，少许用镐翻松	1.14～1.28	1.02～1.05
第三类（坚土）	软及中等密实黏土，重粉质黏土，粗砾石，干黄土及含碎石、卵石的黄土，粉质黏土，压实的填筑土	主要用镐，少许用锹、锄头，部分用撬棍	1.24～1.30	1.04～1.07
第四类（砂砾坚土）	重黏土及含碎石、卵石的黏土，粗卵石，密实的黄土，天然级配砂石，软泥灰岩及蛋白石	先用镐、撬棍，然后用锹挖掘，部分用锲子及大锤	1.30～1.45	1.06～1.09
第五类（软石）	硬石炭纪黏土，中等密实的页岩、泥灰岩、白垩土，胶结不紧的砾岩，软的石灰岩	用镐或撬棍、大锤，部分用爆破方法	1.30～1.45	1.10～1.20
第六类（次坚石）	泥岩，砂岩，砾岩，坚实的页岩、泥灰岩，密实的石灰岩，风化花岗岩、片麻岩	用爆破方法，部分用风镐	1.30～1.45	1.10～1.20
第七类（坚石）	大理岩，辉绿岩，玢岩，粗、中粒花岗岩，坚实的白云岩、砾岩、砂岩、片麻岩、石灰岩，风化痕迹的安山岩、玄武岩	用爆破方法	1.30～1.45	1.10～1.20
第八类（特坚石）	安山岩，玄武岩，花岗片麻岩，坚实的细粒花岗岩、闪长岩、石英岩、辉长岩、辉绿岩、玢岩	用爆破方法	1.45～1.50	1.20～1.30

1.1.2 土的工程性质

土的工程性质对土方工程施工有直接影响，也是进行土方施工设计必须掌握的基本资料。土的主要工程性质有土的可松性、渗透性、原状土经机械压实后的沉降量、压缩性等，此外还有密实度、抗剪强度、土压力等。这里主要介绍土的可松性和渗透性。

1. 土的可松性

土的可松性程度用可松性系数表示。自然状态下的土经开挖后的松散体积与原自然状态下的体积之比，称为最初可松性系数；土经回填压实后的体积与原自然状态下的体积之比，称为最终可松性系数。

最初可松性系数的计算公式为

$$K_S = \frac{V_2}{V_1} \tag{1-1}$$

最终可松性系数的计算公式为

$$K_S{}' = \frac{V_3}{V_1} \tag{1-2}$$

式中：K_S——土的最初可松性系数；

$K_S{}'$——土的最终可松性系数；

V_1——土在自然状态下的体积(m^3)；

V_2——土在松散态下的体积(m^3)；

V_3——土经压实后的体积(m^3)。

由此可知，土的最初可松性系数 K_S 是计算车辆装运土方体积及选择挖掘机械的主要参数，土的最终可松性系数 $K_S{}'$ 是计算填方所需土方量的主要参数。

土方工程量是以自然状态下土的体积来计算的，所以土的可松性对场地平整开挖土方量的计算与调配、计算土方挖掘机械生产率与运输工具数量以及计算填方所需的挖方体积等均有很大影响，在施工中不可忽视。根据各类土的工程分类，相应的可松性系数如表 1-1 所示。

2. 土的渗透性

水流通过土中孔隙难易程度的性质，称为土的渗透性。土中水的渗流运动通常用达西定律来描述，即地下水在土中的渗流速度与水头差成正比，与渗流路径长度成反比。其公式表达为

$$v = \frac{\Delta H}{L} \cdot K = K \cdot i \tag{1-3}$$

式中：v——地下水渗流速度(m/d)；

ΔH——渗流路程两端的水头差(m)；

L——渗流路径长度(m)；

i——单位渗透路径长度的水头差，亦称为水力坡度(无量纲)；

K——渗透系数(m/d)。

渗透系数 K 的物理意义为当水力坡度 i 等于 1 时，水在土中的渗透速度，单位为 m/d，是表示土的渗透性的重要参数。由室内渗透试验或现场抽水试验测定，K 值大小反映土的渗透性的强弱，影响施工降水与排水的速度，也对施工降水方案与支护结构形式等的选择影响很大。土的渗透系数 K 的参考值如表 1-2 所示。

表 1-2　土的渗透系数 K 的参考值

名称	渗透系数 K /(m·d^{-1})	名称	渗透系数 K /(m·d^{-1})
黏土	<0.005	中砂	5～25
粉质黏土	0.005～0.1	均质中砂	35～50
粉土	0.1～0.5	粗砂	20～50
黄土	0.25～0.5	圆砾	50～100
粉砂	0.5～5.0	卵石	100～500
细砂	1.0～10.0	无填充物卵石	500～1000

1.2　场地平整

场地平整一般是在基坑(槽)、管沟开挖之前进行的施工过程,满足将自然地面改造成人们生产、生活所要求的平面。如大型工程场地平整前,应首先确定建筑场地设计标高,然后计算挖、填方的工程量,进行土方平衡调配,并力求使场地内土方挖填平衡且土方量最小,因此,必须针对具体情况拟订科学合理的土方施工方案,土方量的计算要尽量准确。

1.2.1　场地设计标高的确定

场地设计标高是进行场地平整和土方量计算的依据,一般由设计单位确定。合理确定场地的设计标高,对于减少土方总量,节约土方运输费用,加快建设进度等都具有重要的经济意义。因此,必须结合现场实际情况,选择最优方案。在场地设计标高确定时,有时要考虑市政排水、道路和城市规划等因素,设计文件中明确规定了场地平整后的设计标高,施工单位只能依照设计文件施工。若无文件规定,则可通过计算来确定设计标高。确定场地设计标高一般应考虑以下因素:

(1)满足生产工艺和运输的要求;

(2)尽量利用地形,减少挖方、填方数量;

(3)场地内挖方、填方平衡(面积大、地形复杂时例外),土方运输总费用最少;

(4)有一定的表面泄水坡度(≥2‰),满足排水要求;

(5)考虑最高洪水位的要求。

场地设计标高确定一般有两种方法:挖、填土方量平衡法和最佳设计平面法。挖、填土方量平衡法计算简便,对场地设计标高无特殊要求,适用于小型场地平整,精度能满足施工要求,但此法不能保证总土方量最小。最佳设计平面法应用最小二乘法的原理,求得最佳设计平面,使场地内方格网各角点施工高度的平方和为最小,既能保证挖、填土方量平衡,又能保证土方工程量最小,实现场地设计平面最优化。

1. 挖、填土方量平衡法

挖、填土方量平衡法确定场地设计标高的计算步骤为:

(1)划分场地方格网。将场地划分为边长为 a 的方格网,并将方格网角点的原地形标高标在图上(如图 1-1 所示),原地形场地标高用实测法或利用原地形图的等高线进行内插可以得到。

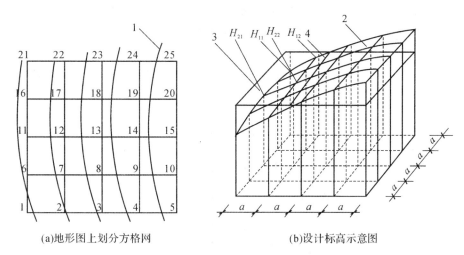

(a)地形图上划分方格网　　　　　　(b)设计标高示意图

图 1-1　场地设计标高计算简图

1—等高线;2—自然地面;3—设计平面;4—零线

(2)计算或根据实际测量得出各角点的原地形标高。按照场地内挖方、填方平衡的原则,场地设计标高的计算公式为

$$H_0 \cdot N \cdot a^2 = \sum \left(a^2 \frac{H_{11} + H_{12} + H_{21} + H_{22}}{4} \right)$$

$$H_0 = \frac{\sum (H_{11} + H_{12} + H_{21} + H_{22})}{4N} \tag{1-4}$$

式中:H_0 ——所计算的场地设计标高(m);

　　　a ——方格边长(m);

　　　N ——方格数;

　　　$H_{11}, H_{12}, H_{21}, H_{22}$ ——任一方格四个角点标高(m)。

(3)计算场地设计标高。由图 1-1 可见,由于相邻方格具有公共角点,在一个方格网中,某些角点为两个相邻方格共有,比如 2,3,4,6,…角点,其角点标高要加两次;某些角点为四个相邻方格共有,比如 7,8,9,…角点,在计算场地设计标高时,其角点标高要加四次;某些角点,比如 1,5,21,25 角点,其角点标高仅加一次。这些计算过程中被加的次数反映了各角点标高对计算结果的影响程度,测量上的术语称为"权"。因此,式(1-4)可改写成

$$H_0 = \frac{\sum H_1 + 2 \sum H_2 + 3 \sum H_3 + 4 \sum H_4}{4N} \tag{1-5}$$

式中:H_1 ——一个方格仅有的角点标高(m);

　　　H_2, H_3, H_4 ——分别为两个方格、三个方格和四个方格共有的角点标高(m)。

(4)泄水坡度调整。设计标高的调整主要是泄水坡度的调整,若按式(1-5)计算得到的设计平面为一水平的、挖填平衡的场地,但由于实际场地具有排水的要求,场地表面往往需有一定的泄水坡度(如图 1-2 所示)。因此,应根据泄水要求计算出实际施工时所采用的设计标高。

设场地中心点的标高为 H_0，则场地任意点的设计标高为

$$H_n = H_0 \pm l_x i_x \pm l_y i_y \qquad (1\text{-}6)$$

式中：H_n ——场地内任一角点的设计标高（m）；

　　l_x , l_y ——计算点沿 x , y 方向距场地中心点的距离（m）；

　　i_x , i_y ——场地在 x , y 方向的泄水坡度；

　　$\pm$ ——由场地中心点沿 x , y 方向指向计算点时，若其方向与 i_x , i_y 反向则取"＋"号，若同向则取"－"号。

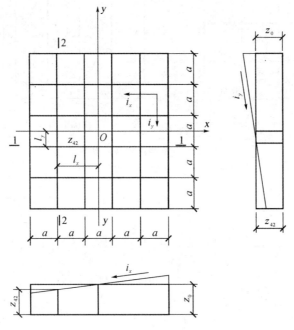

图 1-2　场地泄水坡度

【例 1-1】　某建筑场地方格网的地面标高如图 1-3 所示，方格边长 $a = 20\text{m}$，泄水坡度 $i_x = 2‰$，$i_y = 3‰$，不考虑土的可松性的影响，确定方格各角点的设计标高。

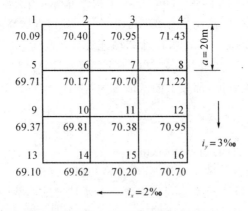

图 1-3　例 1-1 图

解　（1）初步设计标高（场地平均标高）

$$H_0 = \frac{\sum H_1 + 2\sum H_2 + 3\sum H_3 + 4\sum H_4}{4N}$$

$= [70.09 + 71.43 + 69.10 + 70.70 + 2 \times (70.40 + 70.95 + 69.71 + 69.37 + 69.62 +$

$70.20 + 71.22 + 70.95) + 4 \times (70.17 + 70.70 + 69.81 + 70.38)]/(4 \times 9)$

$= 70.29 \text{(m)}$

（2）按泄水坡度调整设计标高

$H_n = H_0 \pm l_x i_x \pm l_y i_y$

$H_1 = 70.29 - 30 \times 2‰ + 30 \times 3‰ = 70.32 \text{(m)}$

$H_2 = 70.29 - 10 \times 2‰ + 30 \times 3‰ = 70.36 \text{(m)}$

$H_3 = 70.29 + 10 \times 2‰ + 30 \times 3‰ = 70.40 \text{(m)}$

2. 最佳设计平面法

按挖、填土方量平衡法得到的设计平面，能使场地内挖填土方量平衡，但不能保证总的土方量最小。应用最小二乘法的原理，可求得满足上述条件的最佳设计平面。

当地形比较复杂时，一般需设计成多平面场地，此时可根据工艺要求和地形特点，预先把场地划分成几个平面，分别计算出最佳设计单平面的各个参数。然后适当修正各设计单平面交界处的标高，使场地各单平面之间的变化平缓且连续。因此，确定单平面的最佳设计平面是竖向规划设计的基础。

如图 1-4 所示，任何一个平面在直角坐标体系中都可以用三个参数 c, i_x, i_y 来确定。在这个平面上任何一点 i 的标高 H_i' 可表示为

$$H_i' = c + x_i i_x + y_i i_y \tag{1-7}$$

式中：x_i —— i 点在 x 方向的坐标；

y_i —— i 点在 y 方向的坐标。

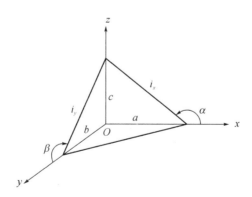

图 1-4 一个平面的空间位置

O—原点标高；$i_x = \tan \alpha = -c/a, x$ 方向的坡度；

$i_y = \tan \beta = -c/b, y$ 方向的坡度

与挖、填土方量平衡法类似，将场地划分成方格网，并将原地形标高 H_i 标于图上，设最佳设计平面的方程式为式(1-7)的形式，则该场地方格网角点的施工高度为

$$h_i = H_i' - H_i = c + x_i i_x + y_i i_y - H_i \qquad (i = 1, \cdots, n) \tag{1-8}$$

式中: h_i ——方格网各角点的施工高度;

      H_i' ——方格网各角点的设计平面标高;

      H_i ——方格网各角点的原地形标高;

      n ——方格角点总数。

施工高度之和与土方工程量成正比,这一点可从后续的土方量计算式获得认识。因为施工高度有正有负,当施工高度之和为零时,表明该场地土方填挖达到平衡,但它不能反映出填方和挖方的绝对值之和为多少。为了不使施工高度正负相互抵消,若把施工高度平方后再相加,则其总和能反映土方工程填挖绝对值之和的大小。因此,满足土方挖填平衡且土方量最少即是要同时满足施工高度之和为零和施工高度平方和最小两个条件。但要注意,计算土方工程量绝对值之和时,还要考虑方格网各点施工高度在计算土方量时被应用过的次数 P_i。

若令 σ 为土方施工高度的平方和,则

$$\sigma = \sum_{i=1}^{n} P_i h_i^2 = P_1 h_1^2 + P_2 h_2^2 + \cdots + P_n h_n^2 \tag{1-9}$$

将式(1-8)带入式(1-9),可得

$$\sigma = P_1(c + x_1 i_x + y_1 i_y - H_1)^2 + P_2(c + x_2 i_x + y_2 i_y - H_2)^2 + $$
$$\cdots + P_n(c + x_n i_x + y_n i_y - H_n)^2$$

当 σ 的值最小时,该设计平面既能使土方工程量最小,又能保证填挖土方量相等(填挖方不平衡时,式(1-9)所得数值不可能最小)。这就是用最小二乘法求最佳设计平面的方法。

为了求得 σ 最小时的设计平面参数 c, i_x, i_y,可以对式(1-7)的 c, i_x, i_y 分别求偏导数,并令其为 0,可获得最佳设计平面参数 c, i_x, i_y,于是得

$$\left.\begin{array}{l} \dfrac{\partial \sigma}{\partial c} = \sum_{i=1}^{n} P_i(c + x_i i_x + y_i i_y - H_i) = 0 \\[2mm] \dfrac{\partial \sigma}{\partial i_x} = \sum_{i=1}^{n} P_i x_i(c + x_i i_x + y_i i_y - H_i) = 0 \\[2mm] \dfrac{\partial \sigma}{\partial i_y} = \sum_{i=1}^{n} P_i y_i(c + x_i i_x + y_i i_y - H_i) = 0 \end{array}\right\} \tag{1-10}$$

经过整理,可得到准则方程

$$\left.\begin{array}{l} [P]c + [P_x]i_x + [P_y]i_y - [P_z] = 0 \\ [P_x]c + [P_{xx}]i_x + [P_{xy}]i_y - [P_{xz}] = 0 \\ [P_y]c + [P_{xy}]i_x + [P_{yy}]i_y - [P_{yz}] = 0 \end{array}\right\} \tag{1-11}$$

式中

$$[P] = P_1 + P_2 + \cdots + P_n$$
$$[P_x] = P_1 x_1 + P_2 x_2 + \cdots + P_n x_n$$
$$[P_{xx}] = P_1 x_1 x_1 + P_2 x_2 x_2 + \cdots + P_n x_n x_n$$
$$[P_{xy}] = P_1 x_1 y_1 + P_2 x_2 y_2 + \cdots + P_n x_n y_n$$

以此类推。

解联立方程组(1-11),可求得最佳设计平面(此时尚未考虑工艺、运输等要求)的三个参数 c, i_x, i_y。然后即可根据式(1-5)算出各角点的施工高度。

在实际计算时,可采用列表方法(如表 1-3 所示)。最后一列和[PH]可用于检验计算结果,若[PH]＝0,则计算无误。

表 1-3　最佳设计平面计算

1	2	3	4	5	6	7	8	9	10	11	12	13	14	15
点号	y	x	z	P	Px	Py	Pz	Pxx	Pxy	Pyy	Pxz	Pyz	H	PH
0	…	…	…	…	…	…	…	…	…	…	…	…	…	…
1	…	…	…	…	…	…	…	…	…	…	…	…	…	…
2	…	…	…	…	…	…	…	…	…	…	…	…	…	…
3	…	…	…	…	…	…	…	…	…	…	…	…	…	…
…				[P]	[Px]	[Py]	[Pz]	[Pxx]	[Pxy]	[Pyy]	[Pxz]	[Pyz]		[PH]

应用上述准则方程时,若已知 c、i_x 或 i_y,只要把这些已知值作为常数代入,即可求得该条件下的最佳设计平面,但它与无任何限制条件下求得的最佳设计平面相比,其总土方量一般要比后者大。

3. 场地设计标高的调整

根据式(1-5)得出的设计标高乃一理论值,实际上,还需要考虑以下几方面因素对其进行调整:

(1)考虑土的最终可松性,需相应地提高设计标高,从而得到实际挖、填的土方量平衡;

(2)设计标高以下各种填方工程用土量(如场区上填筑路堤而影响设计标高使其降低),或设计标高以上的各种挖方工程量(如开挖河道、水池等影响设计标高使其提高);

(3)边坡填、挖土方量不等;

(4)部分挖方就近弃土于场地以外,或部分填方就近从场外取土等因素,需将设计标高进行调整。

考虑这些因素所引起的挖填方量的变化后,适当提高或降低设计标高。

【例 1-2】　如图 1-5 所示,场地标高为 H_0,已知挖方量 V_w,挖方区面积 F_w,填方区面积 F_T,土的最初可松性系数 K_s,最终可松性系数 K_s'。如考虑土的可松性(不计设计标高调整后 F_w,F_T 的变化),该设计标高应提高多少?

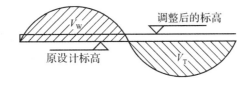

图 1-5　场地平整示意图

解　设计标高提高后,仍应使土方挖填平衡,根据图 1-5,设计标高应提高 ΔH,故可得到

$$K_s(V_w - \Delta H F_w) = V_T + \Delta H F_T$$

因为最佳设计平面的土方挖填平衡,因此有 $V_w = V_T$,则

$$\Delta H = \frac{V_{\mathrm{w}}(K_{\mathrm{S}} - 1)}{F_{\mathrm{w}} K_{\mathrm{S}} + F_{\mathrm{T}}}$$

1.2.2　土方工程量的计算

在场地平整之前,通常要计算土方的工程量。

1.场地平整土方量计算

场地平整土方量的计算方法有方格网法和横截面法两种。横截面法是将要计算的场地划分成若干横截面后,用横截面计算公式逐段计算,最后将逐段计算结果汇总。横截面法可用于地形起伏变化较大的地区,计算精度较低,所以一般采用方格网法。

方格网法的计算步骤如下:

(1)计算各方格网角点的施工高度(即填、挖高度)。

各方格角点的施工高度的计算公式为

$$h_n = H_n - H_n{}'\qquad\qquad(1\text{-}12)$$

式中:h_n——角点施工高度(m),"+"为填,"−"为挖;

$\quad H_n$——角点的设计标高(m);

$\quad H_n{}'$——角点的自然地面标高(m)。

(2)确定"零线"位置,即挖方、填方的分界线,在该线上,施工高度为零。确定"零线"的位置有助于了解整个场地的挖、填区域分布状态。

零线的确定方法是:先求出一端为挖方、另一端为填方的方格边线上的零点,即不挖不填的点,然后将各相邻的零点相连即成为一条折线,这条折线就是要确定的零线。确定零点的方法如图 1-6 所示,确定零点位置的计算公式为

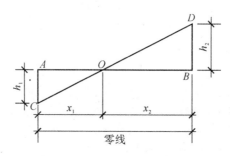

图 1-6　零点计算

$$x_1 = \frac{h_1}{h_1 + h_2}a,\ x_2 = \frac{h_2}{h_1 + h_2}a\qquad\qquad(1\text{-}13)$$

式中:x_1, x_2——角点至零点的距离(m);

$\quad h_1, h_2$——相邻两角点的施工高度(m)。

$\quad a$——方格边长(m)。

(3)土方量的计算。零线确定之后,便可进行土方量的计算。方格网中土方量的计算有两种方法:四方棱柱体法和三角棱柱体法。

1)四方棱柱体法

四方棱柱体的体积计算有两种方法:

①方格四个角点全部为挖(或填),如图 1-7 所示的无零线通过的方格,其土方量为

$$V = \frac{a^2}{4}(h_1 + h_2 + h_3 + h_4) \tag{1-14}$$

式中:V ——填方或挖方体积(m^3);

h_1, h_2, h_3, h_4 ——方格四角点的施工高度(m),用绝对值代入;

a ——方格边长(m)。

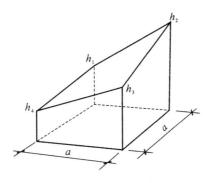

图 1-7　角点全挖(填)

②方格的相邻两角点为挖方,另两角点为填方,如图 1-8(a)所示。

填方的土方量为

$$V_填 = \frac{h_1 + h_3}{4} \times \frac{1}{2}(b + c)a$$

挖方的土方量为

$$V_挖 = \frac{h_2 + h_4}{4} \times \frac{1}{2}(d + c)a \tag{1-15}$$

③方格的三个角点为挖方(填方),另一角点为填方(挖方),如图 1-8(b)所示。

挖方的土方量为

$$V_挖 = \frac{h_1 + h_2 + h_3}{5}\left(a^2 - \frac{1}{2}bc\right)$$

填方的土方量为

$$V_填 = \frac{h_4}{3} \times \frac{1}{2}bc \tag{1-16}$$

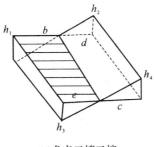

(a)角点二填二挖

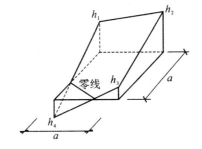

(b)角点一填(挖)三挖(填)

图 1-8　四棱柱体积计算

2)三角棱柱体法

用三角棱柱体法计算场地土方量,先把方格网顺地形等高线,将各个方格划分成三角形(如图 1-9 所示),然后分别计算每个三角棱柱(锥)体的土方量。

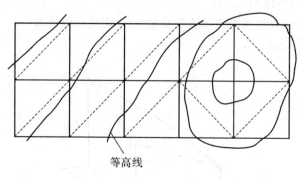

等高线

图 1-9 按地形将方格划分成三角形

①当三角形为全挖或全填时,如图 1-10(a)所示,土方量为

$$V = \frac{a^2}{6}(h_1 + h_2 + h_3) \tag{1-17}$$

式中:a——方格边长(m);

h_1,h_2,h_3——三角形三角点的施工高度(m),用绝对值代入。

②当三角形三个角点有挖有填时,如图 1-10(b)所示,其零线将三角形分为两部分,一部分是底面为三角形的锥体,另一部分是底面为四边形的楔体。其土方量分别为

$$V_{锥} = \frac{a^2}{6} \cdot \frac{h_3^3}{(h_1 + h_3)(h_2 + h_3)} \tag{1-18}$$

$$V_{楔} = \frac{a^2}{6}\left[\frac{h_3^3}{(h_1 + h_3)(h_2 + h_3)} - h_3 + h_2 + h_1\right] \tag{1-19}$$

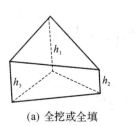 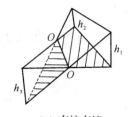

(a) 全挖或全填   (b) 有挖有填

图 1-10 三角棱柱体法

土方量的计算方法不同,其结果的表达精度亦不相同。当地形平坦时,常采用四方棱柱体法,可将方格划分得大些,可减少土方量计算;当地形起伏变化较大时,应将方格划分得小些,或采用三角棱柱体法计算,计算结果较准确。

将挖方区(或填方区)所有方格计算土方量汇总,可得到该场地挖方和填方的总土方量。

【例 1-3】 某场地方格边长为 20m,其中 $H_{11} = 45.82$m,$H_{12} = 45.25$m,$H_{13} = 44.06$m,$H_{14} = 43.02$m,$H_{21} = 44.81$m,$H_{22} = 44.67$m,$H_{23} = 43.75$m,$H_{24} = 42.86$m,$H_{31} = 44.12$m,$H_{32} = 44.24$m,$H_{33} = 43.05$m,$H_{34} = 42.26$m,$H_{41} = 48.08$m,$H_{42} = 41.32$m,$H_{43} = 38.39$m,

$H_{44} = 45.04\text{m}$。

试求:(1)场地的设计标高 H_0;

(2)当 $i_x = 3‰$, $i_y = 2‰$ 时,根据算出的各方格角点的施工高度,绘出零线,算出填、挖方量。

解　(1) $H_0 = \dfrac{\sum H_1 + 2\sum H_2 + 3\sum H_3 + 4\sum H_4}{4n} = 43.63722 \approx 43.64\,(\text{m})$

(2)考虑泄水坡度后,各角点的设计标高如图 1-11(a)所示。

(3)各方格角点的施工高度=设计高度-自然高度,即 $h_n = H_n - H_n{}'$,则各角点的施工高度计算结果如图 1-11(b)所示。

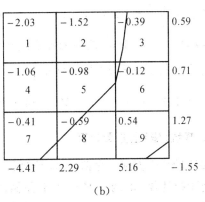

(a)　　　　　　　　　　　　　　(b)

图 1-11　场地标高线

(4)计算各方格的挖、填土方量。

$$V_{1\text{挖}} = 5.59 \times \frac{20^2}{4} = 559\,(\text{m}^3)$$

$$V_{2\text{挖}} = 3.01 \times \frac{20^2}{4} = 301\,(\text{m}^3)$$

$$V_{3\text{挖}} = \frac{0.39 + 0.12}{4} \times \frac{1}{2}(8 + 2.9) \times 20 = 13.90\,(\text{m}^3)\,(-0.39\ \text{和}\ 0.59\ \text{之间的零点到}$$

-0.39 的距离为 8m, -0.12 和 0.71 之间的零点到 -0.12 的距离为 2.9m)

$$V_{3\text{填}} = \frac{0.59 + 0.71}{4} \times \frac{1}{2}(12 + 17.1) \times 20 = 94.58\,(\text{m}^3)$$

$$V_{4\text{挖}} = (1.06 + 0.98 + 0.41 + 0.59) \times \frac{20^2}{4} = 304\,(\text{m}^3)$$

$$V_{5\text{挖}} = \frac{(0.59 + 0.98 + 0.12)}{5} \times \left(20^2 - \frac{1}{2} \times 9.6 \times 16.4\right) = 108.6\,(\text{m}^3)\,(-0.59\ \text{和}$$

0.54 之间的零点到 0.54 的距离为 9.6m, -0.12 和 0.54 之间的零点到 0.54 的距离为 16.4m)

$$V_{5\text{填}} = \frac{1}{3} \times 0.54 \times \frac{1}{2} \times 9.6 \times 16.4 = 14.2\,(\text{m}^3)$$

$$V_{6\text{挖}} = \frac{1}{6} \times 3.6 \times 2.9 \times 0.12 = 0.21\,(\text{m}^3)$$

$$V_{6填} = \frac{0.54 + 1.27 + 0.71}{5} \times \left(20^2 - \frac{1}{2} \times 3.6 \times 2.9\right) = 199.0 \ (\text{m}^3)$$

$$V_{7挖} = \frac{4.41 + 0.41 + 0.59}{5} \times \left(20^2 - \frac{1}{2} \times 6.8 \times 15.9\right) = 374.3 \ (\text{m}^3) (-4.41 \ 和 \ 2.29$$

之间的零点到 2.29 的距离为 6.8m，-0.59 和 2.29 之间的零点到 2.29 的距离为 15.9m）

$$V_{7填} = \frac{1}{6} \times 6.8 \times 15.9 \times 2.29 = 41.3 \ (\text{m}^3)$$

$$V_{8挖} = \frac{1}{6} \times 4.1 \times 10.4 \times 0.59 = 4.2 \ (\text{m}^3)$$

$$V_{8填} = \frac{2.29 + 5.16 + 0.54}{5} \times \left(20^2 - \frac{1}{2} \times 4.1 \times 10.4\right) = 605.1 \ (\text{m}^3)$$

$$V_{9挖} = \frac{1}{6} \times 4.6 \times 11 \times 1.55 = 13.1 \ (\text{m}^3) (5.16 \ 和 -1.55 \ 之间的零点到 -1.55 的距离$$

为 4.6m，1.27 和 -1.55 之间的零点到 -1.55 的距离为 11m）

$$V_{9填} = \frac{1.27 + 5.16 + 0.54}{5} \times \left(20^2 - \frac{1}{2} \times 4.6 \times 11\right) = 522.3 \ (\text{m}^3)$$

$$V_{挖} = 1678.31 \ (\text{m}^3) \qquad V_{填} = 1476.48 \ (\text{m}^3)$$

2. 基坑(槽)土方量计算

基坑(槽)土方施工之前，也需要进行土方工程量的计算，基坑土方量的计算可近似按立体几何中拟柱体(由两个平行的平面做底的一种多面体)体积的公式计算(如图 1-12 所示)，即

$$V = \frac{H}{6}(A_1 + 4A_0 + A_2) \tag{1-20}$$

式中：H ——基坑挖深(m)；

A_1, A_2 ——基坑上、下平面的面积(m^2)；

A_0 ——基坑中部截面的面积(m^2)。

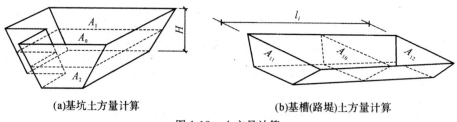

(a)基坑土方量计算　　　　　　(b)基槽(路堤)土方量计算

图 1-12　土方量计算

工程施工中路堤的填筑的土方工程量与基槽类似，也可按式(1-20)计算。对基坑而言，H 为基坑的深度，A_1, A_2 分别为基坑的上、下底面积(m^2)，对基槽或路堤，$l_i(H)$ 为基槽或路堤的长度(m)，A_1, A_2 为两端的面积(m^2)。

基槽与路堤通常根据其形状(曲线、折线、变截面等)划分成若干计算段，分段计算土方量，然后再累加求得总的土方工程量。如果基槽、路堤是等截面的，可得 $F_1 = F_2 = F_0$，由式(1-20)计算 $V = HF_1$。

1.3　基坑工程

1.3.1　土方边坡稳定与基坑(槽)支护

1. 土方边坡

(1)边坡稳定

在开挖基坑、沟槽或填筑路堤时,为了防止土壁坍塌,保持土壁稳定,保证安全施工,在土方工程施工中,其边沿应考虑放坡。当场地受限制不能放坡或为了减少土方工程量而不放坡时,可设置土壁支护结构,以确保施工安全。土方边坡的坡度为其高度 H 与底宽 B 之比(如图 1-13 所示),即

$$土方边坡坡度 = \frac{H}{B} = \frac{1}{\frac{B}{H}} = 1 : m \tag{1-21}$$

式中: $m = \dfrac{B}{H}$,称为坡度系数。其意义为:当边坡高度已知为 H 时,其边坡宽度 B 则等于 mH 。

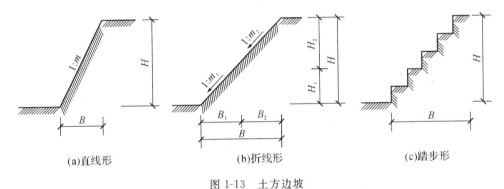

(a)直线形　　　　　　(b)折线形　　　　　　(c)踏步形

图 1-13　土方边坡

边坡坡度取决于不同工程的挖填高度、土的性质及地下水位、坡顶荷载及气候条件等因素,既要保证土体稳定和施工安全,又要节省土方。

当土质湿度正常、结构均匀、水文地质条件良好(即不发生坍塌、移动、松散或不均匀下沉),且地下水位低于基坑(槽)或管沟底面标高,其开挖深度不超过表 1-4 规定时,基坑坑壁可做成直立壁,不加支撑不放坡。

表 1-4　直立壁不加支撑挖方深度

土的类别	挖方深度/m
密实、中密的砂土和碎石(填充物为砂土)	1.00
硬塑、可塑的粉土及粉质黏土	1.25
硬塑、可塑的粉土和碎石类土(填充物为黏性土)	1.50
坚硬的黏土	2.00

但在山坡整体稳定的情况下,如地质条件良好,土质较均匀,使用时间在一年以上,高度在 10m 以内的临时性挖方边坡应按表 1-5 的规定。

表 1-5　临时性挖方边坡值

土的类别		边坡坡度
砂土(不包括细砂、粉砂)		1:(1.25～1.50)
一般黏性土	坚硬	1:(0.75～1.10)
	硬塑	1:(1.00～1.15)
碎石类土	充填坚硬、硬塑黏性土	1:(0.50～1.00)
	充填砂土	1:(1.00～1.50)

注:①使用时间较长的临时性挖方是指使用时间超过一年的临时道路、临时工程的挖方;

②挖方经过不同类别的土(岩)层或深度超过 10m,其边坡可做成折线形或台阶形;

③当有成熟经验时,可不受表 1-5 的限制。

(2)边坡稳定防护措施

在基坑、沟槽开挖及场地平整施工过程中,土方边坡的稳定主要是依靠土体的内摩擦力和黏结力(内聚力)来保持的。一旦土体在外力作用下失去平衡,土壁就会坍塌。土壁坍塌不仅会妨碍土方工程的施工,还会危及附近的建筑物、道路、地下管线等的安全,甚至会导致人员伤亡,造成严重的后果。

造成基坑塌方的原因主要有:①边坡过陡,使土体的稳定性不足导致塌方,尤其是在土质差、开挖深度大的基坑中;②雨水、地下水渗入土中泡软土体,从而增加土的自重同时降低土的抗剪强度,这是造成塌方的常见原因;③基坑上口边缘附近大量堆土或停放机具、材料,或由于行车等动荷载,土体中的剪应力超过土体的抗剪强度;④土壁支撑强度破坏失效或刚度不足导致塌方。

为了保证土体稳定、施工安全,针对上述塌方原因,可采取以下措施:

1)放足边坡

边坡的留设应符合规范的要求,其坡度的大小则应根据土壤的性质、水文地质条件、施工方法、开挖深度、工期的长短等因素确定。

2)避免或减少地面荷载

为了保证边坡和直立壁的稳定性,在挖方边坡上侧堆土方或材料以及有施工机械行驶时,应与挖方边缘保持一定距离。当土质条件良好时,堆土或材料应距挖方边缘 0.8m 以外,高度不宜超过 1.5m。在软土地区开挖时,挖出的土方应随挖随运走,不得堆在边坡顶上,坡顶亦不得堆放材料,更不得有动载,以避免地面上加荷引起边坡塌方事故。

在土方施工中,要预估各种可能出现的情况,除保证边坡坡度大小和边坡上边缘的荷载符合规定要求外,在施工中还必须做好地面水的排除工作,并防止雨水、地表水、施工与生活用水等浸入开挖场地或冲刷土方边坡,基坑内的降水工作应持续到土方回填完毕。在雨季施工时,更应注意检查边坡的稳定性,必要时可考虑适当放缓边坡坡度或设置土壁支撑(护)结构,以防塌方。当土方工程挖方较深时,施工单位还应采取措施,防止基坑底部土的隆起并避免危害周边环境。

2. 基坑(槽)支护

开挖基坑(槽)或管沟时,如果地质和场地周围条件允许,采用放坡开挖是比较经济的。但在建筑物密集地区施工,有时没有足够的场地按规定的放坡宽度开挖,或有防止地下水渗入基坑(槽)要求不能放坡开挖,或深基坑(槽)放坡开挖所增加的土方量过大,此时需要用基坑(槽)支护结构来支撑,以保证施工的顺利和安全,并减少对相邻已有建筑物等的不利影响。

根据基坑(槽)支护结构周边环境条件,基坑工程分为 3 级,基坑支护结构设计应根据工程情况选用相应的安全等级。当重要工程或支护结构作为主体结构的一部分,或开挖深度大于10m,或与邻近建筑物、重要设施的距离在开挖深度以内时的基坑以及开挖影响范围内有历史文物、近代优秀建筑、重要管线等需严加保护的基坑属于一级基坑;当基坑开挖深度小于 7m,且周围环境无特别要求时的基坑属于三级基坑;除一级和三级外的基坑属于二级基坑。当基坑周围已有的建筑、设施(如地铁、隧道、城市生命线工程等)有特殊要求时,尚应符合这些要求。

当需设置土壁支护结构时,应根据工程特点、开挖深度、地质条件、地下水位、施工方法、相邻建筑物情况等进行选择和设计。基坑(槽)土方工程必须确保支护结构安全可靠和经济合理,并确保施工安全。当设计有指标时,以设计要求为依据;当无设计指标时,应按表 1-6 的规定执行。

表 1-6　基坑变形的监控值

基坑类别	支护结构墙顶位移/mm	支护结构墙体最大位移/mm	地面最大沉降/mm
一级基坑	30	50	30
二级基坑	60	80	60
三级基坑	80	100	100

(1)基槽支护

市政工程施工时,常需在地下铺设管沟(槽)。开挖较窄的沟槽,多用横撑式土壁支撑。横撑式土壁支撑根据挡土板的不同,分为水平挡土板式[如图 1-14(a)所示]以及垂直挡土板式[如图 1-14(b)所示]两类。前者挡土板的布置又分为间断式和连续式两种:间断式水平挡土板

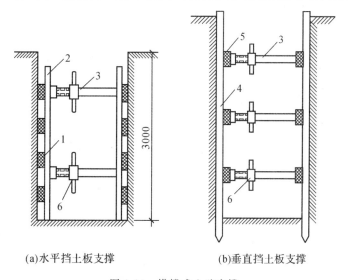

(a)水平挡土板支撑　　　　　　(b)垂直挡土板支撑

图 1-14　横撑式土壁支撑

支撑适用于湿度小的黏性土,且挖土深度小于 3m;连续式水平挡土板支撑适用于松散、湿度大的土,挖土深度可达 5m。对松散和湿度很高的土可用垂直挡土板式支撑,其挖土深度不限。

土方工程施工时,基槽每边的宽度应比基础宽 15~20m,以便于设置支撑加固结构。挖土时,土壁要求平直,挖好一层,支一层支撑。挡土板要紧贴土面,并用小木桩或横撑木顶住挡板。支撑所承受的荷载为土压力。土压力的分布不仅与土的性质、土坡高度有关,还与支撑的形式及变形有关。由于沟槽的支护多为随挖、随铺、随撑,支撑构件的刚度不同,撑紧的程度又难以一致,故作用在支撑上的土压力不能按库仑或朗肯土压力理论计算。

实际应用中,对较宽的沟槽,采用横撑式支撑便不适应,此时的土壁支护可采用类似于基坑的支护方法。

(2)基坑支护

当需设计基坑支护结构时,应根据工程特点、开挖深度、地质条件、地下水位、施工方法、周围环境保护情况等进行选择和设置。基坑支护结构必须牢固可靠,经济合理,确保地下结构的施工安全。再者应尽可能降低造价、便于施工。常用的基坑支护结构有重力式水泥土墙、板桩支护结构、土钉墙等形式。

1)重力式水泥土墙

重力式水泥土墙是一种重力式支护结构,属于刚性支护。常用深层水泥搅拌桩组成的格栅形坝体作为支护墙体,依靠其自重维持土体的平衡。

深层水泥搅拌桩(或水泥土墙)支护结构是近年来发展起来的一种重力式支护结构。深层搅拌桩是加固饱和软黏土地基的一种方法,它利用水泥、石灰等作为固化剂,通过深层搅拌机械(如图 1-15 所示)就地将软土和固化剂(浆液)强制搅拌,利用固化剂和软土间所产生

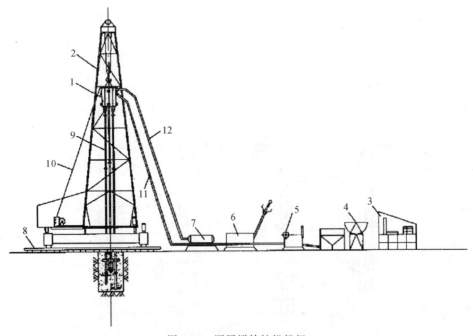

图 1-15　深层搅拌桩机机组

1—主机;2—机架;3—灰浆拌制机;4—集料斗;5—灰浆泵;6—贮水池;

7—冷却水泵;8—道轨;9—导向管;10—电缆;11—输浆管;12—水管

的物理-化学反应,使软土硬化成具有整体性、水稳定性和一定强度的水泥柱状地基。

施工时将桩体相互搭接(通常搭接宽度为 150～200mm),形成具有一定强度和整体结构性的深层搅拌水泥土挡墙,简称水泥土墙。水泥土利用其自重挡土,可用作支护结构,在侧向土压力和水压力的作用下维持整体稳定性,同时由于桩体相互搭接形成连续整体,可兼作止水结构。施工时振动小、噪声低,对周围环境影响小,施工速度快,成本低。它适用于 4～6m深的基坑,最深可达 7～8m。

拌桩一般适用于加固各种成因的饱和软黏土,如流塑、软塑、软塑-可塑的黏性土、粉质黏土(包括淤泥和淤泥质土)、松散或稍密的粉土、砂性土,而对于有机含量高、酸碱度(pH值)较低的黏性土的加固效果较差。另外,由于深层搅拌桩施工时,搅拌头对土体的强制搅拌力是由动力头(电动机)产生扭矩,再通过搅拌轴的转动传递至搅拌头的,因此其搅拌力是有限的,如土质过硬或遇地下障碍物卡住搅拌头,电动机工作电流将上升超过额定值,电机有可能被烧坏。因此,深层搅拌桩不适用于含有大量砖瓦的填土、厚度较大的碎石类土、硬塑及硬塑以上的黏性土和中密及中密以上的砂性土。当土层中夹有条石、木桩、城砖、古墓、洞穴等障碍物时,也不适用于深层搅拌桩。

根据目前的深层搅拌桩施工工艺,当用于深基坑支护结构中时,深层搅拌桩在平面上列成壁式、格栅式和实体式三种形式(如图 1-16 所示)。其中壁式(单排或双排)主要用于组合支构中的止水帷幕中,格栅式和实体式一般用作挡土兼止水支护结构(水泥土墙)。水泥土墙的格栅置换率(加固土的面积：水泥土墙的总面积)为 0.6～0.8。墙体的宽度 b,插入深度 h_d 根据基坑开挖深度 h 确定,一般 $b=(0.6-0.8)h$,$h_d=(0.8-1.2)h$。

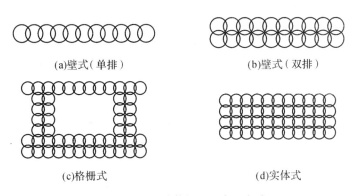

(a)壁式(单排)　　　　　　　　　(b)壁式(双排)

(c)格栅式　　　　　　　　　(d)实体式

图 1-16　深层搅拌桩平面布置方式

①水泥土墙的施工工艺

搅拌桩成桩工艺可采用"一次喷浆、二次搅拌"或"二次喷浆、三次搅拌"工艺,主要依据水泥掺入比及土质情况而定。"一次喷浆、二次搅拌"的施工工艺流程如图 1-17 所示。

a.就位

就位时调整搅拌机机架的垂直度,搅拌机运转正常后,放松起重机钢丝绳,使搅拌机沿导向架切土搅拌下沉,下沉速度控制在 0.8m/min 左右,如遇硬黏土等下沉太慢,用输浆系统适当补给清水以利于钻入。搅拌机预搅下沉到一定设计深度后,开启灰浆泵,此后边喷浆、边旋转、边提升深层搅拌机,直至设计桩顶标高。注意保持喷浆速度与提升速度协调及水泥浆沿桩长均匀分布,并使其提升至桩顶后集料斗中的水泥浆正好排空。提升速度一般应控制在 0.5m/min。深层搅拌单桩的施工应采用搅拌头上下各两次的搅拌工艺,即沉钻复搅。

b. 预搅下沉

启动搅拌机电机,放松起重机钢丝绳,使搅拌机在自重和转动力矩作用下沿导向架边搅拌切土边下沉,下沉速度可由电动机的电流监测表和起重卷扬机的转速控制,工作电流不应大于 70A。搅拌机预搅下沉时,不宜冲水,当遇到较硬土层下沉太慢时,方可适量冲水,但应考虑冲水成桩对桩身强度的影响。

c. 制备水泥浆

待深层搅拌机下沉到设计深度后,开始按设计配合比拌制水泥浆,压浆前将拌好的水泥浆通过滤网倒入集料斗中。

d. 喷浆搅拌提升

深层搅拌机下沉到设计深度后,开启灰浆泵,将水泥浆压入地基中,并且边喷浆、边旋转搅拌头,同时严格按照设计确定的提升速度提升深层搅拌机。

e. 重复搅拌下沉和喷浆提升

重复步骤 b 和 d,当深层搅拌机第二次提升至设计桩顶标高时,应正好将设计用量的水泥浆全部注入地基土中,如未能全部注入,应增加一次附加搅拌,其深度视所余水泥浆数量而定。

f. 清洗管路

每天加固完毕,隔一定时间(视气温情况及注浆间隔时间而定),应清洗贮料罐、砂浆泵、深层搅拌机及相应管道中的残余水泥浆,以保证注浆顺利,不堵管,以备再用。清洗时用灰浆泵向管路中压入清水进行。

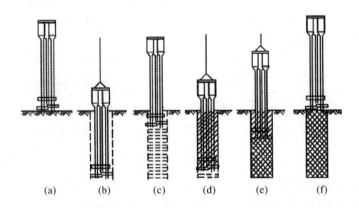

图 1-17 "一次喷浆、二次搅拌"施工流程

(a)就位;(b)预搅下沉;(c)喷浆搅拌提升;(d)重复搅拌下沉;(e)重复喷浆搅拌提升;(f)完毕

②水泥土墙的技术要求:

a. 水泥土墙支护的置换率、宽度与插入深度的确定。水泥土墙截面多采用连续式和格栅形,当采用格栅形时水泥土的置换率(即水泥土面积 A_0 与水泥挡土结构面积 A 的比值)对于淤泥不宜小于 0.8,淤泥质土不宜小于 0.7,一般黏土及砂土不宜小于 0.6,格栅长宽比不宜大于 2。墙体宽度 b 和插入深度 h_d 应根据基坑深度、上质情况及其物理力学性能、周围环境、地面荷载程度等计算确定。在软土地区,当基坑开挖深度 $h \leqslant 5m$ 时,可按经验取 $b =$

$(0.6\sim0.8)h, h_d=(0.8\sim1.2)h$。

b. 水泥掺入比。深层搅拌水泥土墙施工前，应进行成桩工艺及水泥掺入量或水泥浆的配合比试验，以确定相应的水泥掺入比或水泥浆水灰比，浆喷深层搅拌的水泥掺入量宜为被加固土密度的 $15\%\sim18\%$；粉喷深层搅拌的水泥掺入量宜为被加固土密度的 $13\%\sim16\%$。为提高水泥土墙的刚性，亦可在水泥土搅拌桩内插入 H 型钢，使之成为既能受力又能抗渗的支护结构围护墙，可用于较深（8~10m）的基坑支护，水泥掺入比为被加固土密度的 20%，亦称加筋或劲性水泥土搅拌桩法。H 型钢应在桩顶搅拌或旋喷完成后靠自重下插至设计标高，插入长度和出露长度等均应按计算和构造要求确定。采用高压喷射注浆桩，施工前应通过试喷试验，确定不同土层旋喷固结体的最小直径、高压喷射施工技术参数等，高压喷射水泥水灰比宜为 1.0~1.5。

c. 施工方法。水泥土墙应采取切割搭接法施工。即在前桩水泥土尚未固化时，进行后序搭接桩施工，相邻桩的搭接长度不宜小于 200mm。相邻桩喷浆工艺的施工时间间隔不宜大于 10h。施工开始和结束的头尾搭接处，应采取加强措施，消除搭接勾缝。

2）板桩支护结构

板桩支护结构由两大系统组成：挡墙系统和支撑（或拉锚）系统，如图 1-18 所示。当基坑较浅，挡墙具有一定刚度时，可采用悬臂式支护结构，悬臂式板桩支护结构则不设支撑（或拉锚）。板桩支护结构按支撑系统的不同可分为悬臂式支护结构、内撑式支护结构和坑外锚拉式支护结构。悬臂式一般仅在桩顶设置一道连梁；内撑式分为坑内斜撑、单层水平内撑和多层水平内撑。

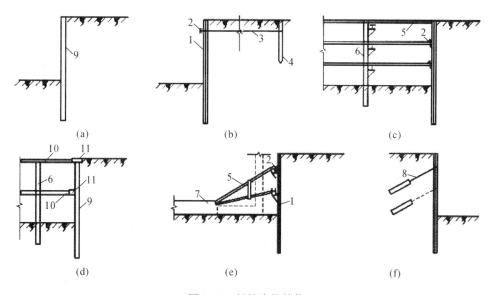

图 1-18　板桩支护结构

1—钢板桩；2—钢围檩；3—拉锚杆；4—锚碇桩；5—钢支撑；6—中间支撑柱；7—先施工的基础；
8—土锚杆；9—钢筋混凝土桩；10—钢筋混凝土水平支撑；11—钢筋混凝土围檩

挡墙系统常用的材料有型钢桩、钢板桩、钢筋混凝土板桩、灌注桩及地下连续墙等。当基坑深度较大、悬臂的挡墙在强度和变形方面不能满足要求时，需要设置支撑系统。支撑系统一般采用大型钢管、H 型钢或格构式钢支撑，也可采用现浇钢筋混凝土支撑。根据基坑开挖的深度及挡墙系统的截面性能可设置一道或多道支点,形成锚撑支护结构,拉锚的材料一般用钢筋、钢索、型钢或土锚杆,支撑或拉锚与挡墙系统通过围檩、冠梁等连接成整体。

①板桩支护结构的破坏原因

板桩支护结构的破坏形式包括强度破坏和稳定性破坏,如图1-19所示,总结工程事故的发生原因,主要有以下几个方面:

a.拉锚破坏或支撑压曲

拉锚破坏或支撑压曲过多地增加了地面荷载引起的附加荷载,或土压力过大、计算有误引起拉杆断裂,或锚固部分失效、腰梁(围檩)被破坏,或内部支撑断面过小导致受压失稳。为此需计算拉锚承受的拉力或支撑荷载,正确选择其截面或锚固体。

b.支护墙底部走动

若支护墙底部入土深度不够,或由于挖土超深、水的冲刷等都可能产生这种破坏。为此需正确计算支护结构的入土深度。

c.支护墙的平面变形过大或弯曲破坏

支护墙的截面过小、对土压力估算不准确、墙后无意地增加大量地面荷载或挖土超深等都可能引起这种破坏。为此需正确计算其承受的最大弯矩值,以此验算支护墙的截面。

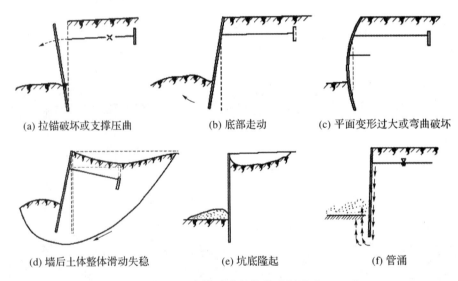

(a) 拉锚破坏或支撑压曲　　　　(b) 底部走动　　　　(c) 平面变形过大或弯曲破坏

(d) 墙后土体整体滑动失稳　　　　(e) 坑底隆起　　　　(f) 管涌

图 1-19　板桩支护结构的破坏形式

②板桩支护结构的支护形式

a.钢板桩支护

钢板桩是由带锁口或钳口的热轧型钢制成,把这种钢板桩互相连接起来打入地下,就形成连续钢板桩墙,既能挡土亦能挡水。钢板桩断面形式很多,常用的钢板桩有Z字形钢板桩、波浪形钢板桩(通常称为"拉森"板桩)、平板桩、组合截面钢板桩几类(如图1-20所示)。钢板桩适用于地基软弱、地下水位较高、水量丰富的深基坑支护结构,但在砂砾及密实砂土中施工困难。

平板桩容易打入地下,挡水和承受轴向力的能力较好,但长轴方向抗弯能力较小;波浪形钢板桩挡水和抗弯性能都较好,其长度一般有12m,18m,20m三种,并可根据需要焊接成所需长度。钢板桩在基础施工完毕后还可拔出重复使用。为了适应地下结构施工中因基坑开挖深度的增加或对钢板桩刚度有更高的要求,国外出现了大截面模量的组合式钢板桩。图 1-20(d)所示的即为一种由工字型钢和钢板桩拼焊而成的组合截面钢板桩。

钢板桩支护根据有无锚碇或支撑结构,分为无锚钢板桩和有锚钢板桩两类。无锚钢板桩即为悬臂钢板桩,依靠入土部分的土压力来维持钢板桩的稳定。它对于土的性质、荷载大小等较为敏感,一般悬臂长度不大于 5m。有锚钢板桩是在板桩上部用拉锚或顶撑加以固定,以提高板桩的支护能力。根据拉锚或顶撑层数不同,又分为单锚(撑)钢板桩和多锚(撑)钢板桩。实际工程中悬臂钢板桩与单锚(撑)钢板桩应用较多。

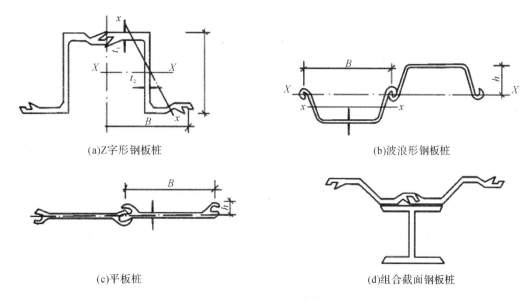

(a)Z字形钢板桩　　　　　　　　　　(b)波浪形钢板桩

(c)平板桩　　　　　　　　　　(d)组合截面钢板桩

图 1-20　钢板桩形式

板桩施工过程中要正确选择打桩方法、打桩机具和正确划分施工流水阶段,以便使打入后的板桩墙有足够的刚度和良好的挡水功能,且板桩墙面平直,以满足基础施工的要求。

b. 地下连续墙支护

地下连续墙系沿拟建工程基坑周边,利用专门的挖槽设备,在泥浆护壁的条件下,每次开挖一定长度(一个单元槽段)的沟槽,在槽内放置钢筋笼,利用导管法浇筑水下混凝土,即完成一个单元槽段施工。施工时,每个单元槽段之间,通过接头管等方法处理后,形成一道连续的地下钢筋混凝土墙,称为地下连续墙(如图 1-21 所示)。地下连续墙多用于−12m 以下,地下水位高、软土地基深基坑的挡墙支护结构。尤其是与邻近建筑物、道路、地下设施距离很近时,地下连续墙是首选的支护结构形式,可以作为地下结构的外墙部分,或用于高层建筑的逆作法施工。基坑土方开挖时,地下连续墙既可挡土,又可挡水。其整体性好,刚度大,变形小,施工时噪声低、振动小、无挤土、对周围环境影响小,既能挡土又能挡水,比其他类型挡墙具有更多优点。但成槽需专用设备,施工或基坑开挖深度大,对于与邻近的建筑物、道路等市政设施相距较近的深基坑支护的难度较大,工程造价高,适用于土质差、地下水位高、降水效果不好的软土地基。

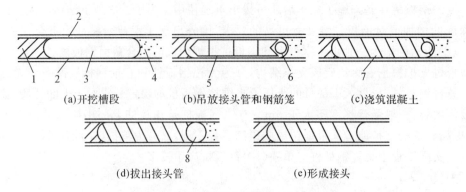

(a)开挖槽段   (b)吊放接头管和钢筋笼   (c)浇筑混凝土

(d)拔出接头管   (e)形成接头

图 1-21 地下连续墙施工过程

1—已浇筑混凝土的单元槽段;2—导墙;3—开挖的槽段;4—未开挖的槽段;5—钢筋笼;

6—接头管;7—正浇筑混凝土的单元槽段;8—接头管拔出的孔洞

3)土钉墙

土钉墙是近年发展起来的一种新型挡土结构,现已在全国范围内广泛采用。它是在基坑开挖的坡面上,采用机械钻孔,孔内设置一定长度的钢筋或型钢,然后注浆,在坡面上安装钢筋网并喷射混凝土,使土体、钢筋与喷射混凝土面板结合为一体,从而起到挡土作用(如图 1-22 所示)。土钉与土体的相互作用还能改变土坡的变形与形态的破坏,显著提高土坡整体稳定性。

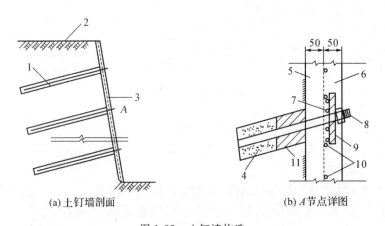

(a)土钉墙剖面   (b)A节点详图

图 1-22 土钉墙构造

1—土钉(钢筋);2—被加固土体;3—喷射混凝土面板;4—水泥砂浆;5—第一层喷射混凝土;

6—第二层喷射混凝土;7—增强筋;8—钢筋(土钉);9—200mm×200mm×12mm 钢垫板;

10—钢筋网;11—塞入填土部分(约 100mm 长)

①土钉墙构造要求

土钉墙由土钉和面层组成。土钉墙高度由基坑开挖深度决定,土钉墙墙面坡度不宜大于 1:0.1,与水平夹角一般为 70°~80°;土钉一般采用直径为 16~32mm 的 II 级以上的螺纹钢筋,与水平夹角一般为 5°~20°,长度为开挖深度的 0.5~1.2 倍;

土钉间距:水平间距与垂直间距之积不大于 6m²;在非饱和土中宜为 1.2~1.5m;在坚硬黏土中宜为 2m;在软土中宜为 1m。土钉孔径宜为 70mm~120mm,注浆强度不低于 10MPa。

　　土钉必须和面层有效地连接成整体,钢筋混凝土面层应深入基坑底部不小于 0.2m,并应设置承压板(钢垫板)或加强钢筋等构造措施。混凝土面层强度等级不应低于 C20,厚度为 80~200mm,钢筋网宜采用直径为 6~10mm 的Ⅰ级钢筋,间距为 150~300mm。

　　②土钉支护的特点与适用范围

　　土钉支护工料少、速度快;设备简单、操作方便;操作场地小且对环境干扰小;土钉与土体形成的复合土体可提高边坡整体性、稳定性及承受荷载的能力;对相邻建筑影响较小。适用于淤泥、淤泥质土、杂填土、黏土、粉质黏土、粉土、非松散性砂土等土质,且地下水位较低,开挖深度在 15m 以内的基坑。土钉与土体形成复合土体,提高了边坡整体稳定和承受坡顶荷载能力,增强了土体破坏的延性,利于安全施工。土钉支护位移小,约为 20mm,对相邻建筑物影响小。

　　③土钉支护施工

　　施工工艺:定位→转机就位→成孔→插钢筋→注浆→喷射混凝土。

　　a.成孔。采用螺旋钻机、冲击钻机等机械成孔,钻孔直径为 70~120mm。成孔时必须按设计图纸的纵向、横向尺寸及水平面夹角的规定进行钻孔施工。

　　b.插钢筋。将直径为 16~32mm 的Ⅱ级以上螺纹钢筋插入钻孔的土层中,钢筋应平直,必须除锈、除油,与水平面夹角控制在 5°~20°。

　　c.注浆。注浆采用水泥浆或水泥砂浆,水灰比为 0.38~0.5,水泥砂浆配合比为 1:0.8 或 1:1.5。利用注浆泵注浆,注浆管插入距孔底 150~250mm 处,孔口设置止浆塞,以保证注浆饱满。

　　d.喷射混凝土。喷射注浆用的混凝土应满足如下技术性能指标:混凝土的强度等级不低于 C20,其水泥强度等级宜用 32.5 级,水泥与砂石的质量比为(1:4)~(1:4.5),砂率为 45%~55%,水灰比为 0.4~0.45,粗骨料碎石或卵石粒径不宜大于 15mm。混凝土的喷射分两次进行。第一次喷射后铺设钢筋网,并使钢筋网与土钉牢固连接。在此之后再喷射第二层混凝土,并要求表面平整、湿润,具有光泽,无干斑或滑移流淌现象。喷射混凝土面层厚度为 80~200mm,钢筋与坡面的间隙应大于 20mm。喷射完成终凝 2h 后进行洒水养护 3~7d。

　　应该注意的是,土钉墙是随工作面开挖而分层分段施工的,上层土钉砂浆及喷射混凝土面层达到设计强度的 70% 后,方可开挖下层土方,进行下层土钉施工。每层的最大开挖高度取决于该土体可以直立而不坍塌的能力,一般取与土钉竖向间距相同,便于土钉施工。纵向分段开挖长度取决于施工流程的相互衔接,一般为 10m 左右。

　　(3)基坑支护结构的计算

　　支护结构的计算主要分两部分,即围护结构计算和撑锚结构计算。围护结构计算主要是确定挡墙、桩的入土深度、截面尺寸、间距和配筋。撑锚结构计算主要是确定撑锚结构的受力状况和构造措施,需验算的内容有边坡的整体抗滑移稳定性、基坑(槽)底部土体隆起、回弹和抗管涌稳定性。支护结构的计算方法有平面计算法和空间计算法,无论哪种方法均需利用专用程序进行。目前我国的计算已发展为空间计算法。

　　下面主要介绍水泥土墙的设计计算,水泥土重力式支护结构的设计主要包括整体稳定、抗倾覆稳定、抗滑移稳定、位移等,有时还应验算抗渗、墙体应力、地基强度等。水泥土墙的计算图式如图 1-23 所示。

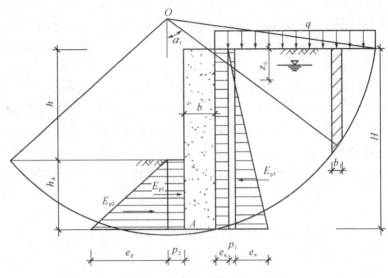

图 1-23 水泥土墙的计算图式

图 1-23 中，$p_1 = 2c\sqrt{K_a}$；$p_2 = 2c_1\sqrt{K_p}$；$e_a = \gamma H K_a$；$e_p = \gamma_1 h_d K_p$；$e_q = \gamma h_q K_a$；$z_0 = \dfrac{2c}{\gamma\sqrt{K_a}}$；

式中：K_a——主动土压力系数，$K_a = \tan^2\left(45° - \dfrac{\varphi}{2}\right)$，其中 φ 为墙底以上各土层内摩擦角按土层厚度的加权平均值（°）；

$\quad\quad K_p$——被动土压力系数，$K_p = \tan^2\left(45° + \dfrac{\varphi_1}{2}\right)$，其中 φ_1 为墙底至基坑底之间各土层内摩擦角按土层厚度的加权平均值（°）；

$\quad\quad H$——水泥土墙的墙高（m）；

$\quad\quad h_d$——水泥土墙的插入深度（m）；

$\quad\quad c$——墙底以上各土层黏聚力按土层厚度的加权平均值（kPa）；

$\quad\quad c_1$——墙底至基坑底之间各土层黏聚力按土层厚度的加权平均值（kPa）；

$\quad\quad \gamma$——墙底以上各土层天然重度按土层厚度的加权平均值（kN/m³）；

$\quad\quad \gamma_1$——墙底至基坑底之间各土层天然重度按土层厚度的加权平均值（kN/m³）；

$\quad\quad h_q$——地面荷载 q 的当量土层厚度（m）；

$\quad\quad b$——水泥土墙的宽度（m）。

按照计算图式，墙后主动土压力 E_a 的计算公式为

$$E_a = \left(\frac{\gamma H^2}{2} + qH\right)K_a - 2cH\sqrt{K_a} + \frac{2c^2}{\gamma} \tag{1-22}$$

式中：q——地面荷载（kPa）。

墙前被动土压力 E_p 的计算公式为

$$E_p = \frac{\gamma_1 h_d^2}{2} \cdot K_p + 2c_1 h_d\sqrt{K_p} \tag{1-23}$$

① 整体稳定

水泥土墙的插入深度应满足整体稳定性，整体稳定验算按简单条分法计算：

$$K_z = \frac{\sum c_i l_i + \sum (q_i b_i + W_i) \cos \alpha_i \cdot \tan \varphi_i}{\sum (q_i b_i + W_i) \sin \alpha_i} \tag{1-24}$$

式中：l_i ——第 i 条沿滑弧面的弧长（m），$l_i = \dfrac{b_i}{\cos \alpha_i}$。

q_i ——第 i 条土条处的地面荷载（kN/m）。

b_i ——第 i 条土条宽度（m）。

W_i ——第 i 条土条重量（kN）。不计渗透力时，坑底地下水位以上取天然重度，坑底地下水位以下取浮重度；当计入渗透力作用时，坑底地下水位至墙后地下水位范围内的土体重度在计算滑动力矩（分母）时取饱和重度，在计算抗滑力矩（分子）时取浮重度。

α_i ——第 i 条滑弧中点的切线和水平线的夹角（°）。

c_i, φ_i ——分别表示第 i 条土条滑动面上土的黏聚力（kPa）和内摩擦角（°）。

K_z ——整体稳定安全系数，一般取 1.2～1.5。

② 抗倾覆稳定

根据整体稳定性得出的水泥土墙的 h_d 以及选取的 b 按重力式土墙验算墙体绕前趾 A 的抗倾覆稳定安全系数：

$$K_q = \frac{E_{p1} \cdot h_d/2 + E_{p2} \cdot h_d/3 + W \cdot b/2}{(E_a - K_a qH)(H - Z_0)/3 + K_a \cdot qH^2/2} \tag{1-25}$$

式中：W ——水泥土墙的自重（kN），$W = \gamma_c bH$，γ_c 为水泥土墙体的自重（kN/m³），根据自然土重度与水泥掺量确定，可取 18～19kN/m³；

K_q ——抗倾覆安全系数，一般取 1.3～1.5。

③ 抗滑移稳定

水泥土墙如满足整体稳定性及抗倾覆稳定性，一般可不必进行抗滑移稳定的验算，在特殊情况下可按式（1-26）验算沿墙底面滑移的安全系数：

$$K_h = \frac{W \cdot \tan \varphi_0 + c_0 b + E_p}{E_a} \tag{1-26}$$

式中：φ_0, c_0 ——分别表示墙底土层的内摩擦角（°）与黏聚力（kPa）；

K_h ——抗滑移稳定安全系数，取 1.2～1.3。

④ 位移计算

重力式支护结构的位移在设计中应引起足够重视，由于重力式支护结构的抗倾覆稳定有赖于被动土压力的作用，而被动土压力的发挥是建立在土墙一定数量位移的基础上的，因此，重力式支护结构发生一定的位移是必然的，设计的目的是将该位移量控制在工程许可的范围内。

水泥土墙的位移可用"m"法计算，但其计算较复杂。目前工程中常用下述经验公式，该计算法来自数十个工程实测资料，突出影响水泥土墙水平位移的几个主要因素，计算简便、实用。

$$\Delta_0 = \frac{\zeta \cdot K_a L h^2}{h_d \cdot b} \tag{1-27}$$

式中：Δ_0——墙顶估计水平位移(cm)；

L——开挖基坑的最大边长(m)；

ζ——施工质量影响系数，根据地基土质条件、施工质量等因素并结合工程经验确定，一般取 0.1～0.2，开挖时深度较小、土质较好、施工质量控制严格的取小值，反之，取大值；

h——基坑开挖深度(m)。

1.3.2　基坑降水

基坑开挖过程中，当地下水位高于基坑底时，由于土的含水层被切断，地下水会不断地渗入基坑内，雨季施工时，地面雨水也会不断流入基坑，为了保证施工的正常进行，防止出现流砂、边坡失稳和地基承载能力下降等现象，必须在基坑或沟槽开挖前或开挖时做好降水、排水措施，使地基土在开挖及基础施工时保持干燥。基坑或沟槽的降水方法可分为集水井降水法和井点降水法。

当基坑开挖到达地下水位以下而土质是细砂或粉砂，又采用明排水法时，基坑底下面的土会呈流动状态而随地下水涌入基坑，这种现象称为流砂。此时，土体完全丧失承载能力，边挖边冒，造成施工条件恶化，基坑难以达到设计深度。严重时会造成边坡塌方及附近建筑物、构筑物下沉、倾斜、倒塌等。因此，在施工前必须对场地的工程地质和水文地质资料进行详细调查研究，采取有效措施防止流砂产生。

流砂产生的原因主要是动水压力的大小和方向。当动水压力方向向上且足够大时，土颗粒被带出而形成流砂，而当动水压力方向向下时，如出现土颗粒的流动，其方向向下，则土体稳定。因此，在基坑开挖中，防止流砂的途径一是减小或平衡动水压力；二是改变动水压力的方向，设法使动水压力的方向向下，或是截断地下水流；三是改善土质，其具体措施如下：

(1)在枯水期施工

因为枯水期地下水位低，基坑内外水位差小，动水压力小，此时施工不易发生流砂。

(2)打板桩

方法是将板桩打入基坑底下面一定深度，以增加地下水的渗流路程，从而减少水力坡度，降低动水压力，防止流砂发生。目前所用的板桩有钢板桩、钢筋混凝土板桩、木板桩等。

(3)设置止水帷幕

方法是将连续的止水支护结构(如地下连续墙、连续板桩、深层搅拌桩等)打入基坑底面以下一定深度，形成封闭的止水帷幕，从而使地下水只能从支护结构下端渗入基坑，减少地下水的渗入路径，并减小水力坡度，从而减小动水压力，防止流砂现象发生。此法在深基坑支护中常被采用。

(4)井点降水法

采用井点降水方法，使地下水位降低到基坑底面以下，地下水的渗流向下，则动水压力的方向也向下，从而水不能渗入基坑内，可有效地防止流砂现象发生。

此外，当基底出现局部或轻微流砂现象时，可抛入大石块、土(或砂)袋把流砂压住，以平衡动水压力，此法适用于治理局部或轻微的流砂。在含有大量地下水的土层或沼泽地区施工时，还可以采用土壤冻结法、烧结法等，截止地下水流入基坑内，以防止流砂的产生。

1. 集水井降水法

集水井降水法也称明排水法(如图 1-24 所示),属于重力降水,它是采用截、疏抽的方法来进行排水,在基坑开挖过程中沿基坑底四周或中央开挖排水沟,并设置一定数量的集水井,使得基坑内的水在重力作用下经排水沟流入集水井内,然后用水泵抽走。雨季施工时,应在基坑周围或地面水的上游,开挖截水沟或修筑土堤,以防地面水流入基坑内。如果开挖深度较大,地下水渗流严重,则应该逐层开挖,逐层设置集水井。

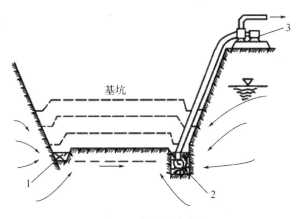

图 1-24　集水井降水法
1—排水沟;2—集水井;3—水泵

集水井应设置在基础范围以外,地下水走向的上游,以防止基坑底的土颗粒随水流失而使土结构遭受破坏。集水井的间距主要根据地下水量大小、渗透系数、基坑平面形状及水泵的抽水能力等确定,一般每隔 20～40m 设置一个。集水井的直径或宽度一般为 0.6～0.8m,其深度随着挖土的加深而增加,并保持低于挖土面 0.7～1.0m。坑壁可用竹、木料等简易加固。当基坑挖至设计标高后,集水坑底应低于基坑底面 1.0～2.0m,并铺设碎石滤水层(厚 0.3m)或下部砾石(厚 0.1m)上部粗砂(厚 0.1m)的双层滤水层,以免因抽水时间过长而将泥砂抽出,并防止坑底土被扰动。

用集水井降水时,所采用的抽水泵主要有离心泵、潜水泵、软轴泵等,其主要性能包括流量、扬程和功率等。选择水泵时,水泵的流量和扬程应满足基坑涌水量和基坑内降水深度的要求,昼夜随时抽排,直至基坑土回填为止。

集水井降水法施工方法简单,排水方便、经济,对周围影响小,工程中采用比较广泛,它适用于水流较大的粗粒土层的排水、降水,因为当基坑涌水量较大、水位差较大或土质为细砂或粉砂时,有可能产生流砂现象。如果不采取相应的措施,施工就难以进行。

2. 井点降水法

井点降水法即人工降低地下水位法,就是在基坑开挖前,预先在基坑周围或基坑内设置一定数量的滤水管(井),利用抽水设备从中抽水,使地下水位降低至基坑底以下并稳定后才开挖与施工。同时,在开挖过程中仍不断抽水,使地下水位稳定于基坑底面以下,所挖的土始终保持干燥,并且改善了挖土条件,还可以防止基坑底隆起和加速基坑地基固结,提高施工质量。井点降水法的作用如图 1-25 所示。但要注意的是,在降低地下水位的过程中,基坑附近的地基土体会产生一定的沉降,施工时应加以注意。

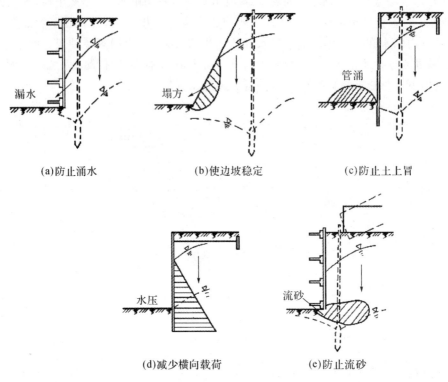

(a)防止涌水　　　　　　(b)使边坡稳定　　　　　　(c)防止土上冒

(d)减少横向载荷　　　　　　(e)防止流砂

图 1-25　井点降水的作用

人工降低地下水位的方法有轻型井点、喷射井点、电渗井点、管井井点及深井井点等,各种方法的选用依据是土的渗透系数、降水深度、工程特点、降水设备条件及经济条件等(如表 1-7 所示)。实际工程中轻型井点和管井井点应用较广,其中以轻型井点的理论最为完善。但目前很多深基坑降水都采用管井井点的方法,它的设计是以经验为主,理论计算为辅,目前我国尚无这种井的规程。

表 1-7　各井点的适用范围

降水井类型	渗透系数/m·d^{-1}	降水深度/m	土质类型	水文地质特征
轻型井点	0.1~20.0	单级<6 多级<20	填土、粉土、黏性土、砂土	上层滞水或水量不大的潜水
喷射井点	0.1~20.0	<20		
电渗井点	<0.1	按井点确定	黏性土	用于一般井点不可能降低地下水位的含水层中,尤其宜用于淤泥排水
管井井点	1.0~200.0	>5	粉土、砂土、碎石土、可熔岩、破碎带	含水丰富的潜水、承压水、裂隙水

（1）轻型井点

轻型井点是沿基坑四周或一侧每隔一定距离埋入井点管（下端为滤管），在地面上用集水总管将各井点管连接起来，并在一定位置设置抽水设备，利用真空泵和离心泵的真空吸力作用，使地下水经滤管进入井点管，然后经井点管排出，将地下水位线降至基坑底面以下（如图 1-26 所示）。

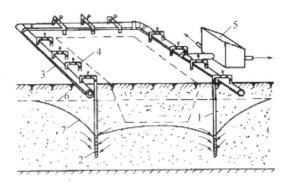

图 1-26　轻型井点设备

1—井点管；2—滤管；3—总管；4—弯联管；5—水泵房；

6—原有地下水位线；7—降低后的地下水位线

1）井点系统

轻型井点设备由管路系统和抽水设备组成。管路系统包括滤管、井点管、弯联管及总管。

滤管为进水设备（如图 1-27 所示），它位于井点管的下部，通常采用长为 1.0～1.5m、直径为 38mm 或 50mm 的无缝钢管，管壁上钻有呈星棋状排列的滤孔，滤孔直径为 12～

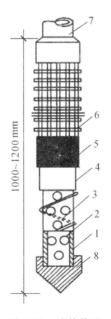

图 1-27　滤管构造

1—钢管；2—滤孔；3—缠绕的塑料管；4—细滤网；

5—粗滤网；6—粗铁丝保护网；7—井点管；8—铸铁头

19mm,滤孔面积为滤管表面积的 20％～25％,钢管外面包以两层孔径不同的滤网,内层为铜丝网或尼龙材质的细滤网,外层为粗滤网。为使水流畅通,管壁与滤网之间用塑料管绕成螺旋形隔开,外面再绕一层粗铁丝保护,滤管下端为一铸铁塞头。滤管上端与井点管连接,其构造是否合理,对抽水效果影响很大。

井点管是长为 5～7m、直径为 38mm 或 50mm 的无缝钢管,可为整根或由分节组成。井点管的上端用弯联管与总管相连。

集水总管是直径为 100～127mm 的无缝钢管,每段长为 4m,其上装有与井点管连接的短接头,间距有 0.8m,1.2m,1.6m,2.0m,2.4m(2.0m 用得较少)。

2)抽水设备

抽水设备常用的有真空泵抽水设备与射流泵抽水设备两类。真空泵抽水设备由真空泵、离心泵和水气分离器(又称集水箱)等组成,如图 1-28 所示。其工作原理是:开动真空泵19,将水气分离器 10 内部抽成一定程度的真空,在真空度吸力作用下,地下水经滤管 1、井点管 2 吸上,进入集水总管 5,再经过滤室 8 过滤泥砂石进入水气分离器 10。水气分离器内有一浮筒 11,沿中间导杆升降,当箱内的水使浮筒上升,即可开动离心水泵 24 将水排出,浮筒则可关闭阀门 12,避免水被吸入真空泵。副水气分离器 16 也是为了避免将空气中的水分吸入真空泵。为对真空泵进行冷却,特设一冷却循环水泵 23。

真空泵的负荷能力与其型号、性能和地质条件有关。在一般情况下,一台真空泵能负担的集水总管的长度为 100～200m。常用的真空泵主要有 W5、W6 型,采用 W5 型真空泵时,负荷长度不大于 100m;采用 W6 型真空泵时,负荷长度不大于 200m。

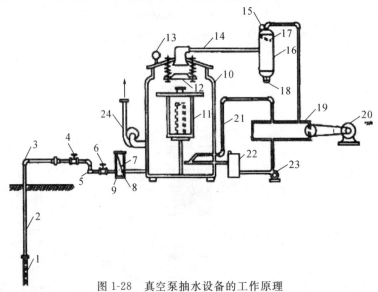

图 1-28　真空泵抽水设备的工作原理

1—滤管;2—井点管;3—弯管;4—阀门;5—集水总管;6—闸门;7—滤网;8—过滤室;9—淘砂孔;
10—水气分离器;11—浮筒;12—阀门;13,15—真空计;14—进水管;16—副水气分离器;17—挡水板;
18—放水口;19—真空泵;20—电动机;21—冷却水管;22—冷却水箱;23—循环水泵;24—离心水泵

3)轻型井点的布置

轻型井点的布置应根据基坑平面形状、大小和深度、土质、土的渗透系数、地下含水层的厚度、地下水位的高低与流向、降水深度要求等而定。井点布置是否恰当,对降水效果、施工速度影响很大。

①平面布置

当基坑(槽)宽度小于 6m,降水深度不超过 5m 时,可采用单排线状井点,井点管应布置在地下水的上游一侧,其两端的延伸长度一般不小于坑(槽)宽度[如图 1-29(a)所示]。如沟槽宽度大于 6m,或土质不良,则采用双排井点[如图 1-29(b)所示]。当基坑面积较大时,应采用环状井点[如图 1-29(c)所示]。施工过程中,可留出一段(地下水下游方向)不封闭或布置成 U 形[如图 1-29(d)所示],便于挖土机械和运输车辆进出基坑。井点管距离基坑壁一般为 0.7~1.0m,以防局部发生漏气。井点管间距应根据现场土质条件、降水深度、工程性质等按计算或经验确定,一般为 0.8~1.6m,不超过 2.0m,在总管拐弯处或靠近河流处,井点管应适当加密,以保证降水效果。

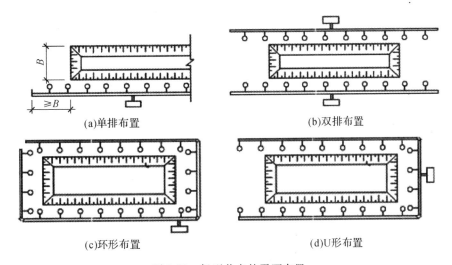

(a)单排布置　　　　(b)双排布置

(c)环形布置　　　　(d)U形布置

图 1-29　轻型井点的平面布置

②高程布置

轻型井点的降水深度从理论上讲可达 10.3m,但由于管路系统的水头损失,其实际降水深度一般不大于 6m。井点管埋置深度 H(不包括滤管)的计算公式为

$$H \geqslant h_1 + \Delta h + iL \tag{1-28}$$

式中:H ——井点管埋置深度(m);

　　　h_1 ——井点管埋设面至基坑底的距离(m);

　　　Δh ——基坑中心处基坑底(单排井点时,取远离井点一侧坑底边缘)至降低后地下水位线的距离,一般取 0.5~1.0m;

　　　i ——地下水力坡度,单排井点取 1/5~1/4,双排井点取 1/7,环形井点取 1/10;

　　　L ——井点管至基坑中心的水平距离(m)(在单排井点中,为井点管至基坑另一侧的水平距离)。

4)轻型井点的计算

轻型井点系统的设计计算,必须建立在可靠资料的基础上,如施工现场地形图、水文地质资料、基坑工程资料等。轻型井点的计算主要包括基坑涌水量计算、井点管数量及水井间距的确定。

井点系统的涌水量是以水井理论来计算的,根据地下水在土层中的分布情况,水井有几种不同的类型。根据地下水有无压力,水井分为无压井和承压井。当水井布置在含水层中,地下水表面为自由水压时,称为无压井[如图 1-30(a)和图 1-30(b)所示];当水井布置在承压含水层中时(水层处于两不透水层之间,地下水表面具有一定水压),称为承压井[如图 1-30(c)和图 1-30(d)所示]。根据水井底部是否达到不透水层,水井分为完整井和非完整井。当水井底部达到不透水层时,称为完整井[如图 1-30(a)和图 1-30(c)所示];否则称为非完整井[如图 1-30(b)和图 1-30(d)所示]。因此,水井大致有下列四种:无压完整井、无压非完整井、承压完整井和承压非完整井。水井类型不同,其涌水量的计算公式亦不相同。

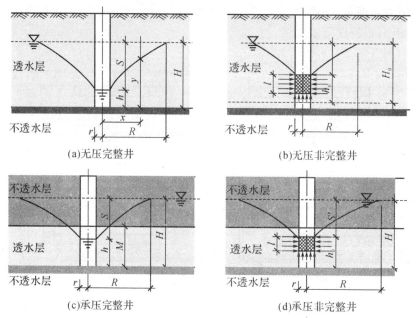

图 1-30　水井分类

① 涌水量的计算

a. 无压完整井的涌水量计算

根据达西线性渗透定律,无压完整井的涌水量(流量)为

$$Q = K \cdot A \cdot I \tag{1-29}$$

式中:K ——土的渗透系数(m/d);

A ——地下水流的过水断面面积,近似取铅直的圆柱面表面积作为 A,距井轴线 x 处的圆柱面表面积为 $A = 2\pi xy$（m²)；

I ——水力梯度,距井轴线 x 处为 $I = \dfrac{\mathrm{d}y}{\mathrm{d}x}$。

将 A,I 代入式(1-29),得

$$Q = K \cdot 2\pi xy \cdot \frac{\mathrm{d}y}{\mathrm{d}x}$$

分离变数,两边积分,得

$$\int_h^H 2y\,\mathrm{d}y = \int_r^R \frac{Q}{\pi K}\frac{\mathrm{d}x}{x}$$

$$H^2 - h^2 = \frac{Q}{\pi K} \cdot \ln \frac{R}{r}$$

移项,并以常用对数代替自然对数,得

$$Q = 1.366K \frac{H^2 - h^2}{\lg \dfrac{R}{r}} \qquad (1-30)$$

式中:H —— 含水层厚度(m);

　　h —— 井内水深(m);

　　R —— 抽水影响半径(m);

　　r —— 水井半径(m)。

设水井内的水位降低值为 S,则 $S = H - h$,即 $h = H - S$,代入式(1-30),得

$$Q = 1.366K \frac{(2H - S)S}{\lg R - \lg r} \qquad (1-31)$$

式(1-31)即为无压完整井单井的涌水量计算公式。但在轻型井点系统中,各井点布置在基坑四周,许多井点同时抽水,因而各单井的水位降落漏斗相互干扰,每个单井的涌水量比单独抽水时小,因此考虑到群井的相互作用,其总涌水量不能用各单井涌水量简单相加求得。计算群井涌水量时,可把各井点管视为一个半径为 x_0 的圆形单井进行分析。

对于无压完整井的环状井点系统,涌水量的计算公式为

$$Q = 1.366K \frac{(2H - S)S}{\lg R - \lg x_0} \qquad (1-32)$$

式中:S —— 水位降低值(m)。

　　R —— 环状井点系统的抽水影响半径(m),与土的渗透系数、含水层厚度、水位降低值和抽水时间等因素有关。在抽水 2~5d 后,水位下降漏斗基本稳定,此时抽水影响半径的近似经验公式为

$$R = 1.95S \sqrt{H \cdot K} \qquad (1-33)$$

式中:x_0 —— 环状轻型井点的假想半径(m),当矩形基坑的长宽比不大于 5 时,环形布置的井点可近似作为圆形井来处理,计算公式为

$$x_0 = \sqrt{\frac{A}{\pi}} \qquad (1-34)$$

式中:A —— 环状轻型井点系统所包围的面积(m^2)。

b. 无压非完整井的涌水量计算

对于实际工程中常遇到的无压非完整井的井点系统,地下水不仅从井的侧面进入,还从井底流入,因此其涌水量较无压完整井大,精确计算比较复杂。为了简化计算,可简单地用有效影响深度 H_0 代替含水层厚度 H 来计算涌水量,即

$$Q = 1.366K \frac{(2H_0 - S)S}{\lg R - \lg x_0} \qquad (1-35)$$

式中:H_0 —— 有效影响厚度(m)。

H_0 值可查表 1-8 确定。当计算得到的 H_0 大于实际含水层厚度 H 时,取 $H_0 = H$。

表 1-8　含水层有效厚度 H_0 的计算方法

$S/(S'+l)$	0.2	0.3	0.5	0.8
H_0/m	$1.3\,(S'+l)$	$1.5\,(S'+l)$	$1.7\,(S'+l)$	$1.85\,(S'+l)$

注：S 为井点系统中心处水位降低值(m)；S' 为井点管处水位降低值(m)；l 为滤管长度(m)。

②井点数量的确定

涌水量计算后，可以根据涌水量来布置井点数量，井点管数量至少要满足式(1-36)的要求：

$$n = 1.1\frac{Q}{q} \tag{1-36}$$

式中：q ——单根井点管最大出水量(m^3/d)，计算公式为

$$q = 65\pi dl \sqrt[3]{K} \tag{1-37}$$

式中：d ——滤管直径(m)；

l ——滤管长度(m)。

井点管间距 D (m)的计算公式为

$$D = \frac{L}{n} \tag{1-38}$$

式中：L ——总管长度(m)；

n ——井点管根数。

实际采用的井点管间距 D 值应与总管上的接头尺寸相适应，常取 0.8m，1.2m，1.6m，2.0m 等。实际采用的井点数量一般增加 10% 左右，以防井点管发生堵塞影响抽水效果。

【例 1-4】　某基础工程需开挖如图 1-31 所示的基坑，基坑底宽为 10m，长为 15m，深为

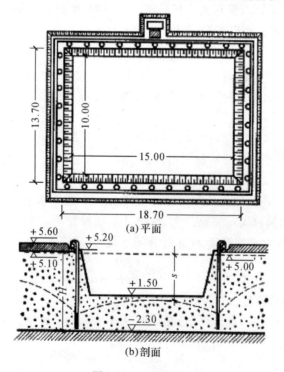

(a)平面

(b)剖面

图 1-31　工程基坑

4.1m,边坡为 1∶0.5。地质资料为:天然地面下有 0.5m 厚的黏土层、7.4m 厚的极细砂层,再下面为不透水的黏土层。试按轻型井点降水系统设计。

解 (1)井点系统布置:该基坑底面积为 $10 \times 15 (\text{m}^2)$,放坡后,上口(+5.2m 处)面积为 $13.7 \times 18.7 (\text{m}^2)$,考虑井点管距基坑边缘 1m,则井点管所围成的平面积为 $15.7 \times 20.7 (\text{m}^2)$,由于其长宽比小于 5,故按一个环状井点布置。基坑中心降水深度 $S = 5.00 - 1.50 + 0.50 = 4.00 (\text{m})$,故用一级井点即可。

表层为黏土,为使总管接近地下水位,可挖去 0.4m,在 +5.2m 标高处布置井点系统。取井点管外露 0.2m,则 6m 长的标准井点管埋入土中为 5.8m;而要求埋深 $H \geqslant h_1 + \Delta h + iL = (5.2 - 1.5) + 0.5 + \dfrac{1}{10} \times \dfrac{15.7}{2} = 4.99 (\text{m})$,小于实际埋深 5.8m,故高层布置符合要求。

(2)有效抽水影响深度 H_0:取滤管长 $l = 1.2\text{m}$,井点管中水位降 $S' = 5.6\text{m}$,则求得 $H_0 = 1.85(5.6 + 1.2) = 12.6 (\text{m})$,但实际含水层厚度 $H = 7.4 - 0.1 = 7.3 (\text{m})$,故取 $H_0 = 7.3\text{m}$,按无压完整井计算涌水量。

(3)总涌水量计算:通过扬水试验求 $K = 30\text{m/d}$,已知井点管所围成的面积 $F = 15.7 \times 20.7 (\text{m}^2)$,则基坑的假想半径为

$$x_0 = \sqrt{\frac{15.7 \times 20.7}{3.14}} = 10.17 (\text{m})$$

抽水影响半径为

$$R = 1.95 \times 4 \times \sqrt{7.3 \times 30} = 115 (\text{m})$$

总涌水量为

$$Q = 1.366 \times 30 \times \frac{(2 \times 7.3 - 4) \times 4}{\lg 115 - \lg 10.17} = 1649.5 (\text{m}^3/\text{d})$$

(4)井点管数量计算:

一根 $\phi 38$ 管井出水量为

$$q = 65 \times 3.14 \times 0.0038 \times 1.2 \times \sqrt[3]{30} = 28.9 (\text{m}^3/\text{d})$$

井点管数量为

$$n = 1.1 \times \frac{1649.5}{28.9} = 62.8 (\text{根}),\text{取 63 根}$$

井点管的平均间距为

$$D = \frac{2 \times (15.7 + 20.7)}{63} = 1.15 (\text{m}),\text{取 1.2m}$$

实际井点管数量为

$$n = \frac{72.8}{1.2} + 1 = 62 (\text{根})$$

5)轻型井点施工

轻型井点施工的工艺流程为:施工准备→井点管排放→井点系统埋设→弯联管将井点管与总管连接→安装抽水设备→试运行→正式抽水→井点系统拆除。

准备工作包括井点设备、施工机具、动力、水源及必要材料(如砂滤料)的准备,开挖排水沟,附近建筑物的标高观测以及防止附近建筑物沉降措施的实施。另外,为了检查降水效果,必须选择有代表性的地点设置水位观测孔。

井点管的埋设(如图 1-32 所示)是关键性工作,可以利用冲水管冲孔,或钻孔后将井点管沉入,也可以用带套管的水冲法及振动水冲法下沉埋设。

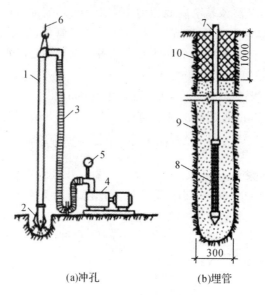

(a)冲孔　　(b)埋管

图 1-32　井点管的埋设

1—冲管;2—冲嘴;3—胶皮管;4—高压水泵;5—压力表;
6—起重机吊钩;7—井点管;8—滤管;9—砂滤层;10—黏土封口

冲孔时,孔洞必须保持垂直,冲孔直径一般为 300mm,孔径上下要一致,井点管四周要有一定厚度的砂滤层,砂滤层宜选用粗砂,以免堵塞管的网眼,冲孔深度要比滤管深 0.5m 左右。

井孔冲成后,随即拔出冲管,插入井点管,并在井点管与孔壁之间迅速填灌粗砂滤层,以防孔壁塌土。砂滤层的填灌质量是保证轻型井点顺利工作的关键,一般应选用洁净粗砂,厚度一般为 60~100mm,填至滤管顶上 1.0~1.5m,以保证水流畅通。井点填砂后,井点管上口距地面 1.0m 范围内须用黏土封口,以防漏气。

井点管埋设完毕应接通总管。总管设在井点管外侧 50cm 处,铺前先挖沟槽,并将槽底整平,将配好的管子逐根放入沟内,在端头法兰穿上螺栓,垫上橡胶密封圈,然后拧紧法兰螺栓,总管端部用法兰封牢。一组井点管部件连接完毕后,与抽水设备连通,进行试抽水,检查有无漏气、淤塞情况,出水是否正常,如压力表读数在 0.15MPa~0.20MPa,真空度在 93.3kPa 以上,即可投入正常使用。

井点系统全部安装完毕后,即可接通总管和抽水设备进行试抽,检查有无漏水、漏气现象,出水是否正常。井点管使用时,应保证连续不断抽水,若时抽时停,则滤网易于堵塞,也容易抽出土粒,使水浑浊;中途停抽,地下水回升,也会引起边坡塌方等事故。正常的出水规律是"先大后小,先浑后清"。

采用井点系统降水,一般抽水 3~5d 后水位降落,漏斗基本趋于稳定。基础和地下构筑物完成并回填土后,方可拆除井点系统。拔出井点管可借助于倒链或杠杆式起重机,所留孔洞用砂或土堵塞。采用轻型井点降水时,还应对附近建筑物进行沉降观测,必要时应采取防护措施。

　　井点系统的拆除必须是在地下建(构)筑物完工并进行土方回填后进行,陆续关闭和逐根拔出井点管,井点管拆除一般多借助于倒链、起重机等。拔管后所形成孔洞用土或砂填塞,对地基有防渗要求时,地面以下 2m 应用黏土填实。

　　需要注意的是,井点使用后,中途不得停泵,且应保持降低地下水位在基底 0.5m 以下,防止因停止抽水使地下水位上升,造成淹泡基坑事故。

　　6)其他降水方式

　　①管井井点

　　当土壤的渗透系数大(如 20～200m/d)、地下水丰富、轻型井点不易解决时,可采用管井井点的方法进行降水。管井井点是每隔一定距离设置一个管井,每个管井单独用一台水泵不断地抽水,以降低地下水位。管井井点的设备主要是由管井、吸水管、水泵组成,如图 1-33 所示。管井可用钢管管井和混凝土管管井等。钢管管井的井身采用直径为 150～250mm 的钢管,其过滤部分采用钢筋焊接骨架外缠镀锌铁丝并包滤网(孔眼为 1～2m),长度为 2～3m。混凝土管管井的内径为 400mm,分实管与过滤管两种,过滤管的空隙率为 20％～25％,吸水管可采用直径为 50～100m 的钢管或胶管。

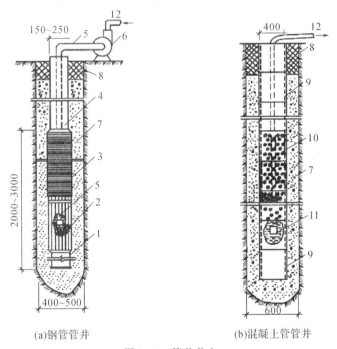

图 1-33　管井井点

1—沉砂管;2—钢筋焊接骨架;3—滤网;4—管身;5—吸水管;6—离心泵;7—过滤层;
8—黏土封口;9—混凝土实管;10—混凝土过滤管;11—潜水泵;12—出水管

　　管井的间距一般为 20～50m,深度为 8～15m。井内水位降低值可达 6～10m,两井中间则为 3～5m。井管的埋设可采用泥浆护壁钻孔法成孔,孔径应比井管直径大 200mm 以上。井管下沉前要清孔,以保持滤网的畅通。井管与土壁之间用粗砂或小砾石填灌作为滤层。地面以下 0.5m 内用黏土填充夯实。管井井点的设计计算可参照轻型井点进行。

　　管井埋设的最后一道工序是洗井。洗井的作用是清除井内泥砂和过滤层淤塞,使井的出水量达到正常要求。常用的洗井方法有水泵洗井法、空气压缩机洗井法等。

②喷射井点

当基坑(槽)开挖较深而地下水位较高、降水深度超过 6m 时,采用一级轻型井点已不能满足要求,必须采用二级或多级轻型井点才能收到预期效果,但这会增加设备数量和基坑(槽)的开挖土方量,延长工期,往往不够经济。此时宜采用喷射井点,该方法降水深度可达 8～20m,在 $K=3\sim50\text{m/d}$ 的砂土中最有效,在 $K=0.1\sim3\text{m/d}$ 的粉砂、淤泥质土中效果也很显著。喷射井点的设备由喷射井管、高压水泵及进水、排水管路组成(如图 1-34 所示)。喷射井管由内管和外管组成,在内管下端装有喷射扬水器与滤管相连,当高压水经内外管之间的环形空间由喷嘴喷出时,地下水即被吸入而压出地面。

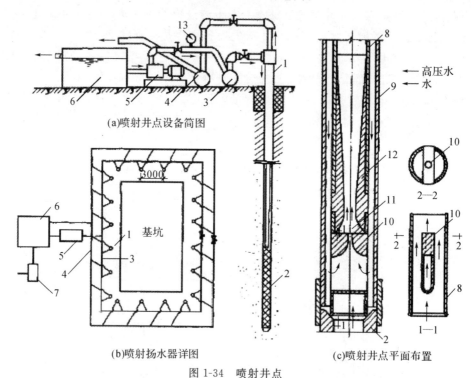

(a)喷射井点设备简图

(b)喷射扬水器详图

(c)喷射井点平面布置

图 1-34　喷射井点

1—喷射井管;2—滤管;3—进水总管;4—排水总管;5—高压水泵;6—集水池;
7—低压水泵;8—内管;9—外管;10—喷嘴;11—混合室;12—扩散管;13—压力表

③电渗井点

当土壤渗透系数小于 0.1m/d,采用轻型井点、喷射井点进行基坑(槽)降水效果很差时,宜改用电渗井点降水。电渗井点是以井点管作阴极,沿基坑(槽)外围布置,并采用套管冲枪成孔埋设;以插入的钢筋或钢管作阳极,埋在井点管内侧。当通以直流电后,土颗粒即自负极向正极移动,水则自正极向负极移动而被集中排出。土颗粒的移动称电泳现象,水的移动称电渗现象,故称电渗井点。这种方法因耗电较多,只有在特殊情况下使用。

电渗井点适用于黏土、粉质黏土、淤泥等土质中的降水,它是轻型井点或喷射井点的辅助方法。

7)降水对环境的影响和防治措施

①降水对周边环境的影响

井点管埋设完成开始降水时,井内水位下降,同时随水流会带出部分细微土粒,再加上降水后土体的含水量降低,使土壤产生固结,因而会引起周围地面的沉降。这是由于:一方面,基坑降水后土中孔隙水压力会发生转移、消散,打破了原有的力学平衡,使得土体中有效应力增加,在建筑物自重不变的情况下就产生了沉降变形;另一方面,基坑降水后形成的降水漏斗使得水力梯度增加,由此产生的渗透力将作为体积力作用在土体上,引起变形。总之,两者的共同作用导致了基坑周围土体的沉降。因此,在建筑物密集地区进行降水施工,或因长时间降水引起过大的地面沉降,会带来较严重的后果,在软土地区曾发生过不少事故。

②防治措施

为防治或减少降水对周围环境的影响,避免产生过大的地面沉降,可采取下列一些技术措施:

a.采用回灌技术

回灌井点是防止井点降水损害周围建筑物的一种经济、简便、有效的方法,它能将井点降水对周围建筑物的影响减少到最低程度。降水对周围环境的影响是土壤内地下水流失造成的。回灌技术即在降水井点和要保护的建(构)筑物之间布置一排井点,在降水井内抽水的同时,通过回灌井点向土层内灌入一定量的水(即降水井点抽出的水),形成一道止水帷幕,从而阻止或减少回灌井点外侧被保护的建(构)筑物的地下水流失,使地下水位基本保持不变,这样就会减少或避免因降水引起地面沉降。回灌井点可采用一般真空井点降水的设备和技术,仅增加回灌水箱、闸阀和水表等少量设备,一般施工单位皆易掌握。为确保基坑施工的安全和回灌的效果,回灌井点与降水井点之间应保持一定的距离,一般不宜小于6m,降水与回灌应同步进行。

回灌井点的间距应根据降水井点的间距和被保护建(构)筑物的平面位置确定。回灌井点宜进入稳定降水曲面下1m,且位于渗透性较好的土层中。回灌井点滤管的长度应大于降水井点滤管的长度。回灌水量可通过水位观测孔中的水位变化进行控制和调节,回灌水位不宜超过原水位标高。回灌水箱的高度可根据灌入水量决定,回灌水宜用清水。实际施工时应协调控制降水井点与回灌井点。

许多工程实例证明,用回灌井点回灌水能产生与降水井点相反的地下水降落漏斗,能有效地阻止被保护建(构)筑物的地下水流失,防止产生有害的地面沉降。回灌水量要适当,过小无效,过大会从边坡或钢板桩缝隙流入基坑。回灌系统的布置如图1-35所示。

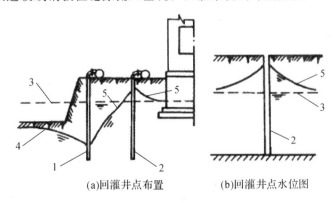

　　(a)回灌井点布置　　　　　　(b)回灌井点水位图

图 1-35　回灌系统的布置

1—降水井点;2—回灌井点;3—原水位线;4—基坑内降低后的水位线;5—回灌后水位线

b. 使降水速度减缓

在砂质粉土中降水影响范围可达 80m 以上,降水曲线较平缓,为此可将井点管加长,减缓降水速度,防止产生过大的沉降。也可在井点系统降水过程中,调小离心泵阀,减缓抽水速度。还可在邻近被保护建(构)筑物一侧,将井点管间距加大,需要时甚至暂停抽水。为防止抽水过程中将细微土粒带出,可根据土的粒径选择滤网。另外,确保井点管周围砂滤层的厚度和施工质量,也能有效防止降水引起的地面沉降。在基坑内部降水,掌握好滤管的埋设深度,如支护结构有可靠的隔水性能,一方面能疏干土壤、降低地下水位,便于挖土施工,另一方面又不使降水影响到基坑外面,造成基坑周围产生沉降。上海等地在深基坑工程降水中,采用该方案取得了较好效果。

c. 设置止水帷幕

在建筑物和地下管线密集的区域进行降水时,对在地面沉降方面有严格要求的场地进行基坑开挖,应尽可能采取止水帷幕;或在施工场地周边有湖、河流等贮水体时,应在降水区域和原有建筑物之间的土层中设置一道固体抗渗屏幕(止水帷幕),并进行坑内降水。一方面可以疏干坑内地下水,便于顺利开挖施工;另一方面可以防止由于抽水造成坑内地下水与贮水体穿通,引起大量的涌水,甚至抽水带出土粒,产生流砂现象。止水帷幕可结合挡土支护结构设置或单独设置,常用的有深层搅拌法、压密注浆法、密排灌注桩法、冻结法等。

d. 采用变形观测技术

基坑降水时,为了保证在建筑物安全和正常的情况下,运用变形观测的数据,来控制和调节基坑土开挖及降水的部位、数量与速度,可采用回弹与沉降相抵消的办法来控制建筑物的变形,使周边环境不受损害。变形观测在施工中起着领头和指挥的特殊作用,我们称其为"主动型"的观测。它不仅配合工程地质和施工人员完成了降水任务,而且确保了基坑周围建筑物的安全,同时还进一步提高了精密工程测量在工程建设中的地位与作用。

7)排水与施工质量检验标准

按照国家标准《建筑地基基础工程施工质量验收规范》(GB 50202—2002)的规定,降水与排水施工质量检验标准如表 1-9 所示。

表 1-9 降水与排水施工质量检验标准

序号	检查项目	允许值或允许偏差		检查方法
		单位	数值	
1	排水沟坡度	%	1～2	目测:沟内不积水,沟内排水畅通
2	井管(点)垂直度	%	1	插管时目测
3	井管(点)间距(与设计相比)	mm	≤150	用钢尺量
4	井管(点)插入深度(与设计相比)	mm	≤200	水准仪
5	过滤砂砾料填土(与设计值相比)	%	≤5	检查回填料用量
6	井点真空度:真空井点 喷射井点	kPa	＞60 ＞93	真空度表
7	电渗井点阴阳极距离:真空井点 喷射井点	mm	80～100 120～150	用钢尺量

1.3.3 基坑土方机械施工

土方机械化开挖应根据工程结构形式、工程规模、开挖深度、地质条件、气候条件、地下水情况、土方量、运距、周围环境、施工工期和地面荷载等有关资料,确定土方开挖方案并合理选择挖土机械,以充分发挥机械效率,节省机械费用,加速工程进度。基坑(槽)及管沟开挖方案的内容主要包括:确定支护结构的龄期,选择挖土机械,确定开挖时间、分层开挖深度及开挖顺序、坡道位置和车辆进出场道路,合理安排施工进度和劳动组织,制订监测方案、质量和安全措施,以及制订土方开挖对周围建筑物和构筑物需采取的保护措施等。土方开挖常采用的挖土机械有推土机、铲运机、挖掘机、装载机等。

1. 主要挖土机械及其施工

在一般情况下,开挖深度较小的大面积基坑,宜采用推土机或装载机推土、装土,用自卸汽车运土;对长度和宽度均较大的大面积土方一次开挖,可用铲运机铲土、运土、卸土、填筑作业;对面积较深的基坑(槽)多采用 $0.5m^3$ 或 $1.0m^3$ 斗容量的液压正铲挖掘机,上层土方也可用铲运机或推土机进行;如操作面狭窄,且有地下水,土体湿度大,可采用液压反铲挖掘机挖土,自卸汽车运土;在地下水中挖土,可用拉铲,效率较高;对地下水位较深,采取不排水时,也可分层用不同机械开挖,先用正铲挖掘机挖地下水位以上土方,再用拉铲或反铲挖地下水位以下土方,用自卸汽车将土方运出。在土木工程施工中,尤以推土机、铲运机和挖掘机应用最广,最具代表性。现将这几种类型机械的性能、适用范围及施工方法予以介绍。

(1)推土机施工

推土机(如图 1-36 所示)由动力机械和工作部件两部分组成,其动力机械是拖拉机,工作部件是安装在动力机械前面的推土铲。推土机的行走方式有轮胎式和履带式两种,按铲刀的操纵方式的不同,可分为索式(自重切土)和液压式(强制切土)两种。索式推土机的铲刀借助本身自重切入土中,在硬土中切土深度较小;液压式推土机采用油压操纵,能使铲刀强制切入土中,其切入深度较大。同时,液压式推土机铲刀还可以调整角度,具有较大的灵活性,是目前常用的一种推土机。

图 1-36 推土机

推土机的特点是构造简单,操纵灵活,运转方便,所需工作面较小,功率较大,行驶速度快,易于转移,能爬 30° 的缓坡。推土机适用范围:挖土深度不大的场地平整,铲除腐殖土并运送到附近的弃土区;开挖深度不大于 1.5m 的基坑;回填基坑和沟槽;堆筑高度 1.5m 以内的路基、堤坝;平整其他机械卸置的土堆;推送松散的硬土、岩石和冻土;配合铲运机进行助铲;配合挖土机施工,为挖土机清理余土和创造工作面。此外,将铲刀卸下后,推土机还能牵引其他无动力的土方施工机械,如拖式铲运机、松土机、羊足碾等。推土机的经济运距宜在 100m 以内,当推运距离为 40~60m 时,工作效能最高。

推土机的生产率主要决定于推土板推移土的体积及切土、推土、回程等工作的循环时间。切土时应根据土质情况,尽量采用最大切土深度在最短距离内完成,以便缩短低速行进的时间,然后直接将土推运到预定地点。上下坡坡度小于35°,横坡小于10°。

　　为了提高推土机的生产率,可采取下坡推土法、槽形推土法、并列推土法以及分批集中、一次推送法等,还可在推土板两侧附加侧板,以增加推土体积,当两台以上推土机在同一区域作业时,两机前后距离不得小于8m,平行时左右距离不得小于1.5m。

　　①下坡推土法(如图1-37所示)。推土机顺地面坡势沿下坡方向推土,借助机械往下的重力作用,可增大铲刀的切土深度和运土数量,可提高推土机能力和缩短推土时间,一般可提高生产率30%～40%。但推土坡度应在15°以内,以免后退时爬坡困难。下坡推土法也可与其他推土法结合使用。

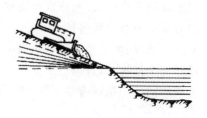

图1-37　下坡推土法

　　②槽形推土法[如图1-38(a)所示]。当运距较远、挖土层较厚时,利用已推过的土槽再次推土,可以减少铲刀两侧土的散失,也可以增加10%～30%的推运土量。槽的深度在1m左右为宜,土埂宽约50cm。当推出多条槽后,再将土埂推入槽中运出。在土层较硬的情况下,可在铲刀前面装置活动松土齿,当推土机倒退回程时,即可将土翻松。这样可减少切土阻力,从而提高切土运行速度。

　　③并列推土法[如图1-38(b)所示]。对于大面积的施工区,可用2～3台推土机并列推土。推土时两铲刀相距15～30cm;倒车时,分别按先后次序退回。这样可以减少土的散失而增大推土量。一般采用两机并列推土可增加15%～30%的推土量,采用3机并列推土可增加30%～40%的推土量。但平均运距不宜超过75m,亦不宜小于20m;且推土机数量不宜超过3台,否则倒车不便,行驶不一致,反而影响生产率的提高。

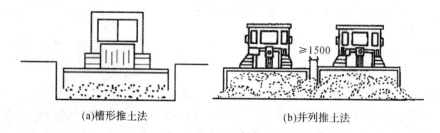

(a)槽形推土法　　　　　　　　　(b)并列推土法

图1-38　槽形推土法和并列推土法

　　④分批集中,一次推送法。若运距较远而土质又比较硬,由于切土的深度不大,可采用多次铲土,先堆积在一处,然后集中推送到卸土区,使铲刀前保持满载,这样可以有效地提高推土的效率。

　　(2)铲运机施工

　　铲运机(如图1-39所示)是一种能完成铲土、装土、运土和分层填土、局部碾实综合作业,利用铲斗铲削土壤,并将碎土装入铲斗进行运送的机械。铲运机对行驶道路要求较低,操纵灵活,生产率较高。铲运机可在一至三类土中直接挖、运土,常用于坡度在20°以内的大面积土方挖、填、平整和压实,大型基坑、沟槽的开挖,路基和堤坝的填筑,宜于开挖含水量不超过27%的松土和普通土,但不适于砾石层、冻土地带及沼泽地区使用。坚硬土开挖时,要用推土机助铲或用松土机配合先将土翻松0.2～0.4m,以减少机械磨损,提高生产率。

(a)铲土   (b)卸土

图 1-39 铲运机

在土方工程中,铲运机的铲斗容量分为小型、中型、大型和特大型:小型铲斗容量一般小于 $5m^2$;中型的一般为 $5\sim15m^3$;大型的一般为 $15\sim30m^3$;特大型的可以达到 $30m^3$ 以上。铲运机按行走机构可分为拖拉机式铲运机和自行式铲运机两种,按铲斗操纵方式又可分为钢索式和液压式两种。自行式铲运机适用于运距为 $800\sim3500m$ 的大型土方工程施工,以运距在 $800\sim1500m$ 时生产效率最高;拖式铲运机适用于运距为 $80\sim800m$ 的土方工程施工,而运距在 $200\sim350m$ 时效率最高。如果采用双联铲运或挂大斗铲运,其运距可增加到 $1000m$。

运距愈长,生产率愈低。因此,应根据填、挖方区的分部情况和地形条件规划铲运机开行路线,力求符合经济运距的要求。工程实践中,为了提高生产率,铲运机的开行路线一般有环形路线和 8 字形路线两种形式(如图 1-40 所示),施工时应尽量减少转弯次数和空驶距离,以提高工作效率。采用环形路线可进行多次铲土和卸土,从而减少了铲运机转弯次数,相应提高了工作效率。而在地形起伏较大,施工地段狭长的情况下宜采用 8 字形路线。采用 8 字形路线时,铲运机在上下坡时是斜向行驶,所以坡度平缓;一个循环中两次转弯方向不同,故机械磨损均匀;一个循环完成两次铲土和卸土,减少了转弯次数及空车行驶距离,可缩短运行时间,提高生产率。

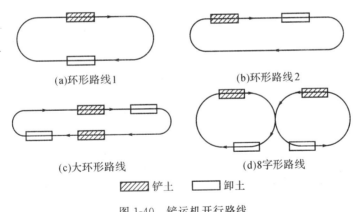

(a)环形路线1   (b)环形路线2

(c)大环形路线   (d)8字形路线

▨铲土 ☐卸土

图 1-40 铲运机开行路线

当沿沟边或填方边坡作业时,轮胎离路肩不得小于 0.7m。铲运机的施工方法一般有下坡铲土法(坡度 $5°\sim7°$ 为宜)、跨铲法(预留土埂,间隔铲土)和助铲法(推土机在后面助推)等。

需要注意的是,铲运机应避免在转弯时铲土,否则,铲刀受力不均易引起翻车事故。因此,为了充分发挥铲运机的效能,保证能在直线段上铲土并装满土斗,要求铲土区应有足够的最小铲土长度。

（3）挖掘机施工

挖掘机（如图 1-41 所示）是土方工程中最常用的一种施工机械，按其行走方式不同可分为履带式和轮胎式两类，其传动方式有机械传动和液压传动两种。挖掘机利用土斗直接挖土，因此也称为单斗挖土机。根据施工要求，挖掘机的工作装置可以更换。按土斗装置的不同，挖掘机可分为正铲挖掘机、反铲挖掘机、拉铲挖掘机和抓铲挖掘机等，使用较多的是前三种。其中，拉铲或反铲挖掘机作业时，其履带或轮胎到工作面边缘的安全距离不应小于 1.0m。

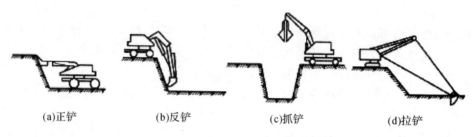

| (a)正铲 | (b)反铲 | (c)抓铲 | (d)拉铲 |

图 1-41　挖掘机工作装置的类型

①正铲挖掘机

正铲挖掘机应用较广（如图 1-42 所示），适用于开挖停机面以上的土方，且需要与汽车配合完成整个挖掘运土工作。正铲挖掘机的挖掘力大，生产率高，适用于开挖含水量较小的一类土和经爆破的岩石及冻土，既可用于大型基坑工程，也可用于场地平整施工。

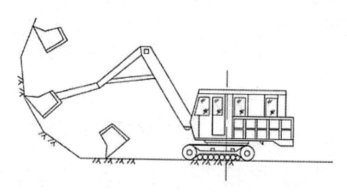

图 1-42　正铲挖掘机

正铲挖掘机的挖土特点是"前进向上，强制切土"，其生产率主要决定于每斗的挖土量和每斗作业的循环时间。为了提高生产率，除了工作面高度必须满足装满土斗的要求（不小于 3 倍土斗高度）外，还要考虑挖土方式及与运土机械的配合问题，尽量减少回转角度，缩短每个循环的延续时间。正铲挖土机的开挖方式，根据其开挖路线和运输工具的相对位置不同，有以下两种：

a. 正向挖土、侧向卸土［如图 1-43（a）所示］，即挖掘机向前进方向挖土，运输车辆停在其侧面卸土（可停在停机面上或高于停机面）。此法应用较广，因挖土机卸土时回转角小，运输方便，故其生产率高。

b. 正向挖土、后方卸土［如图 1-43（b）所示］，即挖掘机向前进方向挖土，运输车辆停在其后面装土。此法挖土工作面较大,但挖土机卸土时旋转较大角度,运输车辆要倒车开入,运输不方便,生产率较低,故一般很少采用。一般仅当基坑较窄而且深度较大时采用。

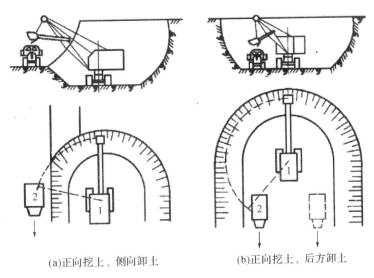

(a)正向挖土、侧向卸土　　　(b)正向挖土、后方卸土

图 1-43　正铲挖掘机的开挖方式

1—正铲挖掘机;2—自卸汽车

挖掘机在停机点所能开挖的土方面称为工作面,一般称"掌子"。工作面的大小和形状主要取决于挖掘机的工作性能、挖土方式及运输方式等因素。根据工作面的大小和基坑的断面,可布置挖掘机的开行通道。例如,当基坑开挖的深度小而面积大时,只需布置一层通道即可;当基坑深度较大时,可布置成多层通道。某基坑开挖时布置成四层开行通道的示例如图 1-44 所示,挖掘机采用正向开挖、侧向卸土(高侧或平侧),每斗作业循环时间短,生产率较高。

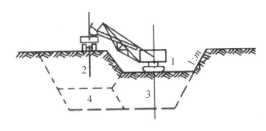

图 1-44　正铲挖掘机开行通道布置示例

1,2,3,4—挖掘机开行次序

②反铲挖掘机

反铲挖掘机(如图 1-45 所示)是开挖停机面以下 6.5m 深度以内的土方(挖深与工作装置有关),不需设置进出口通道,也可分层开挖,但当地下水位较高时,需配合基坑内的降水工作进行开挖,以保证停机面的干燥,不致使机械沉陷。其适用于开挖小型基坑、基槽和管沟,尤其适用于开挖独立柱基以及有地下水的土或泥泞土。反铲挖掘机的挖土特点是"后退向下、强制切土"。其挖掘力比正铲挖掘机小,能开挖停机面以下的一至三类土,挖土时可用

汽车配合运土,也可弃土于坑(槽)附近。

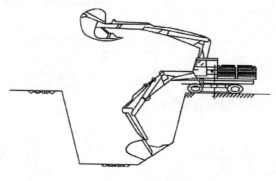

图 1-45　反铲挖掘机

　　反铲挖掘机的开挖方式可以采用沟端开挖和沟侧开挖(如图 1-46 所示)。沟端开挖是指挖掘机在基槽一端挖土,后退挖土,向沟一侧弃土或装汽车运走。其优点是挖土方便,挖的深度和宽度较大。沟侧开挖是指挖土机在沟槽一侧挖土,因为挖掘机的移动方向与挖土方向相垂直,沿沟边开挖,所以稳定性较差,可将土弃于距沟较远的地方。

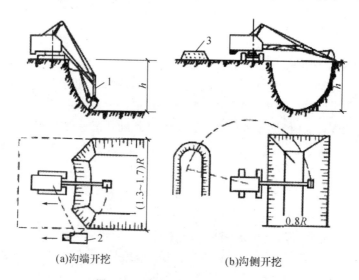

(a)沟端开挖　　　　　　　　　　　(b)沟侧开挖

图 1-46　反铲挖掘机的开挖方式

　　③拉铲挖掘机

　　拉铲挖掘机(如图 1-47 所示)的工作装置简单,可直接由起重机改装,其特点为铲斗悬挂在钢丝绳下而无刚性的斗柄上。由于拉铲支杆较长,铲斗在自重作用下落至地面时,借助于自身的机械能可使斗齿切入土中,故开挖的深度和宽度均较大。

　　拉铲挖掘机的特点是"后退向下,自重切土",适用于地下一至三类土,开挖停机面以下的土方,如大面积基坑和沟槽,挖取水下泥土和沼泽地带的土壤,也可以用于大型场地平整、地下室、填筑路基和堤坝等。拉铲挖掘机的开行方式和反铲挖掘机一样,有沟侧开挖和沟端开挖两种。与反铲挖掘机相比,拉铲挖掘机的挖土深度、挖土半径和卸土半径均较大,但开挖的精确性差,不够灵活,且大多将土弃于土堆,如需卸在运输工具上,则操作技术要求高,且效率降低。

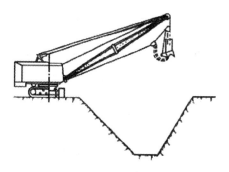

图 1-47　拉铲挖掘机

④抓铲挖掘机

抓铲挖掘机(如图 1-48 所示)一般由正、反铲液压挖掘机更换工作装置,或由履带式起重机改装而成,可用于挖掘独立柱基的基坑、沉井以及其他挖方工程,特别适宜于进行水中挖土。

抓铲挖掘机的挖土特点是"直上直下,自重切土"。其挖掘力较小,只能开挖一至二类土,抓铲挖土时,通常立于基坑一侧进行,对较宽的基坑则在两侧或四侧抓土,并可在任意高度上卸土。抓挖淤泥时,抓斗易被淤泥"吸住",应避免起吊用力过猛,以防翻车。

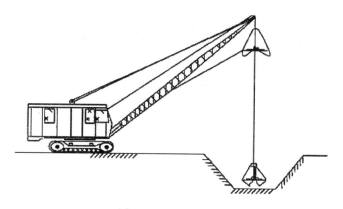

图 1-48　抓铲挖掘机

2. 土方机械的选择

选择土方机械时,应根据现场的地形条件、土质、水文地质条件、土方量、工期要求、土方机械供应条件等因素,合理选择定量的土方机械,应注意充分发挥机械性能,进行技术经济比较后确定机械种类与数量,以保证施工质量,加快进度,降低成本。

例如在地形起伏较大的丘陵地带,当挖土高度在 3m 以上,运输距离超过 2000m,土方工程量较大且较集中时,一般应选用正铲挖土机挖土,自卸汽车配合运土,并在弃土区配备推土机平整土堆。也可采用推土机预先把土推成一堆,再用装载机把土装到自卸汽车上运走。开挖基坑时根据下述原则选择机械:当基坑深度在 1~2m,而基坑长度又不太长时,采用推土机;对深度在 2m 以内的线状基坑,宜用铲运机开挖;当基坑较大,工程量集中时,如基坑底干燥且较密实,可选用正铲挖土机挖土;当地下水位较高,又不采用降水措施,或土质松软,可能造成正铲挖掘机和铲运机陷车时,采用反铲、拉铲或抓铲挖掘机配合自卸汽车较为合适。移挖作填以及基坑和管沟的回填土,当运距在100m以内时,可采用推土机施工。上述各种机械的适用范围都是相对的,选用机械时应结合具体情况,并考虑工程成本,选择效率高、费用低的机械进行施工。

3. 挖掘机和运土车辆的计算

采用挖掘机进行土方施工时,需要运土车辆将挖出的土及时运走。因此,要充分发挥挖掘机的生产率,不仅要正确选择挖掘机,而且要使所选择的运土车辆的运土能力与之相协调。为保证挖掘机连续工作,运土车辆的载重量应与挖掘机的斗容量保持一定倍数关系(一般为每斗土重的3~5倍)并保持足够数量的运土车辆。

(1)挖掘机的生产率 P (m³/台班)可查定额手册,或按式(1-39)计算:

$$P = \frac{8 \times 3600}{t} \cdot q \cdot \frac{K_C}{K_S} \cdot K_B \tag{1-39}$$

式中:t——挖掘机每斗作业循环时间(s),如 W1-100 正铲挖掘机为 25~40s;

q——挖掘机斗容量(m³);

K_S——土的最初可松性系数,查表 1-1;

K_C——土斗的充盈系数,可取 0.8~1.1;

K_B——工作时间利用系数,一般为 0.6~0.8。

(2)运土车辆配套计算

运土汽车的数量 N (辆)应保证挖掘机连续工作,可按式(1-40)计算:

$$N = \frac{T}{t_1 + t_2} \tag{1-40}$$

式中:T——自卸汽车每一运土循环的延续时间(min);

t_1——运土车辆掉头而使挖掘机等待时间(s);

t_2——运土车辆装满一车土的时间(s)。

$$t_2 = nt$$

$$n = \frac{10Q}{q \cdot \frac{K_C}{K_S} \cdot \gamma} \tag{1-41}$$

式中:Q——运土车辆的载重量(t);

γ——土的重度(kN/m³);

n——运土车辆每车装土次数。

4. 机械开挖基坑的施工要点

(1)土方开挖应绘制土方开挖图,确定开挖路线、顺序、范围、基底标高、边坡坡度、排水沟、集水井位置以及挖出的土方堆放地点等。绘制土方开挖图应尽可能使机械多挖,减少机械超挖和人工挖方。

(2)大面积基础群基坑底标高不一,机械开挖顺序一般采取先整片挖至一平均标高,然后再挖个别较深部位。当一次开挖深度超过挖掘机最大挖掘高度(5m 以上)时,宜分 2~3

层开挖,并修筑坡度为 10%～15% 的坡道,以便挖土及运输车辆进出。

(3)基坑边角部位、机械开挖不到之处,应用少量人工配合清坡,将松土清至机械作业半径范围内,再用机械掏取运走。大基坑宜另配一台推土机清土、送土、运土。

(4)挖掘机、运土汽车进出基坑的运输道路,应尽量利用一侧或两侧相邻的基础(以后需开挖的)部位,使它互相贯通作为车道,或利用提前挖除土方后的地下设施部位作为相邻的几个基坑开挖地下运输通道,以减少挖土量。

(5)机械开挖施工时,应保护井点、支撑等不受碰撞或损坏,同时应对平面控制桩、水准点、基坑平面位置、水平标高、边坡坡度等定期进行复测检查。

(6)机械开挖应由深而浅,基底及边坡应预留一层 150～300mm 厚的土层,用人工清底、修坡、找平,以保证基底标高和边坡坡度正确,避免超挖和土层遭受扰动。

(7)基坑土方开挖可能影响邻近建筑物、管线安全使用时,必须有可靠的保护措施。

(8)雨季开挖土方,工作面不宜过大,应逐段分期完成。如为软土地基,进入基坑行走需铺垫钢板或铺路基垫道。坑面、坑底排水系统应保持良好状态,防止雨水浸入基坑。冬季开挖基坑,如挖完土隔一段时间施工,地基土上面须预留适当厚度的松土,以防地基土遭受冻结。

(9)当基坑开挖局部遇露头岩石时,应先采用局部爆破方法,将基岩松动、爆破成碎块,其块度应小于铲斗宽的 2/3,再用挖掘机挖出,可避免破坏邻近基础和地基。

5.基坑开挖的安全措施

(1)基坑边缘堆置土方和建筑材料,一般应距基坑上部边缘不小于 2m,堆置高度不应超过 1.5m。在垂直的坑壁边,此安全距离还应加大。软土地区不宜在基坑边堆置弃土。基坑开挖时,两人的操作间距应大于 3m,每人的工作面应大于 6m²。多台机械开挖时,挖掘机间距应大于 10m。挖掘机工作范围内,不许进行其他作业,严禁先挖坡脚或逆坡挖土。

(2)基坑周围地面应进行防水、排水处理,严防雨水等地面水浸入基坑周边土体。雨季施工时,基坑(槽)应分段开挖,挖好一段浇筑一段垫层,并在基槽两侧围以土堤或挖排水沟,经常检查边坡和支撑情况,以防止坑壁受水浸泡造成塌方。

(3)基坑开挖应严格按规定放坡,操作时应随时注意土壁的变动情况,如发现有裂缝或部分坍塌现象,应及时进行支撑或放坡,并注意支撑的稳固和土壁的变化,尤其是在土质差、开挖深度大的坑(槽)中。

(4)深基坑上下应先挖好阶梯或开斜坡道,并采取防滑措施,禁止踩踏支撑上下,坑四周应设安全栏杆。

(5)基坑(槽)、管沟的直立壁和边坡,在开挖过程中和敞露期间应防止塌陷,必要时应采用边坡保护方法。

1.3.4　基坑土方开挖

在基坑土方开挖之前,要详细了解施工区域的地形和周围环境,土层种类及其特性,地下设施情况,支护结构的施工质量,施工场地条件,基坑平面形状和开挖深度,土方运输的出口,政府及有关部门关于土方外运的要求和规定(有的大城市规定只有夜间才允许土方外运);要优化选择挖土机械和运输设备;要确定堆土场地或弃土处;要确定挖土方案和施工组织；要对支护结构、地下水位及周围环境进行必要的监测和保护，合理确定开挖的顺序、方法，如出现异常情况应及时处理，待恢复正常后继续施工。

另外，在深基坑开挖过程中，随着土的挖除，下层土有可能发生回弹，尤其在基坑挖至设计标高后，如搁置时间过久，回弹更为明显，这将加大建筑物的后期沉降。因此，对深基坑开挖后的土体回弹，应格外注意，需采取一定措施，如在基底设置桩基、深层土质加固及加快主体结构施工等。

基坑开挖方法主要包括直接分层开挖、有内支撑支护的基坑开挖、盆式开挖、岛式开挖、深基坑逐层挖土以及多层接力挖土等，可根据基坑面积大小、开挖深度、支护结构形式、周围环境条件等因素选用。

1. 直接分层开挖

直接分层开挖包括放坡开挖和无内支撑的基坑开挖。

(1)放坡开挖适用于基坑四周空旷、有足够放坡场地，且周边没有建筑物和其他设施和地下管线的情况，在软弱地基条件下，基坑挖深不宜过大，一般控制在 6～7m，坚硬土体中不受此限制。

放坡开挖施工方便，挖掘机作业时不受障碍，工作效率高，可根据设计要求分层开挖或一次挖至坑底；基坑开挖后主体结构施工作业空间大，施工工期短。

放坡开挖是最经济的挖土方案。当基坑开挖深度不大(软土地区挖深不超过 4m，地下水位低、土质较好地区挖深亦可较大)，周围环境又允许，经验算能确保土坡的稳定性时，均可采用放坡开挖。开挖深度较大的基坑当采用放坡挖土时，宜设置多级平台分层开挖，每级平台的宽度不宜小于 1.5m。

对土质较差且施工工期较长的基坑，对边坡宜采用钢丝网水泥喷浆或用高分子聚合材料覆盖等措施进行护坡。坑顶不宜堆土或堆载(材料或设备)，若有不可避免的附加荷载，在进行边坡稳定性验算时，应计入附加荷载的影响。

在地下水位较高的软土地区，应在降水达到要求后再进行土方开挖，宜采用分层开挖的方式进行开挖。分层挖土厚度不宜超过 2.5m。挖土时要注意保护工程桩，防止碰撞或因挖土过快、高差过大使工程桩受侧压力而倾斜。如有地下水，放坡开挖应采取有效措施降低坑内水位和排除地表水，严防地表水或坑内排出的水倒流回渗入基坑。

基坑采用机械挖土，坑底应保留 200～300mm 厚基土，用人工清理整平，防止坑底土扰动。待挖至设计标高后，应清除浮土，经验槽合格后，及时进行垫层施工。

(2)无内支撑基坑是指基坑开挖深度范围内部设置内部支撑的基坑，包括采用放坡开挖的基坑，采用水泥土墙、土钉支护、土层锚杆支护、钢板桩拉锚支护、板桩悬臂支护的基坑。在无内支撑的基坑中，土方开挖应遵循"土方分层开挖，垫层随挖随浇"的原则。无内支撑支护的基坑土壁施工可垂直向下开挖，因此，不需要在基坑周边留出很大的场地，便于在基坑边较狭小、土质又较差的条件下施工，等地下工程施工完毕以后，基坑土方回填工作量小。

2. 有内支撑支护的基坑开挖

有内支撑的基坑是指在基坑开挖深度范围内设置一道或多道内部临时支撑以及水平结

构代替内部临时支撑的基坑。在有内支撑的基坑中，应遵循"先撑后挖，限时支撑，分层开挖，严禁超挖"的原则，垫层也应该随挖随浇。确定有内支撑的基坑开挖方法和顺序的原则是应尽量减少基坑无支撑暴露时间。应先开挖周边环境要求较低的一侧土方，再开挖环境要求较高一侧的土方。在基坑开挖深度较深、土质较差的工程中，支护结构需在基坑内设置支撑。有内支撑支护的基坑土方开挖比较困难，主要考虑其土方分层开挖与支撑施工相协调。

3. 盆式开挖

盆式开挖适合于基坑面积大、支撑或拉锚作业困难且无法放坡的基坑。盆式开挖（如图 1-49 所示）是先挖去基坑中心的土，预留周边一定范围的土坡来保证支护结构的稳定，此时的土坡相当于"土支撑"；随后再施工中央区域内的基础底板及地下室结构，形成"中心岛"。

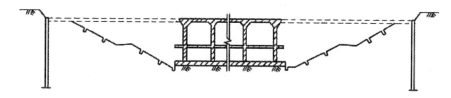

图 1-49　盆式开挖

具体开挖过程是先开挖基坑中央部分，形成盆式，此时可利用留位的土坡在地下室结构达到一定强度后开挖留坡部位的土方，并按"随挖随撑，先撑后挖"的原则，在支护结构与"中心岛"之间设置支撑，再施工边缘部位的地下室结构。

盆式开挖的基坑，盆边宽度不应小于 8.0m。当盆边与盆底高差不大于 4.0m 时，可采用一级边坡；当盆边与盆底高差大于 4.0m 时，可采用二级边坡，但盆边和盆底高差一般不大于 7.0m。一级边坡应验算边坡稳定性，二级边坡应同时验算各级边坡的稳定性和整体边坡的稳定性。

盆式开挖方法的优点是支撑用量小、费用低、盆式部位土方开挖方便，周边的土坡对围护墙有支撑作用，时间效应小，有利于减少围护墙的变形，这在基坑面积很大的情况下尤显出优越性，因此，在大面积基坑施工中非常适用。其缺点是大量的土方不能直接外运，需集中提升后装车外运。

盆式挖土周边留置的土坡的宽度、高度和坡度大小均应通过稳定验算确定，如留得过小，对围护墙支撑作用不明显，失去盆式挖土的意义；如坡度太陡，边坡不稳定，在挖土过程中可能失稳滑动，不但失去对围护墙的支撑作用，影响施工，而且有损于工程桩的质量。盆式挖土需设法提高土方上运的速度，这对加速基坑开挖有很大影响。

4. 岛式开挖

先开挖基坑周边的土方，挖土过程中在基坑中部形成类似岛状的土体，再开挖基坑中部的土方，这种挖土方式称为岛式开挖。岛式开挖（如图 1-50 所示）可以在较短的时间内完成基坑周边土方开挖和支撑系统的施工，这种开挖方式可有效防止坑底土体的隆起，有利于支护结构的稳定。

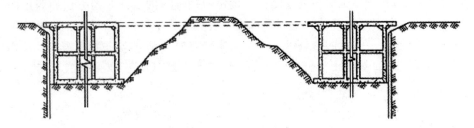

图 1-50　岛式开挖

岛式开挖适用于支撑系统沿基坑周边布置且中部留有较大空间的基坑。中部岛状土体高度不大于 4.0m 时,可采用一级边坡;中部岛状土体高度大于 4.0m 时,可采用二级边坡,但岛状土体高度一般不大于 9.0m。一级边坡应验算边坡稳定性,二级边坡应同时验算各级边坡的稳定性和整体边坡的稳定性。

5. 深基坑逐层挖土

开挖深度超过挖掘机最大挖掘高度(5m 以上)时,宜分 2~3 层开挖,并修筑 10％~15％的坡道,以便挖掘机及运输车辆进出。有些边角部位机械挖掘不到,应用少量人工配合清理,将松土清至机械作业半径范围以内,再用机械掏取运走,人工清土所占比例一般为1.5％~4％,控制好比例为 1.5％~2％,修坡以厘米作限制误差。大基坑宜另配备一台推土机清土、送土、运土。对某些面积不大而深度较大的基坑,一般也宜尽量利用挖掘机开挖,不开或少开坡道,采用机械接力挖土、运土和人工与机械合理的配合挖土,最后采用搭设枕木垛的办法,使挖掘机开出基坑。

6. 多层接力挖土

对面积、深度均较大的基坑,通常采用分层挖土的施工方法,使用大型土方机械,在坑下作业。如为软土地基,土方机械进入基坑行走有困难,需要铺垫钢板或铺路基箱垫道,将使费用增大,工效较低。遇此情况可采用"反铲接力挖土法",它是利用两台或三台反铲挖掘机分别在基坑的不同标高处同时挖土,一台在地表,两台在基坑不同标高的台阶上,边挖土边向上传递,到上层由地表挖掘机掏土装车,用自卸汽车运至弃土地点。基坑上层可用大型挖掘机,中、下层可用液压中、小型挖掘机,以便挖土、装车均衡作业;如遇机械开挖不到之处,再配以人工开挖修坡、找平。对于标高深浅不一的小基坑,需边清理坑底,边放坡挖土,挖土按设计的开行路线,边挖边往后退,直到全部基坑挖好为止再退出。用本法开挖基坑,可一次挖到设计标高,一次成型,一般两层挖土可到-10m,三层挖土可到-15m 左右,可避免载重自卸汽车开进基坑装土、运土作业,工作条件好,运输效率高,并可降低费用。最后用搭枕木垛的方法,使挖掘机开出基坑或牵引拉出;如坡度过陡,也可用吊车吊运出坑。

无论用何种机械开挖土方,都需要配备少量人工以挖除机械难以开挖到的边角部位土方和修整边坡,并及时清理予以运出。

机械开挖土方的运输:当挖土高度在 3m 以上,运距超过 0.5km,场地空地较少时,一般宜采用自卸汽车装土,运到弃土场堆放,或部分就近空地堆放,留作以后回填之用。为了使土堆高及整平场地,另配一或两台推土机和一台压路机。雨天挖土应用路基箱做机械操作和车辆行驶区域加固地基之用,路基箱用一台 12t 汽车吊运铺设。

每一段基坑开挖根据工作场地的大小、深度、土方量等因素,按工期要求,配备相应的机械,采用两班或三班作业。

1.4 土方的填筑与压实

1.4.1 土料选择与填筑要求

1. 土料选择

土壤是由矿物颗粒、水溶液、气体组成的三相体系,具有弹性、塑性和黏滞性。土的特性是分散性,颗粒之间没有紧密的连接,水溶液易浸入。因此,分散土在外力作用下或在自然条件下遇到浸水和冻融都会产生变形,为使填土满足强度及水稳性两方面的要求,就必须合理设计填方边坡,正确选择土料和填筑方法。填方土料应符合设计要求,保证填方的强度和稳定性,当无设计要求时,土料选择应符合以下规定:

(1)级配良好的砂土或碎石土;碎石类土、砂土和爆破石渣(粒径不大于每层铺土厚的 2/3)可用于表层下的填料。

(2)性能稳定的工业废料。

(3)以砾石、卵石或块石作填料时,分层夯实时其最大粒径不宜大于 400mm;分层压实时其最大粒径不宜大于 200mm。

(4)含水量符合压实要求的黏性土,可作各层填料;以粉质土、粉土作填料时,其含水量宜为最优含水量,可采用击实试验确定。

(5)挖高填低或开山填沟的土料和石料,应符合设计要求。

(6)不得使用淤泥、耕土、冻土、膨胀性土以及有机质含量大于 5% 的土;含有大量有机物的土壤、石膏或水溶性硫酸盐含量大于 2% 的土壤,冻结或液化状态的泥炭、黏土或粉状砂质黏土等,一般不作填土之用。

填土土料含水量的大小直接影响夯实(碾压)质量,在夯实(碾压)前应先试验,以得到符合密实度要求的最优含水量和最少夯实(或碾压)遍数。含水量过小,夯压(碾压)不实;含水量过大,则易成橡皮土。黏性土料施工含水量与最优含水量之差可控制在 $-4\% \sim +2\%$ 范围内(使用振动碾时,可控制在 $-6\% \sim +2\%$ 范围内)。

2. 填筑要求

回填之前应清除填方区的积水和杂物,如遇软土、淤泥,必须进行换土回填。在回填时,应防止地面水流入,并预留一定的下沉高度。

填土应严格控制含水量,使土料的含水量接近土的最佳含水量,施工前要对土的含水量进行检验。土方的回填应分层进行,并尽量采用同类土填筑。如采用不同土填筑,应将透水性较大的土层置于透水性较小的土层之下,不能将各种土混杂在一起使用,以免填方内形成水囊。碎石类土或爆破石碴作填料时,其最大粒径不得超过每层铺土厚度的 2/3,使用振动碾时,不得超过每层铺土厚度的 3/4。

铺填时,大块料不应集中,且不得填在分段接头或填方与山坡连接处。当填方位于倾斜的山坡上时,应将斜坡挖成阶梯状,以防填土横向移动。回填基坑和管沟时,应从四周或两侧均匀地分层进行,以防基础和管道在土压力作用下产生偏移或变形。

1.4.2 填土及压实方法

1. 填土方法

基坑土方回填一般采用人工填土和机械填土等方式。回填土方应符号设计要求,土料中不得含有杂物,土方的含水量也应符合相关要求,回填之前要排除坑内积水。

人工填土用手推车运土,以人工用铁锹、耙、锄等工具进行回填。填土应从场地最低部分开始,由一端向另一端自下而上分层铺填。每层虚铺厚度,用人工木夯夯实时不大于 20cm,用打夯机械夯实时不大于 25cm。深浅坑(槽)相连时,应先填深坑(槽),相平后与浅坑全面分层填夯。如采取分段填筑,交接处应填成阶梯形。墙基及管道回填应在两侧用细土同时均匀回填、夯实,防止墙基及管道中心线位移。夯填土用 60~80kg 的木夯或铁、石夯,由 4~8 人拉绳,两人扶夯,举高不小于 0.5m,一夯压半夯,按次序进行。较大面积人工回填用打夯机夯实。两机平行时其间距不得小于 3m,在同一夯打路线上,前后间距不得小于 10m。人工填土一般适用于回填工作量较小,或机械填土无法实施的区域。

机械填土适用于回填工作量大且场地条件允许的基坑回填,机械回填采用分层回填的方法,回填压实后再进行上一层土方的回填压实。机械填土可用挖掘机、压路机、推土机、铲运机或土方运输车辆进行。用土车辆先将土方运至需要回填的基坑边,用推土机推开推平,然后用压实机或夯实机进行压实作业。

(1)推土机填土。填土应由下至上分层铺填,每层虚铺厚度不宜大于 30cm。大坡度堆填土不得居高临下,不分层次,一次堆填。推土机运土回填可采用分堆集中、一次运送法,分段距离为 10~15m,以减少运土漏失量。土方推至填方部位时,应提起一次铲刀,成堆卸土,并向前行驶 0.5~1.0m,利用推土机后退时将土刮平。用推土机来回行驶进行碾压,履带应重叠宽度的一半。填土程序宜采用纵向铺填顺序,从挖土区段至填土区段,以 40~60m 距离为宜。

(2)铲运机填土。铲运机铺填土区段长度不宜小于 20m,宽度不宜小于 8m。铺土应分层进行,每次铺土厚度不大于 50cm,每层铺上后,利用空车返回时将地表面刮平。填土时一般尽量采取横向或纵向分层卸土,以利于行驶时初步压实。

(3)汽车填土。自卸汽车为成堆卸土,须配以推土机推土、摊平。每层的铺土厚度不大于 50cm。填土可利用汽车行驶进行部分压实工作,行车路线须均匀分布于填土层上。汽车不能在虚土上行驶,卸土推平和压实工作须分段交叉进行。

2. 压实方法

压实方法可以分为人工夯实法和机械压实法。

(1)人工夯实法

人力打夯前应将填土初步整平,打夯要按一定方向进行,一夯压半夯,夯夯相接,行行相连,两遍纵横交叉,分层夯打。当夯实基槽及地坪时,行夯路线应由四边开始,然后夯向中间。用柴油打夯机等小型机具夯实时,一般填土厚度不宜大于 25cm,打夯之前对填土应初步平整,打夯机依次夯打,均匀分布,不留间隙。基坑(槽)回填应在相对两侧或四周同时进行回填与分实。回填管沟时,应用人工先在管子周围填土夯实,并从管道两边同时进行,直至管顶 0.5m 以上。在不损坏管道的情况下,方可采用机械填土回填夯实。

(2)机械压实法

机械压实法一般有碾压法、夯实法、振动压实法。对于小面积的填土工程,宜采用夯实机具压实法;对于大面积填土工程,多采用碾压法和利用运土机械压实法。

①碾压法

碾压法是通过碾压机的自重压力,使之达到所需的密实度,此法多用于大面积填土工程,如场地平整、路基、堤坝等工程。用碾压法压实填土时,铺土应均匀一致,碾压遍数要一样,碾压方向应从填土区的两边逐渐压向中心,每次碾压应有 15～20cm 的重叠;碾压机械开行速度不宜过快,否则会影响压实效果。

碾压机械有平碾、羊足碾和气胎碾,如图 1-51 所示。

平碾即压路机,是一种以内燃机为动力的自行式压路机,按重量等级分为轻型(3～5t)、中型(6～10t)和重型(12～15t)三种,适于压实砂类土和黏性土,适用土类范围较广。轻型平碾压实土层的厚度不大,但土层上部变得较密实,当用轻型平碾初碾后,再用重型平碾碾压松土,就会取得较好的效果。如直接用重型平碾碾压松土,则由于强烈的起伏现象,其碾压效果较差。

羊足碾只适用压实黏性土,一般无动力而靠拖拉机牵引,有单筒、双筒两种。根据碾压要求,羊足碾可分为空筒、装砂、注水三种。羊足碾虽然与土接触面积小,但对单位面积土的压力比较大,土的压实效果好。

气胎碾又称轮胎压路机,它的前后轮分别密排着 4 个和 5 个轮胎,既是行驶轮,又是碾压轮。由于轮胎弹性大,在压实过程中,土与轮胎都会发生变形,而随着几遍碾压后铺土密实度的提高,沉陷量逐渐减少,因而轮胎与土的接触面积逐渐缩小,但接触应力逐渐增大,最后使土料得到压实。由于气胎碾在工作时是弹性体,故其压力均匀、填土质量较好。

(a)平碾　　　　　(b)羊足碾　　　　　(c)气胎碾

图 1-51　碾压机械

②夯实法

夯实机是利用夯锤本身的重量、夯实机的冲击运动或振动,对被压实土体实施动压力来压实土体,以提高土体密实度、强度和承载力。其作用力为瞬时冲击动力,有脉冲特性,夯实主要用于小面积填土,可以夯实黏性土或非黏性土。

夯实的优点为可以夯实较厚的土层。夯实机械主要有蛙式打夯机、夯锤和内燃夯实机等。蛙式打夯机(如图1-52所示)是常用的小型夯实机械,轻便灵活,适用于小型土方工程的夯实工作,多用于夯打灰土和回填土。夯锤是借助起重机悬挂重锤进行夯土的机械,其重量大于1.5t,落距2.5~4.5m,重锤夯的夯实厚度可达1~1.5m,强力夯可对深层土壤夯实;适用于夯实砂性土、湿陷性黄土、杂填土以及含有石块的土。

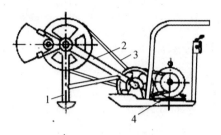

图1-52　蛙式打夯机

1—夯板;2—夯头架;3—三角胶带;4—拖板

③振动压实法

振动压实法是将振动压实机放在土层的表面,借助于振动设备使压实机振动,土壤颗粒即发生相对位移达到紧密状态。此法用于振实非黏性土壤效果较好。近年来,人们又将碾压法和振动压实法结合起来而设计和制造了振动平碾、振动凸块碾等新型压实机械。振动平碾适用于填料为爆破碎石渣、碎石类土、杂填土或轻亚黏土的大型填方;振动凸块碾则适用于亚黏土或黏土的大型填方。当压实爆破石渣或碎石类土时,可选用重8~15t的振动平碾,铺土厚度为0.6~1.5m,先静压、后碾压,碾压遍数由现场试验确定,一般为6~8遍。如使用振动碾进行碾压,可使土受振动和碾压两种作用,碾压效率高。

1.4.3　影响填土压实质量的因素

影响填土压实质量的因素很多,其中主要有压实机械所做的功(简称压实功)、土的含水量及每层铺土厚度与压实遍数。这三个方面因素相互影响。为了保证压实质量,提高压实机械生产效率,应根据土质选用合适的压实机械在施工现场进行压实试验,以确定达到规定密实度所需的压实遍数、铺土厚度及最优含水率。

1. 压实功

填土压实后的密度与压实机械对填土所施加的功有一定的关系。压实后土的重度与所耗的功的关系如图1-53所示,可以看出两者并不呈线性关系,若土的含水量一定,在开始压实时,土的干密度急剧增加,当接近土的最大密度时,压实功虽然增加许多,而土的重度则几乎没有变化。在实际施工中,对松土不宜用重型碾压机械直接滚压,否则土层会有强烈的起伏现象,压实效果不好,如果先用轻碾压实,再用重碾压实,就会取得较好的压实效果。

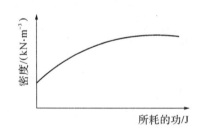

图1-53　土的密度与压实功的关系

2. 含水量

在同一压实功条件下,填土的含水量对压实质量有直接影响(如图 1-54 所示)。用同样的压实方法,压实不同含水量的同类土,所得的密实度各不相同。对于较为干燥的土料,由于土颗粒间的摩阻力较大,因而不易压实。当含水量超过一定限度时,土颗粒之间的孔隙由水填充而呈饱和状态,压实机械所施加的外力有一部分为水所承受,也不能得到较高的压实效果。只有当土料含水量适当时,水起了润滑作用,土颗粒之间的摩阻力减少,压实效果最好。为了保证黏性土填料在压实过程中

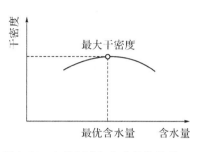

图 1-54　土的密度与含水量的关系

具有最优含水量,当填料的含水量偏高时,应予以翻松晾干,也可以掺入同类干土或吸水性土料;当含水量偏低(土过干)时,应预先洒水润湿,增加压实遍数或使用大功率压实机械等措施。

3. 铺土厚度与压实遍数

土在压实功的作用下,其应力随深度增加而逐渐减少(如图 1-55 所示),因而土经压实后,表层的密实度增加最大,超过一定深度后,则增加较小甚至没有增加。各种压实机械的压实影响深度与土的性质和含水量等有关。在压实土料时,如果土层铺得过厚,要压很多遍才能达到规定的密实度,过薄则总压实遍数也要增加,费工费时。最优铺土厚度应使土方压实而机械的功耗费最小。施工时每层土的最优铺土厚度和压实遍数可根据填料性质、对密实度的要求和选用的压实机械的性能确定,也可参考表 1-10 确定。

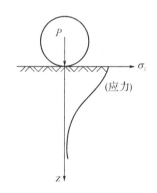

图 1-55　土压实作用沿深度的变化

表 1-10　填土施工时的分层厚度及压实遍数

压实机械	每层铺土厚度/mm	每层压实遍数/遍
平碾	250~300	6~8
振动压实机	250~350	3~4
柴油打夯机	200~250	3~4
人工打夯	<200	3~4

1.4.4　压实机械的选择

压实机械主要有平碾压路机、小型打夯机、平板式振动器及其他机具。

(1)平碾压路机又称光碾压路机,具有操作方便、转移灵活、碾压速度较快等优点,但碾轮与土的接触面积大,单位压力较小,碾压上层密实度大于下层。静作用压路机适用于薄层填土或表面压实、平整场地、修筑堤坝及道路工程;振动平碾适用于填料为爆破石渣、碎石类

土、杂填土或粉土的大型填方工程。

（2）小型打夯机有冲击式和振动式之分，由于体积小，重量轻，构造简单，机动灵活、实用，操纵、维修方便，夯击能量大，夯实工效较高，在建筑工程上使用很广。但劳动强度较大，常用的有蛙式打夯机、柴油打夯机、电动立夯机等，适用于黏性较低的土（砂土、粉土、粉质黏土）基坑（槽）、管沟及各种零星分散、边角部位的填方的夯实，以及配合压路机对边缘或边角碾压不到之处的夯实。

（3）平板式振动器为现场常备机具，体形小，轻便、实用，操作简单，但振实深度有限，适于小面积黏性土薄层回填土振实、较大面积砂土的回填振实以及薄层砂卵石、碎石垫层的振实。

（4）其他机具对密实度要求不高的大面积填方，在缺乏碾压机械时，可采用推土机、拖拉机或铲运机结合行驶、推（运）土、平土来压实。对已回填松散的特厚土层，可根据回填厚度和设计对密实度的要求采用重锤或强夯等机具来夯实。

1.4.5 填土压实质量检查

填土压实后必须达到规定要求的密实度。压实质量以压实系数 λ_c 作为检查标准，土的控制干密度与最大干密度之比称为压实系数 λ_c，工程中应根据结构类型和压实填土所在部位按表 1-11 的数值确定。

表 1-11　压实填土的质量控制

结构类型	填土部位	压实系数 λ_c	控制含水量/%
砌体承重结构和框架结构	在地基主要受力层范围内	≥0.97	$w_{op} \pm 2$
	在地基主要受力层范围以下	≥0.95	
排架结构	在地基主要受力层范围内	≥0.96	
	在地基主要受力层范围以下	≥0.94	

注：①w_{op} 为最优含水量；
②地坪垫层以下及基础底面标高以上的压实填土，压实系数不应小于 0.94。

压实系数可以用公式表达为

$$\lambda_c = \frac{\text{土的控制干密度 } \rho_d}{\text{最大干密度 } \rho_{dmax}}$$

土的最大干密度一般在实验室用击实试验确定。标准击实试验方法分轻型标准和重型标准，两者的落锤重量、击实次数不同，即试件承受的单位压实功不同。压实度相同时，采用重型标准的击实要求比轻型标准的高，道路工程中一般要求土基压实采用重型标准，确有困难可采用轻型标准。土的最大干密度乘以规范规定的压实系数，即可算出填土控制干密度 ρ_d 的值。在填土施工时，若土的实际干密度大于或等于 ρ_d，则符合质量要求。

土的实际干密度可用"环刀法"测定。其取样组数为：基坑回填每层按 20～50m³ 取样一组（每个基坑不小于一组）；基槽或管沟回填每层按长度 20～50m 取样一组；室内填土每层按 100～500m² 取样一组；场地平整填土每层按 400～900m² 取样一组。取样部位在每层压实后的下半部。取样后先称出土的湿密度并测定含水量，然后计算其干密度。

表 1-12 公路土质路基压实度

填挖类别	路槽地面以下深度/cm	压实度/%
路堤	0~80	>93
	<80	>90
零填及路堑	0~30	>93

注:①表 1-12 中压实度系按《公路土工试验规程》(JTG E40—2007)重型击实试验求得最大干密度的压实度。对于铺筑中级或低级路面的三、四级公路路基,允许采用轻型击实试验求得最大干密度的压实度。

②对于高速公路,一级公路路堤槽底面以下 0~80cm 和零填及路堑 0~30cm 范围内的压实度应大于 95%。

③特殊干旱或特殊潮湿地区(系指年降雨量不足 100mm 或大于 25mm),表 1-12 中压实度数值可以减少 2%~3%。

表 1-13 城市道路土质路基压实度

填挖深度	深度范围/cm	压实度/%		
		快速路及主干路	次干路	支路
填方	0~80	95/98	93/95	90/92
	<80	93/95	90/92	87/89
挖方	0~30	95/98	93/95	90/92

注:①表 1-13 中数字的分子为重型击实试验标准的压实度,分母为轻型击实试验标准的压实度,两者均以相应击实试验求得的最大干密度为压实度的 100%;

②对于填方高度小于 80cm 及不填不挖路段,原地面以下 0~30cm 范围内土的压实度不低于表列挖方的要求。

1.4.6 填土压实注意事项

《建筑地基基础工程施工质量验收规范》(GB 50202—2002)规定:填方施工过程中应检查排水措施、每层填筑厚度、含水量控制、压实程度。填筑厚度及压实遍数应根据土质、压实系数及所用机具确定。填土应从最低处开始,由下向上整个宽度分层铺填碾压或夯实。填方应分层进行并尽量采用同类土填筑。填方应在相对两侧或四周同时进行回填与夯实。当天填土,应在当天压实。

1.5 土方施工异常情况处理措施与方法

在土方工程施工中,由于施工操作不当和违反操作规程而引起质量事故,其危害程度很大,如造成建筑物(或构筑物)的沉陷、开裂、位移、倾斜,甚至倒塌。因此,必须特别重视土方工程施工,按设计和施工质量验收规范要求认真施工,以确保土方工程质量。

1. 场地积水

在建筑场地平整过程中或平整完成后,场地范围内高低不平,局部或大面积出现积水。

(1)原因

①场地平整填土面积较大或较深时,未分层回填压(夯)实,土的密实度不均匀或不够,遇水产生不均匀下沉而造成积水。

②场地周围未做排水沟,或场地未做成一定排水坡度,或存在反向排水坡。

③测量错误,使场地高低不平。

(2)防治

①平整前,应对整个场地的排水坡、排水沟、截水沟和下水道进行有组织排水系统设计。施工时,应遵循先地下后地上的原则做好排水设施,使整个场地排水通畅。排水坡度的设置应按设计要求进行;当设计无要求时,对地形平坦的场地,纵横方向应做成不小于0.2%的坡度,以利于泄水。在场地周围或场地内设置排水沟(截水沟),其截面、流速和坡度等应符合有关规定。

②场地内的填土应认真分层回填碾压(夯)实,使其密实度不低于设计要求。当设计无要求时,一般也应分层回填、分层压(夯)实,使相对密实度不低于85%,以免松填。填土压(夯)实的方法应根据土的类别和工程条件合理选用。

③做好测量的复核工作,防止出现标高误差。

(3)处理

已积水的场地应立即疏通排水和采用截水设施,将水排除。场地未做排水坡度或坡度过小,应重新修坡;对局部低洼处,应填土找平、碾压(夯)实至符合要求,避免再次积水。

2. 填方出现沉陷现象

基坑(槽)回填时,填土局部或大片出现沉陷,从而造成室外散水坡空鼓下陷、积水,甚至引起建筑物不均匀下沉,出现开裂。

(1)原因

①填方基底上的草皮、淤泥、杂物和积水未清除就填方,含有机物过多,腐朽后造成下沉。

②基础两侧用松土回填,未经分层夯实。

③槽边松土落入基坑(槽),夯填前未认真进行处理,回填后土受到水的浸泡产生沉陷。

④基槽宽度较窄,采用人工回填夯实,未达到要求的密实度。

⑤回填土料中夹有大量干土块,受水浸泡产生沉陷。

⑥采用含水量大的黏性土、淤泥质土、碎块草皮作土料,回填质量不符合要求。

⑦冬季施工时基底土体受冻胀,未经处理就直接在其上填方。

(2)防治

①基坑(槽)回填前,应将坑(槽)中积水排净,淤泥、松土、杂物清理干净,如有地下水或地表积水,应有排水措施。

②回填土采取严格分层回填、夯实。每层虚铺土厚度不得大于300mm。土料和含水量应符合规定。回填土密实度要按规定抽样检查,使其符合要求。

③填土土料中不得含有直径大于50mm的土块,不应有较多的干土块,急需进行下道工序时,宜用二八或三七灰土回填夯实。

（3）处理

基坑（槽）回填土沉陷造成墙脚散水空鼓，如混凝土面层尚未破坏，可填入碎石，侧向挤压捣实；若面层已经裂缝破坏，则应视面积大小或损坏情况，采取局部或全部返工。局部处理可用锤、凿将空鼓部位打去，填灰土或黏土、碎石混合物夯实后再作面层。因回填土沉陷引起结构物下沉时，应会同设计部门针对情况采取加固措施。

3. 边坡塌方

在挖方过程中或挖方后，基坑（槽）边坡土方局部或大面积坍塌或滑坡。

（1）原因

①基坑（槽）开挖较深，放坡不够，或挖方尺寸不够，将坡脚挖去。

②通过不同土层时，没有根据土的特性分别放成不同坡度，致使边坡失稳而造成塌方。

③在有地表水、地下水作用的土层开挖基坑（槽）时，未采取有效的降、排水措施，使土层湿化，黏聚力降低，在重力作用下失稳而引起塌方。

④边坡顶部堆载过大，或受施工设备、车辆等外力振动影响。

⑤土质松软，开挖次序、方法不当而造成塌方。

（2）防治

①根据土的种类、物理力学性质（土的内摩擦角、黏聚力、湿度、密度、休止角等）确定适当的边坡坡度。经过不同土层时，其边坡应做成折线形。

②做好地面排水工作，避免在影响边坡的范围内积水，造成边坡塌方。当基坑（槽）开挖范围内有地下水时，应采取降、排水措施，将水位降至离基底 0.5m 以下方可开挖，并持续到基坑（槽）回填完毕。

③土方开挖应自上而下分段分层依次进行，防止先挖坡脚，造成坡体失稳。相邻基坑（槽）和管沟开挖时，应遵循先深后浅或同时进行的施工顺序，并及时做好基础或铺管，尽量防止对地基的扰动。

④施工中应避免在坡体上堆放弃土和材料。

⑤基坑（槽）或管沟开挖时，在建筑物密集的地区施工，有时不允许按规定的坡度进行放坡，可以采用设置支撑或支护的施工方法来保证土方的稳定。

（3）处理

对沟坑（槽）塌方，可将坡脚塌方清除作临时性支护措施，如堆装土编织袋或草袋，设支撑，砌砖石护坡墙等；对永久性边坡局部塌方，可将塌方清除，用块石填砌或回填二八灰土或三七灰土嵌补，与土接触部位做成台阶搭接，防止滑动；将坡顶线后移或将坡度改缓。在土方工程施工中，一旦出现边坡失稳塌方现象，后果非常严重，不但造成安全事故，还会增加大量费用，拖延工期等，因此应引起高度重视。

4. 填方出现橡皮土

（1）原因

在含水量很大的黏土或粉质黏土、淤泥质土、腐殖土等原状土地基上进行回填，或采用上述土作土料进行回填时，由于原状土被扰动，颗粒之间的毛细孔被破坏，水分不易渗透和散发。当施工气温较高时，对其进行夯击或碾压，表面易形成一层硬壳，阻止了水分的渗透和散发,使土形成软塑状态的橡皮土。这种土埋藏越深,水分散发越慢,长时间内不易消失。

(2)防治

①夯(压)实填土时,应适当控制填土的含水量。

②避免在含水量过大的黏土、粉质黏土、淤泥质土和腐殖土等原状土上进行回填。

③填方区如有地表水,应设排水沟排水;如有地下水,地下水水位应降低至基底 0.5m 以下。

④暂停一段时间回填,使橡皮土含水量逐渐降低。

(3)处理

用干土、石灰粉和碎砖等吸水材料均匀掺入橡皮土中,吸收土中的水分,降低土的含水量;将橡皮土翻松、晾晒、风干至最优含水量范围,再夯(压)实;将橡皮土挖除,然后换土回填夯(压)实,回填灰土和级配砂石夯(压)实。

拓展阅读:

随着社会的发展和城市化进程的加快,近几年城市高层建筑不断涌现,而且向着更高、更复杂的趋势发展。建筑功能的多样化、建筑结构的合理要求和场地空间的有限性使得深基坑工程越来越多。一般认为深度在 5m 及以上或者地质条件复杂、周边环境和地下管线复杂、影响毗邻建筑物安全的基坑即为深基坑。例如,北京财源国际中心位于朝阳区东长安街延长线、原北京第一机床厂院内。基坑北侧距居民楼最近距离为 3.36m,西侧距丽晶苑6.9m。该工程基坑开挖长为 279m,宽为 47~67m,开挖深度为 24.86~26.56m;基坑北侧为砖砌挡墙+护坡桩+4(5)层锚杆支护体系;西侧、南侧采用连续墙+5 层锚杆支护体系(丽晶苑部位增加管棚支护);基坑的东侧、南侧东段采用土钉墙+护坡桩+锚杆支护体系;连续墙厚度为 600~800mm,深度为 20.24~34.1m。

深基坑工程是岩土工程的一个新的领域,由于地质的复杂性、受力状态的多边形、结构形式的多样性,构成了其自身的特殊性,给基坑工程领域带来了新课题,也势必会带来新的技术革命。

思 考 题

1-1 土可分为哪些类型?它们与土方工程的关系如何?

1-2 土的可松性在场地平整土方工程中的意义是什么?

1-3 为什么对计划标高进行调整?如何调整?

1-4 试述场地平整土方量计算的步骤和方法。

1-5 何谓"最佳设计平面"?最佳设计平面如何设计?

1-6 计算土方量的四方棱柱体法、三角棱柱体法、模截面法的适用条件及其优缺点分别是什么?

1-7 场地平整土方工程的主要机械有哪些?各自的适用范围及施工特点是什么?

1-8 试述管井井点、轻型井点、喷射井点、电渗井点的构造及适用范围。

1-9 试述轻型井点的布置方案和设计步骤。

1-10 简述井点降水对周围环境的影响和防治措施。

1-11　试述流砂形成的原因以及因地制宜防止流砂的方法。

1-12　回填土料有哪些质量要求？

1-13　填土压实有哪些方法？哪些因素是影响填土压实的主要因素？如何影响的？怎样检查填土压实的质量？

习　　题

1-1　某建筑场地方格网的地面标高如图 1-56 所示，方格边长 $a = 20\text{m}$，泄水坡度 $i_x = 2‰$，$i_y = 3‰$，不考虑土的可松性的影响，确定方格各角点的设计标高。

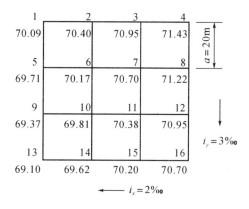

图 1-56　习题 1-1 图

1-2　某工程基坑开挖如图 1-57 所示，坑底平面尺寸为 $30\text{m} \times 15\text{m}$，天然地面标高为 -0.300m，基坑底标高为 -4.500m，基坑边坡坡度为 $1 : 0.5$；土质地面至 -1.800m 为杂填土，$-1.800 \sim -7.100\text{m}$ 为细砂层，细砂层以下为不透水层；地下水位标高为 -1.000m，细砂层渗透系数 $K = 18\text{m/d}$，采用轻型井点降低地下水位。

试求：(1)轻型井点系统的布置；

(2)轻型井点的计算(计算涌水量、井点管数量和间距)。

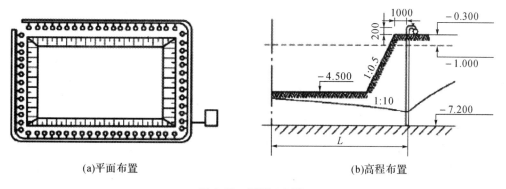

(a)平面布置　　　　　　　　　　(b)高程布置

图 1-57　习题 1-2 图

第 2 章　桩基础

【内容提要】

桩基础是土木工程中常用的一种基础形式。本章简单介绍了桩基础的各种分类形式，并主要介绍了根据施工方法的不同分为预制桩和灌注桩两大类。本章对预制桩的制作、起吊、运输和堆放以及预制桩的沉桩方法进行了详细阐述；介绍了干作业成孔灌注桩、泥浆护壁成孔灌注桩和套管成孔灌注桩的施工工艺及其注意事项，并对灌注桩的质量控制进行了简单介绍。

【学习要求】

通过本章学习，了解桩基础的各种分类形式；了解预制桩和灌注桩的定义及其特点；掌握预制桩的制作、起吊、运输、堆放以及预制桩的沉桩方法；了解灌注桩中干作业成孔灌注桩、泥浆护壁成孔灌注桩和套管成孔灌注桩的施工工艺流程及其注意事项；了解灌注桩的施工质量要求。

2.1　概　　述

地基基础是建筑物的一个重要组成部分，可以分为天然地基和人工地基。天然土层或岩层作为建筑物地基时称为天然地基；经过人工加固处理的土层作为地基时称为人工地基。基础通常按照埋置深度的不同分为浅基础和深基础。一般多层建筑当地基条件较好时多采用天然浅基础，它造价低，施工简便。如果天然浅土层较弱，可采用机械压实、强夯、堆载预压、深层搅拌、化学加固等方法进行人工加固，形成人工地基。如果深部土层也较弱、建(构)筑物的上部荷载较大或对沉降有严格要求的高层建筑、地下建筑以及桥梁基础等，则需要采用深基础。

桩基础是一种常用的深基础形式，它由基桩和连接于桩顶的承台共同组成。桩基础的作用就是将上部建筑物或构筑物的重量传到地基深处承载力较大的土层或将软弱土挤压密实以提高地基土的密实度及承载力。桩基础有承载力高、沉降量小且均匀、沉降速度慢、施工速度快等特点。在软弱土层上建造建筑物或上部结构荷载很大，天然地基的承载力不满足时，采用桩基础可以取得较好的经济效果。

按桩身材料分类，桩基础主要有混凝土桩和钢桩，也有采用木或组合材料的桩。

按照承载性质的不同，桩可分为摩擦型桩和端承型桩。摩擦型桩包括纯摩擦桩和端承摩擦桩。纯摩擦桩是指在极限承载力状态下桩顶荷载由桩侧阻力承受，桩端阻力忽略不计；

而端承摩擦桩是在极限承载力状态下,桩顶荷载主要由桩侧阻力承受,桩端阻力占少量比例,但不能忽略不计。端承型桩包括端承和摩擦端承桩。端承桩在极限承载力状态下,桩顶荷载由桩端阻力承受,桩侧阻力忽略不计;摩擦端承桩在极限承载力状态下,桩顶荷载主要由桩端阻力承受,桩侧摩擦力占的比例小,但不能忽略不计。

按照使用的功能分类,桩可分为竖向抗压桩、竖向抗拔桩、水平受荷桩及复合受荷桩。

按桩径大小分类,一般桩身设计直径小于 250mm 的桩为小桩;直径在 250～800mm 的桩为中等直径桩;而直径大于 800mm 的桩为大直径桩。

按成桩时挤土状况,桩可分为挤土桩、部分挤土桩和非挤土桩。沉管法、爆扩法施工的灌注桩、打入(或静压)的实心混凝土预制桩、闭口钢管桩或混凝土管桩属于挤土桩。冲击成孔法或钻孔压注法施工的灌注桩、预钻孔打入式预制桩、混凝土(预应力混凝土)管桩、H 型钢桩、敞口钢管桩等属于部分挤土桩;干作业法或泥浆护壁法、套管护壁法施工的灌注桩属于非挤土桩。

按桩的施工方法,桩可以分为预制桩和灌注桩两大类。预制桩是在工厂或施工现场制成的各种形式的桩,用沉桩设备将桩打入、压入或振入土中,或有的用高压水冲沉入土中。灌注桩是在施工现场的桩位上用机械或人工成孔,然后在孔内灌注混凝土而成,根据成孔方法的不同分为挖孔、钻孔、冲孔灌注桩,沉管灌注桩和爆扩桩等。

应根据工程结构类型、荷载性质、桩的使用功能、穿越土层、桩端持力层土类、地下水位、施工设备、施工环境、施工经验、制桩材料供应条件等,选择经济合理、安全适用的桩型和成桩工艺。

2.2　预制桩施工

预制桩是在工厂或施工现场制成的各种材料、各种形式的桩,采用沉桩设备将桩打入、压入或振入土中。我国建筑施工领域采用较多的预制桩主要是混凝土预制桩和钢桩两大类。混凝土预制桩能承受较大的荷载、坚固耐久、施工速度快,是我国广泛应用的桩型之一,但其施工对周围环境影响较大,常用的有混凝土实心方桩和预应力混凝土空心管桩。我国采用的钢桩主要是钢管桩和 H 型钢桩两种,都在工厂生产完成后运至工地使用。

2.2.1　预制桩的制作

桩在现场预制时,应对原材料、钢筋骨架、混凝土强度进行检查;采用工厂生产的成品桩时,在桩进场后,应对桩的外观尺寸进行检查。混凝土预制桩施工可在施工现场预制,预制场地必须平整、坚实,制作允许偏差应符合表 2-1 中的规定。

1. 混凝土预制桩的制作

(1)混凝土实心方桩的制作

混凝土实心方桩的截面边长一般为 200～550mm,根据要求可以做成单根桩和多节桩。在工厂制作,单节长度不宜超过 12m;在施工现场制作,单节长度不宜超过 30m。桩的接头不宜超过两个。

表 2-1　混凝土预制桩制作允许偏差

桩型	项目	允许偏差/mm
钢筋混凝土实心桩	横截面边长	±5
	桩顶对角线之差	≤5
	保护层厚度	±5
	桩身弯曲矢高	不大于 0.1% 桩长且不大于 20
	桩尖偏心	≤10
	桩顶面偏斜	≤0.005
	桩节长度	±20
钢筋混凝土管桩	直径	±5
	长度	±0.5%L
	管壁厚度	−5
	保护层厚度	+10，−5
	桩身弯曲矢高	L/1000
	桩尖偏心	≤10
	桩头板平整度	≤2
	桩头偏心	≤2

注:L 为桩长。

　　为了节省场地,预制方桩一般采用重叠法施工,层数一般不宜超过 4 层。在制作底模时,应将场地平整压实,底模的构造必须满足强度、刚度及稳定性的要求,宜用水泥地坪,模板的拼接缝处应严密不漏浆。在浇筑混凝土的过程中,每节桩必须从桩头到桩尖一次浇筑完,不准中断而留有施工缝。桩与桩之间必须做好隔离层,桩与邻桩、底模之间不得发生接触。隔离层可采用纸筋灰加 10% 的水泥混合,以防洒水冲洗掉。上层桩或邻桩的浇筑必须在下层桩或邻桩的混凝土达到设计强度的 30% 以后方可进行。

　　实心方桩的混凝土强度等级不宜低于 C30(静压法沉桩时不宜低于 C20)。桩身配筋与沉桩方法有关,锤击沉桩的纵向钢筋的配筋率不宜小于 0.8%,压入桩不宜小于 0.4%,桩的纵向钢筋直径不宜小于 14mm,桩身宽度或直径超过 350mm 时,纵向钢筋不应少于 8 根。桩顶一定范围内的箍筋应加密,并设置钢筋网片。

　　(2)混凝土管桩的制作

　　混凝土管桩主要有 RC 管桩(混凝土管桩)、PC 管桩(预应力混凝土管桩)和 PHC 管桩(预应力高强度混凝土管桩)。预应力混凝土管桩是体现当代混凝土技术进步与混凝土制品高新工艺水平的一种预制混凝土桩。预应力管桩一般是在工厂采用离心法生产,采用先张法工艺施加预应力制作而成。PC 管桩的混凝土强度为 C60,PHC 管桩的混凝土强度为 C80。预应力钢筋沿桩身周围均匀配置,桩身最小配筋率不小于 0.4%,且预应力钢筋数量不少于 6 根。同时,根据管桩的抗弯性能或混凝土有效预应力值,管桩可分为 A、AB、B 和 C 型。混凝土管桩外径为 300~1000mm,壁厚为 60~100mm,每节长度为 7~13m,管桩可以由若干节桩连接成一定长度,但接头不宜超过 4 个,桩底可以设置桩尖予以封闭,也可为开口形式。

2. 钢桩的制作

我国目前采用的钢桩主要是钢管桩和 H 型钢桩两种。钢管桩一般采用 Q235 钢进行制作,常见的有 φ406、φ609 和 φ914 等,壁厚 9～18mm;H 型钢常采用 Q235 或 Q345 钢制作而成,常见截面的边长为 200mm～400mm,翼缘板厚度为 12～35mm,腹板厚度为12～20mm。钢桩的分段长度一般不宜超过 15m。钢管桩常采用两种形式:带加强箍或不带加强箍的敞口形式,及平底或锥底的闭口形式。H 型钢则可采用带端板和不带端板的形式,不带端板的桩端可做成锥底或平底。

确定桩的单节长度时应满足桩架的有效高度、制作场地条件、运输与装卸能力,同时还应避免在桩尖接近或处于硬持力层时接桩。现场制作钢桩时应有平整的场地及挡风防雨措施,以保证加工质量。用于地下水有侵蚀的地区或腐蚀性土层的钢桩,应按要求进行防腐处理。

2.2.2　预制桩的起吊、运输和堆放

1. 预制桩的起吊、运输

混凝土预制桩必须在混凝土强度达到设计强度的 70% 及以上方可起吊,达到 100% 方可运输;起吊时应采取相应的措施,保证安全平稳,保护桩身质量。吊点应符合设计要求,一般吊点的设置如图 2-1 所示。打桩前,桩从制作处运到现场以备打桩,并应根据打桩顺序随打随运以避免二次搬运。当运距不大时,桩可用起重机吊运;当运距较大时,桩可采用轻便轨道小平台车运输。预应力管桩在运输中应设置保护圈,防止桩体撞击而造成桩端、桩体损坏或弯曲;钢桩在运输过程中对两端应进行适当保护。

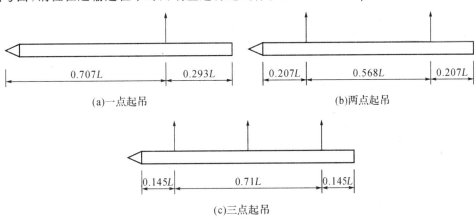

图 2-1　吊点的设置

预应力混凝土空心桩的吊运应符合下列规定:

(1)出厂前应进行出厂检查,规格、批号、制作日期应符合所属的验收批号内容;

(2)在吊运过程中应轻吊轻放,避免剧烈碰撞;

(3)单节桩可采用专用吊钩勾住桩两端内壁直接进行水平起吊;

(4)运至施工现场时应进行检查验收,严禁使用质量不合格及在吊运过程中产生裂缝的桩。

2. 预制桩的堆放

桩的堆放场地必须平整、坚实,排水畅通。垫木间距应与吊点位置相同,各层垫木应位于同一垂直线上。对于圆形的混凝土桩或管桩的两侧应用木楔塞紧,防止其滚动。在现场堆放的层数不宜太多。对混凝土桩,堆放层数不宜超过 4 层;对钢管桩,直径在 900mm 左右的不宜超过 3 层,直径在 600mm 左右的不宜超过 4 层,直径在 400mm 左右的不宜超过 5 层。此外,对不同规格、不同材质的桩应分别堆放,便于施工。

预应力混凝土空心桩的堆放应符合下列规定:

(1)堆放场地应平整、坚实,最下层与地面接触的垫木应有足够的宽度和高度,堆放时应稳固,不得滚动;

(2)应按不同规格、长度及施工流水顺序分别堆放;

(3)当场地条件许可时,宜单层堆放,外径为 500～600mm 的桩不宜超过 4 层,外径为 300～400mm 的桩不宜超过 5 层;

(4)叠层堆放桩时,应在垂直于桩长度方向的地面上设置 2 道垫木,垫木应分别位于距离桩端 0.2 倍的桩长处,底层最外缘的桩应在垫木处用木楔塞紧;

(5)垫木宜选用耐压的长木枋或枕木,不得使用有棱角的金属构件。

2.2.3 预制桩的沉桩

利用上部荷载压入地下的桩叫沉桩,预制桩沉桩的方法有多种,如锤击法、静压法、振动法和水冲法等,其中锤击法和静压法应用较多。

1. 锤击法

锤击法是利用桩锤的冲击克服土对桩的阻力,使桩沉到预定深度或达到持力层。这是常用的一种沉桩方法。打桩设备包括桩锤、桩架和动力装置。

(1)桩锤

桩锤是对桩施加冲击,将桩打入土中的主要机具。桩锤主要有落锤、柴油锤、蒸汽锤和液压锤,目前应用最多的是柴油锤。

1)落锤

落锤是利用人力或者卷扬机拉起桩锤,然后使其自由落下,利用锤的重力夯击桩顶,使桩入土。落锤构造简单,使用方便,高度能随意调整。落锤重量一般为 0.5～1.5t,重型锤可达数吨,轻型锤一般用卷扬机拉升施打。落锤效率低,施工速度慢,桩身易损失。落锤适用于施打小直径的钢筋混凝土预制桩或小型钢桩,在软土层中应用较多。

2)柴油锤

柴油锤是由柴油燃烧产生的气体压力提升冲击质量的桩锤。柴油锤利用燃油产生的能量,推动活塞往复运动产生冲击力进行锤击打桩。柴油锤结构简单,使用方便,不需要从外部供应能源。但在过软的土中由于贯入度过大,燃油不易爆发,往往桩锤反跳不起来,会使工作循环中断。而且柴油锤施工过程中会造成噪声污染和空气污染等,故在城市中施工受到一定限制。柴油锤冲击部分的重量有 2.0t、2.5t、3.5t、4.5t、6.0t、7.2t 等数种,每分钟锤击数为 40～80 次,可以用于大型混凝土桩和钢管桩等。

3)蒸汽锤

蒸汽锤利用蒸汽的动力进行锤击,需要配备一套锅炉设备对桩锤外供蒸汽。蒸汽锤根据工作情况又可分为单动式汽锤和双动式汽锤。

单动式汽锤的冲击体只在上升时耗用动力,下降靠自重。单动式汽锤的冲击力较大,每分钟锤击数为 25～30 次,常用锤重为 3～10t,可以打各种桩。

双动式汽锤的冲击体升降均由蒸汽推动。双动式汽锤的外壳(即汽缸)是固定在桩头上的,而锤是在外壳内上下运动。因冲击频率高(100～200 次/min),所以工作效率高。锤重一般为 0.6～6t,它适宜打各种桩,也可在水下打桩并用于拔桩。

4)液压锤

液压锤是一种新型打桩设备,它的冲击缸体通过液压装置提升至预定高度后再快速释放,然后以自由落体的方式打击桩体。冲击缸体下部充满氮气,当冲击缸下落时,首先是冲击头对桩施加压力,接着是通过可压缩的氮气对桩施加压力,使冲击缸体对桩施加压力的过程延长,因此每一击能获得更大的贯入度。液压锤不排出任何废气,无噪声,冲击频率高,并适合水下打桩,是理想的冲击式打桩设备,但构造复杂,造价高,作业效率比柴油锤低。

用锤击沉桩时,为防止桩受冲击应力过大而损坏,力求采用"重锤轻击"。如采用轻锤重击,锤击功能很大一部分被桩身吸收,桩不易打入,且桩头容易打碎。锤重可根据土质、桩的规格等参考表 2-2 进行选择,如能进行锤击应力计算则更为科学。

表 2-2　锤重选择参考

锤型			柴油锤/t					
			2.0	2.5	3.5	4.5	6.0	7.2
锤的动力性能		冲击部分重/t	2.0	2.5	3.5	4.5	6.0	7.2
		总重/t	4.5	6.5	7.2	9.6	15.0	18.0
		冲击力/kN	2000	2000～2500	2500～4000	4000～5000	5000～7000	7000～10000
		常用冲程/m	1.8～2.3					
桩的截面尺寸		混凝土预制桩的边长或直径/cm	25～35	35～40	40～45	45～50	50～55	55～60
		钢管桩的直径/cm	40			60	90	90～100
持力层	黏性土粉土	一般进入深度/m	1.0～2.0	1.5～2.5	2.0～3.0	2.5～3.5	3.0～4.0	3.0～5.0
		静力触探比贯入度平均值/MPa	3	4	5	>5		
	砂土	一般进入深度/m	0.5～1.0	0.5～1.5	1.0～2.0	1.5～2.5	2.0～3.0	2.5～3.5
		标准贯入击数 N(未修正)	15～25	20～30	30～40	40～45	45～50	50
常用的控制贯入度/[cm·(10 击)$^{-1}$]			—	2～3	—	3～5	4～8	—
设计单桩极限承载力/kN			400～1200	800～1600	2500～4000	3000～5000	5000～7000	7000～10000

（2）桩架

桩架设备亦称打桩架，它的作用是用来完成打桩锤上下运动的导向与起落、吊桩并将桩身稳固于打桩锤同一轴线位置以及起动打桩锤击桩，并保证桩锤能沿着所要求方向冲击等各项功能。桩架的形式多种多样，常用的桩架（能适应多种桩锤）有两种基本形式：一种是沿轨道行驶的多能桩架；另一种是装在履带底盘上的履带式桩架。

1）多能桩架（如图 2-2 所示）由立柱、斜撑、回转工作台、底盘及传动机构组成。它的机动性和适应性很大，在水平方向可做 360°回转，立柱可前后倾斜，底盘下装有铁轮，可在轨道上行走。这种桩架可适应各种预制桩，也可用于灌注桩施工。缺点是机构较庞大，现场组装和拆迁比较麻烦。

2）履带式桩架（如图 2-3 所示）以履带式起重机为底盘，增加立柱和斜撑用以打桩。履带式桩架灵活，移动方便，可适应各种预制桩施工，目前应用最多。

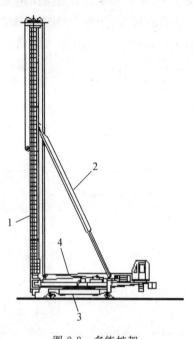

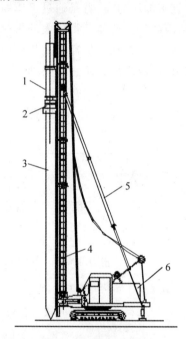

图 2-2　多能桩架

1—立柱；2—斜撑；3—底盘；4—工作台

图 2-3　履带式桩架

1—桩锤；2—桩帽；3—桩；4—立柱；5—斜撑；6—车体

（3）锤击法施工

1）打桩顺序

打桩顺序会影响打桩速度、打桩质量以及周围环境。当桩的中心距小于 4 倍桩径时，打桩顺序尤为重要。打桩顺序影响挤土方向。打桩向哪个方向推进，则向哪个方向挤土。根据桩群的密集程度，可选用下述打桩顺序：由一侧向单一方向进行［如图 2-4（a）所示］；自中间向两个方向对称进行［如图 2-4（b）所示］；自中间向四周进行［如图 2-4（c）所示］。第一种打桩顺序，打桩推进方向宜逐排改变，以免土朝一个方向挤压而导致土壤挤压不均匀，对于同一排桩，必要时还可采用间隔跳打的方式。对于大面积的桩群，宜采用后两种打桩顺序，以免土壤受到严重挤压，使桩难以打入，或使先打入的桩受挤压而倾斜。大面积的桩群，宜分成几个区域,由多台打桩机采用合理的顺序同时进行施打。此外,根据设计标高及桩的规格,宜先深后浅、先大后小、先长后短,这样可以减小后施工的桩对先施工的桩的影响。

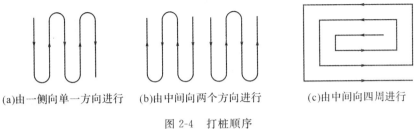

(a)由一侧向单一方向进行　　(b)由中间向两个方向进行　　(c)由中间向四周进行

图 2-4　打桩顺序

锤击法打桩施工的工艺流程为:施工前的准备工作→测量定位→底桩就位、对中和调直→锤击沉桩→接桩→再锤击→(再接桩)→打至持力层→收锤。

施工前的准备工作:沉桩前必须处理空中和地下障碍物,场地应平整,排水应畅通,并满足打桩所需的地面承载力。选择桩锤时,充分考虑桩的形状、尺寸、重量、入土长度、结构形式以及土质、气象等条件,并掌握各种锤的特性。桩锤的夯击能量必须克服桩的贯入阻力,包括克服桩尖阻力、桩侧摩阻力和桩的回弹产生的能量损失等。如果桩锤的能量不能满足上述要求,会引起桩头部的局部压曲,难以将桩送到设计标高。选择桩架时应充分考虑桩的材料、截面形状及尺寸大小、桩的长度、数量、桩距及接桩方式,并同时考虑施工工期和打桩速率等因素。桩架的高度是选择桩架时需要考虑的一个重要问题,桩架的高度应满足施工要求,它一般等于桩长+滑轮组高度+桩锤高度+桩帽高度+起锤移位高度(取 1~2m)。

测量定位:将施工图上的桩位通过轴线控制点逐个施放在打桩现场,在桩位中心点地面打入长约 30cm 的钢筋,使其露出地面 5~8cm,再在其上扎一小片红布条,这就是俗称的"样桩"。由于预应力管桩的桩尖(靴)用十字型或开口型较多,靠一个点位来对中,误差较大,为此,在使用十字型桩尖(靴)时。宜在当天计划打桩的几个桩位上,用白灰在"样桩"附近的地面上画一个圆心与"样桩"重合、直径与管桩桩径相等的圆圈,以方便插桩对中。

底桩就位、对中和调直:打入地下的第一节桩俗称"底桩"。底桩端部一般设有桩尖(靴)。底桩就位前,应在桩身划出以米为单位的长度标记,并按自下至上的顺序标明桩的长度,以便观察桩的入土深度及记录每米沉桩锤击数。底桩就位后,对中和调直这道工序对成桩质量起关键作用。如果底桩不对中,成桩后的桩位偏差会超过规范要求。调直一要使桩身垂直(斜桩要求达到设计倾斜角度);二要使桩身、桩帽和桩锤的中心线重合。如果桩身未调直就开锤,不仅桩的垂直度会超过规范要求,而且会发生偏心锤击,容易将桩头(顶)打裂击碎。因此,一般预制桩的垂直偏差不得大于 0.1%,斜桩的倾斜度偏差不得大于倾斜角正切值的 15%(倾斜角是指桩的纵向中心线与铅垂线之间的夹角)。否则,要拔出重插,直至满足要求。按桩顶标高控制的桩,桩顶标高允许偏差为 −50mm,+100mm。桩的平面位置的允许偏差如表 2-3 所示。

表 2-3 预制桩(钢桩)桩位允许偏差

项目		允许偏差/mm
盖有基础梁的桩	垂直于基础梁中心线	$100+0.01H$
	沿基础梁中心线	$150+0.01H$
桩数为 1~3 根桩基中的桩		100
桩数为 4~16 根桩基中的桩		1/3 桩径或边长
桩数大于 16 根桩基中的桩	最外边的桩	1/3 桩径或边长
	中间桩	1/2 桩径或边长

锤击沉桩:首先要强调的是打底桩时需倍加小心,因为在一般情况下表层土或表层土下面的一层土比较松软,桩锤冲击体自由落下时,整节桩可能会压没在软土中,整个桩锤也会落到地面甚至嵌入表土中,威胁人身安全,影响施工质量。因此,在软土层上打第一节桩时,需采取一些必要的技术安全措施。其次要强调的是在锤击沉桩的全过程中,桩锤、桩帽和桩身中心线应重合,切忌打偏。

打桩机就位后,将桩锤和桩帽吊起,然后吊桩并送至导杆内,垂直对准桩位缓缓送下插入土中,垂直度偏差不得超过 0.5%,然后固定桩帽和桩锤,使桩、桩帽、桩锤在同一铅垂线上,确保桩能垂直下沉。在桩锤和桩帽之间应加弹性衬垫,桩帽和桩顶四周应有 5~10mm的间隙,以防损伤桩顶。打桩开始时,锤的落距应较小,待桩入土至一定深度且稳定后,再按要求的落距锤击。用落锤或单动式汽锤打桩时,最大落距不宜大于 1m;用柴油锤时,应使锤跳动正常。在打桩过程中,遇有贯入度剧变、桩身突然发生倾斜、移位或有严重回弹、桩顶或桩身出现严重裂缝或破碎等异常情况时,应暂停打桩,及时研究处理。如桩顶标高低于自然土面,则需用送桩管将桩送入土中,桩与送桩管的纵轴线应在同一直线上,拔出送桩管后,桩孔应及时回填或加盖。

桩打入时应符合下列规定:

①桩帽或送桩帽与桩周围的间隙应为 5~10mm;

②锤与桩帽、桩帽与桩之间应加设硬木、麻袋、草垫等弹性衬垫;

③桩锤、桩帽或送桩帽应和桩身在同一中心线上。

接桩:当一根桩的长度达不到设计规定的深度时,需要将已打入的前一根桩的顶端与后一根桩的下端连接在一块继续向下打,直至打入设计的深度为止。多节桩的接桩可用焊接、法兰铆接及机械快速连接(螺纹式、啮合式)三种方法。目前焊接接桩应用最多。接桩的预埋铁件表面应清洁,上下节桩之间如有间隙应用铁片填实焊牢,焊接时焊缝应连续饱满,并采取措施减少焊接变形。接桩时,上下节桩的中心线偏差不得大于 10mm,节点弯曲矢高不得大于 1‰桩长。

采用焊接接桩应符合下列规定:

①下节桩的桩头宜高出地面 0.5m。

②下节桩的桩头宜设导向箍。接桩时上下节桩应保持顺直,错位偏差不宜大于 2mm。接桩错位纠偏时,不得采用大锤横向敲打。

③桩对接前,上下端板表面应采用铁刷子清刷干净,坡口处应刷至露出金属光泽。

④焊接宜采用二氧化碳气体保护焊,施焊时宜用两台焊机对称进行;当采用手工电弧焊时,施焊宜由两个焊工对称进行。焊接应逐层进行,层数不得少于 2 层,第一层焊接完后必须把焊渣清理干净,方可进行第二层施焊。焊缝应连续、饱满。

⑤焊好后的桩接头应自然冷却后方可继续锤击,自然冷却时间不宜少于 8min,严禁水冷却或焊好即施打。

⑥在雨天焊接时,应采取可靠的防雨措施。

⑦焊接接头的质量检查,对于同一工程探伤抽样检验不得少于 3 个接头。

法兰铆接接桩的钢板和螺栓宜采用低碳钢。

采用机械快速螺纹接桩的桩两端质量必须满足连接要求,上下节桩采用专用接头锥度对中,对准上下节桩用专用链条式扳手进行旋紧连接,旋紧后两端板尚应有 1～2mm 的间隙。机械快速啮合接桩的施工方法为:先将上下接头板清理干净,并在连接销上涂抹沥青涂料,逐根旋入上节桩端头板的螺栓孔内,然后在下节桩端头板连接槽内及端头板面周边注入沥青涂料,再将上节桩吊起,使连接销与下节桩的端头板上连接口对准后插入连接槽内,最后加压使上下节桩的桩头板接触,完成接桩。

桩终止锤击的控制应符合下列规定:

①当桩端位于一般土层时,应以控制桩端设计标高为主,贯入度为辅;

②桩端到达坚硬、硬塑的黏性土;中密以上粉土、砂土、碎石类土及风化岩时,应以贯入度控制为主,桩端标高为辅;

③贯入度已达到设计要求而桩端标高未达到时,应继续锤击 3 阵,并按每阵 10 击的贯入度不应大于设计规定的数值确认,必要时,施工控制贯入度应通过试验确定。

当遇到贯入度剧变,桩身突然发生倾斜、移位或有严重回弹,桩顶或桩身出现严重裂缝、破碎等情况,应暂停打桩,分析原因,并采取相应措施。

当桩顶标高低于自然土面,需用送桩管将桩送入土中时,桩与送桩管的纵轴线应在同一直线上,拔出送桩管后,桩孔应及时回填或加盖。

2)打桩的质量控制

打桩过程中,应做好沉桩记录,以便工程验收。打桩的质量控制包括打桩前、打桩过程中的控制以及施工后的质量检查。

施工前,除了要对原材料进场前进行检查外,还应对成品桩进行外观及强度检测、成品桩的裂缝检查等。锤击预制桩应在强度与龄期均达到要求后进行。接桩用焊条或半成品硫黄胶泥应有产品合格证书,或送有关部门检验。打桩开始前应对桩位的放样进行验收,桩位放样允许偏差对群桩为 20mm,对单排桩为 10mm。

施工过程中,应检查桩的桩体垂直度、沉桩情况、贯入情况、桩顶完整情况、电焊接桩质量、电焊后的停歇时间等。对电焊接桩,重要工程应对电焊接头做 10％的焊缝探伤检查。

打桩的质量检查包括桩的偏差、最后贯入度与沉桩标高,桩顶、桩身是否打坏以及对周围环境有无造成严重危害。

打桩时,如桩顶破碎或桩身有严重裂缝,应立即暂停,在采取相应的技术措施后,方可继续施打。除了注意桩顶与桩身由于桩锤冲击破坏外,还应注意桩身受锤击拉应力而导致的水平裂缝。在软土中打桩,在桩顶以下 1/3 桩长范围内常会因反射的张力波使桩身受拉而引起水平裂缝。开裂的地方往往出现在吊点和混凝土缺陷处,这些地方容易形成应力集中。

采用重锤低速击桩和较软的桩垫可减少锤击拉应力。此外,还应监测打桩施工对周围环境有无造成影响。

打桩施工结束后,应进行桩基工程的桩位验收。打入桩的桩位偏差必须符合表 2-3 的规定。同时,应对桩进行承载力检验,一般采用静载荷试验的方法进行检验,检验桩数不应少于总数的 1‰,且不应少于 3 根,当总桩数少于 50 根时,检验桩数不应少于 2 根。此外,还应对桩身质量进行检验。

2. 静压法

静压法沉桩是指混凝土预制桩成桩后,利用液压桩机的桩架自重及配重,施加竖向压力将预制桩分段压入,逐段接长的桩基施工方法。这种方法具有无噪声、无振动、无冲击力等优点,适应当今对绿色岩土工程的要求;同时压桩桩型一般选用预应力管桩,该桩作基础具有工艺简明、质量可靠、造价低、检测方便的特性。静压法沉桩通常应用于高压缩性黏土层或砂性较轻的软黏土地基(含水量 ω＞塑性界限 ω_p,土的重度 γ_0＜1.75,土的内摩擦角 γ＜20°,压缩系数 a_{1-2}＞0.03,塑性指数 I_p＞10,标贯击数 N＜10)。当桩需贯穿有一厚度的砂性土中间夹层时,必须根据砂性土层的厚度、密实度,上下土层的力学指标,桩的结构、强度、形式和设备能力等综合考虑其适用性。

在沉桩过程中,桩尖直接使土体产生冲切破坏,伴随或先发生沿桩身土体的直接剪切破坏。孔隙水受此冲剪挤压作用形成不均匀水头,产生超孔隙水压力,扰动了土体结构,使桩周约一倍桩径的一部分土体抗剪强度降低,发生严重软化(黏性土)或稠化(粉土、砂土),出现土重塑现象,从而可容易地连续将静压桩送入很深的地基土层中。压桩过程中如发生停顿,一部分孔隙水压力会消失,桩周围的土会发生径向固结现象,使土体密实度增加,桩周的侧壁摩阻力也增长,尤其是扰动重塑的桩端土体强度得到恢复,致使桩端阻力增长较大,停顿时间越长,扰动土体强度恢复增长越多。因此,静压沉桩不宜中途停顿,必须接桩停留时,宜考虑浅层接桩,还应尽量避免桩尖在硬土层中停留接桩。静压桩是挤土桩,压入过程中会导致桩周围土的密度增加,其挤土效应取决于桩截面的几何形状、桩间距以及土层的性能。

静压法沉桩按加力方式可分为压桩机(压桩架、压桩车、压桩船)施工法、吊载压入施工法、锚桩反压施工法、结构自重压力施工法等。锚桩反压施工法使用较早,一般用于少量补桩。吊载压入施工法因受吊载能力限制,用于小型短桩工程。结构自重压入施工法用于受场地和高度限制无法采用大型压桩机设备,以及对原有构筑物进行基础改造补强的特殊工程。压桩机施工法应用较为广泛,为提高压桩机静压力,常可在压桩机上增设附加配重。在小型桩基工程中尚可采用压桩机施工法。静力压桩机分为机械式和液压式两种,前者只能用于压桩,后者不仅可以压桩,还可以拔桩。静压法沉桩一般都采取分段压入、逐渐接长的方法,直至沉桩至设计要求标高。

(1)机械式压桩

机械式压桩采用的是机械式压桩机,它是由卷扬机通过钢丝绳滑轮组将桩压入土中。机械式压桩机由底盘、机架、动力装置等几部分组成。这种桩机是在桩顶部位施加压力,由于沉桩阻力较大,卷扬机需通过多个滑轮组方可产生足够的压力将桩压入土中,所以跑头钢丝绳的行走长度很大,作业效率较低。

（2）液压式压桩

液压式压桩是通过液压式压桩机,利用其本身的重量(包括配重)作为反作用力,克服压桩过程中的桩周土侧壁的摩阻力和桩端土的阻力,将桩徐徐压入土中。随着 20 世纪 90 年代初期高层建筑的快速发展,单桩竖向承载力越来越高,液压静压桩机的吨位也随着增大,目前最大吨位已达到 650~700t,最大单桩承载力由初期的 120t 提高到现在的 250t 左右,故近几年来广泛地应用于工业厂房、综合办公大楼、高层建筑的桩基施工中,并取得了良好的技术经济效果。

液压式压桩机主要由桩架、液压夹桩器、动力设备及吊桩起重机等组成。它可以利用起重机起吊桩体,并通过液压夹桩器把桩的"腰"部夹紧并下压,当压桩力大于沉桩阻力时,桩便被压入土中。

这种桩机采用液压传动,动力大、工作平稳,还可以在压桩过程中直接从液压表中读出沉桩压力,因此可以了解沉桩全过程的压力状况,得知桩的承载力。压桩施工过程中应根据土质配足额定的重量,压桩机及配重之和应大于最大压机力的 1.1 倍,防止阻力过大而桩机自重不足以平衡。压桩一般分节压入,逐段接长。当第一节桩压入土中,其上端距地面 1m 左右时将第二节桩接上,继续压入。此时,应尽量缩短停歇时间。

当压桩出现下列情况之一时,应暂停压桩作业,并分析原因,采取相应措施:

1)压力表读数与勘察报告中的土层性质明显不符;

2)桩难以穿越硬夹层;

3)压桩机出现异常响声或工作状态异常;

4)出现桩身纵向裂缝或桩头混凝土剥落等现象;

5)夹持机构打滑或压桩机桩基下陷。

3. 振动法

振动法沉桩施工是利用振动锤沉桩,将桩与振动锤连接在一起,利用高频振动激振桩身。振动锤又称激振器,安装在桩头,用夹桩器将桩与振动箱固定。在桩上刚性连接振动锤,形成振动体系,由锤内几对轴上的偏心块相对旋转产生振动力,使振动体系上下振动强迫与桩接触的土层相应振动,使土层强度下降,阻力减少,从而使桩在振动体系压重作用下沉入土中。

振动沉桩操作简便,沉桩效率高,不需要辅助设备,管理方便,施工适应性强,沉桩时的横向位移小和桩的变形小,不易损坏桩材,通常可应用于粉质黏土、松散砂土、黄土和软土中的钢筋混凝土桩、钢桩、钢管桩在陆上、水上、平台上的直桩施工及拔桩施工;在砂土中效率高,一般不适合密实的砾石和密实的黏性土地基打桩,不适于打斜桩。

振动沉桩在施工过程中应注意以下几点:

（1）施工前应对机械设备进行认真检查,确保机器状况良好,连接牢固,沉桩机和法兰盘连接螺栓必须拧紧,不能有间隙或松动。

（2）振动时间由试验决定,一般不宜超过 15min,在有射水配合时,振动时间可适当缩短。一般当振动下沉速度由小变大,振动频率由大变小,如下沉速度小于 5cm/min,或桩头冒水、振动很大而桩不下沉时,应立即停止振动。

（3）每根桩的振动下沉应一气呵成,不可中途停顿或有较长时间的间歇。

（4）振动沉桩主要适用于砂性土和黏性土，根据桩型和截面不同，振动桩下沉的振幅如表 2-4 所示。

表 2-4　不同桩型振动桩下沉的振幅

桩型	砂性土	黏性土
钢板桩及下端开口的钢桩及截面小于 150cm² 的其他桩	4～10mm	6～12mm
截面<800cm² 的木桩和钢管桩（闭口）	6～12mm	8～15mm
下端开口的大直径钢筋砼管桩（管内配合挖土）	4～10mm	6～12mm

4. 水冲法

水冲法沉桩大多与锤击或振动相辅使用，可根据土质情况具体选择：先用射水管冲桩孔，然后将桩身随之插入（锤可置于桩顶，以增加下沉的重量）；一边射水，一边锤击（或振动）；射水、锤击交替进行或以锤击或振动为主、射水为辅等方式。

一般多采取射水与锤击联合使用的方式，以加速下沉。亦可采取用射水管冲孔至离桩设计深度约 1m，再将桩吊入孔内，用锤击打至设计深度。沉桩时，先将射水管装好使喷射管嘴离地面约 0.5m，当桩插正立稳后，压上桩帽、桩锤，开启水泵阀门送水，射水管便冲开桩尖下的土体，慢慢沉入土中，射水管一面下沉，一面不断地上下抽动，以使土体松动，水流畅通，此时桩即依靠其自重及配合桩锤冲击沉入土中。最初可使用较小水压，以后逐步加大水压，不使下沉过猛。下沉渐趋缓慢时，可开锤轻击；下沉转快时，停止锤击。下沉时应使射水管末端经常处于桩尖以下约 0.3～0.4m 处。射水进行中，放水阀不可骤然大开，以免水压、水量突然降低，泥砂涌入堵塞射水嘴；再射水时，射水管和桩必须垂直，并要求射水均匀，水冲压力一般为 0.5MPa～1.6MPa。当桩下沉至距设计标高 0.5～2m 时应停止射水，拔出射水管，用锤击或振动打至设计标高，以免将桩尖处土体冲坏，降低桩的承载力。桩的间距应大于 0.9m，以免冲松邻近已打好的桩。

2.3　灌注桩施工

灌注桩的特点如下：

（1）适用于不同土层。

（2）桩长可因地改变，没有接头。目前钻孔灌注桩的直径已达 2.0m，有的桩长达 88m，如 20 世纪 80 年代修建的济南黄河斜张桥的钻孔灌注桩直径为 1.5m，长达 82～88m。

（3）仅承受轴向压力时，只需配置少量构造钢筋。需配制钢筋笼时，按工作荷载要求布置，可以节约钢材（相对于预制桩是按吊装、搬运和压桩应力来设计钢筋）。

（4）采用大直径钻孔和挖孔灌注桩时，单桩承载力大。

（5）在一般情况下，灌注桩比预制桩造价低。

（6）桩身质量不易控制，容易出现断桩、缩颈、露筋和夹泥的现象。

（7）桩身直径较大，孔底沉积物不易清除干净（除人工挖孔灌注桩外），因而单桩承载力变化较大。

（8）一般不宜用于水下桩基。但在桥桩（大桥）施工中，有采用在钢围堰（大型桥梁）中进行水钻灌注桩施工，如南京长江二桥桥桩施工时，采用大直径围堰，然后在围堰中进行水钻灌注桩施工的工艺，确保了桩基施工的质量。

灌注桩成孔是灌注桩质量控制的关键，选择合适的成孔方式对灌注桩施工质量至关重要，工程中应根据不同条件选择合适的桩型，如表 2-5 所示。

表 2-5　不同灌注桩类型的适用条件

灌注桩类型	适用条件
泥浆护壁钻孔灌注桩	地下水位以下的黏性土、粉土、砂土、填土、碎石土及风化岩层
旋挖成孔灌注桩	黏性土、粉土、砂土、填土、碎石土及风化岩层
冲孔灌注桩	黏性土、粉土、砂土、填土、碎石土及风化岩层； 可穿透旧基础、建筑垃圾填土或大孤石等障碍物； 岩溶发育地区慎用
长螺旋钻孔压灌注桩 （后插钢筋笼）	黏性土、粉土、砂土、填土、非密实的碎石类土、强风化岩
干作业钻、挖孔灌注桩	地下水位以上的黏性土、粉土、填土、中等密实以上的砂土、风化岩层
沉管灌注桩	黏性土、粉土和砂土
夯扩桩	持力层埋深不超过 20m 的中、低压缩性黏性土、粉土、砂土和碎石类土

2.3.1　干作业成孔

干作业成孔即不用泥浆或套管护壁措施而直接排出土成孔的方法。干作业成孔灌注桩适用于地下水位以上的黏性土、粉土、填土、中等密实以上的砂土、风化岩层等。目前，干作业成孔的灌注桩常用的有螺旋钻孔灌注桩、螺旋钻孔扩孔灌注桩、机动洛阳铲挖孔灌注桩及人工挖孔灌注桩四种。其中，螺旋钻孔成孔和人工挖孔成孔是最常用的两种方法。

1. 螺旋钻孔灌注桩

螺旋钻孔灌注桩的桩长有一定限制，一般不能穿过卵砾石层，这种桩属非挤土型干钻孔桩，不需要泥浆护壁，因此施工周期比水钻孔灌注桩要短，现场无泥浆污染，如南京地铁指挥中心工程使用了这种桩型。螺旋钻孔灌注桩采用螺旋钻机成孔，螺旋钻机利用动力带动螺旋钻杆旋转，使钻头上的叶片旋转向下切削土层，削下的土屑靠与土壁的摩擦力沿叶片上升排出孔外。在软塑土层含水量大时可用疏纹叶片钻杆，以便较快地钻进。在可塑或硬塑黏土中，或含水量较小的砂土中应用密纹叶片钻杆，以便缓慢、均匀、平稳地钻进。螺旋钻机按照行走装置的不同可分为履带式和步履式两种。前者一般由 W1001 履带车、支架、导杆、鹅头架滑轮、电动机头、螺旋钻杆及出土筒组成。后者的行走度盘为步履式，由上底盘、下底盘、回转滚轮、行车滚轮、钢丝滑轮、回转轴、行车油缸和支架组成。螺旋钻机按照螺旋钻的长短可分为长螺旋钻孔机和短螺旋钻孔机两种。但施工工艺除长螺旋钻孔机为一次成孔，短螺旋钻孔机为分段多次成孔外，其他都相同。螺旋钻孔扩孔灌注桩的扩孔机具也有两种：一种是双管双螺旋扩孔机，可以自钻自扩一次成孔，属于无桩根扩孔桩；另一种是利用螺旋钻孔机成直孔,配扩孔器进行扩孔,属于有桩根扩孔桩。桩的工作特性为以端承力为主的端承摩擦桩,直桩部分在施工中的质量通病与螺旋钻孔灌注桩相同。

施工工艺流程:

场地清理→测量放线定桩位→桩机就位→钻孔取土成孔→清除孔底沉渣→成孔质量检查验收→吊放钢筋笼→浇筑孔内混凝土。

施工注意事项:

(1)钻机定位后,应进行复检,钻头与桩位点偏差不得大于20mm,开孔时下钻速度应缓慢;在钻进过程中,不宜反转或提升钻杆。

(2)在钻进过程中,当遇到卡钻、钻杆摇晃、移动、偏斜或难以钻进时,应提钻检查,排除地下障碍物,避免桩孔偏斜和钻具损坏。

(3)桩身混凝土的泵送压灌应连续进行,当钻机移位时,混凝土泵料斗内的混凝土应连续搅拌,泵送混凝土时,料斗内混凝土的高度不得低于400mm。

(4)混凝土输送泵管应保持水平,当长距离泵送时,泵管下面应垫实。

(5)在地下水位以下的砂土层钻进时,钻杆底部活门应有防止进水的措施,压灌混凝土应连续进行。

(6)压灌桩的充盈系数宜为1.0~1.2,桩顶混凝土超灌高度不宜小于0.5m。

(7)成桩后,应及时清除钻杆及泵管内残留的混凝土。长时间停滞时,应采用清水将钻杆、泵管、混凝土泵清洗干净。

2.人工挖孔灌注桩

人工挖孔灌注桩是一种通过人工开挖而形成井筒的灌注桩成孔工艺,适用于旱地或少水且较密实的土质或岩石地层,因其占施工用场地少、成本较低、工艺简单、易于控制质量且施工时不易产生污染等而广泛应用于桥梁桩基工程的施工中。

施工前准备工作:

施工前应按建设单位移交的场地标高做好测量记录,对场地邻近的建筑物、道路、低压电杆、地下管线、电缆等应同工程发包等有关单位进行详细检查,且将原有裂缝及特殊情况做好原始记录、甲乙双方确认。必要时还须邀请房屋管理鉴定单位对周围民房建筑物进行公证鉴定。当挖孔施工抽水可能危及安全时,应提出预防方案,得到公司及监理等有关单位审查同意后方能进行施工。挖孔施工前必须进行图纸会审和挖孔桩次序平面布置,认真研究工程地质钻探资料,设计四周排水、集水井及余土运输路线和施工方案。对于有流砂、涌水涌泥、存在有害气体及厚度大于1m的淤泥层和流塑质土等地基,设计采用人工挖孔桩时,应研究制订落实可靠的技术和安全措施后方可进行施工。施工前做好混凝土原材料及混凝土级配试验、强度试验。

作业条件:

(1)施工场地做好"三通一平",现场四周设置排水沟、集水井,桩孔中抽出积水,经沉淀后排入下水道,施工现场的出土路线应畅通;

(2)桩基的轴线桩和水准基点桩设置完毕,并弹线标记在砖砌护圈上,经复核无误,并办理签证手续后,才能开挖桩身土方;

(3)挖桩前,要把桩中心位置向桩的四边引出四个桩心控制点,在混凝土墩上做好标记;

（4）全面检查施工准备，确保电机设备完好，符合安全使用标准，向现场施工操作人员进行详细的安全技术交底和安全教育，使安全、技术管理在思想、组织、措施都得到落实；

（5）试挖桩，并校验机械设备和施工工艺及技术措施是否符合要求；

（6）劳动力组织安排和特殊工程组织安排。

施工工艺流程：

平整场地→测定桩位轴线、标高→放桩孔线→砖砌桩孔口护圈→砖护圈面抹水泥砂浆→桩位标高、轴心十字线引至砖护圈面并用红油漆标记→架设绞轮或电动葫芦→准备潜水泵、鼓风机、照明设备→边挖边抽水→桩孔轴线、直径、垂直度校核→每节护壁高度孔壁清理→支撑护壁模板、放置钢筋网→浇灌护壁混凝土→拆模下挖、浇筑以下各节混凝土护壁一直到持力层→由地勘单位鉴定桩底土质→放扩大头→人工修凿打锅形底→校核轴心线、孔径和垂直度并修整→清理孔内泥渣→排除孔底积水→制作、安放钢筋笼→放串筒→灌注桩孔混凝土至设计顶标高（承台底标高）。

（1）定位放线（钉木桩或龙门板）：从平面控制网、高程控制网引测到建筑物四角（红油漆标记）。依次把建筑物各轴线定位，检查须符合规范要求。

（2）砖砌桩孔护圈（砌至承高底标高），高度按设计要求（桩底有积水时，应采取水下混凝土浇筑法；淤泥浮渣端头部分另加超高 0.5～1m，混凝土浇筑 48h 打掉端头沉渣浮泥。具体加高尺寸视桩底渗水积水情况定）并在砖面抹水泥浆，把十字轴心线引至砖面并用红油漆做好标记，经检核须符合规范。

（3）用人工、风镐或电动工具，由孔中间向周边开挖，用绞轮或电动葫芦提升泥渣倒至距孔口 2m 远；每桩孔上面应有防雨措施。

（4）每挖深 1m，为一节混凝土护壁浇筑高度和每天开挖深度。

（5）校核并修整桩孔直径、轴心线和垂直度，须符合相关规范要求。

（6）按设计要求制作、安装护壁模板和护壁钢筋网（按设计要求）。

（7）浇筑护壁混凝土 24h 后脱模（每天只挖一节护壁；第二天拆模后再往下挖，混凝土宜加入早凝剂以提高早期强度）。上下节护壁的搭接长度不得小于 50mm。

（8）挖至 3m 深度，送风到桩孔底输送新鲜空气，把孔底土层释放出的有害气体稀释吹散，以保证孔底空气流通和作业人员的安全。

（9）桩孔挖深 4～5m，孔底应设置低压安全照明灯。

（10）挖到设计高度，需经地勘单位现场确认持力层（须地勘单位现场确认签字，资料存入工程原始档案）；开挖扩底桩应先将扩底部位桩身的圆桩体挖好，再按扩底部位的尺寸、形状自上而下削土扩成设计图纸的要求；若无设计要求，扩底直径一般为 1.5～3.0d，扩底部位的变径尺寸为 1∶4。

（11）单孔挖好，全面校核桩孔轴心线、直径、垂直度、扩大头高度和扩大头底部尺寸、锅形底，并把每节护壁上部多余的混凝土修整至符合设计桩径要求。

（12）清理干净泥土余渣浮泥，抽干孔底积水和泥浆，如不能及时浇筑混凝土，须用砂浆或细石混凝土封底，以保护孔底土质不被水浸蚀。

（13）按设计要求制作钢筋笼（四周应焊有保护层耳环）按桩编号吊牌，用塔吊缓缓吊入桩孔按设计安装就位并对钢筋笼进行固定和校验。

（14）在钢筋笼中部放入混凝土串筒，串筒放至距桩孔底 1m 高处并开始浇筑混凝土，用长杆振动棒进行振捣;桩孔太深时,振捣工人须进入孔下进行振捣连续作业,直到单桩混凝土浇筑完毕。

(15)桩混凝土浇筑48h(视气温定),把桩顶端沉渣浮浆混凝土打尽至设计要求高度(承台底)。

(16)夏季施工时,应在混凝土浇筑完毕用湿谷草或麻布遮盖,待混凝土初凝后在遮盖物上淋水养护混凝土。

2.3.2　泥浆护壁成孔

泥浆护壁成孔是用泥浆保护孔壁并排出土渣而成孔,不论在地下水位以上或以下的土层皆适用,它还适用于地质情况复杂、夹层多、风化不均、软硬变化大的岩层。

泥浆护壁钻孔灌注桩的施工工艺流程:桩位放线→开挖泥浆池、排浆沟→埋设护筒→钻机就位、孔位校正→钻孔→注泥浆→下套管→继续钻孔→排渣→清孔→吊放钢筋笼→射水清底→插入混凝土导管→浇筑混凝土→拔出导管→插桩顶钢筋。

桩位放线:根据建筑的轴线控制桩定出桩基础的每个桩位,可用小木桩标记。桩位放线允许偏差20mm。灌注混凝土之前,应对桩基轴线和桩位复查一次,以免木桩标记变动而影响施工。

埋设护筒:护筒一般是由4～8mm厚钢板制成的圆筒,其内径应大于钻头直径,当用回转钻时,宜大于100mm;当用冲击钻时,宜大于200mm,以方便钻头提升等操作。其上部宜开设1～2个溢浆孔,便于溢出泥浆并流回泥浆池进行回收。埋设护筒时先挖去桩孔处表土,将护筒埋入土中。护筒的作用有:成孔时引导钻头方向;提高孔内泥浆水头,防止塌孔;固定桩孔位置,保护孔口。因此,护筒位置应埋设准确并保持稳定。护筒中心与桩位的中心线偏差不得大于50mm。护筒与坑壁之间用黏土分层填实,以防漏水。护筒的埋深在黏土中不宜小于1.0m;在砂土中不宜小于1.5m。护筒顶面应高于地面0.4～0.6m,并应保持孔内泥浆面高出地下水位1m以上。

钻机就位:钻孔机就位时,必须保持平稳,不发生倾斜、位移,为准确控制钻孔深度,应在机架上或机管上做出控制的标尺,以便在施工中进行观测、记录。

钻孔:调直机架挺杆,对好桩位(用对位圈),开动机器钻进,出土,达到一定深度(视土质和地下水情况)停钻。钻孔进尺速度应根据土层类别、孔径大小、钻孔深度和供水量确定。对于淤泥和淤泥质土不宜大于1m/min,其他土层以钻机不超负荷为准,风化岩或其他硬土层以钻机不产生跳动为准。钻孔深度达到设计要求后,必须进行清孔。对于孔壁土质较好、不易塌孔的桩孔,可用空气吸泥机清孔,气压为0.5MPa,被搅动的泥渣随着管内形成的强大高压气流向上涌,从喷口排出,直至孔口喷出清水为止;对于稳定性差的孔壁应用泥浆(正、反)循环法或掏渣筒清孔、排渣。用原土造浆的钻孔可使钻机空转不进尺,同时注入清水,等孔底残余的泥块已磨浆,排出泥浆比重降至1.1左右(以手触泥浆无颗粒感觉),即可认为清孔已合格。对注入制备泥浆的钻孔,可采用换浆法清孔,至换出泥浆比重小于1.25为合格。清孔过程中,必须及时补给足够的泥浆,以保持浆面稳定。孔底沉渣厚度对于端承桩不大于100mm,对于摩擦桩不大于300mm。清孔满足要求后,应立即吊放钢筋笼并灌注混凝土。

注泥浆:孔内注入事先调制好的泥浆,然后继续进钻。在黏土和粉质黏土中成孔时,可注入清水,以原土造浆护壁,排渣泥浆的相对密度应控制在 1.1～1.2;在砂土和较厚的夹砂层中成孔时,泥浆相对密度应控制在 1.1～1.3;在穿过砂夹卵石层或容易坍孔的土层中成孔时,泥浆的相对密度应控制在 1.3～1.5;在其他土中成孔时,泥浆制备应选用高塑性黏土或膨润土。泥浆的作用是将钻孔内不同土层中的空隙渗填密实,使孔内渗漏水达到最低限度,并保持孔内维持着一定的水压以稳定孔壁。因此,在成孔过程中严格控制泥浆的相对密度很重要。施工中应经常测定泥浆相对密度,并定期测定黏度、含砂率和胶体率等指标,及时调整。废弃的泥浆、泥渣应妥善处理。

下套管:钻孔深度到 5m 左右时,提钻下套管。套管内径应大于钻头 100mm。套管位置应埋设正确和稳定,套管与孔壁之间应用黏土填实,套管中心与桩孔中心线偏差不大于50mm。套管埋设深度在黏性土中不宜小于 1m,在砂土中不宜小于 1.5m,并应保持孔内泥浆面高出地下水位 1m 以上。

继续钻孔:防止表层土受振动坍塌,钻孔时不要让泥浆水位下降。施工中应经常测定泥浆相对密度。

排渣,清孔:根据不同的土质,应控制泥浆的相对密度。

吊放钢筋笼:钢筋笼放前应绑好砂浆垫块;吊放时要对准孔位,吊直扶稳,缓慢下沉,钢筋笼放到设计位置时,应立即固定,防止上浮。制作钢筋笼时,要求主筋环向均匀布置,箍筋的直径及间距、主筋的保护层、加劲箍的间距等均应符合设计规定。箍筋和主筋之间一般采用点焊。分段制作的钢筋笼,其接头宜采用焊接并应遵守《混凝土结构工程施工质量验收规范》。钢筋笼吊放入孔时,不得碰撞孔壁。灌注混凝土时,应采取措施固定钢筋笼的位置,避免钢筋笼受混凝土上浮力的影响而上浮。也可待浇筑完混凝土后,将钢筋笼用带帽的平板振动器振入混凝土灌注桩内。

射水清底:在钢筋笼内插入混凝土导管(管内有射水装置),通过软管与高压泵连接,开动泵水即射出。射水后孔底的沉渣即悬浮于泥浆之中。

浇筑混凝土:停止射水后,应立即浇筑混凝土,随着混凝土不断增高,孔内沉渣将浮在混凝土上面,并和泥浆一同排回贮浆槽内。水下浇筑混凝土应连续施工;导管底端应始终埋入混凝土中 0.8～1.3m,导管的第一节底管长度应大于或等于 4m。配合比应根据试验确定,在选择施工配合比时,混凝土的试配强度应比设计强度提高 10%～15%。混凝土要有良好的和易性,在规定的浇筑期间内,坍落度应为 13～15cm。配制混凝土所用的材料与性能要进行选用。灌注桩混凝土所用粗骨料可选用卵石或碎石,其最大粒径不得大于钢筋净距的1/3,对于沉管灌注桩,不宜大于 50mm;对于素混凝土桩,不得大于桩径的 1/4,一般不宜大于 70mm。坍落度随成孔工艺不同而有各自的规定。混凝土强度等级不应低于 C15,水下浇筑混凝土不应低于 C20。水下浇筑混凝土具有无振动、无排污的优点,又能在流砂、卵石、地下水、易塌孔等复杂地质条件下顺利成桩,而且由于其扩散渗透的水泥浆而大大提高了桩体质量,其承载力为一般灌注桩的 1.5～2 倍。

拔出导管:混凝土浇筑到桩顶时,应及时拔出导管。但混凝土的上顶标高一定要符合设计要求。

插桩顶钢筋:桩顶上的插筋一定要保持垂直插入,有足够锚固长度和保护层,防止插偏和插斜。

1. 护壁泥浆

(1)护壁泥浆的作用

在钻孔过程中,为防止孔壁坍塌,在孔内注入高塑性黏土或膨润土和水拌和的泥浆,对黏性土也可利用钻削下来的黏土与水混合自造泥浆。这种护壁泥浆与钻孔的土屑混合,边钻边排出泥浆,同时进行孔内补浆,进行泥浆循环。因此,泥浆具有保护孔壁、防止塌孔、排出土渣以及冷却与润滑钻头的作用。泥浆一般需专门配制,当在黏土中成孔时,也可用孔内钻渣原土自造泥浆。

(2)泥浆的组成与性能

护壁泥浆是由高塑性黏土或膨润土和水拌和的混合物,还可在其中掺入其他掺和剂,如加重剂、分散剂、增黏剂及堵漏剂等。

护壁泥浆一般可在现场制备,有些黏性土在钻进过程中可形成适合护壁的浆液,则可利用其作为护壁泥浆,这种方法也称自造泥浆。

护壁泥浆应达到一定的性能指标,膨润土泥浆的性能指标如表 2-6 所示。

表 2-6　膨润土泥浆的性能指标

项次	项目	性能指标	检验方法
1	相对密度	1.05～1.25	泥浆密度计
2	黏度	18～25s	500/700mL 漏斗法
3	含砂率	<4%	含砂量计
4	胶体率	>98%	量杯法
5	失水量	<30mL/30min	失水量仪
6	泥皮厚度	1～3mm/30min	失水量仪
7	静切力	1min 2～3Pa 10min 5～10Pa	静切力计
8	稳定性	<0.03g/cm²	
9	pH 值	7～9	pH 试纸

(3)泥浆循环

泥浆循环可分为正循环和反循环,根据桩型、钻孔深度、土层情况、泥浆排放及处理条件、允许沉渣厚度等进行选择,但对孔深大于 30m 的端承型桩,宜采用反循环。

正循环回转钻机成孔的工艺如图 2-5(a)所示。泥浆由钻杆内部注入,并从钻杆底部喷出,携带钻下的土渣沿孔壁向上流动,由孔口将土渣带出流入沉淀池,经沉淀的泥浆流入泥浆池再注入钻杆,由此进行循环。沉淀的土渣用泥浆车运出排放。

反循环回转钻机成孔的工艺如图 2-5(b)所示。泥浆由钻杆与孔壁的环状间隙流入钻孔,然后由砂石泵在钻杆内形成真空,使钻下的土渣由钻杆内腔吸出至地面而流向沉淀池,沉淀后再流入泥浆池。反循环工艺的泥浆上流的速度较高,排放土渣的能力强。

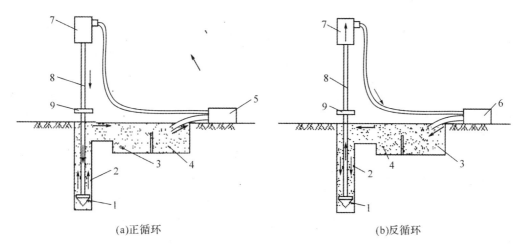

(a)正循环　　　　　　　　　　　　　　(b)反循环

图 2-5　泥浆循环成孔工艺

1—钻头;2—泥浆循环方向;3—沉淀池;4—泥浆池;

5—泥浆泵;6—砂石泵;7—水龙头;8—钻杆;9—钻机回转装置

2. 成孔机械

泥浆护壁钻孔灌注桩按成孔工艺和成孔机械的不同,可分为如下几种:

(1)冲击成孔灌注桩:适用于黄土、黏性土或粉质黏土和人工杂填土层,尤其适用于有孤石的砂砾石层、漂石层、坚硬土层、岩层,对流砂层亦可克服,但对淤泥及淤泥质土,则应慎重使用。冲击钻成孔时将冲锥式钻头提升一定高度后以自由下落的冲击力来破碎岩层,然后用掏渣筒来掏取孔内的渣浆(如图 2-6 所示)。

(2)冲抓成孔灌注桩:适用于一般较松软黏土、粉质黏土、砂土、砂砾层以及软质岩层,孔深在 20m 内。冲抓成孔灌注桩采用冲抓锥(如图 2-7 所示),锥头内有重铁块和活动抓片,下落时松开卷扬机刹车,抓片张开,锥头自由下落冲入土中,然后开动卷扬机拉升锥头,此时抓片闭合抓土,将冲抓锥整体提升至地面卸土,依次循环成孔。

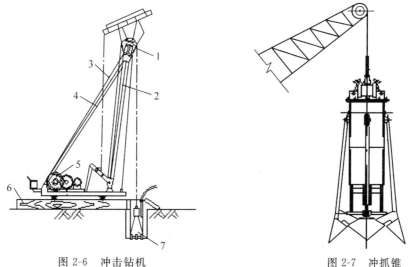

图 2-6　冲击钻机　　　　　　　　　　　　　图 2-7　冲抓锥

1—滑轮;2—主杆;3—拉索;4—斜撑;5—卷扬机;6—垫木;7—钻头

（3）回转钻成孔灌注桩：适用于地下水位较高的软、硬土层，如淤泥、黏性土、砂土、软质岩层。回转钻成孔灌注桩应用最多。回转钻机是由动力装置带动钻机的回转装置转动，并带动带有钻头的钻杆转动，由钻头切削土壤。切削形成的土渣通过泥浆循环排出桩孔。

在杂填土或松软土层中钻孔时，应在桩位孔口处设护筒，以起定位、保护孔口、维持水头等作用。护筒用钢板制作，内径应比钻头直径大 10cm，埋入土中深度通常不宜小于 1.5m，在特殊情况下埋深需要更大。在护筒顶部应开设 1～2 个溢浆口。在钻孔过程中，应保持护筒内泥浆液面高于地下水位。

在黏土层中钻孔时，可采用自制泥浆护壁；在砂土中钻孔时，则应注入制备泥浆。注入的泥浆比重控制在 1.1 左右，排出泥浆的比重宜为 1.2～1.4。钻孔达到要求的深度后，测量沉渣厚度，进行清孔。以原土造浆的钻孔，清孔可用射水法，此时钻具只转不进，待泥浆比重降到 1.1 左右即认为清孔合格；注入制备泥浆的钻孔，可采用换浆法清孔，至换出泥浆的比重小于 1.15 时方为合格，在特殊情况下泥浆比重可以适当放宽。

钻孔灌注桩的桩孔钻成并清孔后，应尽快吊放钢筋骨架并灌注混凝土。在无水或少水的浅桩孔中灌注混凝土时，应分层浇筑振实，每层高度一般为 0.5～0.6m，不得大于 1.5m。混凝土坍落度在一般黏性土中宜用 50～70mm；在砂类土中宜用 70～90mm；在黄土中宜用 60～90mm。水下灌注混凝土时，常用垂直导管灌注法进行水下施工，施工方法见第 3 章有关内容。水下灌注混凝土至桩顶时，应适当超过桩顶设计标高，以保证在凿除含有泥浆的桩段后，桩顶标高和质量能符合设计要求。

施工后的灌注桩的平面位置及垂直度都需满足规范的规定。灌注桩在施工前，宜进行试成孔。

（4）潜水钻成孔灌注桩：适用于地下水位较高的软、硬土层，如淤泥、淤泥质土、黏土、粉质黏土、砂土、砂夹卵石及风化页岩层，不得用于漂石。潜水钻机是一种旋转式钻孔机械，由防水电机、减速机构和钻头等组成。其动力、变速机构和钻头连在一起，加以密封，因而可以下放至孔中地下水位以下进行切削土壤成孔（如图 2-8 所示）。潜水钻机的动力和变速机构

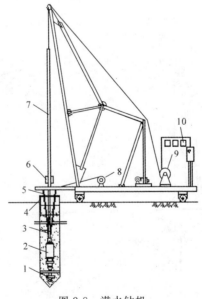

图 2-8　潜水钻机

1—钻头；2—潜水钻机；3—电缆；4—护筒；5—水管；6—滚轮支点；7—钻杆；8—电缆盘；9—卷扬机；10—控制箱

装设在具有绝缘和密封装置的电钻外壳内,且与钻头紧密连接在一起,因而能共同潜入水下作业。目前使用的潜水钻机(QSZ-800 型)的钻孔直径为 400～800mm,最大钻孔深度为 50m。潜水钻机既适用于水下钻孔,也可用于在地下水位较低的干土层中钻孔。用正循环工艺输入泥浆,进行护壁并将钻下的土渣排出孔外。潜水钻机成孔亦需先埋设护筒,其他施工过程皆与回转钻机成孔相似。

2.3.3　套管成孔

套管成孔灌注桩也称打拔管灌注桩,采用锤击打桩机或振动沉桩机,将带有活瓣桩尖(如图 2-9 所示)或设置钢筋混凝土预制桩尖(靴)的钢管通过锤击或振动沉放土中,然后边灌注混凝土,边用卷扬机拔管或边振动拔管成桩。前者称为锤击沉管灌注桩,后者称为振动沉管灌注桩。其工艺特点是:能适应较复杂地层,能用小桩管打较大截面桩,承载力大;有套管护壁,可避免坍孔、瓶颈、断桩、移位、脱空等缺陷,质量可靠;能沉能拔,施工速度快,效率高,操作简便安全。这种施工方法适用于工业与民用建筑基础土质为一般黏性土、淤泥、淤泥质土、稍密的砂土及杂填土土层。

套管成孔灌注桩的施工工艺流程:就位→沉套管→初灌混凝土→放置钢筋笼、灌注混凝土→拔管成桩。沉管灌注桩施工过程如图 2-10 所示。

就位:打(沉)桩机就位时,应垂直、平稳架设在打(沉)桩部位,桩锤(振动箱)应对准桩位。同时,在桩架或套管上标出控制深度标记,以便在施工中进行套管深度观测。

沉套管:采用活瓣桩尖时,应先将桩尖活瓣用麻绳或铁丝捆紧合拢,活瓣间隙应紧密。当桩尖对准桩基中心,并核查调整套管垂直度后,利用锤击及套管自重将桩尖压入土中。

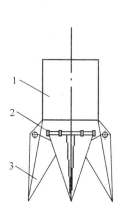

图 2-9　活瓣桩尖
1—桩管;2—锁轴;3—活瓣

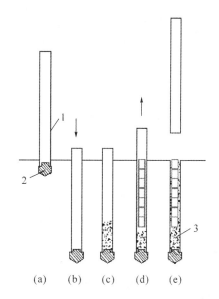

图 2-10　沉管灌注桩施工过程
(a)就位;(b)沉套管;(c)初灌混凝土;
(d)放置钢筋笼、灌注混凝土;(e)拔管成桩
1—钢管;2—桩靴;3—桩

采用预制混凝土桩尖时,应先在桩基中心预埋好桩尖,在套管下端与桩尖接触处垫好缓冲材料。桩机就位后,吊起套管,对准桩尖,使套管、桩尖、桩锤在一条垂直线上,利用锤重及套管自重将桩尖压入土中。

成桩施工顺序一般从中间开始,向两侧或四周进行,当群桩基础或桩的中心距小于或等于 $3.5d$(d 为桩径)时,应间隔施打,中间空出的桩须待邻桩混凝土达到设计强度的 50% 后方可施打。

开始沉管时应轻击慢振。锤击沉管时,可用收紧钢绳加压或加配重的方法提高沉管速率。当水或泥浆有可能进入桩管时,应事先在管内灌入 1.5m 左右的封底混凝土。并应按设计要求和试桩情况,严格控制沉管最后贯入度。

在沉管过程中,如出现套管快速下沉或套管沉不下去的情况,应及时分析原因,进行处理。如果快速下沉是因桩尖穿过硬土层进入软土层引起的,则应继续沉管作业。如果沉不下去是因桩尖顶住孤石或遇到硬土层引起的,则应放慢沉管速度(轻锤低击或慢振),待越过障碍后再正常沉管。如果仍然沉不下去或沉管过深,最后贯入度不能满足设计要求,则应核对地质资料,会同建设单位研究处理。

初灌混凝土:每次向套管内灌注混凝土时,如用长套管成孔短桩,则一次灌足,如成孔长桩,则第一次应尽量灌满。混凝土坍落度宜为 $6\sim8cm$,配筋混凝土坍落度宜为 $8\sim10cm$。

灌注时充盈系数(实际灌注混凝土量与理论计算量之比)应不小于1,在一般土质中为1.1,在软土中为 $1.2\sim1.3$。在施工中可根据不同土质的充盈系数,计算出单桩混凝土需用量(折合成料斗浇灌次数),以核对混凝土实际灌注量。当充盈系数小于1时,应采用全桩复打,对于断桩及缩颈桩可局部复打,即复打超过断桩或缩颈桩 1m 以上。

放置钢筋笼、灌注混凝土:对通长的钢筋笼在成孔完成后埋设,对短钢筋笼可在混凝土灌至设计标高时再埋设,埋设钢筋笼时要对准管孔,垂直缓慢下降。在混凝土桩顶采取构造连接插筋时,必须沿周围对称均匀垂直插入。

桩顶混凝土一般宜高出设计标高 200mm 左右,待以后施工承台时再凿除。如设计有规定,应按设计要求施工。

拔管成桩:每次拔管高度应以能容纳吊斗一次所灌注混凝土为限,并边拔边灌。在任何情况下,套管内应保持不少于 2m 高度的混凝土,并按沉管方法不同分别采取不同的方法拔管,在拔管过程中,应有专人用测锤或浮标检查管内混凝土下降情况,一次不应拔得过高。

锤击沉管拔管方法是在套管内灌入混凝土后,拔管速度应均匀,对一般土层不宜大于 1m/min;对软弱土层及软硬土层交界处不宜大于 0.8m/r。采用倒打拔管的打击次数,单动式汽锤不得少于 70 次/min;自由落锤轻击不得少于 50 次/min。在管底未拔到桩顶设计标高之前,倒打或轻击不得中断。

振动沉管拔管方法可根据地基土的具体情况,分别选用单打法或反插法进行。单打法适用于含水量较小土层。系在套管内灌入混凝土后,再振再拔,如此反复,直至套管全部拔出,在一般土层中拔管速度宜为 $1.2\sim1.5m/min$,在软弱土层中不宜大于 1.0m/min。反插法适用于饱和土层。当套管内灌入混凝土后,先振动再开始拔管,每次拔管高度为 $0.5\sim1m$,反插深度为 $0.3\sim0.5m$,同时不宜大于活瓣桩尖长度的 2/3。拔管过程应分段添加混凝土,保持管内混凝土面始终不低于地表面,或高于地下水位 1m 以上。拔管速度控制在 0.5m/min 以内。在桩尖接近持力层处约 1.5m 范围内,宜多次反插,以扩大桩底端部面积。

当穿过淤泥夹层时,适当放慢拔管速度,减少拔管和反插深度。反插法易使泥浆混入桩内造成夹泥桩,施工中应慎重采用。

注意:套管成孔灌注桩施工时,应随时观测桩顶和地面有无水平位移及隆起,必要时应采取措施进行处理。桩身混凝土浇筑后有必要复打时,必须在原桩基混凝土未初凝前在原桩位上重新安装桩尖,第二次沉管。沉管后每次灌注混凝土应达到自然地面高,不得少灌。拔管过程中应及时清除桩管外壁和地面上的污泥。前后两次沉管的轴线必须重合。

2.3.4　灌注桩的质量标准

1. 质量保证项目

(1)灌注桩用的原材料和混凝土强度必须符合设计要求和施工规范的规定。

(2)成孔深度必须符合设计要求,以摩擦力为主的桩,沉渣厚度严禁大于 300mm;以端承力为主的桩,沉渣厚度严禁大于 100mm。

(3)实际浇筑混凝土量严禁小于计算体积。套管成孔桩任意一段平均直径与设计直径之比严禁小于 1。

(4)浇筑后的桩顶标高、钢筋笼(插筋)标高及浮浆的处理,必须符合设计要求和施工规范的规定。

2. 允许偏差项目

(1)灌注桩的平面位置和垂直度的偏差在允许偏差范围之内。允许偏差如表 2-7 所示。

(2)混凝土灌注桩钢筋笼质量符合检验标准,如表 2-8 所示。

(3)混凝土灌注桩质量符合检验标准,如表 2-9 所示。

表 2-7　灌注桩的平面位置和垂直度的允许偏差

序号	成孔方法		桩径允许偏差/mm	垂直度允许偏差/%	允许偏差/mm	
					1~3 根、单排桩基垂直于中心线方向和群桩基础的边桩	条形桩基沿中心线和群桩基础的中间桩
1	泥浆护壁灌注桩	$D \leqslant 1000mm$	±50	<1	$D/6$,且不大于 100	$D/4$,且不大于 150
		$D > 1000mm$	±50		$100+0.01H$	$150+0.01H$
2	套管成孔灌注桩	$D \leqslant 500mm$	−20	<1	70	150
		$D > 500mm$			100	150
3	干成孔灌注桩		−20	<1	70	150
4	人工挖孔桩	混凝土护壁	+50	<0.5	50	150
		钢套管护壁	+50	<1	100	200

注:①桩径允许偏差的负值是指个别断面;

②采用复打、反差法施工的桩,其桩径允许偏差不受表 2-7 的限制;

③H 为施工现场地面标高与桩顶设计标高的距离,D 为设计桩径。

表 2-8　混凝土灌注桩钢筋笼质量检验标准

项目	序号	检查项目	允许偏差或允许值/mm	检查方法
		施工质量验收的规定		
主控项目	1	主筋间距	±10	用钢尺量
	2	长度	±100	用钢尺量
一般项目	1	钢筋材质检验	设计要求	抽样送检
	2	箍筋间距	±20	用钢尺量
	3	直径	±10	用钢尺量

表 2-9　混凝土灌注桩质量检验标准

项目	序号	检查项目		允许偏差或允许值/mm	检查方法
		施工质量验收的规定			
主控项目	1	桩位		见灌注桩的平面位置和垂直度的允许偏差	基坑开挖前量护筒,开挖后量桩中心
	2	孔深		+300	置身不浅,用重锤测,或测钻杆、套管长度,嵌岩桩应确保进入设计要求的嵌岩深度
	3	桩体质量检验		按基桩检测技术规范。如钻芯取样,大直径嵌岩桩应钻至桩尖下 50cm	按基桩检测技术规范
	4	混凝土强度		设计要求	试件报告或钻芯取样送检
	5	承载力		按基桩检测技术规范	按基桩检测技术规范
一般项目	1	垂直度		见灌注桩的垂直度允许偏差	测套管或钻杆,或用超声波探测,干施工时吊垂球
	2	桩径		见灌注桩的桩径允许偏差	井径仪或超声波探测,干施工时用钢尺量,人工挖孔桩不包括内衬厚度
	3	泥浆比重（黏性或砂性土中）		1.15～1.2	用比重计测,清孔后在距孔底 50cm 处取样
	4	泥浆面标高（高于地下水位）		50～100	目测
	5	沉渣厚度	端承桩	≤50	用沉渣仪或重锤测量
			摩擦桩	≤150	
	6	混凝土坍落度	水下灌注	160～220	坍落度仪
			干施工	70～100	
	7	钢筋笼安装深度		±100	用钢尺量
	8	混凝土充盈系数		>100	检查每根桩的实际灌注量
	9	桩顶标高		+30 −50	水准仪,需扣除桩顶浮浆层及劣质桩体

拓展阅读

桩基施工新技术

当采用天然地基但其承载力或变形不满足设计要求时,须进行地基处理或采用桩基础。如何提高桩的承载力是普遍关注的问题,增大桩径可以提高桩的承载力,但由于受桩间距的制约,其提高程度往往是有限的。国内外研究者想通过增加桩端受力面积或者改善桩端土体的受力特性来提高桩的承载力,相应发明了各种类型的沉管夯击式扩底灌注桩。

载体桩施工技术是在一定埋深下的特定土层中,通过柱锤冲击能量的作用成孔,并迅速填料作为介质进行反复夯实,挤压土体中的水和气,在一定侧限约束下使桩端土体实现最优的密实,达到设计要求的三击贯入度,形成等效计算面积为 A_e 的多级扩展基础,实现应力的扩散。故载体桩技术的核心为土体的密实,通过土体密实形成等效扩展基础。

一定埋深指根据上部结构荷载的要求选择满足强度和变形要求的持力层,另外也是为了保证有足够的侧向约束,是土体密实的边界条件,故在设计时必须保证载体的埋深,若埋深太浅,周围约束力太小,将无法达到设计要求的密实度。柱锤夯击提供的夯实能量是土体密实的外力条件,测量三击贯入度是为检测土体的密实度。

载体桩施工与普通混凝土桩相比在施工技术上存在以下几项创新:

(1)采用柱锤冲切地基成孔,大大增加施工功效,且施工过程中只需提锤,消耗功率低,降低对功率的要求。

(2)采用护筒成孔,所有的工序都在护筒中完成,可以避免施工过程中地下水对施工的影响,且在地下水位较高的地区施工时不用降水,降低施工成本。

(3)当成孔到设计标高后,进行填料夯击,一方面可以通过填充料调节桩端周围土体的含水量,使土体的含水量接近最优含水量,增加土体的挤密效果;另一方面,借助填充料可以避免柱锤对桩端下土体的直接夯击,增加夯击效果。

(4)施工过程中先夯实挤密桩身土体,然后填充料夯实,最后填入混凝土夯实,施工完毕后从上到下形成不同的夯实材料,实现应力的扩散,提高单桩的承载力,形成等效扩展基础,这是该技术最大的创新。我国施工过程中采用三击贯入度控制。该技术在施工过程中通过控制三击贯入度对挤密土体的密实度进行控制,测量三击贯入度时,必须保证后一击的贯入度不大于前一击的贯入度,这样保证柱锤不穿透柱锤下的土体。

(5)施工设备的创新。通过设计特定的卷扬设备,实现载体桩的施工工艺。

载体桩竖向抗压承载力较高,其承载力主要来自载体,所以在施工过程中必须保质保量完成夯扩工艺。但仅仅保证成孔工艺还不够,还需要有良好的质量保证体系,后续的成桩工艺必须严格保证,施工顺序也必须注意,否则会出现断桩、缩径及吊脚等问题,使夯扩结果前功尽弃。

思 考 题

2-1　桩的分类有哪些?

2-2　预制混凝土桩的制作、起吊、运输与堆放有哪些基本要求?

2-3　预制桩沉桩法中锤击法的施工工艺流程是什么？在什么情况下终止锤击？

2-4　静压法沉桩中静力压桩机分为哪两种？工作原理分别是什么？

2-5　什么是灌注桩？灌注桩的分类有哪些？

2-6　简述螺旋钻孔灌注桩以及泥浆护壁钻孔灌注桩的施工工艺流程。

2-7　泥浆护壁钻孔灌注桩的泥浆有何作用？泥浆循环有哪两种工艺方式？

2-8　泥浆护壁钻孔灌注桩按成孔工艺和成孔机械可分哪几种？

2-9　在泥浆护壁钻孔灌注桩施工过程中，注浆时应注意哪些事项？

2-10　对于灌注桩施工质量检验应注意哪些事项？

第3章 混凝土结构工程

【内容提要】

混凝土结构工程包括钢筋工程、混凝土工程和模板工程三部分，是土木工程施工中最重要的分项工程之一。

钢筋工程包括钢筋的分类、钢筋的加工和质量验收以及钢筋的连接。钢筋连接是钢筋工程中非常重要的一部分，它包括绑扎、焊接和机械连接，本章重点阐述了焊接连接的原理和工艺。

混凝土工程包括混凝土的制备、搅拌、运输、浇筑、养护以及质量验收等方面，本章重点阐述了混凝土的浇筑和养护。

模板工程包括模板的构造和设计。本章阐述了几种常见模板的构造；模板设计荷载及其组合；模板的安装和拆除所需要遵循的原则和注意事项。

【学习要求】

钢筋工程中重点掌握钢筋连接的各种技术、方法和工艺流程；了解钢筋的分类以及钢筋加工、调直、切断、弯曲以及冷拉和冷拔的方法；了解钢筋的质量验收所需要遵循的原则以及要求。

混凝土工程中重点掌握混凝土中骨料级配的确定方法以及混凝土配合比的设计方法；掌握混凝土的搅拌、浇筑和振捣方法；了解混凝土强度检测的方法。

模板工程中重点掌握模板的设计原则和荷载标准值的确定方法；了解几种常见的模板的构造；掌握模板的安装和拆除应注意的事项和技术要求。

混凝土结构工程是指按设计要求将钢筋和混凝土两种材料，利用模板浇制而成的各种形状和大小的构件或结构。混凝土结构工程包括钢筋工程、混凝土工程和模板工程，是建筑施工中的主导工程，无论在人力、物力消耗和对工期的影响方面都占非常重要的地位。

混凝土是当代最主要的土木工程材料之一。它是由胶凝材料、颗粒状集料（也称为骨料）、水以及必要时加入的外加剂和掺和料按一定比例配制，经均匀搅拌，密实成型，养护硬化而成的一种人工石材。混凝土具有原料丰富、价格低廉、生产工艺简单的特点，因而使用量越来越大。同时，混凝土还具有抗压强度高、耐久性好、强度等级范围宽等特点。混凝土的使用范围十分广泛，不仅在各种土木工程中使用，在造船业、机械工业、海洋工程、地热工程等领域，混凝土也是重要的材料。

钢筋是指钢筋混凝土配筋用的直条或盘条状钢材，其外形可分为光圆钢筋和变形钢筋等种类。光圆钢筋实际上就是普通低碳钢的小圆钢和盘圆。变形钢筋是表面带肋的钢筋，通常带有 2 道纵肋和沿长度方向均匀分布的横肋。

将钢筋和混凝土这两种材料结合是为了充分利用材料各自的优点,提高结构承载能力。因为混凝土的抗压能力较强而抗拉能力很弱,钢筋的抗拉和抗压能力都很强。把这两种材料结合在一起,充分发挥了混凝土的抗压性能和钢筋的抗拉性能。钢筋和混凝土是两种不同的材料,两者之所以可以结合使用是由其自身的材料性质决定的。首先,钢筋与混凝土有近似的线膨胀系数,不会因环境不同产生过大的应力(两者不会因为膨胀和收缩引起较大的摩擦应力)。其次,钢筋与混凝土之间有良好的黏结力,有时钢筋的表面也被加工成变形钢筋来提高混凝土与钢筋之间的机械咬合力,通常将钢筋的端部弯起180°弯钩。此外,混凝土中的氢氧化钙提供的碱性环境,在钢筋表面形成了一层钝化保护膜,使钢筋相对于中性与酸性环境下更不易腐蚀,从而起到保护钢筋的作用。

3.1 钢筋工程

在钢筋混凝土结构中,钢筋及其加工质量对结构质量起着决定性的作用,钢筋工程又属于隐蔽工程,在混凝土浇筑后,钢筋的质量难以检查,因此对钢筋的进场验收到一系列的加工过程和最后的绑扎安装,都必须进行严格的质量控制,以确保结构的质量。钢筋工程包括钢筋的加工、钢筋焊接连接、钢筋机械连接以及钢筋的配料与代换。

3.1.1 钢筋的分类

钢筋种类很多,通常按轧制外形、直径大小、力学性能、生产工艺,以及在结构中的作用进行分类。

(1)钢筋按轧制外形分为光圆钢筋、带肋钢筋、钢线及钢绞线、冷轧扭钢筋。

①光圆钢筋:光圆钢筋是经热轧成型并自然冷却的成品钢筋,由低碳钢和普通合金钢在高温状态下压制而成,主要用于钢筋混凝土和预应力混凝土结构的配筋,是土木建筑工程中使用量最大的钢材品种之一。直径 6.5～12mm 的钢筋大多数卷成盘条;直径 12～40mm 的一般是 6～12m 长的直条。

②带肋钢筋:表面有突起部分的圆形钢筋称为带肋钢筋,它的肋纹形式有月牙形(如图 3-1 所示)、螺纹形(如图 3-2 所示)和人字形(如图 3-3 所示)。

图 3-1　月牙形　　　　　图 3-2　螺纹形　　　　　图 3-3　人字形

③钢线(分低碳钢丝和碳素钢丝两种)及钢绞线:常用于预应力钢筋混凝土结构。

钢丝是钢材的板、管、型、丝四大品种之一,是用热轧盘条经冷拉制成的再加工产品。钢丝按断面形状分类,主要有圆、方、矩、三角、椭圆、扁、梯形、Z 字形等;按尺寸分类,有特细(<0.1mm)、较细(0.1～0.5mm)、细(0.5～1.5mm)、中等(1.5～3.0mm)、粗(3.0～6.0mm)、较粗(6.0～8.0mm)、特粗(>8.0mm);按强度分类,有低强度(<390MPa)、较低

强度（390MPa～785MPa）、普通强度（785MPa～1225MPa）、较高强度（1225MPa～1960MPa）、高强度（1960MPa～3135MPa）、特高强度（＞3135MPa）。

钢绞线是由多根钢丝绞合而成的产品，有多种类型，如常用于架空导线的镀锌钢绞线、用于桥梁的预应力钢绞线、用于光缆加强的镀锌钢绞线等。钢绞线按照一根钢绞线中的钢丝数量可以分为 2 丝钢绞线、3 丝钢绞线、7 丝钢绞线及 19 丝钢绞线；按照表面形态可以分为光面钢绞线、刻痕钢绞线、模拔钢绞线、镀锌钢绞线、涂环氧树脂钢绞线等；还可以按照直径、强度级别或标准分类。预应力钢绞线的主要特点是强度高和松弛性能好，另外展开时较挺直，并且屈服强度也较高。在多数后张预应力及先张预应力工程中，光面钢绞线是最广泛采用的预应力钢材。模拔钢绞线主要用于提升工程，也用于核电之类的工程。镀锌钢绞线常用于桥梁的系杆、拉索及体外预应力工程。涂环氧树脂的钢绞线用途和镀锌预应力钢绞线类似。

④冷轧扭钢筋：是以热轧Ⅰ级盘圆为原料，经专用生产线，先冷轧扁，再冷扭转，从而形成系列螺旋状直条钢筋。冷轧扭钢筋具有良好的塑性和较高的抗拉强度；螺旋状外形大大提高了与混凝土的握裹力，改善了构件受力性能，使混凝土构件具有承载力高、刚度好、破坏前有明显预兆等特点。冷轧扭钢筋的刚性好，绑扎后不易变形和移位，对保证工程质量极为有利，特别适用于现浇板类工程。

（2）钢筋按直径大小分为钢丝（直径 3～5mm）、细钢筋（直径 6～10mm）、粗钢筋（直径＞22mm）。

（3）钢筋按力学性能分为 HPB235 级钢筋、HRB335 级钢筋、HRB400 级钢筋和 HRB500 级钢筋。

①HPB235 级钢筋：HPB235 级钢筋是光面钢筋，俗称盘条，6～12 个圆的最常见。它的使用范围很广，可用作中、小型钢筋混凝土结构的主要受力钢筋，构件的箍筋，钢、木结构的拉杆等。盘条钢筋还可作为冷拔低碳钢丝和双钢筋的原料。

②HRB335 级钢筋：HRB335 级钢筋是螺纹钢筋，直径 12～25mm 的最为常见，广泛用于大、中型钢筋混凝土结构，如桥梁、水坝、港口工程和房屋建筑结构的主筋。HRB335 级钢筋经冷拉后，也可用作房屋建筑结构的预应力钢筋。

③HRB400 级钢筋：HRB400 级钢筋也是螺纹钢筋，直径与 HRB335 级钢筋类似，强度更高，但价格也高，极少用于工民建筑，常用于特殊建筑。

④HRB500 级钢筋：HRB500 级钢筋的直径一般为 12mm，广泛用于预应力混凝土板类构件以及成束配置用于大型预应力建筑构件（如屋架、吊车梁等）。热轧Ⅳ级钢筋作为预应力钢筋使用时，尚需冷拉、焊接，其强度还偏低，需要进一步改进。

（4）钢筋按生产工艺分为热轧、冷轧、冷拉的钢筋，还有以 HRB500 级钢筋经热处理而成的热处理钢筋，强度比前者更高。热轧钢筋应具备一定的强度，即屈服点和抗拉强度，它是结构设计的主要依据，分为热轧光圆钢筋和热轧带肋钢筋两种。

（5）钢筋按在结构中的作用分为受压钢筋、受拉钢筋、架立钢筋、分布钢筋、箍筋等。受拉、受压钢筋是指承受拉、压应力的钢筋。箍筋主要是承受一部分斜拉应力，并固定受力筋的位置，多用于梁和柱内。架立钢筋用以固定梁内的钢箍的位置，构成梁内的钢筋骨架。分布筋用于屋面板、楼板内，与板的受力筋垂直布置，将承受的重量均匀地传给受力筋，并固定受力筋的位置，以及抵抗热胀冷缩所引起的温度变形。除此之外还有因构件构造要求或施工安装需要而配置的构造筋,如腰筋等。

3.1.2 钢筋的验收

(1)钢筋应有出厂质量证明书或报告单,钢筋表面每盘钢筋均应有标志。进场时应按批号及直径分批检查,检验内容包括查对标志、外观检查以及按现行国家有关标准的规定抽取试样进行力学性能试验,合格后方可使用。

(2)对有抗震要求的框架结构纵向受力钢筋应进行检验,检验所得的强度实测值应符合下列要求:钢筋的抗拉强度实测值与屈服强度实测值的比值不应小于1.25;钢筋的屈服强度实测值与钢筋的标准值的比值,当按一级抗震设计时不应大于1.25,当按二级抗震设计时不应大于1.4;钢筋在运输和储存时,不得有损坏标志,并应按批分别堆放整齐,避免锈蚀或油污。

(3)外观检查。从每批钢筋中抽取5%进行外观检查;钢筋表面不得有裂纹、结疤和折叠;钢筋表面允许有凸块,但不得超过横肋的高度,钢筋表面上其他缺陷的深度和高度不得大于所在部位尺寸的允许偏差。

(4)力学性能试验。每批钢筋中任选两根钢筋,每根取两个试件分别进行拉伸试验(包括屈服点、抗拉强度和伸长率)和冷弯试验。

3.1.3 钢筋加工

钢筋加工是指为钢筋混凝土工程或预应力混凝土工程提供钢筋制品的制作工艺过程。钢筋加工制作在现场进行,配置钢筋弯曲机、钢筋切断机和卷扬机用于钢筋加工。钢筋经过单根钢筋的制备、钢筋网和钢筋骨架的组合以及预应力钢筋的加工等工序制成成品后,运往施工现场安装。

1.加工注意要点

(1)钢筋加工的形状尺寸必须符合设计要求,钢筋的表面应洁净,无损伤、油渍、漆污和铁锈等,应在使用前清除干净,带有颗粒状或片状老锈的钢筋不得使用。

(2)钢筋应平直,无局部弯折,成盘的钢筋和弯曲的钢筋均应调直。经调直后的钢筋不得有局部弯曲、死弯、小波浪形,其表面伤痕不应使钢筋截面减小5%。

(3)钢筋加工配料时,要准确计算钢筋长度,如有弯钩或弯起钢筋,应加其长度,并扣除钢筋弯曲成型的延伸长度,拼配钢筋实际需要长度。同直径、同钢号、不同长度的各种钢筋编号(设计编号)应先按顺序填写配料表,再根据调直后的钢筋长度统一配料,以便减少钢筋的断头废料和焊接量。

(4)钢筋切断应根据钢筋号、直径、长度和数量,长短搭配,先断长料,后断短料,尽量减少和缩短钢筋短头,以节约钢材。

2.钢筋调直

建筑用热轧钢筋分为盘圆和直条两类。直径在12mm以下的钢筋一般制成盘圆,以便于运输。盘圆钢筋在下料前,一般要经过放盘、冷拉工序,以达到调直的目的。直径在12mm以上的钢筋,一般轧制成6~12m长的直条。在运输过程中几经装卸,会使直条钢筋造成局部弯折,为此在使用前应进行调直。钢筋调直可分为人工调直和机械调直两种。

3. 钢筋切断

钢筋切断工序一般在钢筋调直后进行,这样做的目的是下料准确,节省钢筋。但是,在设备缺乏和钢筋加工量不大的情况下,粗钢筋也可以先人工断料,再人工平直;细钢筋先人工放盘,尽量做到顺直,以能够丈量为原则,断料后再人工敲直。

4. 钢筋弯曲

钢筋弯曲分为机械弯曲和手工弯曲两种。随着钢筋加工专业化程度的不断提高,钢筋弯曲成型已基本上实现了机械化。但目前施工现场仍然以手工弯曲为主。钢筋弯曲成型是钢筋加工中的一道主要工序,而且该工序具有很强的技术性。

5. 钢筋冷拉和冷拔

钢筋的冷加工主要有钢筋冷拉和钢筋冷拔两种。冷拉是对 HPB235 级、HRB335 级、HRB400 级及 HRB500 级钢筋进行强力拉伸,使之超过钢筋的屈服点。冷拔是将直径为 6～10mm 的 HPB235 级盘圆钢筋,多次通过比钢筋直径小 0.5～1mm 的特制锥形模孔,以强力拔细而成冷拔钢丝。这两种冷加工方法都可使钢筋变细拉长,强度提高。钢筋冷拔是节约钢材的有效措施。使用冷拔低碳钢丝一般可节省钢筋 30% 左右。因此,钢筋冷拔被认为是最有经济价值的冷加工方法。

3.1.4　钢筋连接

钢筋连接是在钢筋与钢筋接头处使用的,用以延长钢筋的一个部件,一般分成三种:绑扎、焊接、机械连接。

1. 钢筋绑扎

钢筋绑扎是目前常用的一种钢筋连接形式,其工艺简单,效率高,不需要连接设备。受拉钢筋和受压钢筋接头的搭接长度及接头位置应符合施工质量及验收规范的规定,钢筋的搭接长度一般是指钢筋绑扎连接的搭接长度。

同一构件中相邻纵向受力钢筋的绑扎搭接接头宜相互错开。绑扎搭接接头中钢筋的横向净距不应小于钢筋直径,且不应小于 25mm。钢筋绑扎搭接接头连接区段的长度为 1.3 倍搭接长度,凡搭接接头中点位于该连接区段长度内的搭接接头均属于同一连接区段。同一连接区段内纵向钢筋搭接接头面积百分率为该区段内有搭接接头的纵向钢筋截面面积与全部纵向钢筋截面面积的比值(如图 3-4 所示)。

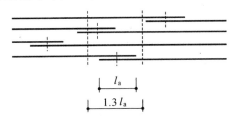

图 3-4　同一连接区段内纵向受拉钢筋的绑扎搭接接头

2. 钢筋焊接

钢筋焊接是钢筋连接的主要方法,焊接可改善钢筋结构的受力性能,节约钢材和提高工效。钢筋焊接包括电阻点焊、闪光对焊、电弧焊、电渣压力焊、气压焊、预埋件埋弧压力焊,其适用范围如表 3-1 所示。

表 3-1 钢筋焊接方法分类及适用范围

焊接方法		接头形式	适用范围	
			钢筋级别	钢筋直径/mm
电阻点焊			HPB300 级、HRB335 级; 冷轧带肋钢筋; 冷拔光圆钢筋	6~14; 5~12; 4~5
闪光对焊			HPB300 级、HRB335 级、HRB400 级; RRB400 级	10~40; 10~25
电弧焊	帮条双面焊		HPB300 级、HRB335 级、HRB400 级; RRB400 级	10~40; 10~25
	帮条单面焊		HPB300 级、HRB335 级、HRB400 级; RRB400	10~40; 10~25
	搭接双面焊		HPB300 级、HRB335 级、HRB400 级; RRB400 级	10~40; 10~25
	搭接单面焊		HPB300 级、HRB335 级、HRB400 级; RRB400 级	10~40; 10~25
	熔槽帮条焊		HPB300 级、HRB335 级、HRB400 级; RRB400 级	20~40; 20~25
	坡口平焊		HPB300 级、HRB335 级、HRB400 级; RRB400 级	18~40; 18~25

焊接方法	接头形式	适用范围	
		钢筋级别	钢筋直径/mm
电弧焊	坡口立焊	HPB300 级、HRB335 级、HRB400 级；RRB400 级	18～40；18～25
	钢筋与钢板搭接焊　$4d(5d)$	HPB300 级、HRB335 级	8～40
	预埋件角焊	HPB300 级、HRB335 级	6～25
	预埋件穿孔塞焊	HPB300 级、HRB335 级	20～25
电渣压力焊		HPB300 级、HRB335 级、HRB400 级	14～40
气压焊		HPB300 级、HRB335 级、HRB400 级	14～40
预埋件埋弧压力焊		HPB300 级、HRB335 级、HRB400 级	6～25

注：①对于帮条或搭接长度值，不带括号的数值用于 HPB300 级钢筋，括号中的数值用于 HRB335 级、HRB400 级及 RRB400 级钢筋；

②电阻电焊时，适用范围内的钢筋直径系指较小钢筋的直径。

（1）电阻点焊

电阻点焊是将两钢筋安放成交叉叠接形式，压紧于两电极之间，利用电阻热熔化母材金属，加压形成焊点的一种压焊方法。混凝土结构中的钢筋焊接骨架和钢筋焊接网宜采用电阻点焊制作。它的生产率高，节约材料，应用广泛。点焊通常采用搭接接头和折边接头，可以由两个或两个以上等厚度或不等厚度的工件组成，如图3-5所示。

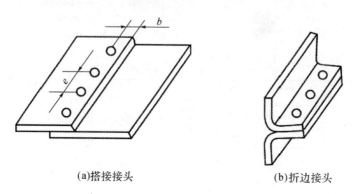

(a)搭接接头　　　　　　　　　　(b)折边接头

图 3-5　点焊接头形式

电阻点焊的工艺流程大致分为四个阶段：预压阶段、通电加热阶段、维持阶段、休止阶段。

（2）闪光对焊

闪光对焊是将两根钢筋安放成对接形式，利用焊接电流通过两根钢筋接触点产生的电阻热，使接触点金属熔化，产生强烈飞溅，形成闪光，伴有刺激性气味，释放微量分子，迅速施加顶锻力完成的一种压焊方法。闪光对焊适用范围广，原则上能铸造的金属材料都可以用闪光对焊焊接。闪光对焊广泛应用于焊接各种板件、管件、型材、实心件、刀具等，是一种经济、高效率的焊接方法。钢筋闪光对焊的焊接工艺可分为连续闪光焊、预热闪光焊和闪光-预热闪光焊等，根据钢筋品种、直径、焊机功率、施焊部位等因素选用。

1）闪光对焊的基本程序

一般的闪光对焊的基本程序可以分成预热、闪光（亦称烧化）、顶锻等阶段，连续闪光对焊时无预热阶段。

①预热阶段

只有预热闪光对焊才有预热阶段。预热可以提高焊件的端面温度，以便在较高的起始速度或较低的设备功率下顺利地开始闪光，并减少闪光留量，节约材料。同时也可以使纵深温度分布较缓慢，加热区增宽，焊件冷却速度减慢，以便减少顶锻时产生的塑性变形并使液态金属及其面上的氧化物较易排除，同时亦可减弱焊件的淬硬倾向。预热闪光对焊是在闪光阶段之前先以断续的电流脉冲加热焊件，利用短接时的快速加热和间隙时的匀热过程使焊件端面较均匀地加热到预定温度，然后进入闪光和顶锻阶段。

②闪光阶段

闪光阶段是闪光对焊加热过程的核心。闪光阶段的发热和传热不但使焊件端面温度均匀上升，还使焊件沿纵深加热到合适且稳定的温度分布状态。

③顶锻阶段

顶锻是实现焊接的最后阶段，顶锻封闭焊件端面的间隙，排除液态金属层及其表面的氧化物杂质。顶锻时对焊接区的金属施加一定的压力，使其获得必要的塑性变形，从而使焊件界面消失，形成共同晶粒。顶锻是一个快速的锻击过程。它的前期是封闭焊件端面的间隙，防止再氧化。这段时间愈快愈好，一般受焊机机械部分运动加速度的限制。常在顶锻的初期继续进行通电，称为有电顶锻，用以补充热量。顶锻留量包括间隙、爆破留下的凹坑、液态金属层尺寸及变形量。加大顶锻留量有利于彻底排除液态金属和夹杂物，保证足够的变形量。

2)闪光对焊的焊接工艺

焊接工艺方法选择：当钢筋直径较小，钢筋级别较低，可采用连续闪光焊。采用连续闪光焊所能焊接的最大钢筋直径应符合表 3-2 的规定。当钢筋直径较大，端面较平整时，宜采用预热闪光焊；当端面不够平整时，则应采用闪光-预热闪光焊。

表 3-2　连续闪光焊的钢筋上限直径

焊机容量/kVA	钢筋级别	钢筋直径/mm
150	HPB235 级	25
	HRB335 级	22
	HRB400 级	20
100	HPB235 级	20
	HRB335 级	18
	HRB400 级	16
75	HPB235 级	16
	HRB335 级	14
	HRB400 级	12

注：HRB500 级钢筋焊接时，无论直径大小，均应采取预热闪光焊或闪光-预热闪光焊工艺。

①连续闪光焊的工艺过程：

先闭合一次电路，使两钢筋端面轻微接触，此时端面的间隙中即射出火花般熔化的金属微粒——闪光，接着徐徐移动钢筋使两端面仍保持轻微接触，形成连续闪光，当闪光到预定长度，使钢筋头加热到接近熔点时，就以一定的压力迅速进行顶锻（先带电进行顶锻，再无电顶锻，到一定长度时停止）。焊接接头即告完成。

②预热闪光焊的工艺过程：

预热、闪光和顶锻过程中，施焊时先闭合电源，然后使两钢筋端面交替地接触和分开，这时钢筋端面的间隙中即发出连续的闪光，而形成预热过程。当钢筋达到预热温度后进入闪光阶段，随后顶锻而成。焊接接头即告完成。

③闪光-预热闪光焊的工艺过程：

在一次闪光、预热、二次闪光及顶锻过程中，施焊时首先连续闪光，使钢筋端部闪平，然后同预热闪光焊。钢筋直径较粗时，宜采用预热闪光焊和闪光-预热闪光焊。

（3）电弧焊

电弧焊是以焊条作为一级，钢筋作为另一极，利用焊接电流通过上传产生的电弧热进行焊接的一种熔焊方法，简称弧焊。其基本原理是利用电弧是在大电流（10～200A）以及低电压(10～50V)条件下通过一电离气体时放电所产生的热量,来熔化焊条与工件使其在冷凝后形成焊缝。电弧焊按其自动化程度可分为手工电弧焊、半自动电弧焊、自动电弧焊;按其工艺可大致分为钨极气体保护电弧焊、熔化极气体保护电弧焊、埋弧焊、等离子体电弧焊。

1)钢筋电弧焊的工艺流程

检查设备→选择焊接参数→试焊、做模拟试件→送试→确定焊接参数→施焊→质量检验。

2)钢筋电弧焊的施焊操作

①引弧:带有垫板或帮条的接头,引弧应在钢板或帮条上进行;无钢筋垫板或无帮条的接头,引弧应在形成焊缝的部位进行,防止烧伤主筋。

②定位:焊接时应先焊定位点再施焊。

③运条:运条时的直线前进、横向摆动和送进焊条三个动作要协调平稳。

④收弧:收弧时应将熔池填满,拉灭电弧时应将熔池填满,注意不要在工作表面造成电弧擦伤。

⑤多层焊:当钢筋直径较大,需要进行多层施焊时,应分层间断施焊,每焊一层后,应清渣再焊接下一层。应保证焊缝的高度和长度。

⑥熔合:焊接过程中应有足够的熔深。主焊缝与定位焊缝应结合良好,避免气孔、夹渣和烧伤缺陷,并防止产生裂缝。

⑦平焊:平焊时要注意熔渣和铁水混合不清的现象,防止熔渣流到铁水前面。熔池也应控制成椭圆形,一般采用右焊法,焊条与工作表面成70°。

⑧立焊:立焊时,铁水与熔渣易分离。要防止熔池温度过高,铁水下坠形成焊瘤,操作时焊条与垂直面形成60°～80°角。使电弧略向上,吹向熔池中心。焊第一道时,应压住电弧向上运条,同时做较小的横向摆动,其余各层用半圆形横向摆动加挑弧法向上焊接。

⑨横焊:焊条倾斜70°～80°,防止铁水受自重作用坠到厂坡口上。运条到上坡口处不做运弧停顿,迅速带到下坡口根部做微小横拉稳弧动作,依次均速进行焊接。

⑩仰焊:仰焊时宜用小电流短弧焊接,熔池宜薄,且应确保与母材熔合良好。第一层焊缝用短电弧做前后推拉动作,焊条与焊接方向成8°～90°角。其余各层焊条横摆,并在坡口侧略停顿稳弧,保证两侧熔合。

3)钢筋电弧焊的接头形式

钢筋电弧焊包括帮条焊、搭接焊、坡口焊、熔槽帮条焊、窄间隙焊、预埋件T形接头、钢筋与钢板搭接焊等接头形式。

①帮条焊

帮条焊是将两根待焊的钢筋对正,使两端头离开2～5mm,然后用短帮条,帮在外侧,在与钢筋接触部分,焊接一面或两面,称为帮条焊。它分为单面焊缝和双面焊缝,如图3-6所示。若采用双面焊,接头中应力传递对称、平衡,受力性能好;若采用单面焊,则受力情况差。因此,应尽量可能采用双面焊,而只有在受施工条件限制不能进行双面焊时,才采用单面焊。

帮条焊适用于直径为10～40mm的HPB235级、HRB400级钢筋和直径为10～25mm的余热处理HRB400级钢筋。本工艺不需特殊设备,操作工艺简单,技术易于掌握,可用于各种形状钢筋和工作场所焊**接**,质量可靠,施工费用较低。帮条焊宜采用与主筋同级别、同直径的钢筋制作。

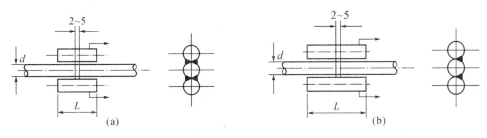

图 3-6　帮条焊接头

a. HPB235 级钢筋单面焊 $L \geq 8d$（d 为被焊钢筋直径），双面焊 $L \geq 4d$；HRB335 级、HRB400 级钢筋单面焊 $L \geq 10d$，双面焊 $L \geq 5d$。帮条长度 L 应符合表 3-3 的规定。当帮条钢筋级别与主筋相同时，帮条直径可与主筋相同或小一个规格；当帮条直径与主筋相同时，帮条钢筋级别可与主筋相同或低一个级别。

表 3-3　钢筋帮条长度

钢筋种类	焊缝形式	帮条长度 L
HPB235	单面焊	$\geq 8d$
	双面焊	$\geq 4d$
HRB335 及 HRB400	单面焊	$\geq 10d$
	双面焊	$\geq 5d$

注：d 为被焊钢筋直径（mm）。

b. 帮条的总截面面积：当被焊接的钢筋为 HPB235 级时，应不小于被焊接钢筋截面面积的 1.2 倍；当被焊接的钢筋为 HRB335 级、HRB400 级时，应不小于被焊接钢筋截面面积的 1.5 倍。

c. 帮条焊接头的焊缝厚度 s 应不小于 $0.3d$；焊缝宽度 b 不小于 $0.7d$，如图 3-7 所示。帮条焊时，两主筋端面的间隙应为 2～5mm。

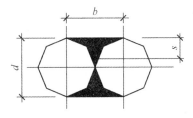

图 3-7　帮条焊接头的焊缝尺寸

b—焊缝宽度；s—焊缝厚度；d—钢筋直径

d. 焊接时，引弧应在垫板或帮条上，不得烧伤主筋；焊接地线与钢筋应紧密接触；焊接过程中应及时清查，焊缝表面应光滑，焊缝余高平缓过渡，引吭应填满。

②搭接焊

搭接焊是把钢筋端部弯曲一定角度叠合起来，在钢筋接触面上焊接形成焊缝，又称搭接接头，它分为双面焊缝和单面焊缝。适用于焊接直径为 10～40mm 的 HPB235 级、HPB335

级钢筋。搭接焊宜采用双面焊缝[如图3-8(a)所示]，不能进行双面焊缝时，也可采用单面焊缝[如图3-8(b)所示]。

搭接焊的搭接长度 L 及焊缝高度 s、焊缝宽度 b 同帮条焊。

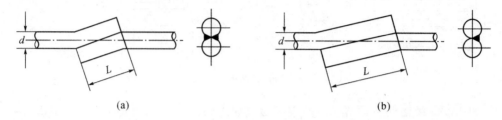

(a)　　　　　　　　　　　　　　(b)

图 3-8　钢筋搭接焊接头

③坡口焊

坡口焊是指为了使焊接的两块金属钢材连接起来，为了让坡口焊中被焊的接口部位更加完美地融合，在两块金属钢材边缘先打完各种不同几何形状的坡口斜面，再进行端面焊接的加工方法。坡口焊又叫剖口焊，钢筋坡口焊接头可分为坡口立焊接头和坡口平焊接头两种，如图3-9所示。

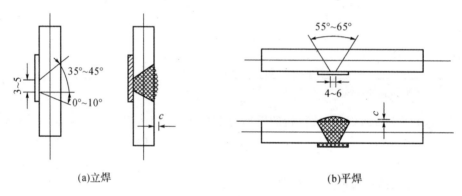

(a)立焊　　　　　　　　　　　　(b)平焊

图 3-9　钢筋坡口焊接头

坡口焊适用于直径为 $16\sim40$ mm 的 HPB235 级、HRB335 级、HRB400 级钢筋及 RRB400 级钢筋，主要用于装配式结构节点的焊接。

钢筋坡口平焊采用 V 形坡口，坡口夹角为 $55°\sim65°$，两根钢筋的根部空隙为 $3\sim5$ mm，下垫钢板长度为 $40\sim60$ mm，厚度为 $4\sim6$ mm，钢垫板宽度为钢筋直径加 10 mm。钢筋坡口立焊采用 $40°\sim55°$ 坡口。

④钢筋熔槽帮条焊

钢筋熔槽帮条焊适用于直径大于或等于 25 mm 的钢筋现场安装焊接。操作时把两钢筋水平放置，将一角钢作垫模。焊接时应加角钢作垫板模。接头形式（如图3-10所示）、角钢尺寸和焊接工艺应符合下列要求：

a. 角钢边长宜为 $40\sim60$ mm；

b. 钢筋端头应加工平整；

c. 从接缝处垫板引弧后应连续施焊，并使钢筋端部熔合，防止未焊透、气孔或夹渣；

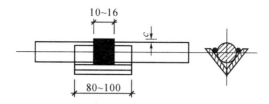

图 3-10　熔槽帮条焊的接头形式

(c:焊缝余高,指焊缝表面焊趾连线上的那部分金属的高度)

⑤窄间隙焊

窄间隙焊是厚板焊接领域的一项先进技术。与普通坡口的埋弧焊相比,窄间隙焊具有无可比拟的优越性。如坡口窄、焊缝金属填充量少,可以节省大量的焊材和焊接工时;窄间隙焊时热输入量较低,使焊缝金属和热影响区的组织明显细化,从而提高其力学性能,特别是塑性和韧性。窄间隙焊适用于直径 16mm 及以上钢筋的现场水平连接。焊接时,钢筋端部应置于铜模中,并应留出一定间隙,用焊条连续焊接,熔化钢筋端面和使熔敷金属填充间隙,形成接头(如图 3-11 所示)。

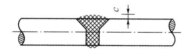

图 3-11　钢筋窄间隙焊接头

⑥预埋件 T 形接头

a.预埋件 T 形接头电弧焊分为贴角焊和穿孔塞焊两种,如图 3-12 所示。

b.预埋件应采用 HPB235 级、HRB335 级钢筋焊接,锚固钢筋直径在 18mm 以下时,可选择贴角焊,其焊脚 k,HPB235 级钢不小于 $0.5d$;HRB335 级钢不小于 $0.6d$。锚固钢筋直径为 18～22mm 时,应选择穿孔塞焊,预埋件钢板 δ 不小于 $0.6d$,并不小于 6mm,施焊时电流不宜过大,操作要保持焊脚宽度与焊脚高度一致,避免电弧咬伤钢筋。

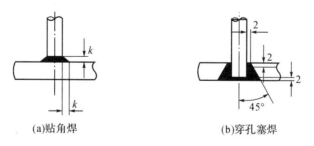

(a)贴角焊　　　　　　　(b)穿孔塞焊

图 3-12　预埋件 T 形接头

⑦钢筋与钢板搭接焊

钢筋与钢板搭接焊时,接头形式如图 3-13 所示。HPB235 级钢筋的搭接长度 L 不小于 $4d$,HRB335 级钢筋的搭接长度 L 不小于 $5d$,焊缝宽度 b 不小于 $0.5d$,焊缝厚度 h 不小于 $0.35d$。

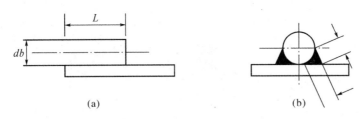

图 3-13　钢筋与钢板搭接接头

（4）电渣压力焊

电渣压力焊是将两钢筋安放成竖向或斜向（倾斜度在 4∶1 的范围内）对接形式,利用焊接电流通过两钢筋间隙,在焊剂层下形成电弧过程和电渣过程,产生电弧热和电阻热,熔化钢筋,加压完成的一种压焊方法。它是利用电流通过液体熔渣所产生的电阻热进行焊接的一种熔焊方法。但与电弧焊相比,它工效高、成本低,在我国一些高层建筑施工中已取得很好的效果。电渣焊适用于厚板的焊接,根据使用的电极形状,可分为丝极电渣焊、板极电渣焊、熔嘴电渣焊等。

电渣压力焊的焊接过程包括四个阶段:引弧过程、电弧过程、电渣过程和顶压过程。

1）操作工艺流程

检查设备、电源→钢筋端头制备→选择焊接参数→安装焊接夹具和钢筋→安放铁丝环（也可省去）→安放焊剂罐、填装焊剂→试焊、制作试件→确定焊接参数→施焊→回收焊剂→卸下夹具→质量检查。

2）施焊操作要点

①闭合回路、引弧:通过操纵杆或操纵盒上的开关,先后接通焊机的焊接电流回路和电源的输入回路,在钢筋端面之间引燃电弧,开始焊接。

②电弧过程:引燃电弧后,应控制电压值。借助操纵杆使上下钢筋端面之间保持一定的间距,进行电弧过程的延时,使焊剂不断熔化而形成必要深度的渣池。

③电渣过程:随后逐渐下送钢筋,使上钢筋端部插入渣池,电弧熄灭,进入电渣过程的延时,使钢筋全断面加速熔化。

④挤压断电:电渣过程结束,迅速下送上钢筋,使其端面与下钢筋端面相互接触,趁热排除熔渣和熔化金属。同时切断焊接电源。

⑤接头焊丝:应停歇 20～30s 后（在寒冷地区施焊时,停歇时间应适当延长）,才可回收焊剂和卸下焊接夹具。

3）应注意的质量问题

在钢筋电渣压力焊生产中,应重视焊接全过程中的任何一个环节。接头部位应清理干净;钢筋安装应上下同心;夹具紧固,严防晃动;引弧过程力求可靠;电弧过程延时充分;电渣过程短而稳定;挤压过程压力适当。若出现异常现象,应参照表 3-4 查找原因,及时清除。电渣压力焊可在负温条件下进行,但当环境温度低于－20℃时,则不宜进行施焊。雨天、雪天不宜进行施焊,必须施焊时,应采取有效的遮蔽措施。焊后未冷却的接头应避免碰到冰雪。

表 3-4　钢筋电渣压力焊接头焊接缺陷与防止措施

项次	焊接缺陷	防止措施
1	轴线偏移	1. 矫直钢筋端部 2. 正确安装夹具和钢筋 3. 避免过大的挤压力 4. 及时修理或更换夹具
2	弯折	1. 矫直钢筋端部 2. 注意安装与扶持上钢筋 3. 避免焊后过快卸夹具 4. 修理或更换夹具
3	焊包薄而大	1. 降低顶压速度 2. 减小焊接电流 3. 缩短焊接时间
4	咬边	1. 减小焊接电流 2. 缩短焊接时间 3. 注意上钳口的起始点,确保上钢筋下送自如
5	未焊合	1. 增大焊接电流 2. 避免焊接时间过短 3. 检修夹具,确保上钢筋下送自如
6	焊包不匀	1. 钢筋端面平整 2. 填装焊剂尽量均匀 3. 延长焊接时间,适当增加熔化量
7	气孔	1. 按规定要求烘焙焊剂 2. 清除钢筋焊接部位的铁锈 3. 确保被焊处在焊剂中的埋入深度
8	烧伤	1. 钢筋导电部位除净铁锈 2. 尽量夹紧钢筋
9	焊包下淌	1. 彻底封堵焊剂罐的漏孔 2. 避免焊后过快回收焊剂

(5)气压焊

用氧气、乙炔火焰加热钢筋接头,温度达到塑性状态时施加压力,使钢筋接头压接在一起的工艺就是气压焊。钢筋气压焊适合于现场焊接梁、板、柱的 HRB335 级、HRB400 级直径为 12~40mm 的钢筋。不同直径的钢筋也可焊接,但直径差不大于 7mm。钢筋弯曲的地方不能焊。

钢筋气压焊的工艺过程包括顶压、加热与压接过程。气压焊时,应根据钢筋直径和焊接设备等具体参数和条件用等压法、二次加压法或三次加压法来焊接。

下面以 25 钢筋为例介绍气压焊施焊要点。

①两钢筋安装后,预压顶紧。预压力宜为 10MPa,钢筋之间局部缝隙不得大于 3mm。

②钢筋加热初期应采用碳化焰(还原焰),对准两钢筋接缝处集中加热,并使其淡白色羽状内焰包住缝隙或伸入缝隙内,并始终不离开接缝,以防止压焊而产生氧化。待接缝处钢筋红黄,随即对钢筋加第二次压,直至焊口缝隙完全闭合。应注意:碳化焰若呈黄色,说明乙炔

过多，必须适当减少乙炔量。不得使用碳化焰外焰加热，严禁用气化过剩的氧化加热。

③在确认两钢筋的缝隙完全黏合后，应改用中性焰，在压焊面中1～2倍钢筋直径的长度范围内，均匀摆动往返加热。

④当钢筋表面变成炽白色，氧化物变成芝麻粒大小的灰白色球状物，断而聚成泡沫并开始随加热的摆动方向移动时，则可边加热边第三次加压，先慢后快，达到30MPa～40MPa，使用接缝处隆起的直径为1.4～1.6倍母材直径、变形长度为母材直径1.2～1.5倍的鼓包。

⑤压接后，当钢筋火红消失，即温度为600～650℃时，才能解除压接器上的卡具。

⑥在加热过程中，如果火焰突然中断发生在钢筋接缝已完全闭合以后，即可继续加热加压，直至完成全部压接过程；如果火焰突然中断发生在钢筋接缝完全闭合以前，则应切掉接头部分，重新压接。

3. 钢筋机械连接

钢筋机械连接是一项新型钢筋连接工艺，被称为继绑扎、电焊之后的"第三代钢筋接头"。钢筋机械连接是指通过钢筋与连接件的机械咬合作用或钢筋端面的承压作用，将一根钢筋中的力传递至另一根钢筋的连接方法。它具有接头强度高于钢筋母材、速度比电焊快5倍、无污染、节省钢材20%等优点。钢筋机械连接接头试件实测抗拉强度应不小于被连接钢筋抗拉强度标准值，且具有高延性及反复拉压性能。

(1)机械连接接头的类型

常用的钢筋机械连接接头类型如下：

1)套筒冷挤压连接接头：通过挤压力使连接件钢套筒塑性变形与带肋钢筋紧密咬合形成的接头，有两种形式，即径向挤压连接和轴向挤压连接。轴向挤压连接现场施工不方便及接头质量不够稳定，没有得到推广；而径向挤压连接接头得到了大面积推广使用。现在工程中使用的套筒挤压连接接头都是径向挤压连接。由于其优良的质量，套筒挤压连接接头在我国从20世纪90年代初至今被广泛应用于建筑工程中。

2)锥螺纹连接接头：通过钢筋端头特制的锥形螺纹和连接件锥形螺纹咬合形成的接头。锥螺纹连接技术的诞生克服了套筒挤压连接技术存在的不足。锥螺纹丝头完全是提前预制，现场连接占用工期短，只需用力矩扳手操作，不需搬动设备和拉扯电线，深受各施工单位的好评。但是锥螺纹连接接头质量不够稳定。加工螺纹的小径削弱了母材的横截面积，从而降低了接头强度，一般只能达到母材实际抗拉强度的85%～95%。我国的锥螺纹连接技术和国外相比还存在一定差距，最突出的一个问题就是螺距单一，直径16～40mm钢筋均采用2.5mm螺距，而2.5mm螺距最适合于直径22mm钢筋的连接，太粗或太细钢筋连接的强度都不理想，尤其是直径为36mm，40mm钢筋的锥螺纹连接，很难达到母材实际抗拉强度的90%。许多生产单位自称达到钢筋母材标准强度，是利用了钢筋母材超强的性能，即钢筋实际抗拉强度大于钢筋抗拉强度的标准值。锥螺纹连接技术具有施工速度快、接头成本低的特点，自20世纪90年代初推广以来也得到了较大范围的推广使用，但由于存在的缺陷较大，逐渐被直螺纹连接接头所代替。

3)直螺纹连接接头：等强度直螺纹连接接头是20世纪90年代钢筋连接的国际最新潮流，接头质量稳定可靠，连接强度高，可与套筒挤压连接接头相媲美，又具有锥螺纹接头施工方便、速度快的特点，因此直螺纹连接技术的出现给钢筋连接技术带来了质的飞跃。目前我国直螺纹连接技术呈现出百花齐放的景象,出现了多种直螺纹连接形式。

①直螺纹连接接头的优点

直螺纹连接接头是粗钢筋接头的一种新的连接技术,具有以下优点:

a.接头强度高,接头强度大于钢筋母材强度;

b.性能稳定,接头性能不受扭紧力矩影响,少拧 2~3 扣,均不会对接头强度造成明显损害;

c.连接速度快,直螺纹连接套筒比锥螺纹短 40% 左右,且丝扣螺距大,不必使用扭力扳手,方便施工;

d.应用范围广,在使用弯折钢筋、固定钢筋、钢筋笼等不能转动钢筋的场合,可不受限制地方便使用;

e.经济效益好,直螺纹接头比套筒挤压接头省钢 70% 左右,比锥螺纹接头省钢 35% 左右;

f.便于管理,省去了用扭力扳手检测这道工序,对劳工素质及检测工具的依赖性明显减小。

②直螺纹连接接头的分类

直螺纹连接接头主要有镦粗直螺纹连接接头和滚压直螺纹连接接头。这两种工艺采用不同的加工方式,增强钢筋端头螺纹的承载能力,达到接头与钢筋母材等强的目的。

a.镦粗直螺纹连接接头:通过钢筋端头镦粗后制作的直螺纹和连接件螺纹咬合形成的接头。其工艺是:先将钢筋端头通过镦粗设备镦粗,再加工出螺纹,其螺纹小径不小于钢筋母材直径,使接头与母材达到等强。国外镦粗直螺纹连接接头的钢筋端头既有热镦粗又有冷镦粗。热镦粗主要是消除镦粗过程中产生的内应力,但加热设备投入费用高。我国的镦粗直螺纹连接接头的钢筋端头主要是冷镦粗,对钢筋的延性要求高,对延性较低的钢筋,镦粗质量较难控制,易产生脆断现象。

镦粗直螺纹连接接头的优点是强度高,现场施工速度快,工人劳动强度低,钢筋直螺纹丝头全部提前预制,现场连接为装配作业。其不足之处在于镦粗过程中易出现镦偏现象,一旦镦偏必须切掉重镦;镦粗过程中产生内应力,钢筋镦粗部分延性降低,易产生脆断现象,螺纹加工需要两道工序、两套设备完成。

b.滚压直螺纹连接接头:通过钢筋端头直接滚压或挤(碾)压肋滚压或剥肋后滚压制作的直螺纹和连接件螺纹咬合形成的接头。其基本原理是利用了金属材料塑性变形后冷作硬化能增强金属材料强度的特性,而仅在金属表层发生塑性变形、冷作硬化,金属内部仍保持原金属的性能,因而使钢筋接头与母材达到等强。

目前,国内常见的滚压直螺纹连接接头有三种类型:直接滚压螺纹、挤(碾)压肋滚压螺纹、剥肋滚压螺纹。这三种形式连接接头获得的螺纹精度及尺寸不同,接头质量也存在一定差异。

(2)机械连接接头的对比分析

以下是常见的钢筋机械连接接头的对比分析,如表 3-5 所示。

表 3-5　常见的钢筋机械连接接头的对比分析

对比内容	套筒冷挤压	锥螺纹连接	镦粗直螺纹	直接滚压直螺纹	碾压肋滚压直螺纹	剥肋滚压直螺纹
连接施工用具	压接器	力矩扳手	管钳或力矩扳手	管钳或力矩扳手	管钳或力矩扳手	管钳或力矩扳手
丝头或接头加工设备	径向挤压机	锥螺纹机	镦头机和直螺纹机	滚压直螺纹机	碾压肋滚压直螺纹机	剥肋滚压直螺纹机
易损耗件	压接模具	疏刀	型模、疏刀	滚丝轮	小碾压轮、滚丝轮	刀片、滚丝轮
易损耗件使用寿命	5000～20000 头	300～500 头	型模 500 头左右、疏刀 500 头左右	300～500 头	滚丝轮 2000～3000 头	刀片 1000～2000 头、滚丝轮 5000～8000 头
单个接头损耗件成本	一般	一般	较大	大	较小	小
套筒成本	高	较低	低	较低	较低	较低
操作工人工作强度	大	一般	一般	一般	一般	一般
现场施工速度	一般	快	快	快	快	快
施工污染情况	有时液压油污染钢筋	无	无	无	无	无
耗电量	小	小	较小	小	小	小
接头抗拉强度性能	与母材等强	达到母材实际抗拉强度的 85%～95%	与母材等强	与母材等强	与母材等强	与母材等强
接头质量稳定性	好	一般	较好	一般	较好	好
螺纹精度	—	较好	好	差	一般	好
接头综合成本	高	低	一般	一般	一般	一般

综上所述,可以看出,钢筋剥肋滚压直螺纹连接接头的综合优势比较强,不仅接头连接强度高,质量稳定可靠,施工速度快,接头综合成本低,而且丝头制作简单,工人施工方便。

3.1.5　钢筋配料

钢筋配料是钢筋加工前的一项非常重要的工作。如果配料出现差错或下料长度不准确,将会造成严重质量事故或材料浪费。

钢筋配料是按照构件配筋图计算出来的。首先根据钢筋弯曲伸长和保护层的厚度分别算出各种类型钢筋的下料长度,然后分别按构件编制配料单作为下料加工的依据。钢筋配料就是将设计中各个构件的配筋图表,编制成便于实际加工、具有准确下料长度(钢筋切断时的直线长度)和数量的表格,即配料单。钢筋配料时,为保证工作顺利进行,不发生漏配和多配,最好按结构顺序进行,且将各种构件的每一根钢筋编号。

钢筋下料长度的计算是钢筋配料的关键,结构施工图中注明的钢筋尺寸是钢筋的外轮廓尺寸(从钢筋外皮到外皮量得的尺寸),称为钢筋的外包尺寸,这是施工中度量钢筋的基本依据,在钢筋加工时,也按外包尺寸进行验收。

钢筋混凝土构件中的钢筋由于受力作用,一般需在两端弯钩或中间弯折。钢筋因弯曲或弯钩会使其长度变化,配料中不能直接根据图纸尺寸下料,必须先了解混凝土保护层、钢筋弯曲、弯钩等规定,再根据图示尺寸计算其下料长度。

钢筋下料长度应根据构件尺寸、混凝土保护层厚度、钢筋弯曲调整值和弯钩增加长度等规定综合考虑。

(1)直钢筋下料长度＝构件长度－保护层厚度＋弯钩增加长度;

(2)弯起钢筋下料长度＝直段长度＋斜弯长度－弯曲调整值＋弯钩增加长度;

(3)箍筋下料长度＝箍筋内周长＋箍筋调整值＋弯钩增加长度。

3.2　混凝土工程

混凝土工程是钢筋混凝土工程的一个重要组成部分,其质量好坏直接关系到结构的承载能力和使用寿命。混凝土工程包括制备、搅拌、运输、浇筑、养护、质量检查等施工过程,各工序相互联系又相互影响,因而在混凝土工程施工中,对每一个施工环节都要认真对待,把好质量关,以确保混凝土工程获得优良的质量。

3.2.1　混凝土的制备

混凝土制备技术主要包括计算混凝土的强度以及准备混凝土的配料。混凝土的制备属于混凝土工程中的一个重要的环节,而施工前的准备工作又是混凝土制备能否成功的很重要的因素。混凝土的施工准备包括材料的准备、机具的准备以及作业条件的考查。材料的准备包括原材料的选择、混凝土配合比的确定等方面的内容。混凝土结构施工宜采用预拌混凝土。

1. 原材料的选择

普通混凝土的组成材料有水泥、水、砂子、石子。砂子、石子在混凝土中起到骨架作用,抑制了混凝土的收缩。水泥和水构成水泥浆,水泥浆包裹在砂粒的表面并填充砂粒间的空隙而形成水泥砂浆,水泥砂浆又包裹石子表面并填充石子间的空隙,形成混凝土。水泥浆凝结硬化前起填充、润滑、包裹的作用,凝结硬化后起胶结作用。

2. 混凝土配合比的确定

混凝土配合比指的是混凝土组成材料中各组成材料(水泥、水、砂子和石子)的用量之比。

(1)配合比的表示方法

通常用 1m³ 混凝土各材料的质量来表示,如 1m³ 混凝土中,水泥 300kg,水 180kg,砂子

720kg,石子 2400kg;或以各种组成材料用量的比例来表示:水泥:砂:石=1:2.4:4,水灰比为 0.60,其中水泥为 300kg。

(2)普通混凝土设计的基本要求

1)满足混凝土拌和物和易性的要求;

2)满足结构要求的强度等级;

3)满足与使用环境相适应的耐久性要求。

(3)配合比设计的三个重要参数

1)水灰比 W/C:表示水与水泥的用量之比;

2)单位用水量:指的是 $1m^3$ 混凝土中水的用量;

3)砂率:砂所占的体积与砂、石总体积的百分比。其公式为

$$\beta_s = \frac{m_砂}{m_砂 + m_石} \times 100\%$$

(4)普通混凝土配合比设计的步骤

1)初步配合比的设计:主要是利用经验公式或经验资料而获得的初步配合比。

①确定水灰比 W/C:水灰比的大小直接影响混凝土的强度和耐久性。因此,确定水灰比应分别根据强度和耐久性两方面来考虑。

a.求满足强度要求的水灰比$(W/C)_1$:

$$f_{cu,o} \geqslant f_{cu,k} + 1.645\sigma \tag{3-1}$$

式中:$f_{cu,o}$——混凝土的配置强度;

$f_{cu,k}$——混凝土的设计强度;

σ——混凝土强度标准差,可查表 3-6。

表 3-6 不同混凝土强度等级下的 σ 值

混凝土强度等级	σ 值/MPa
C7.5~C20	4.0
C20~C35	5.0
>C35	6.0

b.求满足耐久性要求的水灰比$(W/C)_2$:

主要是根据结构的类型以及使用环境,查表 3-7 可求得该环境下结构的最大水灰比$(W/C)_2$,即为满足耐久性要求的水灰比。

表 3-7 不同环境下结构的最大水灰比

混凝土所处的环境要求	最大水灰比	
	无钢筋混凝土	钢筋混凝土
不受雨雪影响的干燥环境	不规定	0.65
无冻害的潮湿环境	0.70	0.60
有冻害的潮湿环境	0.55	0.55
有冻害和有除冰剂的潮湿环境	0.50	0.50

②确定单位用水量 m_{wo}：

单位用水量是指 $1m^3$ 混凝土中水的用量，主要控制了混凝土拌和物的流动性，而流动性主要用坍落度来表示。单位用水量是根据混凝土施工要求的坍落度（如表 3-8 所示）和已知的粗颗粒的种类以及最大粒径 D_{max}（如表 3-9 所示）来确定的。

表 3-8　不同结构类型的坍落度

序号	结构类型	坍落度	
		振动器捣实	人工捣实
1	基础或地面等的垫层	1～3	1～3
2	无筋基础或少筋基础	1～3	3～5
3	主柱、梁、板	3～5	5～7
4	配筋密列的薄壁、细柱等	5～7	7～9

表 3-9　$1m^3$ 混凝土的用水量

混凝土所需坍落度/cm	石子最大粒径/mm							
	卵石				碎石			
	10	20	31.5	40	16	20	31.5	40
1.0～3.0	190	170	160	150	200	185	175	165
3.5～5.0	200	180	170	160	210	195	185	175
5.5～7.0	210	190	180	170	220	205	195	185
7.5～9.0	215	195	185	175	230	215	205	195

③确定混凝土的单位水泥用量 m_{co}。

单位水泥用量是指 $1m^3$ 混凝土中水泥的用量。根据水灰地 W/C，通过 $m_{co} = m_{wo}/(W/O)$，再根据结构的类型和使用的环境，确定混凝土的最小水泥用量，最后取两者的较大值作为单位水泥用量 m_{co}。

④确定混凝土的砂率 β_s：

确定砂率的原则是以砂来填充石子的空隙，并稍有富余。砂率主要根据水灰比、骨料的类型（卵石或碎石）以及最大粒径来确定。

⑤体积法确定 $1m^3$ 混凝土中砂、石的用量 m_{so}、m_{go}：

假定混凝土拌合物的总体积（$1m^3$）等于各组成材料的绝对体积以及拌和物中所含空气的体积之和，则

$$\begin{cases} \dfrac{m_{so}}{m_{so} + m_{go}} \times 100\% = \beta_s \\ \dfrac{m_{co}}{\rho_c} + \dfrac{m_{wo}}{\rho_w} + \dfrac{m_{so}}{\rho_s} + \dfrac{m_{go}}{\rho_g} + 0.01\alpha = 1 \end{cases} \tag{3-2}$$

式中：ρ_c，ρ_w ——水泥、水的密度（kg/m^3）；

ρ_s，ρ_g ——砂、石的表观密度（kg/m^3）；

α——混凝土含气百分数，无外加剂时取 1。

通过上述五步，我们求出了单位体积（1m³）混凝土中水泥、水、砂和石的用量分别为 m_{co}、m_{wo}、m_{so} 和 m_{go}，最终得到混凝土的初步配合比为水泥、水、砂和石的用量之比，为 m_{co}：m_{wo}：m_{so}：m_{go}，水灰比 $W/C=m_{wo}$：m_{co}。

2）实验室配合比的设计：由初步配合比出发，经过实验调整，主要对初步配合比进行和易性的调整及强度的校核。

①和易性的调整：目的是使和易性满足施工的要求，水灰比满足强度和耐久性的要求。

②强度的校核：分别用 W/C，$W/C+0.05$，$W/C-0.05$ 三个水灰比，拌制三个混凝土试样，测量其 28d 的抗压强度值，判断是否满足强度的要求。强度的验证公式为

$$\sigma_i \geqslant f_{cu,o} = f_{cu,k} + 1.645\sigma \tag{3-3}$$

经和易性的调整和强度校核后，可以计算出实验室调整后的 1m³ 混凝土中各材料的用量：

$$\frac{m_{cb}}{m_{cb} + m_{wb} + m_{sb} + m_{gb}} = \frac{C_{sh}}{1 \times \rho_{c,t}} \tag{3-4}$$

$$\frac{m_{wb}}{m_{cb} + m_{wb} + m_{sb} + m_{gb}} = \frac{W_{sh}}{1 \times \rho_{c,t}} \tag{3-5}$$

$$\frac{m_{sb}}{m_{cb} + m_{wb} + m_{sb} + m_{gb}} = \frac{S_{sh}}{1 \times \rho_{c,t}} \tag{3-6}$$

$$\frac{m_{gb}}{m_{cb} + m_{wb} + m_{sb} + m_{gb}} = \frac{G_{sh}}{1 \times \rho_{c,t}} \tag{3-7}$$

其中，m_{cb}，m_{wb}，m_{sb}，m_{gb} 表示实验室调整后，水泥、水、砂和石的实际拌和量；$\rho_{c,t}$ 表示实验室调整后混凝土的实测表观密度；C_{sh}，W_{sh}，S_{sh}，G_{sh} 分别表示实验室调整后，1m³ 混凝土中水泥、水、砂、石子的用量。

3）施工配合比的设计：考虑砂、石的含水率，计算出满足施工要求的配合比。

混凝土施工配合比的调整：实验室所确定的混凝土配合比，其和易性不一定能与实际施工条件完全适合，或当施工设备、运输方法或运输距离、施工气候等条件发生变化时，所要求的混凝土坍落度也随之改变。为保证混凝土和易性符合施工要求，需将混凝土含水率及用水量做适当调整（保持水灰比不变）。

在一般情况下，砂、石中含有一定的水，设砂的含水率为 $a\%$，石的含水率为 $b\%$，则施工配合比为：

水泥：$C' = C_{sh}$；

砂：$S' = S_{sh}(1+a\%)$；

石：$G' = G_{sh}(1+b\%)$；

水：$W' = W_{sh} - S_{sh} \times a\% - G_{sh} \times b\%$。

3. 混凝土制备应符合的规定

混凝土制备应符合下列规定：

1）预拌混凝土应符合现行国家标准《预拌混凝土》(GB/T 14902—2012)的有关规定；

2）现场搅拌混凝土宜采用具有自动计量装置的设备集中搅拌；

3）当不具备以上两条规定的条件时，应采用符合现行国家标准《混凝土搅拌机》(GB/T

9142—2000)的搅拌机进行搅拌,并应配备计量装置。

3.2.2　混凝土的搅拌

混凝土的搅拌就是将水泥、水、粗细骨料和外加剂等原材料混合在一起进行均匀拌和的过程。搅拌后混凝土要求均匀,且达到设计要求的和易性和强度。

1. 搅拌机

混凝土搅拌机是把水泥、砂石骨料和水混合并拌制成混凝土混合料的机械,主要由拌筒、加料和卸料机构、供水系统、原动机、传动机构、机架和支撑装置等组成。

(1)搅拌机的种类

目前常用的搅拌机按搅拌方式分为自落式搅拌机和强制式搅拌机两种。

1)自落式搅拌机

自落式搅拌机就是把混合料放在一个旋转的搅拌鼓内,随着搅拌鼓的旋转,鼓内的叶片把混合料提升到一定的高度,然后靠自重自由撒落下来。这样周而复始地进行,直至拌匀为止。这种搅拌机一般拌制塑性和半塑性混凝土。

2)强制式搅拌机

强制式搅拌机是搅拌鼓不动,而由鼓内旋转轴上均置的叶片强制搅拌。这种搅拌机拌制质量好,生产效率高,但动力消耗大,且叶片磨损快,一般适用于拌制干硬性混凝土。

(2)搅拌机操作注意事项

1)搅拌机应设置在平坦的位置,用方木垫起前后轮轴,使轮胎搁高架空,以免在开动时发生走动。

2)搅拌机应实施二级漏电保护,上班前电源接通后,必须仔细检查,经空车试转认为合格后方可使用。试运转时应检验拌筒转速是否合适,在一般情况下,空车速度比重车(装料后)稍快2～3转,如相差较多,应调整动轮与传动轮的比例。

3)拌筒的旋转方向应符合箭头指示方向,如不符合,应更正电机接线。

4)检查传动离合器和制动器是否灵活可靠,钢丝绳有无损坏,轨道滑轮是否良好,周围有无障碍及各部位的润滑情况等。

5)开机后,经常注意搅拌机各部件的运转是否正常。停机时,经常检查搅拌机叶片是否打弯,螺丝是否打落或松动。

6)当混凝土搅拌完毕或预计停歇1h以上,除将余料出净外,应将石子和清水倒入拌筒内,开机转动,把粘在料筒上的砂浆冲洗干净后全部卸出。料筒内不得有积水,以免料筒和叶片生锈。同时还应清理搅拌筒外积灰,使机械保持清洁完好。

7)下班后及停机不用时,应拉闸断电,并锁好开关箱,以确保安全。

2. 搅拌要求

(1)搅拌顺序

1)一次投料法:这是目前最常见的方法,强制式是将砂、石、水泥装入料斗,一次投入搅拌机内,同时加水进行搅拌;自落式则是先投入砂(或石子),再投入水泥,然后投入石子(或砂),最后加水搅拌。混凝土搅拌机加料过程中为了减少水泥的飞扬和水泥的粘罐现象,先倒砂子(或石子)再倒水泥,然后倒入石子(或砂子),也就是说将水泥加在砂、石之间,最后混凝土搅拌机由上料斗将干物料送入搅拌筒内,加水搅拌。

2)二次投料法:这种投料法又分为预拌水泥砂浆法和预拌水泥净浆法。预拌水泥砂浆法是先将水泥、砂和水加入搅拌筒内进行充分搅拌,成为均匀的水泥砂浆后,再加入石子搅拌成均匀的混凝土。国内一般是用强制式搅拌机拌制水泥砂浆约 1~1.5min,再加入石子搅拌约 1~1.5min。预拌水泥净浆法是先将水泥和水充分搅拌成均匀的水泥净浆后,再加入砂和石子搅拌成混凝土。国内外的试验表明,二次投料法搅拌的混凝土与一次投料法相比较,混凝土的强度可提高 15%,在强度相同的情况下,可节约水泥 15%~20%。

3)两次加水法:即"裹砂石法混凝土搅拌工艺",又称 SEC 法,采用这种方法拌制的混凝土称为 SEC 混凝土或造壳混凝土。该法的搅拌程序是先加一定量的水使砂表面的含水量调到某一规定的数值后(一般为 15%~25%),再加入石子并与湿砂拌匀,然后将全部水泥投入,与砂石共同拌和,使水泥在砂石表面形成一层低水灰比的水泥浆壳,最后将剩余的水和外加剂加入搅拌成混凝土。采用 SEC 法制备的混凝土与一次投料法相比较,强度可提高 20%~30%,混凝土不易产生离析和泌水现象,工作性好。先将全部的石子、砂和 70%拌和水投入搅拌机,拌和 15s,使骨料湿润,再投入全部水泥搅拌 30s 左右,然后加入 30%拌和水搅拌 60s 左右即可。

(2)搅拌时间

从原材料全部投入搅拌筒中时起到开始卸料时止所经历的时间称为搅拌时间,为获得混合均匀、强度和工作性都能满足要求的混凝土所需的最低限度的搅拌时间称为最短搅拌时间,这个时间随搅拌机的类型与容量、骨料的品种、粒径及对混凝土的工作性要求等因素的不同而异。在一般情况下,混凝土的匀质性是随着搅拌时间的延长而提高,但搅拌时间超过某一限度后,混凝土的匀质性便无明显改善了。搅拌时间过长,不但会影响搅拌机的生产率,而且对混凝土的强度提高也无益处,甚至水分的蒸发和较软骨料颗粒被长时间的研磨而破碎变细还会引起混凝土工作性的降低,影响混凝土的质量。不同类型的搅拌机对不同混凝土的最短搅拌时间如表 3-10 所示。

表 3-10　混凝土搅拌的最短时间　　　　　　　　　　　　单位:s

混凝土坍落度/mm	搅拌机机型	搅拌机出料量/L		
		<250	250~500	>500
≤30	强制式	60	90	120
	自落式	90	120	150
>30	强制式	60	60	90
	自落式	90	90	120

注:①现场搅拌时原材料计量允许偏差应满足每盘计量允许偏差要求;

②累计计量允许偏差指每一运输车中各盘混凝土的每种材料称量的偏差,该项指标仅适用于采用计算机控制计量的搅拌站;

③骨料含水率应经常测定,雨雪天施工应增加测定次数。

（3）搅拌规定

混凝土搅拌时应对原材料用量准确计量，并应符合下列规定：

1）计量设备的精度应符合现行国家标准《混凝土搅拌站（楼）》（GB/T 10171—2016）的有关规定，并应定期校准，使用前设备应归零；

2）原材料的计量应按重量计，水和外加剂溶液可按体积计，其允许偏差应符合表 3-11 的规定。

表 3-11　混凝土原材料计量允许偏差

原材料种类	计量允许偏差/%
胶凝材料	±2
粗、细骨料	±3
拌合用水	±1
外加剂	±1

3.2.3　混凝土的运输

1. 运输工具

混凝土运输工具种类繁多，运输方式亦有不同。确定方法时以效率高而转运次数少者为佳。常用的运输机具有单轮手推车、双轮架子车、翻斗车、汽车、皮带运输机、塔式起重机、门式起重机（配合吊斗）和混凝土泵等。商品混凝土生产，由搅拌站至浇筑现场，都是采用专用的搅拌运输车运输。

（1）手推车运输

单轮手推车或双轮架子车等人力车多用于较小工程的混凝土水平运输。单轮手推车适宜于 30～50m 的运距，双轮架子车适宜于 100～300m 的运距。路面的纵坡一般不宜大于15%，一次爬高不宜超过 3m。

（2）翻斗车运输

翻斗车能直接将混凝土卸于浇筑地点，或卸于滑槽内经过吊桶（溜管）浇灌，可以随着浇筑工作的进行而移动轨道。如采用工具式轨道，则更加适宜。但轨道应力求平整，以免翻斗车行驶颠簸，造成混凝土分离。

采用翻斗车运送混凝土时，人力推行适用于 300m 左右的距离，机车牵引则适用于400～1500m 的距离。当轨道坡度大于 0.6% 时，必须安装闸台，以防发生事故。

（3）自卸汽车运输

当混凝土运输量较大而运距又较远时，常利用自卸汽车运送。搅拌站采用搅拌自卸汽车运输，车体为密闭的，便于保温保湿。当汽车运来的混凝土尚须进行垂直运输时，可在搅拌站将混凝土直接卸于载重汽车的吊斗（混凝土罐）内，运至工地后，再用起重机吊到浇筑地点。打开吊斗下部的活门，混凝土即卸入模型内。

（4）缆索式起重机运输

在大型水电工程中，混凝土大坝常常采用缆索式起重机进行浇筑。采用吊斗运送混凝土时,吊斗出口至混凝土仓面间的高度不得超过 3m。采用载重汽车和吊斗配合运输混凝土,不经二次倒运,不但可以保证质量,而且冬季施工有利于保温。采用此种运输方式必须配备足够的起吊设备,否则,会影响汽车的运输效率。

(5)皮带运输机运输

采用皮带运输机运送混凝土以水平运送较好,斜坡道运输时应采用较小的坡度,向上输送时坡度不应大于 16°,向下输送时坡度不应大于 8°。

皮带运输机的极限速度以不超过 1.2m/s 为宜,以避免因转速太快而造成混凝土产生分离现象。采用皮带运输机运输混凝土,应避免混凝土直接从皮带运输机卸入仓内,以防混凝土分离,或堆料过分集中影响平仓。混凝土从皮带运输机上卸料时,应设捎板或漏斗,使混凝土垂直下落。

为了减少砂浆损失,在皮带运输机的腰部或端部应装有硬橡皮刮浆板,刮下皮带上黏附的砂浆,仍掺入混凝土中。在混凝土的配合比设计中,应考虑到这种砂浆的损失。坍落度小的混凝土最适宜此种运送方法,皮带转运时砂浆不致发生流淌和分离现象。皮带机的坡度和混凝土坍落度的关系最好根据具体情况进行试验确定。皮带运输机的操作技术比较简单,使用也较灵便,运输成本低,适用于大体积混凝土大浇筑量的工程。若运距较长,可将数台皮带运输机串联成组使用。

(6)混凝土泵运输

在运输不便而且混凝土量较大的情况下,如高层建筑、隧洞等可以采用混凝土泵输送混凝土。混凝土泵分活塞式、风动式,采用汽车泵泵送混凝土十分普遍,也非常灵活。大型泵站水平输送距离目前可达 400～600m,高度可达 60～110m。采用混凝土泵运输混凝土,其配合比应专门进行设计。输送混凝土的管道、容器、溜槽不应吸水、漏浆,并应保证输送通畅。输送混凝土时应根据工程所处环境条件采取保温、隔热、防雨等措施。

2. 混凝土的运输基本要求

(1)在运输过程中应保持混凝土的均匀性,避免分层离析、泌水、砂浆流失和坍落度变化等现象发生。

(2)应使混凝土在初凝之前浇筑完毕。混凝土从搅拌机卸出后到浇筑完毕的延续时间不宜超过规定。

(3)当混凝土从运输工具中自由倾倒时,由于骨料的重力克服了物料间的黏聚力,大颗粒骨料明显集中于一侧或底部四周,从而与砂浆分离即出现离析,当自由倾倒高度超过 2m时,这种现象尤其明显,混凝土将严重离析。为保证混凝土的质量,应根据施工实际情况,采取相应的预防措施。规范规定:混凝土自高处倾落的自由高度不应超过 2m,否则,应使用串筒、溜槽或振动溜管等工具协助下落,并应保证混凝土出口的下落方向垂直。串筒的向下垂直输送距离可达 8m。

(4)道路尽可能平坦且运距尽可能短。尽量减少混凝土转运次数,或不转运。

3. 搅拌运输车运送混凝土

采用搅拌运输车运送混凝土,当坍落度损失较大而不能满足施工要求时,可在运输车罐内加入适量的与原配合比相同成分的减水剂。减水剂加入量应事先由试验确定,并应做出记录。加入减水剂后,混凝土罐车应快速旋转、搅拌均匀,并应达到要求的工作性能后再泵送或浇筑。施工现场车辆出入口处应设置交通安全指挥人员,施工现场道路应顺畅,有条件时宜设置循环车道;危险区域应设警戒标志;夜间施工时,应有良好的照明。

混凝土运输应符合下列规定:

(1)混凝土宜采用搅拌运输车运输,运输车辆应符合国家现行有关标准的规定;

(2)运输过程中应保证混凝土拌和物的均匀性和工作性;

(3)应采取保证连续供应的措施,并应满足现场施工的需要。

3.2.4　混凝土的浇筑

混凝土的浇筑指的是将混凝土浇筑入模直至塑化的过程。

1. 浇筑前的施工准备

(1)混凝土浇筑前,应由商品混凝土供应商出具砂、石、水泥、外加剂的试验报告和配合比设计报告以及该配合比试验的强度和混凝土浇灌令。

(2)输送泵垂直管道应固定牢固,水平管布置宜直、转弯宜缓,接头应严密。每段应有支架或汽胎抬垫,炎热季节施工宜用湿麻袋遮盖泵管。

(3)模板的强度、刚度符合规定,标高位置与结构截面尺寸符合设计要求,预留拱度正确。

(4)支撑系统稳定,支架与模板的结合处稳定可靠。

(5)模板内无杂物,钢筋清洁,模板缝隙和孔洞已封堵密实,模板已湿润无积水。

(6)钢筋与预埋件规格、数量、安装的几何尺寸与位置,钢筋接头等满足要求。

(7)楼板钢筋上铺设专用通道,防止板筋变形。

(8)钢筋工程、模板工程、水电安装预埋均已验收合格。

(9)准备工具:振动棒、平板振动器、撬棍、2m 刮尺、木拖板、铁抹子、木抹子、铁铲、洗管槽、丝线、存料板、串筒。

(10)操作人员应穿戴绝缘胶鞋和绝缘手套,电缆线长度满足要求,振动棒符合安全要求。

2. 混凝土浇筑的一般规定

(1)应对支架(拱架)、模板、钢筋、支座、预拱度和预埋件进行检查,并做好记录,符合要求后方可浇筑。

(2)模板内的杂物、积水和钢筋上的污垢应清理干净。模板如有缝隙,应填塞严密,模板内面应涂刷脱模剂,木模板应预先湿润。浇筑混凝土前,应检查混凝土的均匀性和坍落度。在炎热气候时,混凝土入模温度不宜高于 28℃,当混凝土绝热温度不低于 45℃时,浇筑温度需进一步降低。还应避免模板和新浇混凝土受阳光直射,模板与钢筋温度以及周围温度不宜超过 40℃。

自高处向模板内倾卸混凝土时,为防止混凝土离析,应符合下列规定:

1)从高处直接倾卸时,在不发生离析的情况下,其自由倾落高度不宜超过 2m。

2)当倾卸不满足上述要求时,应通过串筒、溜管或振动溜管等设施下落;倾落高度过高时,应设置减速装置。在串筒出料口下面,混凝土堆积高度不宜超过1m,并严禁用振动棒分摊混凝土。

(3)混凝土应按一定厚度、顺序和方向分层浇筑,应在下层混凝土初凝或能重塑前浇筑完成上层混凝土。在倾斜面上浇筑混凝土时,应从低处开始逐层扩展升高,保持水平分层。混凝土分层浇筑厚度不宜超过表3-12的规定。

表3-12 混凝土浇筑层厚度

捣实混凝土的方法		浇筑层的厚度/mm
插入式振捣		振捣器作用部分长度的1.25倍
表面振动		200
人工振捣	在基础、无筋混凝土或配筋稀疏的结构中	250
	在梁、墙板、柱结构中	200
	在配筋密列的结构中	150
轻骨料混凝土	插入式振捣	300
	表面振动(振动时需加荷)	200

(4)浇筑混凝土时,应采用振动器振实,确实无法使用振动器振实的部位才可用人工捣固。

1)使用插入式振动器时,移动间距不应超过振动器作用半径的1.5倍;与侧模应保持50~100mm的距离;插入下层混凝土50~100mm;每一处振动完毕后,应边振动边徐徐提出振动棒;应避免振动棒碰撞模板、钢筋及其他预埋件。

2)表面振动器的移位间距,应以使振动器平板能覆盖已振实部分100mm左右为宜。

3)附着式振动器的布置距离,应根据构造物形状及振动器性能等情况并通过试验确定。

4)对每一振动部位,必须振动到该部位混凝土密实为止。密实的标志是混凝土停止下沉,不再冒出气泡,表面呈现平坦、泛浆。

(5)混凝土的浇筑应连续进行,如因故必须间断,则间断时间应小于前层混凝土的初凝时间或能重塑的时间。

(6)施工缝的处置:应凿除处理层混凝土表面的水泥砂浆和松弱层。

凿除时,处理层混凝土须达到下列强度:

1)用水冲洗凿毛时,须达到0.5MPa;

2)用人工凿除时,须达到2.5MPa;

3)用风动机凿毛时,须达到10MPa。

经凿毛处理的混凝土面应用水冲洗干净,在浇筑次层混凝土前,对垂直施工缝宜刷一层水泥净浆,对水平缝宜铺一层厚为10~20mm的1∶2的水泥砂浆,或铺一层厚约300mm的混凝土,其粗集料宜比新浇筑混凝土减少10%。重要部位及有防震要求的混凝土结构或钢筋稀疏的钢筋混凝土结构,应在施工缝处补插锚固钢筋(钢筋直筋不小于16mm,间距不大于20mm或石榫;有抗渗要求的施工缝宜做成凹形、凸形或设置止水带)。施工缝为斜面时应浇筑成或凿成台阶状。

施工缝处理后,须待处理层混凝土达到一定强度后才能继续浇筑混凝土。公路桥涵施工技术规范要达到的强度一般最低为 1.2MPa,当结构物为钢筋混凝土时,不得低于2.5MPa。混凝土达到上述抗压强度的时间宜通过试验确定。

(7)结构混凝土浇筑完成后,应及时对混凝土裸露面进行修整、抹平,待定浆后再抹第二遍并压光或拉毛。当裸露面面积较大或气候不良时,应加盖防护,但在开始养生前,覆盖物不得接触混凝土面。浇筑混凝土时,应填写混凝土施工记录。

3. 混凝土结构的浇筑方法

(1)现浇框架结构的浇筑方法

框架结构的主要构件有基础、柱、梁、板等,其中柱、梁、板等构件是沿垂直方向重复出现的。施工时,一般按结构层来划分施工层,当结构平面尺寸较大时,还应划分施工段,以便组织各工序流水施工。

框架柱基形式多为台阶式基础。台阶式基础施工时一般按台阶分层浇筑,中间不允许留施工缝;倾倒混凝土时宜先边角后中间,确保混凝土充满模板的各个角落,防止一侧倾倒混凝土挤压钢筋造成柱插筋的位移;各台阶之间最好留有一定时间间歇,给下面台阶混凝土一段初步沉实的时间,以避免上下台阶之间出现裂缝,同时也便于上一台阶混凝土的浇筑。

在框架结构每层每段施工时,混凝土的浇筑顺序是先浇柱,后浇梁、板。柱的浇筑宜在梁板模板安装后进行,以便利用梁板模板稳定柱模并作为浇筑混凝土的操作平台;一排柱子浇筑时,应从两端向中间推进,以免柱模板在横向推力作用下向另一方倾斜;柱在浇筑前,宜在底部先铺一层 50~100mm 厚与所浇混凝土成分相同的水泥砂浆,以免底部产生蜂窝现象;柱高在 3m 以下时,可直接从柱顶浇入混凝土,若柱高超过 3m,断面尺寸小于 400mm×400mm,并有交叉分段浇筑,也可采用串筒直接从柱顶进行浇筑;随着柱子浇筑高度的上升,混凝土表面将积聚大量浆水,可能造成混凝土强度不均匀现象,宜在浇筑到适当的高度时,适量减少混凝土的配合比用水量。

如柱、梁和板混凝土是一次连续浇筑,则应在柱混凝土浇筑完毕后停歇 1~2105h,待其初步沉实,排除泌水后,再浇筑梁、板混凝土。

梁、板混凝土一般同时浇筑,浇筑方法应先将梁分层浇捣成阶梯形,当达到板底位置时即与板的混凝土一同浇捣;而且倾倒混凝土的方向与浇筑方向相反。当梁高度超过 1m 时,可先单独浇筑混凝土,水平施工缝设置在板下 20~30mm 处。

(2)大体积混凝土浇筑

混凝土结构物实体最小几何尺寸不小于 1m 的大体量混凝土,或预计会因混凝土中胶凝材料水化引起的温度变化和收缩而导致有害裂缝产生的混凝土,称为大体积混凝土。

大体积混凝土基础的整体性要求高,一般要求混凝土连续浇筑,一气呵成。施工工艺上应做到分层浇筑、分层捣实,但又必须保证上下层混凝土在初凝之前结合好,不致形成施工缝。在特殊的情况下可以留有基础后浇带,即在大体积混凝土基础中预留一条后浇的施工缝,将整块大体积混凝土分成两块或若干块浇筑,待所浇筑的混凝土经一段时间的养护干缩后,再在预留的后浇带中浇筑补偿收缩混凝土,使分块的混凝土连成一个整体。

基础后浇带的浇筑考虑到补偿收缩混凝土的膨胀效应,当后浇带的直径长度大于 50m 时,混凝土要分两次浇筑,时间间隔为 5~7d。要求混凝土振捣密实,防止漏振,也避免过振。混凝土浇筑后,在硬化前1~2h应抹压,以防沉降裂缝的产生。

1)浇筑方案

浇筑方案应根据整体性要求、结构大小、钢筋疏密、混凝土供应等具体情况选用。

①全面分层[如图3-14(a)所示]:在整个基础内全面分层浇筑混凝土,要做到第一层全面浇筑完毕回来浇筑第二层时,第一层浇筑的混凝土还未初凝,如此逐层进行,直至浇筑好。这种方案适用于平面尺寸不太大的结构。施工时从短边开始,沿长边进行较适宜,必要时亦可分为两段,从中间向两端或从两端向中间同时进行。

②分段分层[如图3-14(b)所示]:适宜于厚度不太大而面积或长度较大的结构。混凝土从底层开始浇筑,进行一定距离后回来浇筑第二层,如此依次向前浇筑以上各分层。

③斜面分层[如图3-14(c)所示]:适用于长度超过厚度的三倍的结构。振捣工作应从浇筑层的下端开始,逐渐上移,以保证混凝土施工质量。

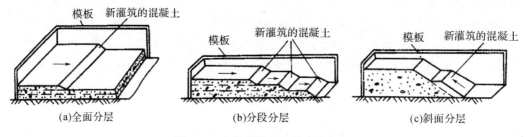

图 3-14 大体积混凝土的浇筑方案

2)混凝土温度裂缝的产生原因

①水泥水化热:水泥在水化过程中要释放出一定的热量,而大体积混凝土结构断面较厚,表面系数相对较小,所以水泥发生的热量聚集在结构内部不易散失。这样混凝土内部的水化热无法及时散发出去,以至于越积越高,使内外温差增大。单位时间混凝土释放的水泥水化热,与混凝土单位体积中水泥用量和水泥品种有关,并随混凝土的龄期而增长。由于混凝土结构表面可以自然散热,实际上内部的最高温度多数发生在浇筑后的最初3~5d。

②外界气温变化:大体积混凝土在施工阶段的浇筑温度随着外界气温变化而变化。特别是气温骤降,会大大增加内外层混凝土温差,这对大体积混凝土是极为不利的。温度应力是由于温差引起温度变形造成的,温差愈大,温度应力也愈大。同时,在高温条件下,大体积混凝土不易散热,混凝土内部的最高温度一般可达60~65℃,并且有较长的延续时间。因此,应采取温度控制措施,防止混凝土内外温差引起的温度应力。

③混凝土的收缩:混凝土中约20%的水分是水泥硬化所必需的,而约80%的水分要蒸发。多余水分的蒸发会引起混凝土体积的收缩。混凝土收缩的主要原因是内部水蒸发引起混凝土收缩。如果混凝土收缩后,再处于水饱和状态,还可以恢复膨胀并几乎达到原有的体积。干湿交替会引起混凝土体积的交替变化,这对混凝土是很不利的。

3)混凝土温度裂缝的控制措施

①优选低水化热水泥拌制混凝土,并适当使用缓凝减水剂和微膨胀剂,减少大体积混凝土体积收缩的影响,以降低混凝土开裂的可能性。

②在保障混凝土设计强度的前提下,适当降低水灰比,掺加适量粉煤灰以降低水泥用量。

③降低混凝土入模温度,控制混凝土内外温差(当无设计要求时,控制在 25℃以内),如降低拌和水温度、骨料用水冲洗降温、避免暴晒等。

④适当设置后浇带,以减少外应力和温度应力,也有利于散热,降低混凝土内部温度。

⑤必须二次抹面,以减少表面收缩裂缝,紧接着进行保湿覆盖保温养护。

⑥可预埋冷水管,通过循环水将混凝土内部热量带出,进行人工导热。

(3)水下混凝土浇筑

水下混凝土浇筑指在水下指定部位直接浇筑混凝土的施工方法。这种方法只适用于静水或流速小的水流条件下,常用于浇筑围堰、混凝土防渗墙、墩台基础以及水下建筑物的局部修补等工程。水下混凝土浇筑的方法很多,常用的有导管法、压浆法和袋装法,以导管法应用最广。

导管法适用于水深不超过 15～25m 的情况。导管的直径为 25～30cm,每节长 1～2m,用橡皮衬垫的法兰盘连接,底部应装设自动开关阀门,顶部装设漏斗。导管的数量与位置应根据浇筑范围和导管的作用半径来确定。作用半径一般不应大于 3m。在浇筑过程中,导管只允许上下升降,不得左右移动。开始浇筑时,导管底部应接近地基约 5～10cm,而且导管内应经常充满混凝土,管下口必须恒埋于混凝土表面下约 1m,使只有表面一层混凝土与水接触。随着混凝土的浇筑,徐徐提升漏斗和导管。每提到一个管节高度后,即拆除一个管节,直到混凝土浇出水面为止。与水接触的表层约 10cm 厚的混凝土因质量较差,最后应全部予以清除。

(4)混凝土振捣

用混凝土拌和机拌和好的混凝土浇筑构件时,必须排除其中气泡进行捣固,使混凝土密实结合,消除混凝土的蜂窝麻面等现象,以提高其强度,保证混凝土构件的质量。

1)混凝土振捣器

混凝土振捣器就是机械化捣实混凝土的机具,按传递振动的方法分类有内部振捣器、外部振捣器和表面振捣器三种。

①内部振捣器又称插入式振捣器。工作时振动头插入混凝土内部,将其振动波直接传给混凝土。这种振捣器多用于振压厚度较大的混凝土层,如桥墩、桥台基础以及基桩等。它的优点是重量轻,移动方便,使用很广泛。

②外部振捣器又称附着式振捣器,是一台具有振动作用的电动机,在该机的底面安装了特制的底板,工作时底板附着在模板上,振捣器产生的振动波通过底板与模板间接地传给混凝土。这种振捣器多用于薄壳构件、空心板梁、拱肋、T 形梁等的施工。根据施工的需要,外部振捣器除附着式外,还有一种振动台,它是用来振捣混凝土预制品的。装在模板内的预制品置放在与振捣器连接的台面上,振捣器产生的振动波通过台面与模板传给混凝土预制品。

③表面振捣器是将它直接放在混凝土表面上,振捣器产生的振动波通过与之固定的振捣底板传给混凝土。振动波是从混凝土表面传入,故称表面振捣器。工作时由两人握住振捣器的手柄,根据工作需要进行拖移。它适用于厚度不大的混凝土路面和桥面等工程的施工。

2)混凝土振捣方法

混凝土振捣方法有垂直插入、快插、慢拔等。

①插入时要快,拔出时要慢,以免在混凝土中留下空隙。

②每次插入振捣的时间为 20～30s,并以混凝土不再显著下沉,不出现气泡,开始泛浆时为准。

③振捣时间不宜过久,太久砂与水泥浆会分离,石子会下沉,并在混凝土表面形成砂层,影响混凝土质量。

④振捣时振捣器应插入下层混凝土 10cm,以加强上下层混凝土的结合。

⑤振捣插入前后间距一般为 30～50cm,防止漏振。

3.2.5　混凝土的养护

混凝土浇筑后应及时进行保湿养护,保湿养护可采用洒水、覆盖、喷涂养护剂等方式。选择养护方式应考虑现场条件、环境温湿度、构件特点、技术要求、施工操作等因素。

1. 混凝土的养护时间

(1)采用硅酸盐水泥、普通硅酸盐水泥或矿渣硅酸盐水泥配制的混凝土时,养护时间不应少于 7d;采用其他品种水泥配制的混凝土时,养护时间应根据水泥性能确定;

(2)采用缓凝型外加剂、大掺量矿物掺和料配制的混凝土时,养护时间不应少于 14d;

(3)采用抗渗混凝土、强度等级 C60 及以上的混凝土时,养护时间不应少于 14d;

(4)后浇带混凝土的养护时间不应少于 14d;

(5)地下室底层墙、柱和上部结构首层墙、柱宜适当增加养护时间;

(6)基础大体积混凝土的养护时间应根据施工方案确定。

2. 洒水养护

(1)洒水养护宜在混凝土裸露表面覆盖麻袋或草帘后进行,也可采用直接洒水、蓄水等养护方式;

(2)洒水养护应保证混凝土处于湿润状态;

(3)洒水养护用水应符合规范;

(4)当日最低温度低于 5℃时,不应采用洒水养护。

3. 覆盖养护

(1)覆盖养护宜在混凝土裸露表面覆盖塑料薄膜、塑料薄膜加麻袋、塑料薄膜加草帘进行;

(2)塑料薄膜应紧贴混凝土裸露表面,塑料薄膜内应保持有凝结水;

(3)覆盖物应严密,覆盖物的层数应按施工方案确定。

4. 喷涂养护剂养护

(1)应在混凝土裸露表面喷涂覆盖致密的养护剂进行养护;

(2)养护剂应均匀喷涂在结构构件表面,不得漏喷;

(3)养护剂应具有可靠的保湿效果,保湿效果可通过试验检验;

(4)养护剂使用方法应符合产品说明书的有关要求。

5. 大体积混凝土结构养护

基础大体积混凝土裸露表面应采用覆盖养护方式,当混凝土表面以内 40～80mm 位置的温度与环境温度的差值小于 25℃时,可结束覆盖养护。覆盖养护结束但尚未到达养护时间要求时,可采用洒水养护方式直至养护结束。

6. 柱、墙混凝土养护方法

地下室底层和上部结构首层柱、墙混凝土带模养护时间不宜少于 3d,带模养护结束后可采用洒水养护方式继续养护,必要时也可采用覆盖养护或喷涂养护剂养护方式继续养护;其他部位柱、墙混凝土可采用洒水养护,必要时也可采用覆盖养护或喷涂养护剂养护。

3.2.6　混凝土的质量检查

混凝土的质量检查包括施工中的质量检查和施工后的质量检查。施工中的质量检查主要是对混凝土拌制和浇筑过程中材料的质量及用量、搅拌地点和浇筑地点的坍落度等进行检查,在每一工作班内至少检查 2 次;当混凝土配合比由于外界影响有变动时,应及时检查;对混凝土搅拌时间也应随时进行检查。对于预拌混凝土,应注意在施工现场进行坍落度检查。施工后的质量检查主要是对已完工的混凝土进行外观质量检查和强度检查。对有抗冻、抗渗等特殊要求的混凝土,还应进行抗冻、抗渗性能检查。

1. 混凝土浇筑完毕后的强度检验

检查混凝土质量应通过留置试块做抗压强度试验的方法进行。当有特殊要求时,还需做混凝土的抗冻性、抗渗性等试验。

(1)试块制作

用于检验结构构件混凝土质量的试件,应在混凝土浇筑地点随机制作,采用标准养护。标准养护就是在温度(20±3)℃和相对湿度为 90% 以上的潮湿环境或水中的标准条件下进行养护。评定强度用试块需要在标准养护条件下养护 28d,再进行抗压强度试验,所得结果就作为判定结构或构件是否达到设计强度等级的依据。

(2)试件组数确定

工程施工中,试件留置的组数应符合下列规定:

1)每拌制 100 盘且不超过 100m³ 的同配合比的混凝土,其取样不得少于一次;

2)每工作班拌制的同配合比的混凝土不足 100 盘时,其取样不得少于一次;

3)对现浇混凝土结构,还应满足:每一现浇楼层同配合比的混凝土,其取样不得少于一次;同一单位工程每一验收项目同配合比的混凝土,其取样不得少于一次。

每次取样应至少留置一组(三个)标准试件,同条件养护的试件组数可根据实际需要确定。对于预拌混凝土,其试件的留置也应符合上述规定。

(3)每组试件的强度代表值

每组三个试件应在同盘混凝土中取样制作,并按下面规定确定该组试件的混凝土强度代表值。

1)取三个试件强度的平均值;

2）当三个试件强度中的最大值或最小值之一与中间值之差超过中间值的 15％时，取中间值；

3）当三个试件强度中的最大值和最小值与中间值之差均超过中间值的 15％时，该组试件不应作为强度评定的依据。

（4）强度评定

混凝土强度应分批进行验收。同一验收批的混凝土应由强度等级相同、生产工艺和配合比基本相同的混凝土组成，对现浇混凝土结构构件，尚应按单位工程的验收项目划分验收批，每个验收项目应按现行国家标准《建筑安装工程质量检验评定统一标准》确定。对同一验收批的混凝土强度，应以同批内标准试件的全部强度代表值来评定。

当对混凝土试件强度的代表性有怀疑时，可采用非破损检验方法或从结构、构件中钻取芯样的方法，按有关标准的规定，对结构构件中的混凝土强度进行推定，作为是否进行处理的依据。

2. 外观检查及其防治措施

混凝土结构构件拆模后，应从其外观上检查其表面有无蜂窝、麻面、孔洞、露筋、缝隙、夹层等缺陷，预留孔道是否通畅无堵塞，如有类似情况应加以修正。

（1）蜂窝

混凝土局部酥松，砂浆少，石子多，石子之间出现空隙，形成蜂窝状孔洞，这种现象称为混凝土蜂窝。

1）产生的原因

①混凝土配合比不当或砂、石子、水泥材料加水量计量不准，造成砂浆少、石子多；

②混凝土搅拌时间不够，未拌和均匀，和易性差，振捣不密实；

③下料不当或下料过高，未设串筒、使石子集中，造成石子、砂浆离析；

④混凝土未分层下料，振捣不实，或漏振，或振捣时间不够；

⑤模板缝隙未堵严，水泥浆流失；

⑥钢筋较密，使用的石子粒径过大或坍落度过小；

⑦基础、柱、墙根部未稍加间歇就继续灌上层混凝土。

2）防治的措施

①认真设计、严格控制混凝土配合比，经常检查，做到计量准确，混凝土拌和均匀，坍落度适合；混凝土下料高度超过 2m 应设串筒或溜槽：浇灌应分层下料，分层振捣，防止漏振；模板缝应堵塞严密，浇灌中应随时检查模板支撑情况，防止漏浆；基础、柱、墙根部应在下部浇完间歇 1～1.5h，沉实后再浇上部混凝土，避免出现"烂脖子"。

②对于小蜂窝，洗刷干净后，用 1∶2 或 1∶2.5 水泥砂浆抹平压实；对于较大蜂窝，凿去蜂窝处薄弱松散颗粒，洗刷干净后，支模用高一级细石混凝土仔细填塞捣实，较深蜂窝如清除困难，可埋压浆管、排气管，表面抹砂浆或灌筑混凝土封闭后，进行水泥压浆处理。

（2）麻面

混凝土局部表面出现缺浆和许多小凹坑、麻点，形成粗糙面，但无钢筋外露现象。

1）产生的原因

①模板表面粗糙或黏附水泥浆渣等杂物未清理干净，拆模时混凝土表面被黏坏；

②模板未浇水湿润或湿润度不够,构件表面混凝土的水分被吸去,使混凝土失水过多出现麻面;

③模板拼缝不严,局部漏浆;

④模板隔离剂涂刷不匀,或局部漏刷或失效,混凝土表面与模板黏结造成麻面;

⑤混凝土振捣不实,气泡未排出,停在模板表面形成麻点。

2)防治的措施

①模板表面清理干净,不得粘有干硬水泥砂浆等杂物,浇灌混凝土前,模板应浇水充分湿润,模板缝隙应用油毡纸、腻子等堵严,模板隔离剂应选用长效的,涂刷均匀,不得漏刷;混凝土应分层均匀振捣密实,至排除气泡为止。

②表面粉刷的,可不处理;表面无粉刷的,应在麻面部位浇水充分湿润后,用原混凝土配合比去石子砂浆,将麻面抹平压光。

(3)孔洞

混凝土结构内部有尺寸较大的空隙,局部没有混凝土或蜂窝特别大,钢筋局部或全部裸露。

1)产生的原因

①在钢筋较密的部位或预留孔洞和埋件处,混凝土下料被搁住,未振捣就继续浇筑上层混凝土;

②混凝土离析,砂浆分离,石子成堆,严重跑浆,又未进行振捣;

③混凝土一次下料过多,过厚,下料过高,振捣器振动不到,形成松散孔洞;

④混凝土内掉入工具、木块、泥块等杂物,混凝土被卡住。

2)防治的措施

①在钢筋密集处及复杂部位采用细石混凝土浇灌,使模板内充满混凝土,认真分层振捣密实,预留孔洞,应两侧同时下料,侧面加开浇灌门,严防漏振,砂石中混有黏土块、模板工具等杂物掉入混凝土内,应及时清除干净;

2)将孔洞周围的松散混凝土和软弱浆膜凿除,用压力水冲洗,湿润后用高强度等级细石混凝土仔细浇灌、捣实。

(4)露筋

混凝土内部主筋、副筋或箍筋局部裸露在结构构件表面。

1)产生的原因

①浇筑混凝土时,钢筋保护层垫块发生位移或垫块太少或漏放,致使钢筋紧贴模板外露;

②结构构件截面小,钢筋过密,石子卡在钢筋上,使水泥砂浆不能充满钢筋周围,造成露筋;

③混凝土配合比不当,产生离析,模板部位缺浆或模板漏浆;

④混凝土保护层太小或保护层处混凝土振捣不实,或振捣棒撞击、踩踏钢筋,使钢筋位移,造成露筋;

⑤木模板未浇水湿润,吸水黏结或脱模过早,拆模时缺棱、掉角,导致漏筋。

2)防治的措施

①浇灌混凝土时,应保证钢筋位置和保护层厚度正确,并加强检验,钢筋密集时,应选用

适当粒径的石子,保证混凝土配合比准确和良好的和易性;浇灌高度超过 2m 时,应用串筒或溜槽进行下料,以防止离析;模板应充分湿润并认真堵好缝隙;混凝土振捣严禁撞击钢筋,操作时避免踩踏钢筋,如有踩弯或脱扣等应及时调整直正;保护层混凝土要振捣密实;正确掌握脱模时间,防止过早拆模,碰坏棱角。

②表面漏筋,刷洗净后,在表面抹 1:2 或 1:2.5 水泥砂浆,将充满漏筋部位抹平;漏筋较深的凿去薄弱混凝土和突出颗粒,洗刷干净后,用比原来高一级的细石混凝土填塞压实。

(5)缝隙、夹层

总述没提混凝土内存在水平或垂直的缝隙松散的混凝土夹层。

1)产生的原因

①施工缝或变形缝未经接缝处理、清除表面水泥薄膜和松动石子,未除去软弱混凝土层并充分湿润就灌筑混凝土;

②施工缝处锯屑、泥土、砖块等杂物未清除或未清除干净;

③混凝土浇灌高度过大,未设串筒、溜槽,造成混凝土离析;

④底层交接处未灌接缝砂浆层,接缝处混凝土未很好振捣。

2)防治的措施

①认真按施工验收规范要求处理施工缝及变形缝表面;接缝处锯屑、泥土砖块等杂物应清理干净并洗净;混凝土浇灌高度大于 2m 应设串筒或溜槽,接缝处浇灌前应先浇 50～100mm 厚原配合比无石子砂浆,以利接合良好,并加强接缝处混凝土的振捣密实。

②缝隙、夹层不深时,可将松散混凝土凿去,洗刷干净后,用 1:2 或 1:2.5 水泥砂浆填密实;缝隙、夹层较深时,应清除松散部分和内部夹杂物,用压力水冲洗干净后支模,灌细石混凝土或将表面封闭后进行压浆处理。

(6)缺棱掉角

结构或构件边角处混凝土局部掉落,不规则,棱角有缺陷。

1)产生的原因

①木模板未充分浇水湿润或湿润不够,混凝土浇筑后养护不好,造成脱水,强度低,或模板吸水膨胀将边角拉裂,拆模时棱角被粘掉;

②低温施工过早拆除侧面非承重模板;

③拆模时,边角受外力或重物撞击,或保护不好,棱角被碰掉;

④模板未涂刷隔离剂,或涂刷不均。

2)防治的措施

①木模板在浇筑混凝土前应充分湿润,混凝土浇筑后应认真浇水养护,拆除侧面非承重模板时,混凝土应具有 1.2N/mm² 以上强度;拆模时注意保护棱角,避免用力过猛过急;吊运模板时防止撞击棱角,运输时将成品阳角用草袋等保护好,以免碰损。

②缺棱掉角,可将该处松散颗粒凿除,冲洗并充分湿润后,视破损程度用 1:2 或 1:2.5 水泥砂浆抹补齐整,或支模用比原来高一级混凝土捣实补好,认真养护。

(7)表面不平整

混凝土表面凹凸不平,或板厚薄不一,表面不平。

1)产生的原因

①混凝土浇筑后,表面仅用铁锹拍子,未用抹子找平、压光,造成表面粗糙不平;

②模板未支撑在坚硬土层上,或支撑面不足,或支撑松动、泡水,致使新浇灌混凝土早期养护时发生不均匀下沉;

③混凝土未达到一定强度时,上人操作或运料,使表面出现凹陷不平或印痕。

2)防治的措施

严格按施工规范操作,灌筑混凝土后,应根据水平控制标志或弹线用抹子找平、压光,终凝后浇水养护;模板应有足够的强度、刚度和稳定性,应支在坚实地基上,有足够的支撑面积,以防止浸水,以保证不发生下沉;在浇筑混凝土时加强检查,凝土强度达到 $1.2N/mm^2$ 以上,方可在已浇结构上走动。

(8)强度不够,均质性差

同批混凝土试块的抗压强度平均值低于设计要求强度等级。

1)产生的原因

①水泥过期或受潮,活性降低,砂、石集料级配不好,空隙大,含泥量大,杂物多,外加剂使用不当,掺量不准确;

②混凝土配合比不当,计量不准,施工中随意加水,使水灰比增大;

③混凝土加料顺序颠倒,搅拌时间不够,拌和不匀;

④冬季施工,拆模过早或早期受冻;

⑤混凝土试块制作未振捣密实,养护管理不善,或养护条件不符合要求,在同条件养护时,早期脱水或受外力砸坏。

2)防治的措施

①水泥应有出厂合格证,新鲜无结块,过期水泥经试验合格才用;砂、石子粒径、级配、含泥量等应符合要求,严格控制混凝土配合比,保证计量准确,混凝土应按顺序拌制,保证搅拌时间和拌匀;防止混凝土早期受冻,冬季施工用普通水泥配制的混凝土,强度必须达到30%以上,矿渣水泥配制的混凝土,强度必须达到40%以上,按施工规范要求认真制作混凝土试块,并加强对试块的管理和养护。

②当混凝土强度偏低,可用非破损方法(如回弹仪法,超声波法)来测定结构混凝土实际强度,如仍不能满足要求,可按实际强度校核结构的安全度,研究处理方案,采取相应加固或补强措施。

3.2.7　混凝土的冬季施工

由于受工期制约,许多工程的商品混凝土冬季施工是不可避免的。商品混凝土在凝结过程中如受到负温侵袭,水泥的水化作用受到阻碍,其中的游离水分开始结冰,体积增大,使商品混凝土冻裂而严重影响商品混凝土质量,因此做好商品混凝土在冬季进行施工的过程中的质量控制是十分重要的。

混凝土冬季施工应符合下列规定:

(1)当工地昼夜平均气温(最高和最低的平均值或当地时间 6 时、14 时及 21 时室外气温的平均值)连续 3d 低于 5℃或最低气温低于 −3℃时,混凝土施工应符合冬季施工要求。

(2)冬季施工期间,用硅酸盐水泥或普通硅酸盐水泥配制混凝土且其抗压强度达到设计强度的30%前,或用矿渣硅酸盐水泥配制混凝土且其抗压强度达到设计强度的40%前,均不得受冻。C15 及以下的混凝土,当其抗压强度达到5MPa前,也不得受冻。浸水冻溶条件下的混凝土开始受冻时,不得小于设计强度的75%。

(3)进入冬季施工前,应预先做好下列准备工作:

1)根据年度计划和施工组织设计,确定冬季施工的工程项目。对于大跨度拱桥、高架桥、隧道洞口附近及零小分散工程,不宜安排在冬季施工。

2)收集工地气象台(站)历年气象资料,设置工地气象观测点,建立观测制度,及时掌握气象变化情况。

3)落实有关工程材料、防寒物资、能源和机具设备。

4)编制冬季施工方案及技术措施,对有关人员进行技术交底或培训。

(4)冬季混凝土的配制和运输应符合下列规定:

1)宜选用较小的水灰比和较小的坍落度。当混凝土掺用防冻剂时,其试配强度应较设计强度提高一个等级。

2)水及骨料应按热工计算和实际试拌,确定满足混凝土浇筑需要的加热温度。首先应将水加热,其加热温度不宜高于80℃。当骨料不加热时,水可加热至80℃以上,但应先投入骨料和已加热的水,拌匀后再投入水泥。当加热水尚不能满足要求时,可将骨料均匀加热,其加热温度不应高于60℃。片石混凝土掺用的片石可预热。水泥不得直接加热,宜在使用前运入暖棚内预热。当拌制的混凝土出现坍落度减小或发生速凝现象时,应重新调整拌料的加热温度。混凝土搅拌时间宜较常温施工延长50%。

3)骨料不得混有冰雪、冻块及易冻裂的矿物质。

4)拌制设备宜设在气温不低于10℃的厂房或暖棚内。拌制混凝土前及停止拌制后,应用热水冲洗搅拌机鼓筒。

5)混凝土的运输容器应用热水冲洗搅拌。运输时间应缩短,并减少中间倒运。

(5)冬季混凝土的浇筑应符合下列规定:

1)混凝土浇筑前,应清除模板及钢筋上的冰雪和污渍。当环境气温低于-10℃时,应将直径大于或等于25mm的钢筋和金属预埋件加热至正温。

2)当旧混凝土面外露钢筋(预埋件)暴露在冷空气中时,应对距离新、旧混凝土施工缝1.5m范围内的旧混凝土和长度在1.0m范围内的外露钢筋(预埋件)进行防寒保温。当混凝土不需要加热养护时,混凝土和地基接触面的温度不得低于2℃。当浇筑负温早强混凝土时,对于用冻结法开挖的地基,或在冻结线以上且气温低于-5℃的地基应做隔热层。

3)混凝土应采用机械振捣并分层连续浇筑,分层厚度不得小于20cm。

4)对于采用加热养护的整体结构,当混凝土的养护温度高于40℃时,应预先安排混凝土的浇筑顺序和施工缝的位置。

5)喷射混凝土作业区的环境气温和进入喷射机的材料温度不应低于5℃。已喷射混凝土的强度未达到5MPa前不得受冻。

6)预应力混凝土的孔道灌浆应在正温下进行,其强度达到25MPa前不得受冻。

(6)冬季混凝土的养护与拆模应符合下列规定:

1)混凝土开始养护时的温度应按施工方案通过热工计算确定,但不得低于5℃,细薄截面结构不宜低于10℃。

2)当室外最低温度高于-15℃时,地下工程或表面系数(冷却面积和体积的比值)不大于15m^{-1}的工程应优先采用蓄热法养护,并符合下列规定:所采用的保温措施应使混凝土的温度下降到 0 ℃以前达到规定的强度;混凝土浇筑成型后,应立即防寒保温。保温材料应按施工方案设置,并保持干燥。结构的边棱隅角应按加强覆盖保温,迎风面应采取防风措施;位于基坑中的混凝土当地下水位较高时,可待顶面混凝土初凝后,采用放水淹没的方法养护;但当基坑地下水位超出混凝土顶面的高度小于冰层厚度时,不得放水养护。

3)当用蓄热法养护不能达到要求时,可采用外部热源加热法养护,养护制度应通过试验确定。

4)当采用电热法养护混凝土时,应符合下列规定:

①所有混凝土外露面覆盖后,方可通电加热。

②必须采用交流电源,电极的布置应保证混凝土的温度均匀。当达到设计强度的 50% 时,应停止通电加热。

③工作电压宜采用 50～110V。当每立方米混凝土内钢筋用量不大于 50kg 时,也可采用 120～220V,严禁采用电压大于 380V 的电源。

④养护过程中应观察混凝土表面的湿度。当表面开始干燥时,应暂停通电,并以温水湿润混凝土表面。

⑤掺用减水剂的混凝土,应经试验确认电热法养护对其强度无影响后,方可采用。

5)当采用暖棚法养护混凝土时,棚内底部温度不得低于 5℃,且混凝土表面应保持湿润;采用燃煤加热时,应将烟气排出棚外。

6)当混凝土掺用防冻剂时,其养护应符合下列规定:

①外露表面应覆盖,在负温条件下不得浇水。

②混凝土初期养护的温度,不得低于防冻剂规定的温度;当达不到规定的温度时,应采取保温措施。

③当混凝土温度低于防冻剂的温度时,其强度不应小于 3.5MPa。

3.3　模板工程

模板工程指现浇混凝土成型的模板以及支撑模板的一整套构造体系。其中,接触混凝土并控制预定尺寸,形状、位置的构造部分称为模板;支持和固定模板的杆件、桁架、联结件、金属附件、工作便桥等构成支撑体系,对于滑动模板,自升模板则增设提升动力以及提升架、平台等构件。模板工程在混凝土施工中是一种临时结构。模板系统包括模板板块和支架两大部分。模板板块是由面板、次肋、主肋等组成;支架则有支撑、桁架、系杆及对拉螺栓等不同的形式。

3.3.1　模板的基本要求和分类

1.模板的基本要求

目前模板的类型较多,常见的模板有木模板、组合模板、大模板、滑升模板等。模板应该根据实际工程类型、当地环境和市场情况等进行选择,总的原则是选择周转次数多、损耗小、成本低的材料。模板及其支架必须符合下列规定:

(1)保证工程结构和构件各部位形状尺寸和相互位置的正确;

（2）具有足够的强度、刚度和稳定性，能可靠地承受新浇混凝土的自重和侧压力以及在施工过程中所产生的荷载；

（3）构造简单，装拆方便，并便于钢筋的绑扎与安装，能满足混凝土的浇筑及养护等工艺要求；

（4）模板接缝应严密，不得漏浆。

2. 模板的分类

模板是使混凝土构件按几何尺寸成型的模型板，是混凝土结构构件施工的重要工具，对施工成本影响显著。一般工业与民用建筑中，平均 $1m^3$ 混凝土需用模板 $7.4m^2$，模板费用约占混凝土工程费用的 34%。在混凝土结构施工中选用合理的模板形式、模板结构及施工方法，对提高工程质量、加速混凝土工程施工和降低造价有显著效果。

模板的分类有多种：按照形状分为平面模板和曲面模板两种；按受力条件分为承重模板和非承重模板（即承受混凝土的重量和混凝土的侧压力）；按材料分为木模板、竹模板、钢木模板、钢模板、塑料模板、铸铝合金模板、玻璃钢模板、重力式混凝土模板、钢筋混凝土镶面模板等；按结构和使用特点分为拆移式和固定式两种；按其特种功能分为滑动模板、真空吸盘或真空软盘模板、保温模板、钢模台车等；按工艺分为组合式模板、大模板、滑升模板、爬升模板、永久性模板以及飞模、模壳、隧道模等。

3.3.2　模板的构造

下面介绍一些常见的模板及其构造。

1. 木模板

木模板由面板和支撑系统组成。面板是使混凝土成形的部分；支撑系统是稳固面板位置和承受上部荷载的结构部分。模板的质量关系到混凝土工程的质量，关键在于尺寸准确，组装牢固，拼缝严密，装拆方便。根据结构的形式和特点选用恰当形式的模板，才能取得良好的技术经济效果。大型的和特种工程的模板及支撑系统要进行计算，验算其刚度、强度、稳定性和承受侧压力的能力。

木模板作为建筑用模板的使用历史较为长久，其主要适用于各种高层建筑的顶模、墙模、梁柱模、阳台模板、无席纹超亮面清水砼土模板等。建筑用木模板在实际的施工工程中，具有非常明显的优点，即板面平整光滑，可锯、可钻、耐低温，有利于冬季施工，浇筑物件表面光滑美观，不污染混凝土表面，可省去墙面二次抹灰工艺，拆装方便，操作简单，工程进展速度快，可做成变曲平面模板。

木模板及其支架系统一般在加工厂或现场木工棚制成基本元件（拼板），然后在现场拼装。拼板的长短、宽窄可以根据混凝土构件的尺寸设计出几种标准规格，以便组合使用。拼板的板条厚度一般为 $25\sim50mm$，宽度不宜超过 $200mm$，以保证干缩时缝隙均匀，浇水后易于密封，受潮后不易翘曲。但梁底板的板条宽度则不受限制，以减少拼缝、防止漏浆为原则。拼条截面尺寸为 $(25\sim50mm)\times(40\sim70mm)$。梁侧板的拼条一般立放，其他则可平放。拼条间距取决于所浇筑混凝土侧压力的大小及板条的厚度，多为 $400\sim500mm$。

（1）柱模板：柱子的断面尺寸不大但比较高。因此，柱子模板的构造和安装主要考虑保证垂直度及抵抗现浇混凝土的侧压力，与此同时，也要便于浇筑混凝土、清理垃圾与钢筋绑扎等。

柱模板由两块相对的内拼板夹在两块外拼板之间组成,如图 3-15(a)所示;亦可用短横板(门子板)代替外拼板钉在内拼板上,如图 3-15(b)所示。有些短横板可先不钉上,作为混凝土的浇筑孔,待混凝土浇至其下口时再钉上。

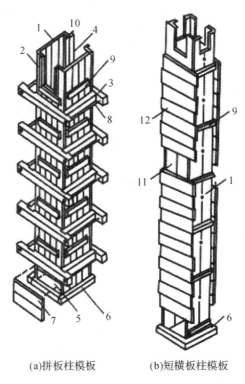

(a)拼板柱模板   (b)短横板柱模板

图 3-15 柱模板

1—内拼板;2—外拼板;3—柱箍;4—梁缺口;5—清理孔;6—木框;7—盖板;
8—拉紧螺栓;9—拼条;10—三角木条;11—浇筑孔;12—短横板

柱模板底部开有清理孔,沿高度每隔 2m 开有浇筑孔。柱底部一般有一钉在底部混凝土上的木框,用来固定柱模板的位置。为承受混凝土侧压力,拼板外要设柱箍,柱箍可为木制、钢制或钢木制。柱箍间距与混凝土侧压力大小、拼板厚度有关,由于侧压力是下大上小,因而柱模板下部柱箍较密。柱模板顶部根据需要开有与梁模板连接的缺口。

安装柱模前,应先绑扎好钢筋,测出标高并标在钢筋上,同时在已浇筑的基础顶面或楼面上固定好柱模板底部的木框,在内外拼板上弹出中心线,根据柱边线及木框位置竖立内外拼板,并用斜撑临时固定,然后由顶部用锤球校正,使其垂直。检查无误后,即用斜撑钉牢固定。对于同在一条轴线上的柱,应先校正两端的柱模板,再从柱模板上口中心线拉一铁丝来校正中间的柱模。柱模之间还要用水平撑及剪刀撑相互拉结。

(2)梁模板:梁的跨度较大而宽度不大。梁底一般是架空的,混凝土对梁侧模板有水平侧压力,对梁底模板有垂直压力,因此,梁模板及其支架必须能承受这些荷载而不致发生超过规范允许的过大变形。

梁模板(如图 3-16 所示)主要由底模板、侧模板、夹木及其支架系统组成,底模板承受垂直荷载,一般较厚,下面每隔一定间距(800~1200mm)有顶撑支撑。顶撑可以用圆木、方木或钢管制成。顶撑底应加垫一对木楔块以调整标高。为使顶撑传下来的集中荷载均匀地传给地面,在顶撑底加铺垫板。在多层建筑施工中,应使上下层的顶撑在同一条竖向直线上。侧模板承受混凝土侧压力,应包在底模板的外侧,底部用夹木固定,上部由斜撑和水平拉条固定。如梁跨度大于或等于 4m,应使梁底模起拱,防止新浇筑混凝土的荷载使跨中模板下挠。当设计无规定时,起拱高度宜为全跨长度的(1/1000)~(3/1000)。

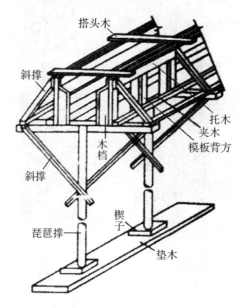

图 3-16　梁模板

(3)楼板模板:楼板的面积大而厚度比较薄,侧压力小。楼板模板及其支架系统主要承受钢筋混凝土的自重及其施工荷载,保证模板不变形。如图 3-17 所示,楼板模板的底模板用木板条、定型模板或胶合板拼成,铺设在楞木上。楞木搁置在梁模板外侧托木上,若楞木面不平,可以加木楔调平。当楞木的跨度较大时,中间应加设立柱。立柱上钉通长的杠木。底模板应垂直于楞木方向铺钉,并适当调整楞木间距来适应定型模板的规格。

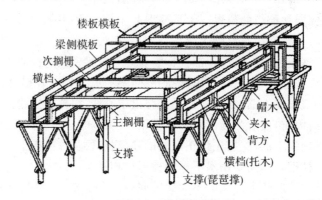

图 3-17　楼板模板

2.组合模板

组合模板是现代模板技术中通用性强、装拆方便、周转次数多的一种"以钢代木"的新型模板,用它进行现浇钢筋混凝土结构施工,可事先按设计要求组拼成梁、柱、墙、楼板的大型模板,然后整体吊装就位,也可采用散装散拆方法。组合模板是一种工具式的定型模板,由具有一定模数的若干类型的板块、角模、支撑和连接件组成,拼装灵活,可拼出多种尺寸和几何形状,通用性强,适应各类建筑物的梁、柱、板、墙、基础等构件的施工需要,也可拼成大模板、隧道模和台模等。

型组合钢模板又称组合式定型小钢模,是目前使用较广泛的一种通用性组合模板。组合钢模板主要由钢模板、连接件和支撑件三部分组成。

(1)钢模板

钢模板采用 Q235 钢材制成,钢板厚2.5mm,对于大于或等于400mm 宽面钢模板的钢板厚度应采用 2.75mm 或 3.0mm 钢板。钢模板主要包括平面模板、阴角模板、阳角模板、连接角模等,如表 3-13 所示。

表 3-13　钢模板的用途及规格

名称		图示	用途	宽度/mm	长度/mm	肋高/mm
转角模板	平面模板	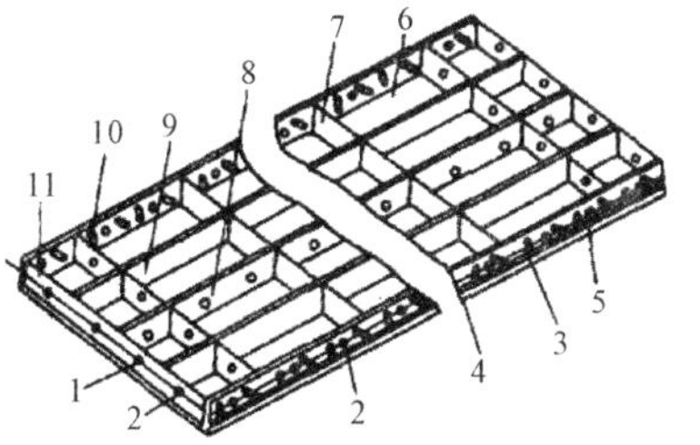	用于基础、墙体、梁、柱和板等多种结构的平面部位	600,550,500,450,400,350,300,250,200,150,100		
	阴角模板	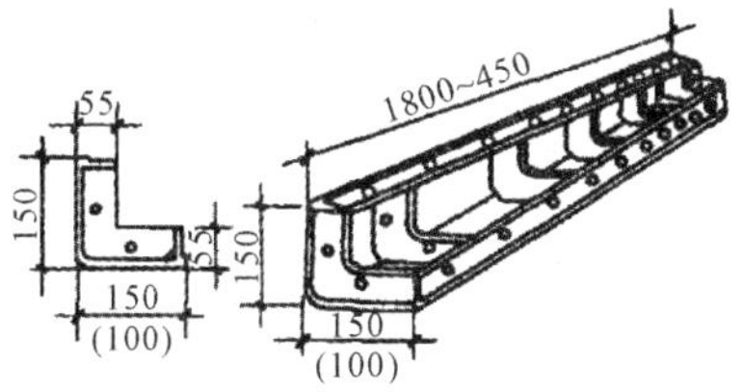	用于墙体和各种构件的内角及凹角的转角部位	150×150,100×150	1800,1500,1200,900,750,600,450	55
	阳角模板	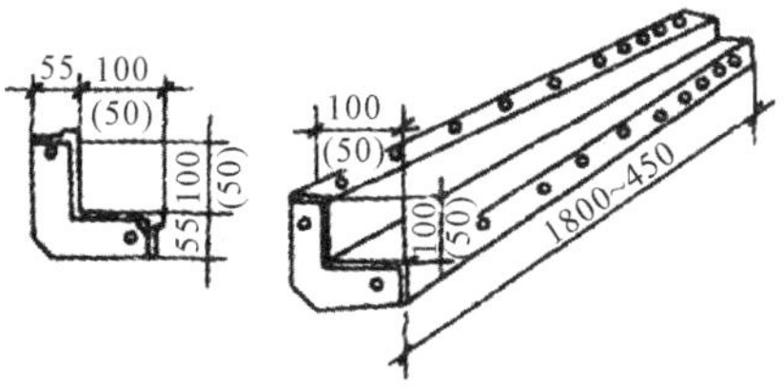	用于柱、梁和墙体等外角及凸角的转角部位	100×100,50×50		
	连接角模	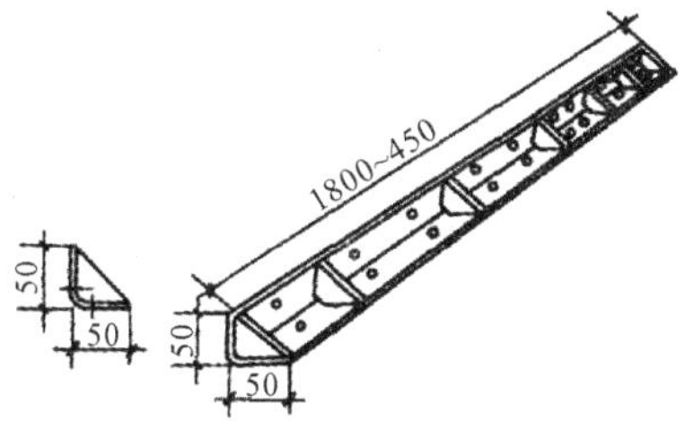	用于柱、梁和墙体等外角及凸角的转角部位	50×50		

续表

名称		图示	用途	宽度/mm	长度/mm	肋高/mm
倒棱模板	角棱模板	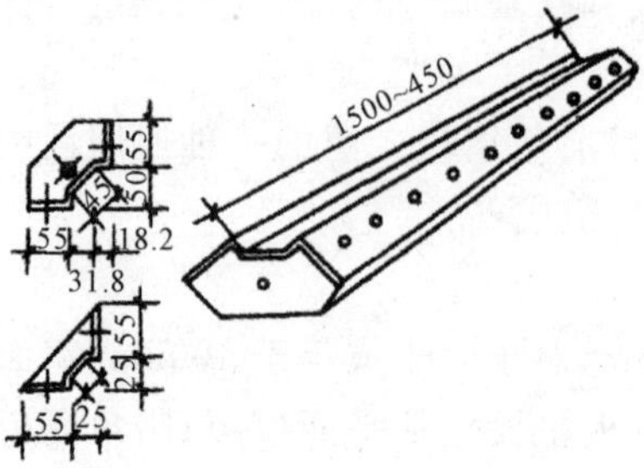	用于柱、梁及墙体等阳角的倒棱部位	17，45	1500，1200，900，750，600，450	55
	圆棱模板	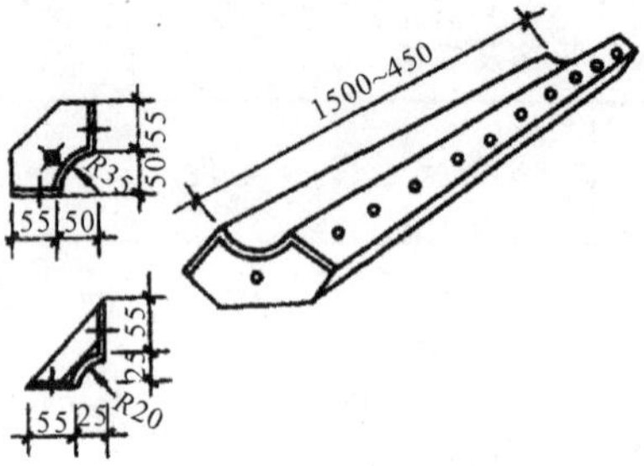		R20，R25		
梁腋模板		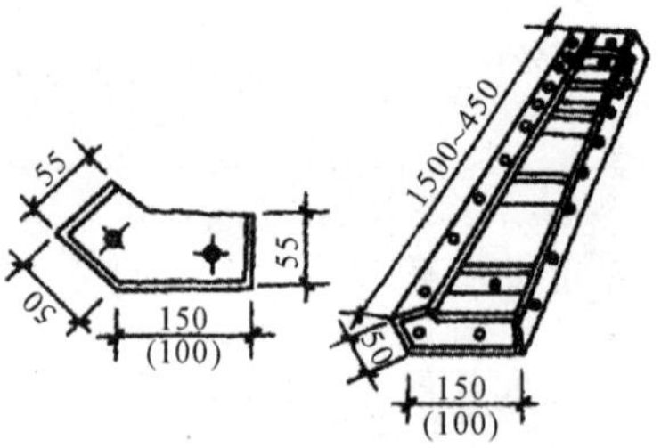	用于暗渠、明渠、沉箱及高架结构等梁腋部位	50×150，50×100		
柔性模板		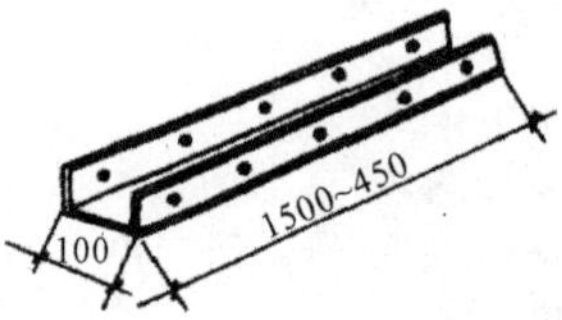	用于圆形筒壁、曲面墙体等部位	100		
搭接模板		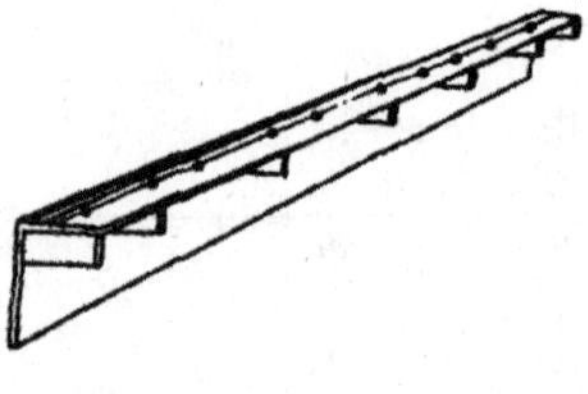	用于调节50mm以内的拼接模板尺寸	75		

续表

名称		图示	用途	宽度/mm	长度/mm	肋高/mm
可调模板	双曲	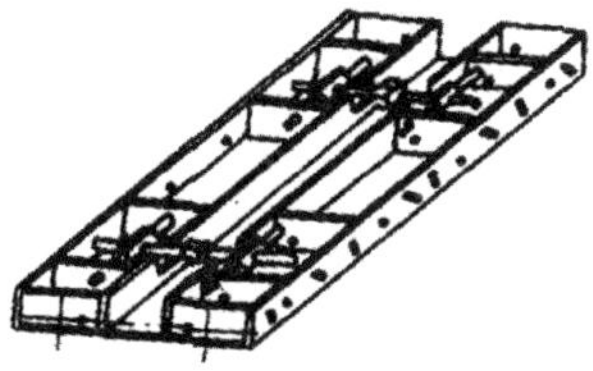	用于构筑物曲面部位	300,200	1500,900,600	55
	变角	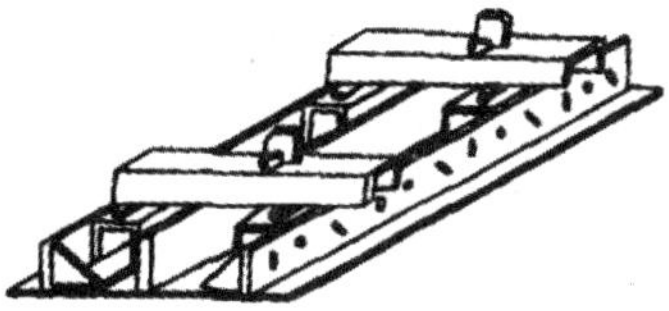	用于展开面为扇形或梯形的构筑物结构	200,160		
嵌补模板	平面嵌板		用于梁、柱、板、墙等结构的接头部位	200,150,100	300,200,150	
	阴角嵌板			150×150,100×150		
	阳角嵌板			100×100,50×50		
	连接嵌板			50×50		

（2）连接件

连接件由 U 形卡、L 形插销、钩头螺栓、紧固螺栓、扣件、对拉螺栓等组成。

（3）支撑件

①钢楞：又称龙骨，主要用于支撑钢模板并加强其整体刚度。钢楞的材料有 Q235 圆钢管、矩形钢管、内卷边槽钢、轻型槽钢、轧制槽钢等，可根据设计要求和供应条件选用。

②柱箍：又称柱卡箍、定位夹箍，用于直接支撑和夹紧各类柱模的支撑件，可根据柱模的外形尺寸和侧压力的大小来选用。

③梁卡具：又称梁托架，是一种将大梁、过梁等钢模板夹紧固定的装置，并承受混凝土侧压力，其种类较多，其中钢管型梁卡具适用于断面为 700mm×500mm 以内的梁；扁钢和圆钢管组合梁卡具适用于断面为 600mm×500mm 以内的梁，上述两种梁卡具的高度和宽度都能调节，常采用 Q235 钢。

④钢支柱：用于大梁、楼板等水平模板的垂直支撑，采用 Q235 钢管制作，有单管支柱和四管支柱多种形式。单管支柱分为 C-18 型、C-22 型和 C-27 型三种，其规格（长度）分别为 1812～3112mm，2212～3512mm 和 2712～4012mm。

⑤早拆柱头：用于梁和模板的支撑柱头，以及模板早拆柱头。

⑥斜撑：用于承受墙、柱等侧模板的侧向荷载和调整竖向支模的垂直度。

⑦桁架：有平面可调式和曲面可变式两种，平面可调桁架用于支撑楼板、梁平面构件的模板，曲面可变桁架支撑曲面构件的模板。

⑧钢管脚手支架:主要用于层高较大的梁、板等水平构件模板的垂直支撑。

3. 大模板

大模板是一种大尺寸的工具式模板,常用于剪力墙、筒体、桥墩的施工。以建筑物的开间、进深、层高为标准化的基础,由于一面墙用一块大模板,装拆均需起重机械吊装,故机械化程度高、用工量减少和工期缩短。

大模板由面板、加劲肋、竖楞、支撑桁架、稳定机构和操作平台、穿墙螺栓等组成,如图3-18所示。面板要求平整、刚度好;板面须喷涂脱模剂以利于脱模。两块相对的大模板通过对拉螺栓和顶部卡具固定;大模板存放时应打开支撑架,将板面后倾一定角度,防止倾倒伤人。

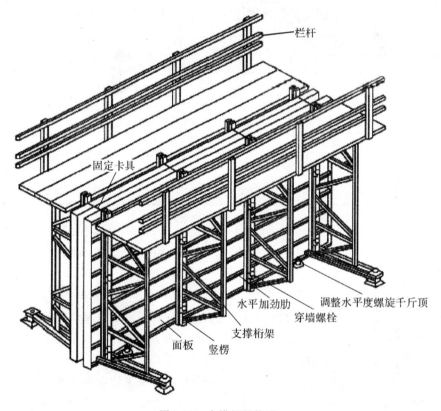

图 3-18 大模板的构造

(1)面板:面板是直接与混凝土接触的部分,通常采用钢面板(3~5mm 厚的钢板制成)或胶合板面板(用 7~9 层胶合板)。面板要求板面平整,接缝严密,具有足够的刚度。

(2)加劲肋:加劲肋的作用是固定面板,可做成水平肋或垂直肋,加劲肋把混凝土传给面板的侧压力传递到竖楞上,加劲肋与金属面板焊接固定,与胶合板面板可用螺栓固定。加劲肋一般采用[65 或∠65 制作,肋的间距根据面板的大小、厚度及墙体厚度确定,一般为300~500mm。

(3)竖楞:竖楞的作用是加强大模板的整体刚度,承受模板传来的混凝土侧压力和垂直力并作为穿墙螺栓的支点。竖楞一般采用[65 或[80 制作,间距一般为 1.0~1.2m。

（4）支撑桁架与稳定机构：支撑桁架采用螺栓或焊接方式与竖楞连接在一起，其作用是承受风荷载等水平力，防止大模板倾覆。桁架上部可搭设操作平台。稳定机构为在大模板两端的桁架底部伸出支腿上设置的可调整螺旋千斤顶。稳定机构在模板使用阶段，用来调整模板的垂直度，并把作用力传递到地面或楼板上；在模板堆放时，用来调整模板的倾斜度，以保证模板的稳定。

（5）操作平台：操作平台是施工人员的操作场所，有两种做法。一种是将脚手板直接铺在支撑桁架的水平弦杆上形成操作平台，外侧设栏杆，这种操作平台工作面较小，但投资少，装拆方便；另一种是在两道横墙之间的大模板的边框上用角钢连接成为搁栅，在其上满铺脚手板，这种操作平台的优点是施工安全，但耗钢量大。

（6）穿墙螺栓：穿墙螺栓的作用是确保模板间距满足设计要求，承受新浇混凝土的侧压力，并能加强模板刚度。为了避免穿墙螺栓与混凝土黏结，在穿墙螺栓外边套一根硬塑料管或穿孔的混凝土垫块，其长度为墙体厚度。穿墙螺栓一般设置在大模板的上、中、下三个部位，上穿墙螺栓距模板顶部 250mm 左右，下穿墙螺栓距模板底部 200mm 左右。

大模板之间的连接：内墙相对的两块平模是用穿墙螺栓拉紧，顶部用卡具固定；外墙的内外模板多是在外模板的竖向加劲肋上焊一槽钢横梁，用其将外模板悬挂在内模板上。用大模板浇筑墙体，待浇筑的混凝土的强度达到 1MPa 时就可拆除大模板，待混凝土强度达到 4MPa 及以上时才能在其上吊装楼板。

大模板的特点：大模板是采用专业设计和工业化加工制作而成的一种工具式模板，一般与支架连为一体。它自重大，施工时需配以相应的吊装和运输机械，用于现场浇筑混凝土墙体。它具有安装和拆除简便、尺寸准确、板面平整、周转使用次数多等优点。

采用大模板进行建筑施工的工艺特点：以建筑物的开间、进深、层高为基础进行大模板设计、制作，以大模板为主要施工手段，以现浇钢筋混凝土墙体为主导工序，组织有节奏的均衡施工。这种施工方法工艺简单，施工速度快，工程质量好，结构整体性强，抗震能力好，混凝土表面平整光滑，可以减少抹灰湿作业。它的工业化、机械化施工程度高，综合技术经济效益好，因而受到普遍欢迎。

4. 滑升模板

滑升模板工程技术是我国现浇混凝土结构工程施工中机械化程度高、施工速度快、现场场地占用少、结构整体性强、抗震性能好、安全作业有保障、环境与经济综合效益显著的一种施工技术，通常简称为"滑模"。

滑模不仅包含普通的模板或专用模板等工具式模板，还包括动力滑升设备和配套施工工艺等综合技术，目前主要以液压千斤顶为滑升动力，在成组千斤顶的同步作用下，带动 1m 多高的工具式模板或滑框沿着刚成型的混凝土表面或模板表面滑动，混凝土由模板的上口分层向套槽内浇灌，每层一般不超过 30cm 厚，当模板内最下层的混凝土达到一定强度后，模板套槽依靠提升机具的作用，沿着已浇灌的混凝土表面滑动或是滑框沿着模板外表面滑动，向上再滑动约 30cm，这样如此连续循环作业，直至达到设计高度，完成整个施工。滑模施工技术作为一种现代（钢筋）混凝土工程结构高效率的快速机械施工方式，在土木建筑工程各行各业中，都有广泛的应用。

滑模技术的最突出特点就是取消了固定模板，变固定死模板为滑移式活动钢模，从而不需要准备大量的固定模板架设技术,仅采用拉线、激光、声呐、超声波等作为结构高程、位置、方向的参照系,一次连续施工完成条带状结构或构件。混凝土结构的施工经济性和安全性大大提高,施工制作效率成倍增加。

滑模结构体系包括以下几部分:

(1)滑模操作平台支撑系统

目前,滑模操作平台支撑系统有两大类:一类是刚性支撑系统,其中又有由中心筒及辐射布置的桁架结构组成的"轮毂式"支撑系统及由主副桁架、主副梁组成的紧贴内圈布置的多边形支撑系统;另一类是柔性支撑系统。

(2)爬升千斤顶选用

目前,爬升千斤顶由过去单一的 3.5t 级滚珠式发展为 3.5t、6t、9t、10t 级,且有滚珠式、楔块式、松卡式和升降式等多种形式和功能。大吨位千斤顶的使用为开拓滑模工艺新领域创造了条件。

(3)滑升模板高度选用

滑升模板的高度以 1.2m 为宜,高度大,将使混凝土对模板的侧压力增大,开字架腿柱处连接焊缝就容易脱开,引起胀模。

5.爬升模板

爬升模板是一种适用于现浇钢筋混凝土竖向、高耸建(构)筑物施工的模板工艺,世界各国都已广泛推广应用。爬升模板简称爬模,国外也叫跳模,爬模按爬升方式可分为"有架爬模"(模板爬架子、架子爬模板)和"无架爬模"(模板爬模板)。爬模按爬升设备可分为电动爬模和液压爬模。爬升模板在施工剪力墙体系、筒体体系和桥墩等高耸结构中是一种有效的工具。爬模具备自爬的能力,因此不需起重机械的吊运,这就减少了施工中运输机械的吊运工作量。在自爬的模板上悬挂脚手架可省去施工过程中的外脚手架。综上所述,爬升模板能减少起重机械数量,加快施工速度,因此经济效益较好。

爬模的工作原理是以建筑物的钢筋混凝土墙体为支撑主体,通过附着于已浇筑完成的钢筋砼墙体上的爬升支架或大模板,利用连接爬升支架与模板的爬升设备,使一方固定,另一方相对运动,交替向上爬升,以完成模板的爬升、下降、就位和校正等工作。

爬模施工安全措施:

(1)爬模的外附脚手架和悬挂脚手架应满铺脚手板或钢板网,脚手架外侧设栏杆、安全网或钢板网;

(2)爬架底部满铺脚手板或钢板网,四周设置安全网或钢板网;

(3)每部脚手间有爬梯,人员应由爬梯上下,进行爬架和附墙架工作应在爬架内上下,禁止攀爬模板脚手架和由爬架外侧上下;

(4)为保证爬升设备安全可靠,每次使用前均需检查;

(5)严格按照模板和爬架爬升的程序进行施工模板和爬架,爬升时墙体砼要达到规定的强度;

(6)爬升过程中要随时检查,如有相碰等情况,应停止爬升,待问题解决后再继续爬升;

(7)爬升时,人员不应站在爬升的模板或爬升的爬架上,只许站在固定的用作爬升支撑的爬架或模板上;

(8)对参加爬模施工的人员要进行安全教育、操作规程教育,不是爬模专业人员不得擅自动用爬模设备、拆模和拆除附墙架等;

(9)操作人员应背工具袋,存放工具和零件,防止物件跌落,禁止在高空向下抛物;

(10)爬升时,下面应设警戒区和明显标志,防止人员进入。

6.飞模(台模)

飞模(其外形如桌,亦称台模、桌模)是一种大型工具式模板,适用于大进深、大柱网、大开间的钢筋混凝土楼盖施工,尤其适用现浇板柱结构(无梁楼盖)的施工。施工要求用起重设备从已浇筑混凝土的楼板下吊运飞出至上层重复使用,故称飞模。

飞模分为支腿飞模和无支腿飞模两类,国内常用的是支腿飞模,设有伸缩式或折叠式支腿。飞模有钢管组合式飞模、门式架飞模、跨越式桁架飞模。飞模要求一次组装、重复使用,简化模板支拆工序,节约模板支拆用工。飞模在施工中不再落地,以免造成施工场地紧张。

飞模主要由平台板、支撑系统(包括梁、支架、支撑、支腿等)和其他配件(如升降和行走机构等)组成。飞模用于现浇钢筋混凝土结构标准层楼盖的施工,楼盖模板一次组装,重复使用,从而减少了逐层组装、支拆模板的工序,简化了模板支拆工艺,节约了模板支拆用工,加快了施工进度。模板可以采用起重机械整体吊运,逐层周转使用,不再落地,从而减少了临时堆放模板场地的设置,尤其在施工用地紧张的闹市区施工更有其优越性。

3.3.3　模板的设计

模板及其支架的设计应根据工程结构形式、荷载大小、地基土类别、施工设备和材料等条件进行。

1.模板设计要求及内容

(1)模板设计所需遵循的原则:

1)实用性原则:模板要保证构件形状尺寸和相互位置正确,且结构简单,支拆方便,表面平整,接缝严密不漏浆等;

2)安全性原则:要有足够的强度、刚度和稳定性,保证施工中不变形,不破坏,不倒塌;

3)经济性原则:在确保工期、质量安全的前提下,尽量减少一次性投入,增加模板周转,减少支拆用工,实现文明施工。

(2)模板及其支架的设计应符合下列规定:

1)具有足够的承载能力、刚度和稳定性,应能可靠地承受新浇混凝土的自重、侧压力和施工过程中所产生的荷载;

2)构造应简单,装拆方便,便于钢筋的绑扎、安装和混凝土的浇筑、养护等;

3)混凝土梁的施工应采用从跨中向两端对称进行分层浇筑,每层厚度不得大于 400mm;

4)当验算模板及其支架在自重和风荷载作用下的抗倾覆稳定性时,应符合相应材质结构设计规范的规定。

(3)模板设计应包括下列内容:

1)根据混凝土的施工工艺和季节性施工措施,确定其构造和所承受的荷载;

2）绘制配板设计图、支撑设计布置图、细部构造和异型模板大样图；

3）按模板承受荷载的最不利组合对模板进行验算；

4）制定模板安装及拆除的程序和方法；

5）编制模板及配件的规格、数量汇总表和周转使用计划；

6）编制模板施工安全、防火技术措施及设计、施工说明书。

（4）设计步骤：

1）划分施工段，确定流水作业顺序和流水工期，明确配置模板的数量；

2）确定模板的组装方法及支架搭设方法；

3）按配模数量进行模板组配设计；

4）进行夹箍和支撑件的设计计算和选配工作；

5）明确支撑系统的布置、连接和固定方法；

6）确定预埋件、管线的固定及埋设方法，预留孔洞的处理方法；

7）将所需模板、连接件、支撑及架设工具等统计列表，以便于备料。

2. 模板设计荷载及其组合

在设计和验算模板及支架时应考虑下列荷载：

（1）模板及支架自重标准值：可按图纸或实物计算确定，或参考表 3-14 计算。

表 3-14　楼板模板自重标准值　　　　　　　　　　　　单位：kN/m^2

模板构件	木模板	定型组合钢模板	钢框胶合板模板
平板模板及小楞自重	0.3	0.5	0.4
楼板模板自重（包括梁的模板）	0.5	0.75	0.6
楼板模板及支架自重（楼层高度 4m 以下）	0.75	1.1	0.95

（2）新浇筑混凝土的自重标准值：普通混凝土可采用 24 kN/m^3，其他混凝土按实际重力密度确定。

（3）钢筋自重标准值：楼板的每立方米混凝土为 1.1kN；梁的每立方米混凝土为 1.5kN。

（4）施工人员及设备荷载标准值：计算模板及小楞时，均布活荷载为 2.5kN/m^2，另以集中荷载 2.5kN 验算，取两者中较大值；计算支撑小楞的构件时，均布活荷载为 1.5kN/m^2；计算支架立柱等构件时，均布活荷载为 1.0kN/m^2。对大型浇筑设备（上料平台等）、混凝土泵等，按实际情况计算。如混凝土堆积料的高度超过 100mm 时，则按实际情况计算。

（5）振捣混凝土时产生的荷载标准值：水平面模板为 2.0kN/m^2；垂直面模板为 4.0kN/m^2（作用范围在有效压头高度之内）。

（6）新浇筑混凝土对模板侧面的压力标准值：当采用内部振动器时，新浇筑的混凝土作用于模板的最大侧压力，按式(3-8)和式(3-9)计算，并取两者中的较小值。混凝土侧压力计算分布图如图 3-19 所示。

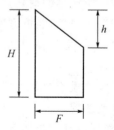

图 3-19　混凝土侧压力计算分布图

$$F = 0.22\gamma_c t_0 \beta_1 \beta_2 V^{1/2} \tag{3-8}$$

$$F = \gamma_c H \tag{3-9}$$

式中：F——新浇筑混凝土对模板的最大侧压力(kN/m^2)；

　　γ_c——混凝土的重力密度(kN/m^3)；

　　t_0——新浇筑混凝土的初凝时间(h)，可按实测确定，当缺乏试验资料时，可采用 $t_0 = 200/(T+15)$ 计算[T 为混凝土的温度(℃)]；

　　V——混凝土的浇筑速度(m/h)；

　　H——混凝土侧压力计算位置处至新浇筑混凝土顶面的总高度(m)；

　　β_1——外加剂影响修正系数，不掺外加剂时取 1.0，掺具有缓凝作用的外加剂时取 1.2；

　　β_2——混凝土坍落度影响修正系数，当坍落度小于 30mm 时取 0.85，当坍落度为 50～90mm 时取 1.0，当坍落度为 110～150mm 时取 1.15。

(7)倾倒混凝土时产生的荷载标准值：倾倒混凝土时对垂直面模板产生的水平荷载标准值如表 3-15 所示。

表 3-15　倾倒混凝土时对垂直面模板产生的水平荷载标准值

向模板中供料方法	水平荷载标准值/($kN \cdot m^{-2}$)
用溜槽、串筒或由导管输出	2
用容量为小于 $0.2m^3$ 的运输器具倾倒	2
用容量为 $0.2～0.8m^3$ 的运输器具倾倒	4
用容量为大于 $0.8m^3$ 的运输器具倾倒	6

注：作用范围在有效压头高度以内。

除上述 7 项荷载外，当水平模板支撑结构的上部继续浇筑混凝土时，还应考虑由上部传递下来的荷载。

荷载设计值：计算模板及支架时，应将上述 7 项荷载标准值乘以相应的荷载分项系数以求得荷载设计值，荷载分项系数如表 3-16 所示。

表 3-16　荷载标准值及相应的荷载分项系数

项次	荷载类别	γ_i
1	模板及支架自重	1.2
2	新浇筑混凝土自重	
3	钢筋自重	
4	施工人员及设备荷载	1.4
5	振捣混凝土时产生的荷载	
6	新浇筑混凝土对模板侧面的压力	1.2
7	倾倒混凝土时产生的荷载	1.4

荷载组合：对不同结构的模板及支架进行计算时，应分别取不同的荷载效应组合，荷载组合的规定如表 3-17 所示。

表 3-17 参与模板及支架荷载效应组合的各项荷载

模板类别	参与组合的荷载项	
	计算承载能力	验算刚度
平板和薄壳的模板及支架	1,2,3,4	1,2,3
梁和拱模板的底板及支架	1,2,3,5	1,2,3
梁、拱、柱(边长≤300mm)、墙(厚≤100mm)的侧面模板	5,6	6
大体积结构、柱(边长＞300mm)、墙(厚＞100mm)的侧面模板	6,7	6

计算钢、木模板及支架时可以参照相应的设计规范。考虑到是临时结构,对于钢模板及支架,其荷载设计值可按 0.85 折减;对于木模板及支架(木材含水率小于 25% 时),其荷载设计值可按 0.9 折减。

验算模板及其支架的刚度时,其最大变形值不得超过下列允许值:对结构表面外露的模板,为模板构件计算跨度的 1/400;对结构表面隐蔽的模板,为模板构件计算跨度的 1/250;对支架的压缩变形值或弹性挠度,为相应的结构计算跨度的 1/1000。

支架的立柱或桁架应保持稳定,并用撑拉杆件固定。验算模板及其支架在自重和风荷载作用下的抗倾倒稳定性时,应符合有关的专门规定。

【例 3-1】 某工程墙体模板采用组合钢模板组拼,墙高 3m,厚 200mm,如图 3-20 所示。钢模板采用 P6015(1500mm×600mm)和 P1015(1500mm×100mm)组拼,分两行竖排拼成。内钢楞采用 2 根 $\phi48 \times 3.5$ 钢管,间距为 600mm,外钢楞采用同一规格钢管,间距为 700mm,对拉螺栓采用 M16(600mm×700mm)。

混凝土自重为 24kN/m³,强度等级为 C30,坍落度为 160mm,采用泵送混凝土浇筑,浇筑速度为 1.5m/h,混凝土温度为 20℃,用插入式振捣器振捣。

钢材抗拉强度设计值:Q235 钢为 215N/mm²,普通螺栓为 170N/mm²。钢模板的允许挠度:面板为 1.5mm,钢楞为 L/500mm。

已知:钢模板($\delta=2.5$mm)截面特征,$I_{xj}=54.30\times10^4$mm⁴,$W_{xj}=11.98\times10^3$mm³。

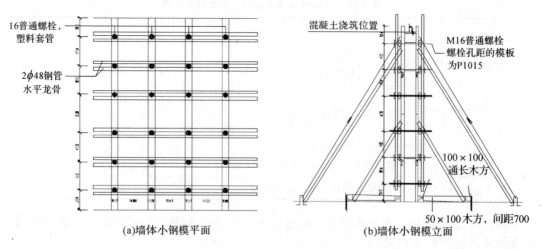

(a)墙体小钢模平面　　　　(b)墙体小钢模立面

图 3-20 墙体小钢模

试验算:钢模板、钢楞和对拉螺栓是否满足设计要求。

解

(1)设计荷载及荷载组合

①新浇筑的混凝土对模板侧压力标准值 G_{4k}

混凝土侧压力标准值:

$$t_0 = \frac{200}{T+15} = \frac{200}{20+15} = 5.71\,(\text{h})$$

$$F_1 = 0.22\gamma_c t_0 \beta_1 \beta_2 V^{1/2} = 0.22 \times 24 \times 5.71 \times 1.2 \times 1.15 \times 1.5^{1/2} = 50.95\,(\text{kN/m}^2)$$

$$F_2 = \gamma_c H = 24 \times 3 = 72\,(\text{kN/m}^2)$$

取两者中的较小值,即 $F_1 = 50.95\,(\text{kN/m}^2)$。

②振捣混凝土时产生的水平荷载标准值 Q_{2k}:垂直于模板为 $4\,\text{kN/m}^2$。

荷载组合:

$$F' = \gamma_0 (G_{ik} + \gamma_{Qi} Q_{ik}) = 0.9 \times (1.2 \times 50.95 + 1.4 \times 4) = 60.07\,(\text{kN/m}^2)$$

使用组合钢模板应乘以折减系数 0.95。

$$F' = 60.07 \times 0.95 = 57.07\,(\text{kN/m}^2)$$

(2)钢模板验算

①计算简图如图 3-21 所示:

化为线均布荷载:

$$q_1 = \frac{F' \times 600}{1000} = \frac{57.07 \times 600}{1000} = 34.24\,(\text{N/mm})(用于计算承载力);$$

$$q_2 = \frac{F \times 600}{1000} = \frac{50.95 \times 600}{1000} = 30.57\,(\text{N/mm})(用于验算挠度)。$$

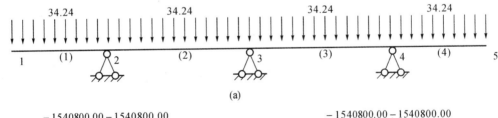

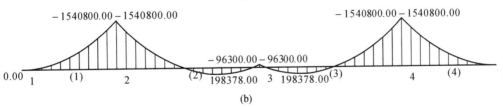

图 3-21　钢模板荷载计算简图

②抗弯强度验算:

经过连续梁的计算得到:

最大弯矩: $M_{max} = 1.54 \times 10^6\,\text{N} \cdot \text{mm}$

抗弯计算强度: $\sigma = \dfrac{M}{W} = \dfrac{1.54 \times 10^6}{11.98 \times 10^3} = 128.5\,(\text{N/mm}^2) < f = 215\,\text{N/mm}^2$(满足要求)

③挠度验算：

经过连续梁的计算得到

最大变形 $v_{\max}=0.60\mathrm{mm}<[\omega]=1.5\mathrm{mm}$

（3）内钢楞验算

2 根 $\phi48\times3.5\mathrm{mm}$ 钢管的截面特征（计算时按钢管壁厚 3.0mm 计算），$I=2\times10.78\times10^4\mathrm{mm}^4$，$W=2\times4.49\times10^3\mathrm{mm}^3$。

①计算简图如图 3-22 所示：

化为线均布荷载：

$$q_1=\frac{F'\times600}{1000}=\frac{57.07\times600}{1000}=34.24(\mathrm{N/mm}^2)（用于计算承载力）;$$

$$q_2=\frac{F\times600}{1000}=\frac{50.95\times600}{1000}=30.57(\mathrm{N/mm}^2)（用于验算挠度）。$$

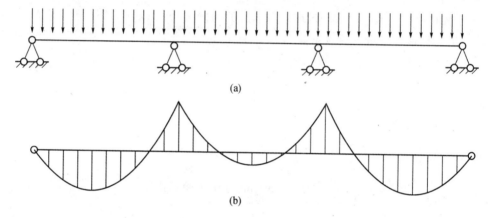

图 3-22　内钢楞荷载计算简图

②抗弯强度验算：按近似三跨连续梁计算。

$M=0.10q_1l^2=0.10\times34.24\times700^2=168\times10^4(\mathrm{N\cdot mm})（满意要求）$

$\sigma=\dfrac{M}{W}=\dfrac{168\times10^4}{2\times4.49\times10^3}=187.1(\mathrm{N/mm}^2)<f=215(\mathrm{N/mm}^2)$

③挠度验算：

$$\omega=\frac{0.677q_2l^4}{100EI}=\frac{0.677\times34.24\times700^4}{100\times2.06\times10^5\times2\times10.78\times10^4}=1.2(\mathrm{mm})<[\omega]=L/500$$

$$=1.4(\mathrm{mm})（满足要求）$$

④主楞计算

主、次楞交叉点上均有对拉螺栓，主楞可不计算。

（4）对拉螺栓验算

MU16 螺栓净截面面积 $A=144\mathrm{mm}^2$

①对拉螺栓的拉力：

$N=50.95\times0.6\times0.7=21.39(\mathrm{kN})$

②对拉螺栓的应力：

$\sigma=\dfrac{N}{A}=\dfrac{21.39\times10^3}{144}=148.5(\mathrm{N/mm}^2)<170\mathrm{N/mm}^2（满足要求）$

3.3.4　模板的安装与拆除

1. 模板的安装

（1）模板安装前必须做好下列安全技术准备工作：

1）应审查模板结构设计与施工说明书中的荷载、计算方法、节点构造和安全措施，设计审批手续应齐全。

2）应进行全面的安全技术交底，操作班组应熟悉设计与施工说明书，并应做好模板安装作业的分工准备。采用爬模、飞模、隧道模等特殊模板施工时，所有作业人员必须经过专门技术培训，考核合格后方可上岗。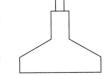

3）应对模板和配件进行挑选、检测，不合格者应剔除，并应运至工地指定地点堆放。

4）备齐操作所需的一切安全防护设施和器具。

（2）基础及地下工程模板应符合下列规定：

1）地面以下支模应先检查土壁的稳定情况，当有裂纹及塌方危险迹象时，应采取安全防范措施后，方可下人作业。当深度超过 2m 时，操作人员应设梯上下。

2）距基槽（坑）上口边缘 1m 内不得堆放模板。向基槽（坑）内运料应使用起重机、溜槽或绳索；运下的模板严禁立放于基槽（坑）土壁上。

3）斜支撑与侧模的夹角不应小于 45°，支于土壁的斜支撑应加设垫板，底部的对角楔木应与斜支撑连牢。高大长脖基础若采用分层支模时，其下层模板应经就位校正并支撑稳固后，方可进行上一层模板的安装。

4）在有斜支撑的位置，应于两侧模间采用水平撑连成整体。

（3）柱模板应符合下列规定：

1）现场拼装柱模时，应适时地架设临时支撑进行固定，斜撑与地面的倾角宜为 60°，严禁将大片模板系于柱子钢筋上。

2）待四片柱模就位组拼经对角线校正无误后，应立即自下而上安装柱箍。

3）若为整体预组合柱模，吊装时应采用卡环和柱模连接，不得用钢筋钩代替。

4）柱模校正（用四根斜支撑或用连接在柱模顶四角带花篮螺丝的揽风绳，底端与楼板钢筋拉环固定进行校正）后，应采用斜撑或水平撑进行四周支撑，以确保整体稳定。当高度超过 4m 时，应群体或成列同时支模，并将支撑连成一体，形成整体框架体系。当需单根支模时，柱宽大于 500mm 应每边在同一标高上设不得少于两根斜撑或水平撑。斜撑与地面的夹角宜为 45°～60°，下端尚应有防滑移的措施。

5）角柱模板的支撑除满足上款要求外，还应在里侧设置能承受拉、压力的斜撑。

（4）墙模板应符合下列规定：

1）当用散拼定型模板支模时，应自下而上进行，必须在下一层模板全部紧固后，方可进行上一层安装。当下层不能独立安设支撑件时，应采取临时固定措施。

2）当采用预拼装的大块墙模板进行支模安装时，严禁同时起吊两块模板，并应边就位、边校正、边连接，固定后方可摘钩。

3）安装电梯井内墙模前，必须于板底下 200mm 处牢固地满铺一层脚手板。

4)模板未安装对拉螺栓前,板面应向后倾一定角度。在安装过程中,应随时拆换支撑或增加支撑。

5)当钢楞长度需接长时,接头处应增加相同数量和不小于原规格的钢楞,其搭接长度不得小于墙模板宽或高的 $15\% \sim 20\%$。

6)拼接时的 U 型卡应正反交替安装,间距不得大于 300mm;两块模板对接接缝处的 U 型卡应满装。

7)对拉螺栓与墙模板应垂直,松紧应一致,墙厚尺寸应正确。

8)墙模板内外支撑必须坚固、可靠,应确保模板的整体稳定。当墙模板外面无法设置支撑时,应于里面设置能承受拉和压的支撑。对于多排并列且间距不大的墙模板,当其支撑互成一体时,应有防止灌筑混凝土时引起邻近模板变形的措施。

(5)独立梁和整体楼盖梁结构模板应符合下列规定:

1)安装独立梁模板时应设安全操作平台,并严禁操作人员站在独立梁底模或柱模支架上操作及上下通行。

2)底模与横楞应拉结好,横楞与支架、立柱应连接牢固。

3)安装梁侧模时,应边安装,边与底模连接,当侧模高度多于两块时,应采取临时固定措施。

4)起拱应在侧模内外楞连接固定前进行。

5)对于单片预组合梁模,钢楞与板面的拉结应按设计规定制作,并应按设计吊点试吊无误后方可正式吊运安装,侧模与支架支撑稳定后方准摘钩。

(6)楼板或平台板模板应符合下列规定:

1)当预组合模板采用桁架支模时,桁架与支点的连接应固定牢靠,桁架支撑应采用平直通长的型钢或木方。

2)当预组合模板块较大时,应加钢楞后方可吊运。当组合模板为错缝拼配时,板下横楞应均匀布置,并应在模板端穿插销。

3)单块模就位安装,必须待支架搭设稳固、板下横楞与支架连接牢固后进行。

4)U 型卡应按设计规定安装。

(7)其他结构模板应符合下列规定:

1)安装圈梁、阳台、雨篷及挑檐等模板时,其支撑应独立设置,不得支搭在施工脚手架上。

2)安装悬挑结构模板时,应搭设脚手架或悬挑工作台,并应设置防护栏杆和安全网。作业处的下方不得有人通行或停留。

3)对于烟囱、水塔及其他高大构筑物的模板,应编制专项施工设计和安全技术措施,并应详细地向操作人员进行交底后方可安装。

4)在危险部位进行作业时,操作人员应系好安全带。

(8)安装模板的注意事项:

1)构件的连接应尽量紧密,以减小支架变形,使沉降量符合预计数值。

2)为保证支架稳定,应防止支架与脚手架和便桥接触。

3)模板的接缝必须密合,如有缝隙须塞堵严实,以防跑浆。

4)建筑物外露面的模板应涂石灰乳浆、肥皂水或无色润滑油等润滑剂。

5)为减少现场施工的安装和拆卸工作和便于周转使用,支架和模板应尽量做成装配式组件或块件。

6)钢制支架宜制成装配式常备构件,制作时应特别注意构件外形尺寸的准确性,一般应使用样板制作。

7)模板应用内撑支撑,用对拉螺栓销紧,内撑有钢管内撑、钢筋内撑、塑料胶管内撑。

2. 模板的拆除

混凝土成型并养护一段时间,当强度达到一定要求时,即可拆除模板。模板的拆除日期取决于混凝土硬化的快慢、模板的用途、结构的性质及环境温度。及时拆模可提高模板周转率,加快工程进度;过早拆模,混凝土会变形,甚至断裂,造成重大质量事故。

(1)拆模时的注意事项

现浇结构的模板及支架的拆除,如设计无规定时,应符合下列规定:

1)侧模应在混凝土强度能保证其表面及棱角不因拆模板而受损坏时方可拆除;对后张法预应力混凝土结构构件,侧模宜在预应力张拉前拆除。

2)底模及支架拆除时的混凝土强度应符合设计要求,设计无要求时,应在与结构同条件养护的混凝土试块达到表 3-18 的规定时方可拆除。

表 3-18　底模拆除时的混凝土强度要求

构件类型	构件跨度/m	达到设计的混凝土立方体抗压强度标准值的百分率/%
板	≤2	≥50
	>2,≤8	≥75
	>8	≥100
梁、拱、壳	≤8	≥75
	>8	≥100
悬臂构件	—	≥100

(2)拆模顺序

应遵循"先支后拆,后支先拆""先非承重部位,后承重部位"以及自上而下的原则,重大复杂模板的拆除事前应制订拆除方案。

1)柱模的拆除

单块组拼的应先拆除钢楞、柱箍和对拉螺栓等连接件、支撑件,从上而下逐步拆除;预组拼的应先拆除两个对角的卡件,并临时支撑,再拆除另两个对角的卡件,挂好吊钩,拆除临时支撑,方能脱模起吊。

2)墙模的拆除

单块组拼的在拆除对拉螺栓、大小钢楞和连接件后,从上而下逐步水平拆除;预组拼的应先挂好吊钩,检查所有连接件是否拆除后,方能拆除临时支撑,脱模起吊。

3)梁、板模板的拆除

先拆除梁侧模,再拆除楼板底模,最后拆除梁底模。拆除跨度较大的梁下支柱时,应从跨中开始分别拆向两端。多层楼板支柱的拆除:上层楼板正在浇筑混凝土时,下一层楼板的模板支柱不得拆除,再下一层楼板模板的支柱仅可拆除一部分;跨度 4m 及以上的梁下均应保留支柱,其间距不得大于 3m。

（2）拆模注意事项

1）拆模时,操作人员应站在安全处,以免发生安全事故;

2）拆模时应避免用力过猛、过急,严禁用大锤和撬棍硬砸硬撬,以免损坏砼表面或模板;

3）拆除的模板及配件应有专人接应传递并分散堆放,不得对楼层形成冲击荷载,严禁高空抛掷;

4）模板及支架清运至指定地点,应及时加以清理、修理,按尺寸和种类分别堆放,以便下次使用。

拓展阅读

新型建筑模板支撑

新型建筑模板支撑是指新型建筑模板支撑架的全部用料都为钢制性材料,而且具备可伸缩性。目前应用较多的新型建筑模板结构,主要指由秦皇岛兴民伟业开发的数字化支撑系统和天津鑫福盛开发的组件式模板支撑系统,名称各异,本质相同,都是由面板、支撑结构和连接件三部分组成。可简单分为墙体（柱）模板和顶板模板支撑系统两类。

墙体模板支撑系统包括可调节主背楞、可调节次背楞、洞口锁具、阳角锁具、可调节拉条、可循环穿墙套管等构件;顶板模板支撑系统包括可调节主龙骨、副龙骨和可调节支撑顶杆等构件。

新型组合结构体系可用于现浇钢筋混凝土框剪、框架、剪力墙、砖混等结构形式。两套系统组合灵活,结构严密,可按工程的不同要求进行设计配置。该体系具有以下特点:

（1）模板备料速度快,准确性高

利用模板计算软件可快速、准确计算模板支撑体系的需用材料数量,减轻了施工技术人员的工作负荷,较传统施工中工人各班组自行裁减可节省模板材料 8% 左右。

（2）以钢代木,节省了木材资源

模板主、次背楞（龙骨）采用薄壁型钢制作,替代了传统支模工艺中的方木,提高了材料的使用寿命,节省了木材资源。

（3）主要构件标准化、模数化,适用性强

主、次背楞（龙骨）长度按标准模数制作,长为 600～4000mm,以 100mm 为变量进行长度调整。根据建筑物的不同尺寸可任意组拼,可周转用于多个项目工程。

（4）施工简单、方便,速度快

本模板体系的组成多采用插口与销钉式,安、拆简单、方便,施工速度快,与传统支模工艺相比,可提高工效 25%～30%;本模板体系采用散拼形式组装,立墙结构与楼板结构可同时施工,较大型钢模板施工进度可提高 40%～50%。

（5）模板强度、刚度大,稳定性好

模板体系具有较高的强度与刚度,稳定性能良好,模板承受侧向压力可达到 $65kN/m^2$,精确地保证了混凝土构件的几何尺寸与表面平整度,达到清水混凝土的效果。

思 考 题

3-1 钢筋和混凝土为什么能共同工作?

3-2 钢筋的分类有哪些?

3-3 钢筋的质量验收包括哪些内容?

3-4 钢筋的加工应注意哪些事项?

3-5 钢筋的调直包括哪两种方法?

3-6 钢筋的连接有哪几种方法?

3-7 钢筋焊接有哪几种方法?

3-8 简述钢筋焊接方法的分类及其适用范围。

3-9 简述钢筋电弧焊的工艺流程。

3-10 电弧焊的接头形式有哪些?

3-11 简述电渣压力焊的工作原理和操作工艺。

3-12 简述气压焊的施焊要点。

3-13 常用的钢筋机械连接接头类型有哪些?

3-14 如何确定钢筋下料长度?

3-15 混凝土中的组成材料有哪些? 各自的作用是什么?

3-16 如何确定混凝土的配合比?

3-17 简述混凝土的搅拌方法。

3-18 混凝土浇筑的一般规定有哪些?

3-19 简述大体积混凝土的浇筑方案。

3-20 简述混凝土的振捣方法。

3-21 如何进行混凝土的强度检查?

3-22 什么是模板工程? 模板工程的分类有哪些?

3-23 组合钢模板的三个组成部分分别是什么?

3-24 模板设计所需遵循的原则是什么?

3-25 模板设计时模板及支架自重如何计算?

3-26 如何确定新浇筑混凝土对模板侧面的压力标准值?

3-27 模板的安装需要注意的事项有哪些?

3-28 模板拆除的顺序是什么?

习 题

某工程建筑面积约为 $25000m^3$,由两个幢号组成商住楼,现浇钢筋砼十三层框剪结构,结构设计按 8 度抗震设防。建筑总高约为 45m,层高为 3m,最大跨为 6m。取 6m 跨计算(其余跨度参照),扣除柱位置,净跨为 6−0.24=5.76(m)。采用 $\phi12$ 对拉螺栓(两头采用钻孔钢片),纵向间距 600mm,竖向间距 300mm。钢材抗拉强度设计值:Q235 钢为 $215N/mm^2$。钢模的允许挠度:面板为 1.5mm ,钢楞为 3mm 。

试验算钢模板、钢楞和对拉 $\phi12$ 钢筋是否满足设计要求。

第4章 预应力混凝土工程

【内容提要】

本章主要介绍了预应力混凝土的概念、工作基本原理和分类,预应力钢筋制备和选择,以及预应力工程中所使用到的台座、夹具、锚具和张拉设备的种类,详细地讲解了预应力混凝土的两种主要施工工艺:先张法和后张法。

【学习要求】

通过本章学习,了解预应力混凝土的概念及其在工程应用中的优点;熟悉先张法的施工工艺,掌握先张法、预应力筋的控制应力、张拉程序和放张顺序的确定和注意事项;熟悉后张法的施工工艺,掌握后张法孔道留设、锚具选择、预应力筋的张拉顺序、孔道灌浆等施工方法及注意要点;了解无黏结预应力混凝土施工原理及应用。

4.1 概　　述

4.1.1 预应力混凝土概述

由于混凝土的抗拉强度及极限拉应变很小,普通混凝土结构或构件的极限拉应变为 $(0.1 \sim 0.15) \times 10 \mathrm{m}^{-3}$(每米只能拉长 $0.1 \sim 0.15 \mathrm{mm}$),所以在使用荷载作用下,一般均带裂缝工作。对使用上不允许开裂的构件,相应的受拉钢筋的应力仅达到 20MPa～30MPa;对于允许开裂的构件,通常当受拉钢筋应力达到 250MPa 时,混凝土裂缝宽度已达到 $0.2 \sim 0.3 \mathrm{mm}$。为了满足变形和裂缝控制的要求,需增加构件的截面尺寸和钢筋用量,但是通过增加截面尺寸和自重而使普通钢筋混凝土结构用于大跨度或承受动力荷载的结构的方法不现实或不经济,钢筋的抗拉强度未能充分发挥。

预应力混凝土是解决这一问题的有效方法:设法在结构构件受外荷载作用前,预先对由外荷载引起的混凝土受拉区施加压力,以此产生的预压应力来减少或抵消外荷载所引起的混凝土拉应力,使结构构件的混凝土拉应力不大,甚至处于受压状态。也就是可借助混凝土较高的抗压能力来弥补其抗拉能力的不足。这种构件受到外荷载以前预先对混凝土受拉区施加压力的结构称为"预应力混凝土结构"。

4.1.2 预应力混凝土工作的基本原理

预应力混凝土工作的基本原理是通过预应力钢筋或锚具,将预应力钢筋的弹性收缩力传递到混凝土构件上,并产生预应力。本节以预应力混凝土构件与普通混凝土构件为例,来说明预应力混凝土工作的基本原理。

　　普通的钢筋混凝土在均布荷载 q 的作用下,构件发生变形并且有一定的挠度(如图 4-1 所示),挠度达到一定程度后混凝土即带裂缝工作,现假设 f_{max} 为混凝土开裂时的极限挠度,对于均布荷载作用下的简支梁来说,挠度是指梁中点偏离平衡位置的最大距离。

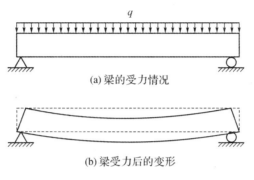

图 4-1　普通钢筋混凝土受力原理

　　如果在外荷载作用之前,预先在梁的受拉区施加一对大小相等、方向相反的偏心预加力 N,使梁的下边缘产生预压应力,梁的上边缘产生预拉应力。当外荷载 q' 作用时,首先必须平衡受拉区的压应力和受压区的拉应力,使梁构件达到平衡状态,然后构件要达到其本身的最大挠度 f_{max},继续加外力 q,那么在相同挠度条件下构件承载力变为 $q+q'$,从而提高了构件的承载能力,如图 4-2 所示。

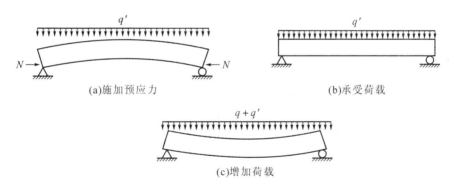

图 4-2　预应力钢筋混凝土受力原理

　　由此可见,预应力混凝土构件与普通混凝土构件相比,除能提高构件的抗裂度和刚度外,还具有能增加构件的耐久性、节约材料、减少自重等优点,也为采用高强度混凝土创造了条件。同时在制作预应力混凝土构件时,增加了张拉工作,相应增添了张拉机具和锚固装置,以致制作工艺也较为复杂。预应力混凝土构件广泛应用于土建、桥梁、管道、水塔等领域。

4.1.3　预应力混凝土的分类

　　预应力混凝土按照不同的方式,可以分为不同的种类,如图 4-3 所示。在土木工程中,常根据施加预应力的方法不同,将预应力混凝土的施工工艺分为先张法和后张法。

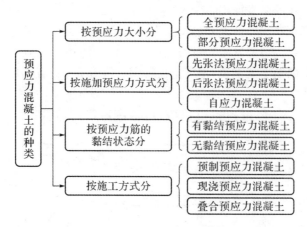

图 4-3　预应力混凝土的种类

先张法是先张拉预应力筋,后浇筑混凝土的预应力混凝土的生产方法,以便张拉和临时锚固预应力筋,待混凝土达到设计强度后,放松预应力筋。预应力是通过预应力筋与混凝土间的黏结应力传递给混凝土的。先张法适用于预制厂生产中小型预应力混凝土构件,如空心板、多空板、槽形板、屋面梁,道路桥梁工程中的轨枕、桥面空心板、简支梁,在基础工程中应用的预应力方桩及管桩等。

后张法是先浇筑混凝土,后张拉预应力筋的预应力混凝土的生产方法。这种方法需要预留孔道和专用的锚具,张拉锚固的预应力筋要求进行孔道灌浆。后张法适用于在施工现场生产大型预应力混凝土构件与结构,预应力是通过锚具传递给混凝土的。

针对上述两种预应力混凝土施工工艺,预应力筋的控制应力、张拉程序和放张顺序的确定和注意事项等详见第 4.3 节和第 4.4 节。

4.2　预应力钢筋、锚(夹)具、张拉机械

4.2.1　预应力钢筋

预应力钢筋是指在预应力结构中用于建立预加应力的单根或成束的预应力钢丝、钢绞线或钢筋等。预应力钢筋宜采用螺旋肋钢丝、刻痕钢丝和低松弛钢绞线,也可采用热处理钢筋。冷拔低碳钢丝和冷拉钢筋由于存在残余应力、屈强比低,已逐渐为螺旋肋钢丝、刻痕钢丝或 1×3 钢绞线所取代,不再作为预应力钢筋使用。下面介绍几种过程中常用的预应力钢筋。

1. 预应力钢丝

预应力钢丝是用优质高碳钢盘条经索氏体化处理、酸洗、镀铜或磷化后冷拔而成的钢丝总称。预应力钢丝用高碳钢盘条采用 80 号钢,其含碳量为 $0.7\% \sim 0.9\%$。为了使高碳钢盘条能顺利拉拔,并使成品钢丝具有较高的强度和良好的韧性,盘条的金相组织应从珠光体变为索氏体。由于轧钢技术的进步,可采用轧后控制冷却的方法,直接得到索氏体化盘条。

预应力钢丝根据深加工要求不同,可分为冷拉钢丝和消除应力钢丝两类。消除应力钢丝按应力松弛性能不同,又可分为普通松弛钢丝和低松弛钢丝。预应力钢丝按表面形状不同,可分为光圆钢丝、刻痕钢丝和螺旋肋钢丝,如图 4-4 所示。

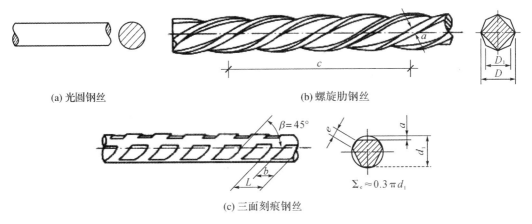

(a) 光圆钢丝   (b) 螺旋肋钢丝

(c) 三面刻痕钢丝

图 4-4 预应力钢丝的类型

2. 预应力钢绞线

预应力钢绞线是由多根碳素钢丝在绞线机上成螺旋形绞合,并经低温回火消除应力制成的。钢绞线破断力大、柔性好、施工方便,具有广阔的发展前景,但价格比钢丝贵。钢绞线可分为光面钢绞线、刻痕钢绞线、模拔钢绞线、无黏结钢绞线、镀锌钢绞线、环氧涂层钢绞线、不锈钢钢绞线等,如图 4-5 所示。

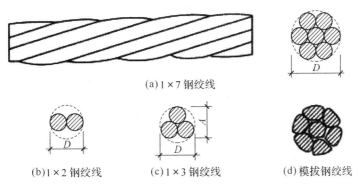

(a)1×7 钢绞线

(b)1×2 钢绞线   (c)1×3 钢绞线   (d) 模拔钢绞线

图 4-5 预应力钢绞线的类型

D—钢绞线公称直径;A—1×3 钢绞线测量尺寸

3. 热处理钢筋

热处理钢筋是由普通热轧中碳合金钢筋经淬火和回火调质热处理制成,具有高强度、高韧性和高黏结力等优点,直径为 $6\sim10$mm。成品钢筋为直径 2m 的弹性盘卷,开盘后自行伸直,每盘长度为 $100\sim120$m。热处理钢筋的螺纹外形有带纵肋和无纵肋两种,如图 4-6 所示。

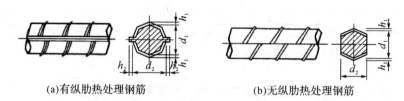

(a)有纵肋热处理钢筋　　　　　　(b)无纵肋热处理钢筋

图 4-6　预应力钢绞线的类型

精轧螺纹钢筋是一种用热轧方法在整根钢筋表面上轧出不带纵肋、横肋为不连续的梯形螺纹的直条钢筋,如图 4-7 所示。该钢筋在任意截面处都能拧上带内螺纹的连接器进行接长,或拧上特制的螺母进行锚固,无须冷拉与焊接,施工方便,主要用于房屋、桥梁与构筑物等直线筋。目前,国内生产的精轧螺纹钢筋品种有 $\phi25mm$ 和 $\phi32mm$,其屈服点为 750MPa 和 900MPa。

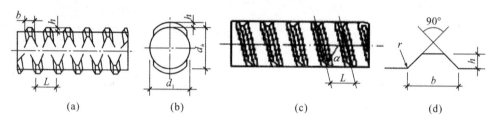

(a)　　　　　　(b)　　　　　　(c)　　　　　　(d)

图 4-7　精轧螺纹钢筋外形

预应力钢筋的一大特性为应力松弛。应力松弛是钢材受到一定的张拉力后,在长度保持不变的条件下,钢材的应力随时间的增长而降低的现象,其降低值称为应力松弛损失。应力松弛主要是金属内部位错运动使一部分弹性变形转化为塑性变形引起的。

4.2.2　台座及夹具

1. 台座

台座由台面、横梁和承力结构等组成,是先张法生产的主要设备之一。预应力筋张拉、锚固,混凝土浇筑、振捣和养护及预应力筋放张等全部施工过程都在台座上完成;预应力筋放松前,台座承受全部预应力筋的拉力。因此,台座应有足够的强度、刚度和稳定性。台座按构造形式不同,分为墩式台座和槽式台座两类。

（1）墩式台座

墩式台座由承力台墩、台面与横梁等组成。台墩和台面共同承受拉力。墩式台座用以生产各种形式的中小型构件,如图 4-8 所示。

1)台墩

承力台墩一般埋置在地下,由现浇钢筋混凝土做成。台墩应有合适的外伸部分,以增大力臂而减少台墩自重。台墩应具有足够的强度、刚度和稳定性,稳定性验算一般包括抗倾覆验算与抗滑移验算。

抗倾覆系数不得小于 1.5,抗滑移系数不得小于 1.3。墩式台座的抗倾覆验算简图如图 4-9 所示,按式(4-1)计算:

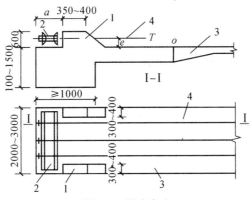

图 4-8　墩式台座

1—钢筋混凝土墩;2—钢横梁;3—混凝土台面;4—预应力筋

$$K_0 = \frac{M_1}{M} = \frac{GL + E_p e_2}{N e_1} \tag{4-1}$$

式中:K_0——台座的抗倾覆安全系数;

M——由张拉力产生的倾覆力矩(kN·m);

N——预应力筋的张拉力(kN);

e_1——张拉合力作用点到倾覆转动点的力臂(m);

M_1——抗倾覆力矩(kN·m);

G——台墩的自重力(kN);

L——台墩重心至倾覆点的力臂(m);

E_p——台墩后面的被动土压力合力(kN),当台墩埋置深度较浅时,可忽略不计;

e_2——被动土压力合力至倾覆点的力臂(m)。

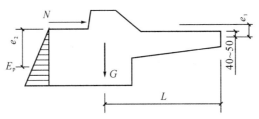

图 4-9　墩式台座的抗倾覆验算简图

综合台墩台面共同受力及面层的施工质量,倾覆点的位置宜取在混凝土台面端部往下 4~5cm 处。

抗滑移能力按式(4-2)验算:

$$K_e = \frac{N_1}{N} \tag{4-2}$$

式中:K_e——抗滑移安全系数;

N——张拉力合力(kN);

N_1——抗滑移的力(kN)。

对于独立的台墩,滑移问题由侧壁上压力和底部摩阻力等产生;对与台面共同工作的台墩,其水平推力几乎全部传给台面,不存在滑移问题,可不作抗滑移计算,此时应验算台面的强度。

为了增加台墩的稳定性,减小台墩的自重,可采用锚杆式台墩。台墩的牛腿和延伸部分分别按钢筋混凝土结构的牛腿和偏心受压构件计算。

2)台面

台面是预应力构件成型的胎模,要求地基坚实平整,它是在厚 150mm 夯实碎石垫层上,浇筑 60～100mm 厚 C20 混凝土面层,原浆压实抹光而成。台面要求坚硬、平整、光滑,沿其纵向有 3% 的排水坡度。台面按轴心受压杆件计算,其承载力的计算公式为

$$P = \frac{\Phi A f_c}{K_1 K_2} \tag{4-3}$$

式中:Φ——轴心受压纵向弯曲系数,取 1;

A——台面截面面积(mm^2);

f_c——混凝土抗压强度设计值;

K_1——超载系数,取 1.25;

K_2——考虑台面面积不均匀和其他影响因素的附加安全系数,取 1.50。

台面伸缩缝可根据当地温度和经验设置,一般约 10m 设置一条。

3)横梁

横梁以墩座牛腿为支撑点安装其上,是锚固夹具临时固定预应力筋的支撑点,也是张拉机械张拉预应力筋的支座。横梁常采用型钢或钢筋混凝土制作。横梁按承受均布荷载的简支梁计算,台墩横梁的挠度不应大于 2mm,并不得产生翘曲,预应力筋的定位板必须安装准确,其挠度不大于 1mm。

(2)槽式台座

槽式台座由端柱、传力柱、上横梁、下横梁和台面组成。槽式台座既可承受拉力,又可做蒸汽养护槽,适用于张拉吨位较高的大型构件,如屋架、吊车梁等。槽式台座构造如图 4-10

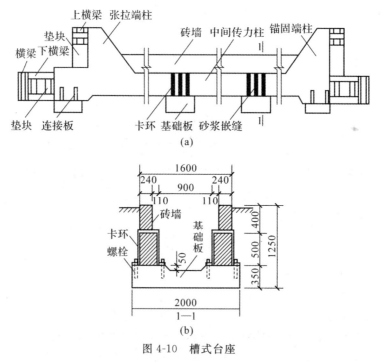

图 4-10 槽式台座

所示。槽式台座一般与地面相平,以便运送混凝土和进行蒸汽养护以及砖墙挡水和防水。端柱和传力柱的端面比较平整,对焊接头比较紧密。槽式台座需进行强度和稳定性计算。端柱和传力柱的强度按钢筋混凝土结构偏心受压构件计算。槽式台座端柱抗倾覆力矩由端柱、横梁自重力矩及部分张拉力矩组成。

2. 夹具

夹具是在先张法预应力混凝土构件施工时,为保持预应力筋的拉力并将其固定在生产台座(或设备)上的临时性锚固装置。夹具应与预应力筋相适应。夹具应具有良好的自锚性能、松弛性能和安全的重复使用性能。主要锚固零件宜采取镀膜防锈措施。要求夹具工作可靠,构造简单,施工方便,成本低。根据夹具的工作特点分为张拉夹具和锚固夹具。

(1)张拉夹具

张拉夹具是将预应力筋与张拉机械连接起来,进行预应力张拉的工具。常用的张拉夹具有以下两种:

1)偏心式夹具。偏心式夹具由一对带齿的月牙形偏心块组成,如图 4-11 所示。

2)楔形夹具。楔形夹具由锚板和楔块组成,如图 4-12 所示。

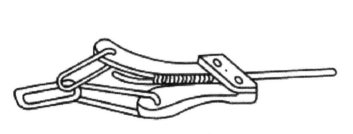

图 4-11 偏心式夹具

图 4-12 楔形夹具
1—钢丝;2—锚板;3—楔块

(2)锚固夹具

锚固夹具是将预应力筋临时固定在台座横梁上的工具。常用的锚固夹具有以下几种:

1)锥形夹具。锥形夹具是用来锚固预应力钢丝的,由中间开有圆锥形孔的套筒和刻有细齿的锥形齿板或锥销组成,分别称为圆锥齿板式夹具和圆锥三槽式夹具,如图 4-13 和图 4-14 所示。

①圆锥齿板式夹具的套筒和齿板均用 45 号钢制作。套筒不需做热处理。

②圆锥三槽式夹具锥销上有三条半圆槽,依锥销上半网槽的大小,可分别锚固一根 $\phi^b 3$,$\phi^b 4$ 或 $\phi^b 5$ 钢丝。套筒和锥销均用 45 号钢制作,套筒不做热处理。

锥形夹具工作时依靠预应力钢丝的拉力就能够锚固住钢丝。锚固夹具本身牢固可靠地锚固住预应力筋的能力,称为自锚。

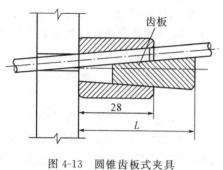

图 4-13　圆锥齿板式夹具　　　　　　　图 4-14　圆锥三槽式夹具

　　2)圆套筒三片式夹具。圆套筒三片式夹具用于锚固预应力钢筋,由中间开有圆锥形孔的套筒和三片夹片组成,如图 4-15 所示。

　　3)方套筒两片式夹具。方套筒两片式夹具用于锚固单根热处理钢筋。该夹具的特点是:操作非常简单,钢筋由套筒小直径一端插入,夹片后退,两夹片间距扩大,钢筋由两夹片之间通过,由套筒大直径一端穿出。夹片受弹簧的顶推前移,两夹片间距缩小,夹持钢筋,如图 4-16 所示。

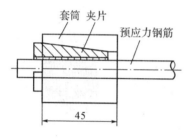
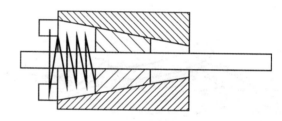

图 4-15　圆套筒三片式夹具　　　　　　　图 4-16　方套筒两片式夹具

4.2.3　锚具

　　在后张法预应力混凝土结构或构件中,为保持预应力筋的拉力并将其传递到混凝土上所用的永久性锚固装置称为锚具。另一类用于后张法施工的夹具,是在张拉千斤顶或设备上夹持预应力筋的临时性锚固装置,简称为工具锚。

　　锚具是建立预应力值和保证结构安全的技术关键,要求锚具的形状、尺寸准确,有足够的强度和刚度,受拉后变形小,锚固可靠,不致产生预应力筋的滑移和断裂现象。此外,还应力求取材容易、加工简单、成本低廉、使用方便,锚具或其附件上宜设置灌浆孔道,灌浆孔道应有使浆液通畅的截面面积。

　　根据锚固原理和构造形式不同,后张法所用锚具可分为螺杆锚具、夹片锚具、锥销式锚具和墩头锚具四种体系;在预应力筋张拉过程中,按锚具所在位置与作用不同,又可分为张拉端锚具和固定端锚具。预应力筋有热处理钢筋束、消除应力钢筋束或钢绞线束、钢丝束。因此,按锚固钢筋或钢丝的数量,锚具可分为单根粗钢筋锚具、钢筋束和钢绞线束锚具、钢丝束锚具等。

1. 单根粗钢筋锚具

（1）螺母端杆锚具

螺母端杆锚具属于支撑式锚具，由螺丝端杆、垫板和螺母等组成，适用于锚固直径为 18～36mm 的热处理钢筋，如图 4-17 所示。

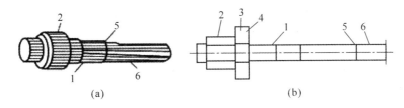

图 4-17　螺母端杆锚具

1—螺母端杆；2—螺母；3—垫板；4—排气槽；5—对接接头；6—冷拉钢筋

（2）帮条锚具

帮条锚具由一块方形衬板与三根帮条组成，如图 4-18 所示。衬板采用普通低碳钢板，帮条采用与预应力筋同类型的钢筋。帮条锚具一般用在单根粗钢筋作预应力筋的固定端。帮条安装时，3 根帮条与衬板相接触的截面应在一个垂直平面上并互成 120°角，以免受力产生扭曲。

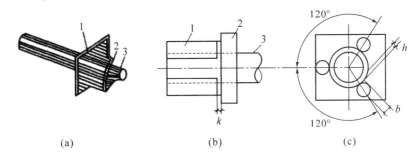

图 4-18　帮条锚具

1—对板；2—帮条；3—预应力筋

2. 钢筋束和钢绞线束锚具

钢绞线预应力筋由多根高强钢丝在绞线机上呈螺旋形绞合并经消除应力、回火处理而成。目前使用的钢筋束和钢绞线束锚具主要为 JM 型，固定端也可采用墩头锚具。

（1）JM 型锚具

JM 型锚具为单孔夹片式锚具，适用于锚固 3～6 根直径为 12mm 的钢筋束和 5～6 根直径为 12mm 的钢绞线束。它是由锚环和夹片组成（如图 4-19 所示），夹片呈扇形，用两侧的半圆槽锚固预应力钢筋，为增加夹片与预应力钢筋之间的摩擦力，在半圆槽内刻有截面为梯形的齿痕，夹片背面的坡度与锚环一致。锚固时，用穿心式千斤顶张拉钢筋后随即顶紧夹片。锚环与夹片均采用 45 号钢制成。它可以作为张拉端或固定端锚具，也可作为重复使用的工具锚。

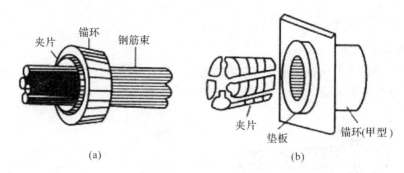

图 4-19　JM12 型锚具

（2）墩头锚具

墩头锚具用于固定端，由锚固板和带墩头的预应力筋组成，如图 4-20 所示。

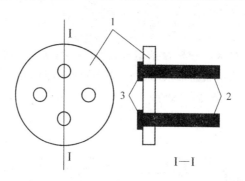

图 4-20　墩头锚具

1—锚固板；2—预应力钢筋；3—墩头

3. 钢丝束锚具

目前国内常用的钢丝束锚具有钢质锥形锚具、锥形螺杆锚具、钢丝束墩头锚具、XM 型锚具和 QM 型锚具。

（1）钢质锥形锚具

钢质锥形锚具属于锥塞式锚具，由锚环和锚塞组成（如图 4-21 所示），适用于锚固钢丝束。钢丝分布在锚环锥孔内侧，由锚塞塞紧锚固。锚环内孔的锥度应与锚塞的锥度一致，锚塞上刻有细齿槽，以防止夹紧的钢丝滑移。

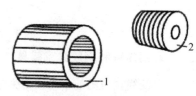

图 4-21　钢质锥形锚具

1—锚环；2—锚塞

（2）锥形螺杆锚具

锥形螺杆锚具属于锥塞式锚具，主要由锥形螺杆、套筒和螺母等组成，如图 4-22 所示，用于锚固 14～28 根直径为 5mm 的钢丝束。使用时先将钢丝束均匀整齐地紧贴在螺杆锥体部分，然后套上套筒，用拉杆式千斤顶使端杆锥体通过钢丝挤压套筒，从而锚紧钢丝。锥形螺杆锚具不能自锚，必须事先加力顶压套筒才能锚固钢丝。

（3）钢丝束墩头锚具

钢丝束墩头锚具属于支撑式锚具，一般用以锚固 12～54 根的碳素钢丝，分为 DMSA 型和 DMSB 型两种。DMSA 型由锚环和螺母组成,用于张拉端;DMSB 型用于固定端,仅有一块锚板。钢丝束镦头锚具如图 4-23 所示。钢丝束墩头锚具的工作原理是将预应力筋穿过锚环的蜂窝眼后,用专门的墩头机将钢筋或钢丝的端头镦粗,将镦粗头的预应力束直接锚固在锚环上,待千斤顶拉杆旋入锚环内螺纹后即可进行张拉,当锚环带动钢筋或钢丝伸长到设计值时,将锚圈沿锚环外的螺纹旋紧顶在构件表面,于是锚圈通过支撑垫板将预应力传到混凝土上。操作简单迅速。

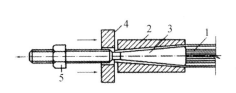

图 4-22 锥形螺杆锚具

1—钢丝;2—套筒;3—锥形螺杆;4—垫板;5—螺母

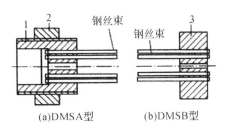

(a)DMSA型　　(b)DMSB型

图 4-23 钢丝束墩头锚具

1—锚环;2—螺母;3—锚板

4.2.4 张拉设备

1. 先张法张拉设备

在先张法施工中,常用的张拉机械有 YC-20 型穿心式千斤顶(如图 4-24 所示)、电动螺杆张拉机(如图 4-25 所示)、电动卷扬张拉机(如图 4-26 所示)。在长线台座上张拉钢筋时,由于千斤顶行程不能满足要求,小直径钢筋可采用卷扬机张拉,用杠杆或弹簧测力。弹簧测力时,宜设行程开关,在张拉到规定的应力时,能自行停机等。

张拉机械上装有测力仪表,以准确建立和测定张拉力。张拉设备应由专人使用和保管,并定期维护与标定。

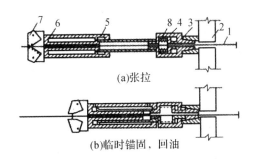

(a)张拉

(b)临时锚固、回油

图 4-24 YC-20 型穿心式千斤顶

1—钢筋;2—台座;3—穿心式夹具;4—弹性顶压头;5,6—油嘴;7—偏心式夹具;8—弹簧

2. 后张法张拉设备

后张法张拉设备主要有液压千斤顶和高压油泵。

液压千斤顶是以高压油泵驱动,完成预应力筋的张拉、锚固和千斤顶的回程动作。液压

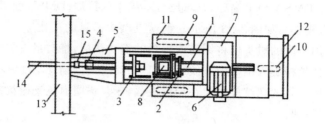

图 4-25　电动螺杆张拉机

1—螺杆;2,3—拉力架;4—张拉夹具;5—顶杆;6—电动机;7—减速箱;8—测力计;9,10—胶轮;
11—底盘;12—手柄;13—横梁;14—螺杆;15—锚固夹具

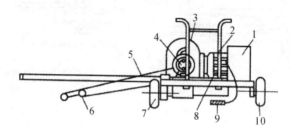

图 4-26　电动卷扬张拉机

1—电气箱;2—电动机;3—减速箱;4—卷筒;5—撑杆;6—夹钳;7—前轮;8—测力计;9—开关;10—后轮

千斤顶按机型不同分为拉杆式千斤顶、穿心式千斤顶、锥锚式千斤顶等;按使用功能不同分为单作用千斤顶、双作用千斤顶、三作用千斤顶;按张拉的吨位分为小吨位(不大于 250kN)千斤顶、中吨位(250～1000kN)千斤顶、大吨位(超过 1000kN)千斤顶。

(1)拉杆式千斤顶

拉杆式千斤顶如图 4-27 所示,适用于张拉以螺丝端杆锚具为张拉锚具的粗钢筋,以及以锥型螺杆锚具为张拉锚具的钢丝束。

张拉前,先将连接器旋在预应力的螺丝端杆上,相互连接牢固。千斤顶由传力架支撑在构件端部的钢板上。张拉时,高压油进入主缸,推动主缸活塞及拉杆,通过连接器和螺丝端杆,预应力筋被拉伸。千斤顶拉力的大小可由油泵压力表的度数直接显示。当张拉力达到规定值时,拧紧螺丝端杆上的螺母,此时张拉完成的预应力筋被锚固在构件的端部。锚固后回油缸进油,推动回油活塞工作,千斤顶脱离构件,主缸活塞、拉杆和连接器回到原始位置。

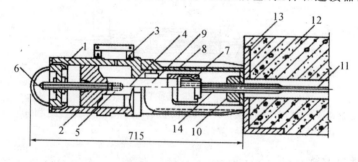

图 4-27　拉杆式千斤顶

1—主缸;2—主缸活塞;3—主缸油嘴;4—副缸;5—副缸活塞;6—副缸油嘴;7—连接器;8—顶杆;9—拉杆;
10—螺帽;11—预应力筋;12—混凝土构件;13—预埋钢板;14—螺丝端杆

最后将连接器从螺丝端杆上卸掉,卸下千斤顶,张拉结束。

(2)穿心式千斤顶

穿心式千斤顶是利用双液压缸张拉预应力筋和顶压锚具的双作用千斤顶。穿心式千斤顶适用于张拉带 JM 型锚具的钢筋束或钢绞线束;配上撑脚、张拉杆和连接器后,可以张拉以螺丝端杆锚具为张拉锚具的预应力筋。系列产品有 YC-20D,YC-60 与 YC-120 型千斤顶。

YC-60 型穿心式千斤顶适用于张拉各种形式的预应力筋,是目前我国预应力混凝土构件施工中应用最为广泛的张拉机械,如图 4-28 所示。YC-60 型穿心式千斤顶加装撑脚、张拉杆和连接器后,就可以张拉以螺丝端杆锚具为张拉锚具的单根粗钢筋,张拉以锥型螺杆锚具和 DMSA 型墩头锚具为张拉锚具的钢丝束。YC-60 型穿心式千斤顶增设顶压分束器,就可以张拉以 KT-Z 型锚具为张拉锚具的钢筋束和钢绞线束。张拉时,高压油由张拉缸油嘴 A 进入张拉工作油室 I,张拉活塞 2 顶住构件后油缸 1 左移;同时顶压缸油嘴 B 开启,张拉回程油室Ⅲ回油。完成张拉后,关 A,高压油由 B 经 C 进入顶压工作油室Ⅱ,顶压活塞 3 右移,顶压夹片或锚塞,锚固钢筋。完成张拉顶压后,开 A、B 继续进油,油缸 1 右移,恢复到初始位置;开 B,弹簧 4 使顶压活塞 3 恢复到初始位置。

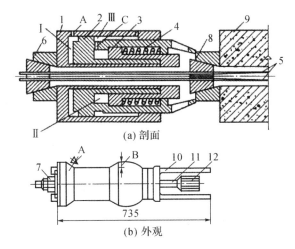

图 4-28　YC-60 型穿心式千斤顶

1—张拉油缸;2—顶压油缸(即张拉活塞);3—顶压活塞;4—弹簧;5—预应力筋;6—工具式锚具;7—螺帽;
8—工作锚具;9—混凝土构件;10—顶杆;11—拉杆;12—连接器;Ⅰ—张拉工作油室;Ⅱ—顶压工作油室;
Ⅲ—张拉回程油室;A—张拉缸油嘴;B—顶压缸油嘴;C—油孔

(3)锥锚式千斤顶

锥锚式千斤顶具有张拉、顶锚和退楔功能,仅用于张拉带钢质锥形锚具的钢丝束,如图 4-29 所示。张拉时,楔块 10 锚固顶应力筋 1,高压油由油嘴Ⅱ进入主缸 5,主缸 5 带动钢筋左移。完成张拉后,关主缸油嘴 11,高压油由副缸油嘴 12 进入副缸 3,副缸活塞 4 及顶压头 2 右移,顶压锚塞 13,锚固钢筋。完成张拉顶压后,主缸 5、副缸 3 回油,弹簧 7、8 使主缸 5、副缸 3 恢复到初始位置,放松楔块 10,拆下千斤顶。

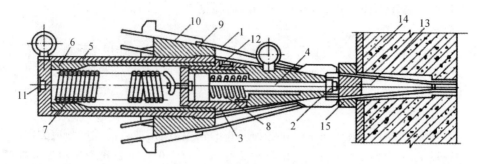

图 4-29　锥锚式千斤顶

1—预应力筋；2—顶压头；3—副缸；4—副缸活塞；5—主缸；6—主缸活塞；7—主缸拉力弹簧；
8—副缸压力弹簧；9—锥形卡环；10—楔块；11—主缸油嘴；12—副缸油嘴；13—锚塞；14—构件；15—锚环

（4）高压油泵

高压油泵与液压千斤顶配套使用，作用是向液压千斤顶各个油缸供油，使其活塞按照一定速度伸出或回缩。油泵的额定压力应大于或等于千斤顶的额定压力。

用千斤顶张拉预应力筋时，张拉力的大小是用过油泵上的油压表的读数来控制的。油压表的读数表示千斤顶张拉油缸活塞单位面积的油压力，理论上，如已知张拉力 N 和活塞面积 A，则可求出张拉时油表的相应读数 $P = \dfrac{N}{A}$。

由于千斤顶活塞与油缸之间存在一定的摩擦力，为保证预应力筋张拉力的准确性，所以实际张拉力往往比公式计算出的结果小。故应定期校验千斤顶与油压表读数的关系，制成表格或绘制 P 与 A 的关系曲线，供施工中直接查用。

4.3　先张法施工

4.3.1　先张法施工概念

先张法是在浇筑混凝土前张拉预应力钢筋，并将其固定在台座或钢模上，然后浇筑混凝土，待混凝土达到规定强度（一般不低于设计强度的 75%），保证预应力钢筋与混凝土有足够黏结力时，以规定的方式放松预应力钢筋，借助预应力筋的弹性回缩及其与混凝土的黏结，使混凝土产生预压应力的施工方法。

先张法施工可采用台座法和机组流水法。

台座法：预应力筋的张拉、锚固，混凝土的浇筑、养护及预应力筋放张等均在台座上进行，用于成批生产配直线预应力筋的混凝土构件，如屋面板、空心楼板等，预应力筋放张前，其拉力由台座承受。

机组流水法：预应力钢筋的张拉力由钢模承受，构件连同钢模按流水方式，通过张拉、浇筑、养护等固定机组完成每一生产过程，预应力筋放松前，其拉力由钢模承受。此法适合于工厂化大批量生产，但模板耗钢量大，需采用蒸汽养护，不适合大、中型构件的制作。采用先张法施工工艺生产的预应力构件简图如图 4-30 所示。

先张法施工的优点是生产效率高，施工工艺简单，夹具可重复使用等。

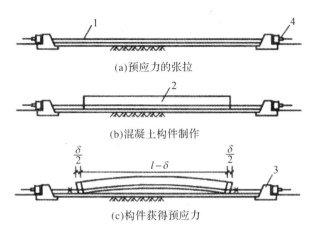

(a)预应力的张拉

(b)混凝土构件制作

(c)构件获得预应力

图 4-30　采用先张法施工工艺生产的预应力构件
1—预应力筋；2—混凝土构件；3—台座；4—夹具

4.3.2　先张法施工工艺

先张法施工工艺包括预应力筋的铺设、预应力筋的张拉、混凝土浇筑与养护和预应力筋的放张等施工过程，如图 4-31 所示。

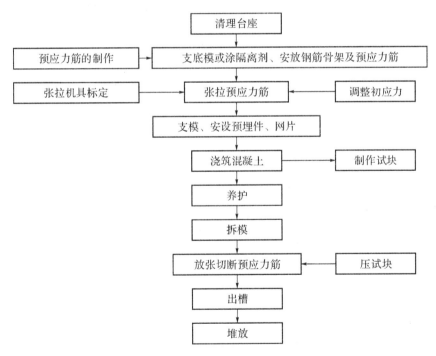

图 4-31　先张法预应力施工工艺流程

1.张拉前的准备

(1)计算预应力筋的张拉力和伸长值

先张法生产的构件常采用的预应力钢材有钢丝及钢筋两类，施工时的预应力钢筋张拉可以是单根张拉或成组张拉。成组张拉可以使用油压千斤顶,也可以使用其他设备。张拉前需要准备好预应力钢筋、对应的张拉机具,并需要对预应力筋的张拉力和伸长值进行计算。

预应力筋的张拉力和伸长值需要在张拉前确定:

控制张拉力:
$$F_p = \sigma_{con} \cdot A_p \cdot n \tag{4-4}$$

超张拉力:
$$F = (103\% \sim 105\%)F_p \tag{4-5}$$

伸长值:
$$\Delta L = \frac{\sigma_{con}}{E_s}L \tag{4-6}$$

式中:σ_{con}——预应力张拉控制应力(kN/mm^2);

A_p——预应力筋截面面积(mm^2);

n——同时张拉预应力筋的根数(根);

E_s——预应力筋的弹性模量(kN/mm^2);

L——预应力筋的长度(mm)。

(2)张拉机具设备及仪表定期维护和校验

张拉设备应配套校验,以确定张拉力与仪表读数的关系曲线,保证张拉力的准确,每半年校验一次。设备出现反常现象或检修后应重新校验。张拉设备宜定岗负责,专人专用。

(3)预应力筋(丝)的铺设

长线台座面(或胎模)在铺放钢筋前,应清扫并涂刷隔离剂。一般涂刷皂角水溶性隔离剂,易干燥,污染钢筋易清洗。应涂刷均匀,不得漏涂,待其干燥后,铺设预应力筋,一端用夹具锚固在台座横梁的定位承力板上,另一端卡在台座张拉端的承力板上待张拉。在生产过程中,应防止雨水或养护水冲刷掉台面隔离剂。为避免铺设预应力筋时因其自重下垂破坏隔离剂,沾污预应力筋,影响预应力筋与混凝土的黏结,应在预应力筋设计位置下面先放置好垫块或定位钢筋后铺设。预应力钢丝宜用牵引车铺设。铺设时,钢筋接长或钢筋与螺杆的连接可采用套筒双拼式连接器。钢筋采用焊接时,应合理布置接头位置,尽可能避免将焊接接头拉入构件内。

2. 预应力筋的张拉

预应力筋的张拉应根据设计要求进行。当进行多根成组张拉时,应先调整各预应力筋的初应力,使其长度和松紧一致,以保证张拉后各预应力筋的应力一致。

(1)张拉前的复核

1)检查预应力筋的品种、级别、规格、数量(排数、根数)是否符合设计要求。

2)预应力筋的外观质量应全数检查,预应力筋应符合展开后平顺,没有弯折,表面无裂纹、小刺、机械损伤、氧化铁皮和油污等。

3)检查张拉设备是否完好,测力装置是否校核准确。

4)检查横梁、定位承力板是否贴合及严密稳固。

5)预应力筋张拉后,对设计位置的偏差不得大于 5mm,也不得大于构件截面最短边长的 4%。

6)在浇筑混凝土前发生断裂或滑脱的预应力筋必须予以更换。

7)张拉、锚固预应力筋应专人操作,实行岗位责任制,并做好预应力筋张拉记录。

8)在已张拉钢筋(丝)上进行绑扎钢筋、安装预埋铁件、支撑安装模板等操作时,要防止踩踏、敲击或碰撞钢筋(丝)。

先张法预应力筋的张拉有单根张拉和多根成组张拉。预应力筋的张拉工作是预应力混凝土施工中的关键工序,为确保施工质量,在张拉中应严格控制张拉应力、张拉程序,计算张拉力和进行预应力值校核。

(2)张拉控制应力

张拉控制应力是指在张拉预应力筋时所达到的规定应力,应按设计规定采用。如控制应力的数值影响预应力的效果。如控制应力高,建立的预应力值则大。但控制应力过高,预应力筋处于高应力状态,使构件出现裂缝的荷载与破坏荷载接近,破坏前无明显的预兆,这是不允许的。此外,施工中为减少由于松弛等原因造成的预应力损失,一般要进行超张拉。《混凝土结构设计规范》(GB 50050—2010)规定预应力钢筋的张拉控制应力值不宜超过表4-1 规定的张拉控制应力限值,且消除应力钢丝、钢绞线、中强度预应力钢丝的张拉控制应力值不应小于 $0.4f_{ptk}$;预应力螺纹钢筋的张拉应力控制值不宜小于 $0.5f_{pyk}$。

表 4-1　张拉控制应力限值

预应力筋种类	先张法	后张法
消除应力钢丝、钢绞线	$0.75f_{ptk}$	$0.75f_{ptk}$
中强度预应力钢丝	$0.70f_{ptk}$	—
预应力螺纹钢筋	—	$0.85f_{pyk}$

注:f_{ptk} 是按极限抗拉强度确定的强度标准值;f_{pyk} 是按屈服强度确定的强度标准值。

预应力筋的张拉控制应力应符合设计要求。施工中预应力筋需要超张拉时,可比设计要求提高 3%～5%。

当符合下列情况之一时,上述张拉控制应力限值可相应提高 $0.05f_{ptk}$ 或 $0.05f_{pyk}$:要求提高构件在施工阶段的抗裂性能,而在使用阶段受压区内设置预应力筋;要求部分抵消由于应力松弛、摩擦、钢筋分批张拉以及预应力筋与张拉台座之间的温差等因素产生的预应力损失。

(3)张拉程序

张拉程序可按下列之一进行:$0 \rightarrow 105\% \sigma_{con}$(持荷 2min)$\rightarrow \sigma_{con}$;$0 \rightarrow 103\% \sigma_{con}$。

上述张拉程序的目的是为了减少预应力的松弛损失。钢筋在常温、高应力状态下具有不断塑性变形的特性。松弛的数值与控制应力和延续时间有关,控制应力高则松弛亦大。松弛损失随着时间的延续增加,在 1min 内可完成损失总值的 50% 左右,24h 内则可完成80%。张拉程序中,如先超张拉 5% 再持荷几分钟,则可大大减少松弛损失。超张拉 3% 亦是为了弥补这一预应力损失。

用应力控制张拉时,为了校核预应力值,在张拉过程中应测出预应力筋的实际伸长值。如果实际伸长值大于计算伸长值 10% 或小于计算伸长值 5%,应暂停张拉,查明原因并采取措施调整后,方可继续张拉。

(4)预应力值校核

预应力筋的预应力值一般用其伸长值校核。当实测伸长值与理论伸长值的差值与理论伸长值相比在 5%～10% 时,表明张拉后建立的预应力值满足设计要求。综合张拉前预应

力筋的张拉力和伸长值,预应力筋理论伸长值 ΔL 按式(4-9)计算:

控制张拉力: $$F_p = \sigma_{con} \cdot A_p \cdot n \qquad (4\text{-}7)$$

超张拉力: $$F = (103\% \sim 105\%)F_p \qquad (4\text{-}8)$$

伸长值: $$\Delta L = \frac{\sigma_{con}}{E_s}L = \frac{F_p L}{A_p E_s} \qquad (4\text{-}9)$$

式中: F_p ——预应力筋平均张拉力(kN);

σ_{con} ——轴线张拉取张拉端的拉应力(kN/mm^2);

两端张拉的曲线筋取张拉端的拉应力与跨中扣除孔道摩阻损失后拉应力的平均值。

(5)预应力筋张拉注意事项

对多根张拉,为避免台座承受过大的偏心力,应先张拉靠近台座截面重心处的预应力筋。张拉机具与预应力筋应在同一条直线上,张拉应以稳定的速率逐渐加大拉力。

钢质锥形夹具锚固时,敲击锥塞或楔块应先轻后重,同时倒开张拉设备并放松预应力筋,两者应密切配合,既要减少钢丝滑移,又要防止锤击力过大导致钢丝在锚固夹具处断裂。

对重要结构构件(如吊车梁、屋架等)的预应力筋,用应力控制方法张拉时,在拧紧螺母的过程中,应时刻观察压力表上的读数,始终保持所需的张拉力,应校核预应力筋的伸长值。

同时张拉多根预应力钢丝时,应预先调整初应力($10\%\sigma_{con}$),使其相互之间的应力一致。预应力筋张拉完毕后与设计位置的偏差不得大于 5mm,且不得大于构件截面最短边长的 4%。

同一构件中,各预应力筋的应力应均匀,其偏差的绝对值不得超过设计规定的控制应力值的 5%。

台座两端应有防护设施,沿台座长度方向每隔 4~5m 放一个防护架,张拉钢筋时两端严禁站人,也不准进入台座。

3. 混凝土浇筑与养护

预应力筋张拉完毕后,应立即绑扎骨架、支模、浇筑混凝土。台座内每条生产线上的构件的混凝土应连续浇筑。混凝土必须振捣密实,特别对构件的端部,要注意加强振捣,以保证混凝土强度和黏结力。浇筑和振捣混凝土时,不可碰撞预应力筋;在混凝土未达到一定强度前,不允许碰撞或踩动预应力筋;当叠层生产时,必须待下层混凝土强度达到 8~10 N/mm^2 后方可进行。

混凝土可采用自然养护或湿热养护,自然养护不得少于 14d。干硬性混凝土浇筑完毕后,应立即覆盖进行养护。当采用湿热养护时,采取二次升温制,初次升温的温差不宜超过 20℃,当构件混凝土强度达到 7.5~10 N/mm^2 时,再按一般规定继续升温养护,这样可以减少预应力的损失。

4. 预应力筋的放张

在进行预应力筋的放张时,混凝土强度必须符合设计要求;当设计无具体规定时,混凝土强度不得低于设计标准值的 75%。

（1）放张顺序

预应力筋放张时，应缓慢放松锚固装置，使各根预应力筋缓慢放松。

预应力筋放张顺序应符合设计要求，当设计未规定时，可按下列要求进行：

1）对承受轴心预压力的构件（拉杆、桩等），所有预应力筋应同时放张。

2）对承受偏心预压力的构件，应先同时放张预应力较小区域的预应力筋，再同时放张预应力较大区域的预应力筋。

3）当不能按上述规定放张时，应分阶段、对称、相互交错地放张，以防止在放张过程中构件产生翘曲、开裂及断筋现象。

对于长线台座生产的钢弦构件，剪断钢丝宜从台座中部开始；对于叠层生产的预应力构件，宜按自上而下的顺序进行放松；板类构件放松时，从两边逐渐向中心进行。

（2）放张方法

1）对预应力钢丝或细钢丝的板类构件，放张时可直接用钢丝钳或氧炔焰切割，并宜从生产线中间处切断，以减少回弹量，且有利于脱模；对每一块板，应从外向内对称放张，以免构件扭转，两端开裂。

2）对预应力筋数量较少的粗钢筋构件，可采用氧炔焰在烘烤区轮换加热每根粗钢筋，使其同步升温，钢筋内应力均匀徐徐下降，外形慢慢伸长，待钢筋出现颈缩现象时，即可切断。

3）对预应力筋配置较多的构件，不允许采用剪断或割断等方式突然放张，以避免最后放张的几根预应力筋产生过大的冲击而断裂，致使混凝土构件开裂。为此，应采用千斤顶或在台座与横梁间设置砂箱和楔块，或在准备切割的一端预先浇筑混凝土块等方法，进行缓慢放张。

4.4　后张法施工

4.4.1　后张法施工的概念及其分类

后张法施工先制作构件，并在构件体内按预应力筋的位置留出相应的孔道；待构件的混凝土强度达到规定的强度（一般不低于设计强度标准值的 75%）后，在预留孔道中穿入预应力筋进行张拉，并利用锚具把张拉后的预应力筋锚固在构件的端部，依靠构件端部的锚具将预应力筋的预张拉力传给混凝土，使其产生预压应力；最后在孔道中灌入水泥浆，使预应力筋与混凝土构件形成整体。后张法施工如图 4-32 所示。

后张法施工不需要台座设备，灵活性大，广泛用于施工现场生产大型预制预应力混凝土结构。后张法制作的工艺流程如图 4-33 所示。后张法预应力施工又可分为有黏结预应力施工和无黏结预应力施工两类。

（1）有黏结预应力施工：混凝土构件或结构制作时，在预应力筋部位预先留设孔道；然后浇筑混凝土并进行养护，制作预应力筋并将其穿入孔道；待混凝土达到设计要求的强度后，张拉预应力筋并用锚具锚固；最后进行孔道灌浆与封锚。这种施工方法通过孔道灌浆，使预应力筋与混凝土相互黏结，减轻了锚具传递预应力作用，提高了锚固可靠性与耐久性，广泛用于主要承重构件或结构。

（2）无黏结预应力施工：混凝土构件或结构制作时，预先铺设无黏结预应力钢筋；然后浇

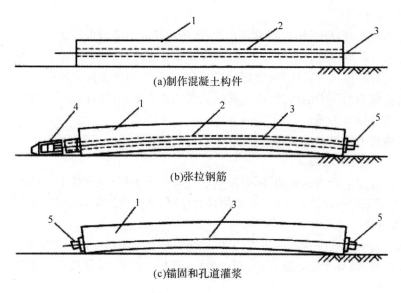

(a)制作混凝土构件

(b)张拉钢筋

(c)锚固和孔道灌浆

图 4-32　后张法施工

1—混凝土构件；2—预留孔道；3—预应力筋；4—张拉机械；5—锚具

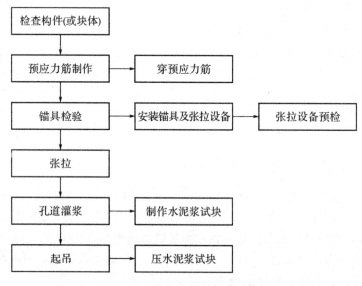

图 4-33　后张法制作的工艺流程

筑混凝土并进行养护；待混凝土达到设计要求的强度后，张拉预应力筋并用锚具锚固；最后进行封锚。这种施工方法不需要留孔灌浆，施工方便，但预应力只能永久地靠锚具传递给混凝土，宜用于分散配置预应力筋的楼板与墙板、次梁及低预应力度的主梁等。

4.4.2 预应力筋的制作

1.单根粗钢筋预应力筋的下料长度计算

预应力钢筋的制作主要包括下料、调直、连接、编束、墩头、安装锚具等环节。

　　单根粗钢筋预应力筋的制作包括配料、对焊、冷拉等工序,下料长度计算时应考虑结构的孔道长度、锚夹具厚度、千斤顶长度、焊接接头或墩头的预留量、冷拉伸长率、弹性回缩值、张拉伸长值等。现以两端用螺丝端杆锚具的预应力筋为例,来说明其下料长度计算方法,计算示意图如图 4-34 所示。

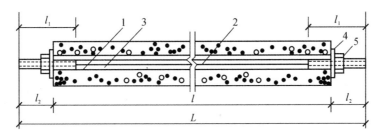

图 4-34　粗钢筋下料长度计算示意图(两端用螺丝杆锚具)

1—螺丝端杆;2—预应力钢筋;3—对接接头;4—垫板;5—螺母

　　预应力筋的成品长度,即预应力筋和螺丝端杆对焊并经冷拉后的全长为 L_1,则

$$L_1 = l + 2l_2$$

　　预应力筋(不包括螺丝端杆)冷拉后需达到的成品长度为 L_0,则

$$L_0 = L_1 - 2l_1$$

　　预应力筋(不包括螺丝端杆)冷拉前的下料长度为 L,则

$$L = \frac{L_0}{1 + \gamma - \delta} + n\Delta \tag{4-10}$$

式中:L_1——预应力筋的成品长度(mm);

　　　L_0——预应力筋钢筋部分的成品长度(mm);

　　　L——预应力筋钢筋部分的下料长度(mm);

　　　l——构件孔道长度(mm);

　　　l_1——螺丝端杆长度(一般为 320mm);

　　　l_2——螺丝端杆伸出构件外的长度,张拉端 $l_2 = 2H + h + 5$(mm),锚固端 $l_2 = H + h + 10$(mm),其中 H 为螺母高度(mm),h 为垫板厚度(mm)。

　　　Δ——每个对接接头对材料的压缩长度,取钢筋直径(mm);

　　　n——钢筋接头数;

　　　γ——钢筋冷拉拉长率(由实验确定);

　　　δ——钢筋冷拉弹性回缩率(由实验确定)。

2. 钢丝束的制作

钢丝束的制作一般必须经调直、下料、编束和安装锚具等工序。

(1)采用钢质锥形锚具,以锥锚式千斤顶在构件上张拉,钢丝下料长度可按图 4-35 计算。

两端张拉时:

$$L = l + 2(l_1 + l_2 + 80) \tag{4-11}$$

一端张拉时:

$$L = l + 2(l_1 + 80) + l_2 \tag{4-12}$$

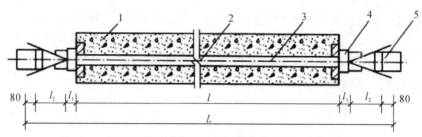

图 4-35 采用钢质锥形锚具时钢丝束钢丝下料长度计算简图
1—混凝土构件；2—孔道；3—钢丝束；4—钢质锥形锚具；5—锥锚式千斤顶

式中：L ——预应力钢丝束下料长度(mm)；

l ——构件孔道长度(mm)；

l_1 ——锚环厚度(mm)；

l_2 ——千斤顶分丝头至卡盘外端距离(mm)。

(2)采用墩头锚具，以拉杆式千斤顶在构件上张拉。当采用墩头锚具一端张拉时，应考虑钢丝束张拉锚固后螺母位于锚环中部，钢丝的下料长度可按图4-36计算。钢丝下料时可用钢管限位法或在拉紧状态下进行。

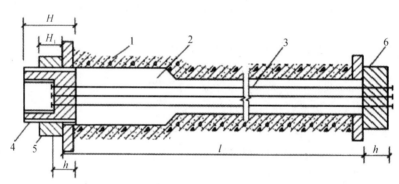

图 4-36 采用墩头锚具时钢丝束钢丝下料长度计算简图
1—混凝土构件；2—孔道；3—钢丝束；4—锚环；5—螺母；6—锚板

$$L=l+2(h+d)-K(H-H_1)-\Delta L-C \tag{4-13}$$

式中：L ——预应力钢丝束下料长度(mm)；

l ——构件孔道长度(mm)，按实际尺量；

h ——锚环底部厚度或锚板厚度(mm)；

d ——钢丝墩头留量(mm)；

K ——系数，一端张拉时取 0.5，两端张拉时取 1.0；

H ——锚环高度(mm)；

H_1 ——螺母的高度(mm)；

ΔL ——钢丝束张拉伸长值(mm)；

C ——张拉时构件混凝土的弹性压缩值(mm)。

3. 钢绞线束的制作

钢绞线所用钢筋是呈圆盘供应，不需对接接头。钢绞线束预应力筋的制作包括开盘冷拉、下料、编束等工序。预应力钢筋束下料应在冷拉后进行。若采用墩头锚具,则应增加墩头工序。

当采用 JM 型或 XM 型锚具,用穿心式千斤顶张拉时,钢筋束和钢丝束的下料长度应等于构件孔道长度加上两端为张拉、锚固所需的外露长度。下料长度可按图 4-37 计算。

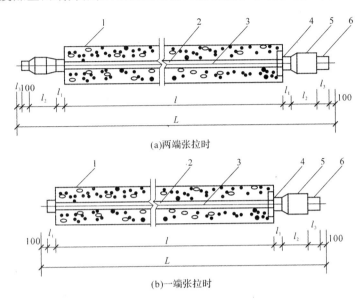

图 4-37　钢筋束、钢绞线束钢筋下料长度计算简图
1—混凝土构件;2—孔道;3—钢绞线;4—夹片式工作锚;5—穿心式千斤顶;6—夹片式工作锚

两端张拉时:
$$L = l + 2(l_1 + l_2 + l_3 + 100) \tag{4-14}$$

一端张拉时:
$$L = l + 2(l_1 + 100) + l_2 + l_3 \tag{4-15}$$

式中:L——预应力钢绞线束的下料长度(mm);

　　　l——构件孔道长度(mm);

　　　l_1——夹片式工作锚厚度(mm);

　　　l_2——穿心式千斤顶长度(mm);

　　　l_3——夹片式工作锚厚度(mm)。

【例 4-1】　21m 预应力屋架的孔道长为 20.80m,预应力筋为冷拉 HRB400 钢筋,直径为 22mm,每根长度为 8m,实测冷拉率 $\gamma = 4\%$,弹性回缩率 $\delta = 0.4\%$,张拉控制应力为 $0.85 f_{pyk}(f_{pyk} = 500\text{N/mm}^2)$,张拉程序采用 $0 \rightarrow 1.03\sigma_{con}$。螺丝端杆长为 320mm,帮条长为 50mm,垫板厚为 15mm。计算:

(1) 两端用螺丝端杆锚具锚固时预应力筋的下料长度为多少?

(2) 预应力筋的张拉力为多少?

解　(1)螺丝端杆锚具两端同时张拉,螺母厚度取 36mm,垫板厚度取 16mm,则螺丝端杆伸出构件外的长度 $l_2 = 2H + h + 5\text{mm} = 2 \times 36 + 16 + 5 = 93(\text{mm})$;对接接头个数 $n = 2 + 2 = 4$;每个对接接头的压缩量 $\Delta = 22\text{mm}$,则预应力筋下料长度为

$$L = \frac{L_0}{1+\gamma-\delta} + n\Delta = \frac{l-2l_1+2l_2}{1+\gamma-\delta} + n\Delta$$

$$= \frac{20.8 \times 1000 - 2 \times 320 + 2 \times 93}{1+4\% - 0.4\%} + 4 \times 22 = 19727(\text{mm})$$

(2)预应力筋的张拉力为

$$F_p = m\sigma_{con} \cdot A_p = 1.03 \times 0.85 \times 500 \times 3.14 \times (22/2)^2 = 166319(\text{N}) = 166.319\text{kN}$$

4.4.3 后张法预应力施工工艺

1. 有黏结预应力施工工艺

(1)预留孔道

1)预应力筋孔道布置

预应力筋孔道形状有直线、曲线和折线三种类型。

孔道直径和间距。预留孔道的直径应根据预应力筋根数、曲线孔道形状和长度、穿筋难易程度等因素确定。孔道内径应比预应力筋与连接器外径大 $10\sim15\text{mm}$，孔道面积宜为预应力筋净面积的 $3\sim4$ 倍。

预应力筋孔道的间距与保护层应符合下列规定：

①对预制构件，孔道的水平净间距不宜小于 50mm。孔道至构件边缘的净间距不应小于 30mm，且不应小于孔道直径的一半。

②在框架梁中，预留孔道垂直方向净间距不应小于孔道外径，水平方向净间距不宜小于 1.5 倍孔道外径；从孔壁算起的混凝土最小保护层厚度，梁底为 50mm，梁侧为 40mm，板底为 30mm。

2)预埋金属螺旋管留孔

金属螺旋管又称波纹管，是用冷轧钢带或镀锌钢带，在卷管机上压波后螺旋咬合而成的，如图 4-38 所示。金属螺旋管按照相邻咬口之间的凸出部（即波纹）的数量分为单波纹管和双波纹管；按照截面形状分为圆形管和扁形管；按照径向刚度分为标准型管和增强型管；按照钢带表面状况分为镀锌螺旋管和不镀锌螺旋管。

(a)圆形单波纹　　　　(b)圆形双波纹　　　　(c)扁形

图 4-38　金属螺旋管

3)抽拔芯管留孔

①钢管抽芯法，即制作后张法。预应力混凝土构件时，在预应力筋位置预先埋设钢管，待混凝土初凝后再将钢管旋转抽出的留孔方法。为防止在浇筑混凝土时钢管产生位移，每隔 1m 用钢筋井字架固定牢靠。钢管接头处可用长度为 $30\sim40\text{cm}$ 的铁皮套管连接。在混凝土浇筑后，每隔一定时间慢慢转动钢管，使之不与混凝土黏结；待混凝土初凝后、终凝前抽出钢管，即形成孔道。钢管抽芯法适用于留设直线孔道。

②胶管抽芯法，即制作后张法预应力混凝土构件时，在预应力筋的位置处预先埋设胶

管,待混凝土结硬后再将胶管抽出的留孔方法,采用 5～7 层帆布胶管。为防止在浇筑混凝土时胶管产生位移,直线段每隔 60cm 用钢筋井字架固定牢靠,曲线段应适当加密。胶管两端应有密封装置。在浇筑混凝土前,胶管内充入压力为 0.6MPa～0.8MPa 的压缩空气或压力水,管径增大约 3mm,待浇筑的混凝土初凝后,放出压缩空气或压力水,管径缩小,混凝土脱开,随即拔出胶管。胶管抽芯法适用于留设直线与曲线孔道。

4)灌浆孔、排气孔和泌水管

在预应力筋孔道两端应设置灌浆孔和排气孔,灌浆孔可设置在锚垫板上或利用灌浆管引至构件外,其间距对抽芯成型孔道不宜大于 12m。孔径应能保证浆液畅通,一般不宜小于 20mm。

(2)预应力筋穿入孔道

预应力筋穿入孔道简称穿束。穿束需要解决两个问题,即穿束时机与穿束方法。

1)穿束时机

根据穿束与浇筑混凝土之间的先后关系,可分为先穿束和后穿束两种方法。

①先穿束法。先穿束法即在浇筑混凝土之前穿束。此法穿束省力,但穿束占用工期,束自重引起的波纹管摆动会增大摩擦损失,束端保护不当易生锈。

②后穿束法。后穿束法即在浇筑混凝土之后穿束。此法可在混凝土养护期内进行,不占工期,便于用通孔器或高压水通孔,穿束后即行张拉,易于防锈,但穿束较为费力。

2)穿束方法

根据一次穿入数量,可分为整束穿和单根穿。钢丝束应整束穿;钢绞线宜采用整束穿,也可用单根穿。穿束工作可由人工、卷扬机和穿束机进行。

(3)预应力筋张拉

1)预应力筋张拉方式

根据预应力混凝土结构特点、预应力筋形状与长度,以及施工方法的不同,预应力筋张拉方式有以下几种:

①一端张拉方式:张拉设备放置在预应力筋一端的张拉方式,适用于长度小于或等于 30m 的直线预应力筋与锚固损失影响长度 $L_f \geqslant L/2$(L 为预应力筋长度)的曲线预应力筋。如设计人员根据计算资料或实际条件认为可以放宽以上限制的话,也可采用一端张拉,但张拉端宜分别设置在构件的两端。

②两端张拉方式:张拉设备放置在预应力筋两端的张拉方式,适用于长度大于 30m 的直线预应力筋与锚固损失影响长度从 $L_f < L/2$ 的曲线预应力筋。若张拉设备不足或由于张拉顺序安排关系,也可先在一端张拉完成后,再移至另一端张拉,补足张拉力后锚固。

③分批张拉方式:对配有多束预应力筋的构件或结构分批进行张拉的方式。由于后批预应力筋张拉所产生的混凝土弹性压缩对先批张拉的预应力筋造成预应力损失,所以先批张拉的预应力筋张拉力应加上该弹性压缩损失值,或将弹性压缩损失平均值统一增加到每根预应力筋的张拉力内。为此,先批张拉的预应力筋的张拉应力应增加 $\alpha_E \sigma_{PC}$,α_E 和 σ_{PC} 的计算公式为

$$\alpha_E = \frac{E_S}{E_C} \tag{4-16}$$

$$\sigma_{PC} = \frac{(\sigma_{con} - \sigma_{l1}) A_p}{A_n} \tag{4-17}$$

式中:E_S——预应力筋的弹性模量;

E_c——混凝土的弹性模量;

σ_{PC}——张拉后批预应力筋时,对已张拉的预应力筋重心处混凝土产生的法向应力;

σ_{con}——张拉控制应力;

σ_{l1}——预应力筋的第一批应力损失(包括锚具变形和摩擦损失);

A_p——后批张拉的预应力筋的截面积;

A_n——构件混凝土的净截面面积(扣除孔道、凹槽等削弱部分以外的混凝土全部截面面积及纵向非预应力钢筋截面面积换算成混凝土的截面面积之和)。

对平卧叠浇的预应力混凝土构件,上层构件的重量产生的水平摩阻力,会阻止下层构件在预应力筋张拉时混凝土弹性压缩的自由变形,待上层构件起吊后,由于摩阻力影响消失会增加混凝土弹性压缩的变形,从而引起预应力损失。该损失值随构件形式、隔离层和张拉方式的不同而不同。为便于施工,可采取逐层加大超张拉的办法来弥补该预应力损失,但底层超张拉值不宜比顶层张拉力大 $5\% \sigma_{con}$。根据有关研究和工程实践,对钢筋束,采用不同隔离层的构件逐层增加张拉力可按表 4-2 取值。

表 4-2　不同隔离层的构件逐层增加张拉力

预应力筋	隔离剂种类	逐层增加张拉力的百分比			
		顶层	第二层	第三层	第四层
高强钢筋束	I	0	1.0	2.0	3.0
	II	0	1.5	3.0	4.0
	II	0	2.0	3.5	5.0

注:① I 类隔离剂:塑料薄膜、油纸;

　　② II 类隔离剂:废机油滑石粉、纸筋灰、石灰水废机油、柴油石蜡;

　　③ III 类隔离剂:废机油、石灰水、石灰水滑石粉。

在预应力筋张拉时,往往需要采取超张拉的方法来弥补多种预应力的损失。当预应力筋的张拉应力较大,超过表 4-2 的规定值时,例如多层叠浇的最下一层构件中的先批张拉钢筋,既要考虑钢筋的松弛,又要考虑多层叠浇的摩阻力影响,还要考虑后批张拉钢筋的张拉影响,往往张拉应力会超过规定值,此时,可采取下述方法解决:

先采用同一张拉值,而后复位补足;分两阶段建立预应力,即全部预应力张拉到一定数值(例如 90%),再第二次张拉至控制值。

当采用应力控制方法张拉时,应校核预应力筋的伸长值,计算方法同先张法预应力筋的伸长值算法。

2)张拉操作程序

预应力筋的张拉操作程序主要根据构件类型、张拉锚固体系、松弛损失等因素确定,为减少松弛损失,张拉程序一般与先张法相同。

①采用低松弛钢丝和钢绞线时,张拉操作程序为 $0 \rightarrow \sigma_{con}$ 锚固。

②采用普通松弛预应力筋时,按下列超张拉程序进行操作:

对墩头锚具等可卸载锚具 $0 \rightarrow 1.05\sigma_{con} \rightarrow \sigma_{con}$ 锚固;

对夹片锚具等不可卸载锚具 0→1.03σ_{con} 锚固。

（4）孔道灌浆

预应力筋张拉后，利用灌浆泵将水泥浆压灌到预应力筋孔道中，其作用有两个：一是保护预应力筋，以免锈蚀；二是使预应力筋与构件混凝土有效地黏结，以控制超载时裂缝的间距与宽度，并减轻梁端锚具的负荷状况。因此，对孔道灌浆的质量必须重视。

预应力筋张拉完成并经检验合格后，应尽早进行孔道灌浆。灌浆时应注意以下几点：

1）灌浆前应全面检查构件孔道及灌浆孔、泌水孔、排气孔是否畅通。对抽拔管成孔，可采用压力水冲洗孔道；对预埋管成孔，必要时可采用压缩空气清孔。

2）灌浆前应对锚具夹片空隙和其他可能产生漏浆的地方，采用高强度水泥浆或结构胶等方法封堵。封堵材料的抗压强度大于 10MPa 时方可灌浆。

3）灌浆顺序宜先灌下层孔道，后浇上层孔道。

4）灌浆工作应缓慢均匀地进行，不得中断，并且排气应通顺，在孔道两端冒出浓浆并封闭排气孔后，宜继续加压至 0.5～0.7N/mm²，稳压 2min 后再封闭灌浆孔。

5）当孔道直径较大且水泥浆不掺微膨胀剂或减水剂进行灌浆时，可采取下列措施：

①二次压浆法，但二次压浆的间隙时间宜为 30～45min；

②重力补浆法，在孔道最高处连续不断地补充水泥浆。

6）如遇灌浆不畅通，更换灌浆孔，应将第一次灌入的水泥浆排出，以免两次灌浆之间有空气存在。

7）室外温度低于 −5℃ 时，孔道灌浆应采取抗冻保温措施，防止浆体冻胀使混凝土沿孔道产生裂缝。抗冻保温措施有：采用早强型普通硅酸盐水泥，掺入一定量的防冻剂；水泥浆用温水拌和，灌浆后将构件保温，宜采用木模，待水泥浆强度上升后，再拆除模板。

【例 4-2】某预应力混凝土屋架，混凝土强度等级为 C40（$E_C = 3.25 \times 10^4$ N/mm²），下弦配有 4 束钢丝束预应力筋（$E_S = 2.05 \times 10^5$ N/mm²），$\sigma_{con} = 0.75$，$f_{ptk} = 0.75 \times 1570 = 1177.5$N/mm²；又知采用对角线对称分两批张拉，$\sigma_{PC} = 12.0$N/mm²，计算第一批预应力钢筋的张拉应力。

解　第一批张拉的预应力筋的张拉应力增加值为 $\alpha_E \sigma_{PC}$，其中，$\alpha_E = \dfrac{E_S}{E_C}$。

$$\alpha_E \sigma_{PC} = \frac{2.05 \times 10^5}{3.25 \times 10^4} \times 12.0 = 75.7 (\text{N/mm}^2)$$

所以，第一批张拉的预应力筋的张拉应力为 $\sigma_{conl} = \sigma_{con} + \alpha_E \sigma_{PC} = 1177.5 + 75.7 = 1253.2$（N/mm²）。

在分批张拉时，张拉宜对称进行，并尽量减少张拉设备的移动次数。如预应力屋架下弦杆预应力钢筋张拉顺序：当预应力钢筋为 2 束时［如图 4-39（a）所示］，可用两台千斤顶分别设置在构件两端，对称张拉，一次完成；当预应力钢筋为 4 束［如图 4-39（b）所示］，需分两批张拉时，可用两台千斤顶分别设置在构件两端，分别张拉对角线上的 2 束，再张拉另一对角线上的 2 束（图中 1，2 为张拉顺序）。图 4-40 为一双跨预应力混凝土框架钢绞线束的张拉顺序，该梁预应力钢筋为双跨钢绞线曲线筋，长度为 40m，采用两端张拉方式，两台千斤顶分别设置在梁的两端，按左右对称先张拉 1，再张拉 2，然后分别在另一端补张拉。

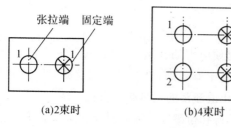

图 4-39　屋架下弦杆预应力钢筋张拉顺序

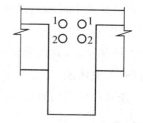

图 4-40　框架梁预应力钢筋张拉顺序

2. 无黏结预应力混凝土施工工艺

无黏结后张预应力起源于 20 世纪 50 年代的美国，我国 20 世纪 70 年代开始研究，20 世纪 80 年代初应用于实际工程中。无黏结后张预应力混凝土是在浇灌混凝土之前，把预先加工好的无黏结钢筋与普通钢筋直接放置在模板内，然后浇筑混凝土，待混凝土达到设计强度时，即可进行张拉。它与有黏结预应力混凝土不同之处就在于：不需在放置预应力钢筋的部位预先留设孔道和沿孔道穿筋；预应力钢筋张拉完后，不需进行孔道灌浆。

（1）无黏结预应力钢筋的制作

无黏结预应力钢筋（如图 4-41 所示）的制作是无黏结后张预应力混凝土施工中的主要工序。无黏结预应力钢筋一般用钢丝、钢绞线等柔性较好的预应力钢材制作，当用电热法张拉时，亦可用冷拉钢筋制作。

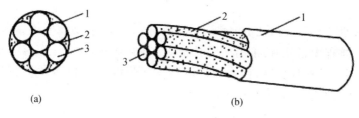

图 4-41　无黏结预应力钢筋
1—塑料外包层；2—防腐润滑脂；3—钢绞线（或碳索钢丝束）

无黏结预应力钢筋的涂料层应由防腐材料制作，一般防腐材料可以用沥青、油脂、蜡、环氧树脂或塑料。涂料应具有良好的延性及韧性；在一定的温度范围内（至少在 $-20\sim70℃$）不流淌，不变脆，不开裂；应具有化学稳定性，与钢、水泥以及护套材料均无化学反应，不透水，不吸湿，防腐性能好；油滑性能好，摩擦阻力小，如规范要求，防腐油脂涂料层无黏结预应力钢筋的张拉摩擦系数不应大于 0.12，防腐沥青涂料则不应大于 0.25。

无黏结预应力钢筋的护套材料可以用纸带、塑料带包缠或用注塑套管。护套材料应具有足够的抗拉强度及韧性，以免在工作现场因运输、储存、安装引起难以修复的损坏和磨损；同时，还要求其防水性及抗腐蚀性强；低温不脆化，高温化学稳定性高。当用塑料作为外包材料时，还应具有抗老化的性能。高密度的聚乙烯和聚丙烯塑料就具有较好的韧性和耐久性；低温下不易发脆；高温下化学稳定性较好，并具有较高的抗磨损能力和抗蠕变能力。但这种塑料目前在我国产量还较低，价格昂贵。我国目前用高压低密度的聚乙烯塑料通过专门的注塑设备挤压成型，将涂有防腐油脂层的预应力钢筋包裹上一层塑料。当用沥青防腐剂作涂料层时，可用塑料带密缠作外包层，塑料各圈之间的搭接宽度应不小于带宽的 1/4，缠绕层数不应小于两层（如图 4-42 所示）。

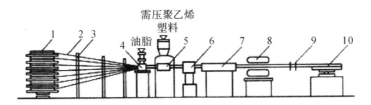

图 4-42　挤压涂层工艺流水线

1—放线盘；2—钢丝；3—梳子板；4—给油装置；5—塑料挤压机机头；6—风冷装置；

7—水冷装置；8—牵引机；9—定位支架；10—收线盘

（2）无黏结预应力钢筋的铺放

无黏结预应力钢筋的铺放工序通常在绑扎完底筋后进行。无黏结预应力钢筋铺放的曲率可用垫铁马凳或其他构造措施控制。其放置间距不宜大于 2m，用铁丝与非预应力钢筋扎紧。铺设双向配筋的无黏结预应力钢筋时，应先铺低的，再铺高的，尽量避免两个方向的无黏结预应力钢筋相互穿插编结。绑扎无黏结筋时，应先在两端拉紧，同时从中间往两端绑扎定位。

浇筑混凝土前应对无黏结预应力钢筋进行检查验收，如各控制点的矢高、塑料保护套有无脱落和歪斜，固定端墩头与锚板是否贴紧，无黏结预应力钢筋涂层有无破损等。合格后方可浇筑混凝土。

（3）无黏结预应力钢筋的张拉

无黏结预应力束的张拉与有黏结预应力钢丝束的张拉相似。张拉程序一般采用 $0 \rightarrow 1.03\sigma_{con}$，然后进行锚固。由于无黏结预应力束为曲线配筋，故应采用两端同时张拉。

成束无黏结预应力钢筋正式张拉前，宜先用千斤顶往复抽动几次，以降低张拉摩擦损失。实验表明，进行三次张拉时，第三次的摩阻损失值可比第一次降低 $16.8\% \sim 49.1\%$。在张拉过程中，当有个别钢丝发生滑脱或断裂时，可相应降低张拉力，但滑脱或断裂的根数不应超过结构同一截面钢丝总根数的 2%。

（4）锚头端部的处理

无黏结预应力束通常采用墩头锚具，外径较大，钢丝束两端留有一定长度的孔道，其直径略大于锚具的外径。钢丝束张拉锚固以后，其端部便留下孔道，且该部分钢丝没有涂层，必须采取保护措施，防止钢丝锈蚀，如图 4-43 所示。

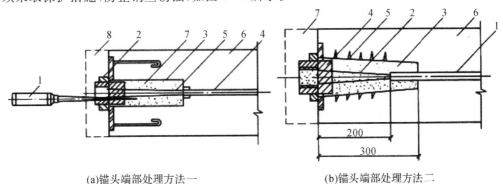

(a)锚头端部处理方法一　　　　　　　(b)锚头端部处理方法二

1—油枪；2—锚具；3—端部孔道；　　　　1—无黏结预应力束；2—无涂层的端部钢丝；

4—有涂层的无黏结预应力束；5—无涂层的端部钢丝；　　3—环氧树脂水泥砂浆；4—锚具；

6—构件；7—注入孔道的油脂；8—混凝土封闭　　5—端部加固螺旋钢筋；6—构件；7—混凝封闭

图 4-43　锚头端部处理方法

无黏结预应力束锚头端部处理的办法目前常用的有两种：一是在孔道中注入油脂并加以封闭；二是在两端留设的孔道内注入环氧树脂水泥砂浆，将端部孔道全部灌注密实，以防预应力钢筋发生局部锈蚀。灌注用环氧树脂水泥砂浆的强度不得低于 35MPa。灌浆同时将锚环内也用环氧树脂水泥砂浆封闭，既可防止钢丝锈蚀，又可起到一定的锚固作用。最后浇筑混凝土或外包钢筋混凝土，或用环氧砂浆将锚具封闭。用混凝土做堵头封闭时，要防止产生收缩裂缝。当不能采用混凝土或环氧砂浆做封闭保护时，预应力钢筋锚具要全部涂刷抗锈漆或油脂，并加其他保护措施。

4.5　体外预应力混凝土

体外预应力施工方法是后张法预应力混凝土体系的一个重要分支。它通过对布置在结构外部的预应力筋施加预应力，形成预应力结构体系。预应力筋两端通过锚具锚固，并通过结构表面设置的转向块确定曲线形状。体外预应力技术常用于现有梁结构（如屋架、桥梁）的加固，也有部分桥梁直接采用体外预应力结构体系。

体外预应力结构的预应力索设置在结构的外部，用于加固时，对原结构损伤小；用于修建预应力结构时，可以减小结构构件的体积。体外预应力结构施工方便，也便于日后的检查、维护和修理。体外预应力索不与混凝土黏结，由荷载产生的应力变化均匀地分布在结构的全长上，应力变化值小，对结构整体受力有益。但是，预应力索暴露在空气中，对防腐的要求较高。根据结构体系的不同，不同体外预应力混凝土结构施工的工艺流程有所不同，以新建混凝土桥梁为例，常见的采用聚乙烯管道的体外预应力施工流程如图 4-44 所示。

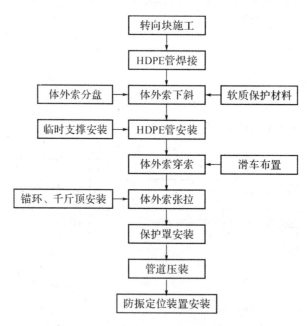

图 4-44　体外预应力混凝土施工流程

拓展阅读

预应力全方位 BIM 应用——一个全新的视角直击预应力工程

(1)预应力施工锚具 BIM 模型(如图 4-45～图 4-49 所示)

图 4-45　BICP 锚固体系

图 4-46　无黏结锚具穴模

图 4-47　波纹管效果图

图 4-48　扁形锚具

图 4-49　钢绞线效果图

(2)预应力张拉千斤顶 BIM 模型(如图 4-50 和图 4-51 所示)

图 4-50　YCWB 千斤顶

图 4-51　单根张拉千斤顶

(3)预应力施工机具 BIM 模型(如图 4-52 和图 4-53 所示)

图 4-52　UB1 灌浆机

图 4-53　ZB4 张拉油泵

思 考 题

4-1　何为预应力?预应力混凝土结构的优缺点是什么?

4-2　为什么预应力混凝土构件所选用的材料都要求有较高的强度?

4-3　什么是张拉控制应力?为何先张法的张拉控制应力略高于后张法?

4-4　预应力混凝土的张拉控制应力为何不能取得太高?

4-5 先张法与后张法在施工工艺上的区别是什么?

4-6 后张法预应力筋的下料长度计算需考虑什么问题?

习 题

某预应力混凝土构件采用钢绞线预应力钢筋、夹片式锚具,以穿心式千斤顶在构件上张拉。已知构件孔道长度为20m,夹片式工作锚厚度为60mm,穿心式千斤顶长度为455mm,另一侧夹片式工作锚厚度为60mm。求:采用两端张拉时,钢绞线预应力钢筋的下料长度;采用一端张拉时,钢绞线预应力钢筋的下料长度。

第5章　砌筑工程

【内容提要】

本章主要介绍了砌筑材料的类型、质量规格和砌筑施工工艺及冬季施工要求,重点介绍了砌体(主要包括砌砖、砌块、砌石)材料的性能及要求,砌体的施工工艺、组砌原则、质验要求和方法。

【学习要求】

通过本章学习,了解砌筑工程的概念、砌筑材料的类型;掌握砌砖的施工工艺和质量要求,以及砌块的排列图;熟悉砌块的施工工艺和石料的砌筑方法;了解砌体工程冬季施工方法。

砌筑工程是指砖、石和各类砌块的砌筑。砖石结构的应用在我国有着悠久的历史。砖石结构取材容易,造价低,施工简便。其缺点是结构自重大,结构的整体性和抗震性能差,施工以手工操作为主,劳动强度大,且黏土砖生产需要大量的燃料,能源消耗大,砖的生产要用大量的黏土,不利于水土保持和环境保护。目前,国内许多地区和城市都已限制生产和使用黏土砖,取而代之的是页岩砖、硅酸盐砖、煤渣砖、中小型硅酸盐砌块等能源消耗低且有利于环保的新型材料砌块。

5.1　砌筑材料

常用的砌筑材料有块体和砂浆。块体包括砖、石、砌块三类。砖与砌块通常是按块体的高度尺寸划分的。块体高度小于 180mm 的称为砖,大于 180mm 的称为砌块。砌体工程所用的材料在施工中应有产品的合格证书、性能检测报告,块材、水泥、钢筋、外加剂等尚应有材料主要性能的进场复验报告。严禁使用国家明令淘汰的材料。

5.1.1　砖

砖是我国砌体结构中应用最广泛的一种块体,历史悠久。我国目前用于承重结构中的砖主要有烧结普通砖、烧结多孔砖和烧结空心砖、蒸压灰砂砖、蒸压粉煤灰砖等。

(1)烧结普通砖

烧结普通砖是以黏土、页岩、煤矸石或粉煤灰为主要原料经焙烧而成,分为烧结黏土砖、烧结页岩砖、烧结煤矸石砖和烧结粉煤灰砖等。烧结普通砖具有全国统一的规格尺寸:

240mm×115mm×53mm,空洞率小于15%,干重约为2.5kN/m³,通称为"标准砖"。

烧结普通砖的强度等级是根据10块样砖的抗压强度平均值、强度标准值和单块最小抗压强度值来划分的,共分为MU30,MU25,MU20,MU15和MU10五个强度等级。烧结普通砖根据尺寸偏差和外观质量分为优等品、一等品和合格品三个等级。

(2)烧结多孔砖和烧结空心砖

烧结多孔砖是以黏土、页岩、煤矸石或粉煤灰为主要原料,经焙烧而成,孔洞率不小于25%,孔的尺寸小而数量多的砖(如图5-1所示)。烧结多孔砖主要用于承重部位,砌筑时孔洞垂直于受压面。我国主要采用的空心砖规格有三种:KM1型、KP1型、KP2型。其中,符号K表示空心,P表示普通,M表示模数。

KM1,尺寸为190mm×190mm×90mm或190mm×90mm×90mm;

KP1,尺寸为240mm×115mm×90mm;

KP2,尺寸为240mm×180mm×115mm。

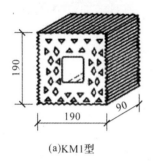
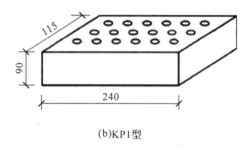

(a)KM1型 (b)KP1型

图5-1 烧结多孔砖(单位:mm)

国家标准只规定了外形尺寸而未规定空洞形式,各地生产的空心砖规格并不统一,空心率为10%~40%。在上述三种空心砖中,KP1较受欢迎,因为其平面尺寸和标准砖一致,强度又高于标准砖。

烧结多孔砖和烧结空心砖的强度等级是根据10块样砖毛面积的抗压强度平均值、强度标准值和单块最小抗压强度值来划分的。烧结多孔砖共分为MU30,MU25,MU20,MU15和MU10五个强度等级;烧结空心砖共分为MU10,MU7.5,MU5,MU3.5和MU2.5五个强度等级。

(3)蒸压灰砂砖

蒸压灰砂砖是用石灰和砂为主要原料,经坯料制备、压制成型、蒸汽养护而成的实心砖,简称灰砂砖。蒸压灰砂砖与烧结普通砖相比耐久性较差,所以不宜用于防潮层以下的勒脚、基础及高温、有酸性侵蚀的砌体中。

蒸压灰砂砖的强度等级是根据5块样砖的抗压强度和抗折强度试验值确定的,分为MU25,MU20,MU15和MU10四个强度等级。

(4)蒸压粉煤灰砖

蒸压粉煤灰砖是以粉煤灰和石灰为主要原料,掺加适量的石膏和集料,经坯料制备、压制成型、高压蒸汽养护而成的实心砖,简称粉煤灰砖。这种砖的抗冻性、长期稳定性及防水性能等均不如黏土砖,可用于一般建筑。

蒸压粉煤灰砖的强度等级是根据10块样砖的抗压强度和抗折强度试验值确定的,分为

MU25,MU20,MU15 和 MU10 四个强度等级。

5.1.2　砌块

砌块是一种新型墙体材料,用于砌筑工程的人造块体材料。砌块的尺寸较砖大,用砌块代替砖砌筑砌体,可以节省砂浆,减轻劳动量,加快施工速度。

目前我国砌块的种类规格较多,按形状来分有实心砌块和空心砌块两种;按规格来分有小型砌块、中型砌块和大型砌块三种。砌块高度在 180～390mm 的称小型砌块;高度在390～900mm 的称中型砌块;高度大于 900mm 的称大型砌块。

砌块的强度等级是根据 5 个砌块试样毛面积截面抗压强度的平均值和最小值进行划分的,混凝土砌块分为 MU20,MU15,MU10,MU7.5 和 MU5 五个强度等级;轻骨料混凝土砌块分为 MU20,MU15,MU10,MU7.5,MU5 和 MU3.5 六个强度等级,其中 MU3.5 强度等级的轻骨料混凝土砌块仅用于自承重墙。

5.1.3　石材

在承重结构中,常用的石材有花岗岩、石灰岩和凝灰岩等。石材抗压强度高,耐久性好,多用于房屋的基础及勒脚部位。在有开采和加工石材能力的地区,也用于房屋的墙体,但石材传热性较高,所以用于采暖房屋的墙壁时,需很大的厚度。

石材按其外形规则程度分为毛石和料石。毛石形状不规则,中部厚度不小于 200mm,长度约为 300～400mm。料石为比较规则的六面体,其高度与宽度不小于 200mm,料石按加工平整程度不同分为细料石、半细料石、粗料石、毛料石和毛石。其中细料石、半细料石价格较高,一般用作镶面材料。粗料石、毛料石和毛石一般用于承重结构。石材的强度等级是根据 3 个边长为 70mm 的立方体石块抗压强度的平均值划分的,分为 MU100,MU80,MU60,MU50,MU40,MU30 和 MU20 七个强度等级。

5.1.4　砂浆

砂浆在砌体中所占体积虽小,但它能将块体黏结成受力整体,抹平块体间的接触面,使应力均匀传递。同时,砂浆填满块体间的缝隙,减少了砌体的透气性,提高了砌体的隔热、防水和抗冻性能。

1.砂浆分类

砂浆是由胶凝材料(如水泥、石灰等)及细骨料(如粗砂、中砂、细砂)加水搅拌而成的黏结块体的材料。砂浆按其容重可分为两类:重砂浆(容重≥15kN/m³)和轻砂浆(容重＜15kN/m³);按其成分可分为如下三类:

(1)无塑性掺和料的纯水泥砂浆:由水泥与砂加水拌和而成的砂浆。这种砂浆具有较高的强度和较好的耐久性,能在潮湿环境下硬化。但这种砂浆的和易性和保水性较差,施工难度较大,适用于砂浆强度要求较高的砌体和潮湿环境中的砌体。

(2)有塑性掺和料的混合砂浆:在水泥砂浆中掺入一定塑性掺和料(石灰浆或黏土浆)所形成的砂浆。这种砂浆具有一定的强度和耐久性,而且可塑性和保水性较好,适用于砌筑一般墙、柱砌体。

（3）混凝土砌块（砖）专用砌筑砂浆。这种砂浆由水泥、砂、水以及根据需要掺入的掺和料和外加剂等组分,按一定比例,采用机械搅拌制成,专门用于砌筑混凝土砌块,简称砌块专用砂浆。

2.砂浆等级的确定

确定砂浆强度等级时应采用同类块体为砂浆强度试块的底模。按标准方法制作的边长为 70.7mm 的立方体试块,在温度为 15～25℃环境下养护 28d,经抗压试验所测的抗压强度的平均值来确定。当验算施工阶段砂浆尚未硬化的新砌体的强度和稳定性时,可按砂浆强度为 0 确定其砌体强度。砂浆的强度等级用符号"M""Ms""Mb"加相应数字表示,其数字表示砂浆的强度大小,单位为 MPa（即 N/mm²）。

（1）烧结普通砖、烧结多孔砖、蒸压灰砂普通砖和蒸压粉煤灰普通砖砌体采用的普通砂浆强度等级共分为五级,依次为 M15,M10,M7.5,M5 和 M2.5。

（2）蒸压灰砂普通砖和蒸压粉煤灰普通砖砌体采用的专用砌筑砂浆强度等级共分为四级,依次为 Ms15,Ms10,Ms7.5,Ms5。

（3）混凝土普通砖、混凝土多孔砖、单排孔混凝土砌块和煤矸石混凝土砌块砌体采用的砂浆强度等级共分为五级,依次为 Mb20,Mb15,Mb10,Mb7.5 和 Mb5。

（4）双排孔或多排孔轻集料混凝土砌块砌体采用的砂浆强度等级共分为三级,依次为 Mb10,Mb7.5 和 Mb5。

（5）毛料石、毛石砌体采用的砂浆强度等级共分为三级,依次为 M7.5,M5 和 M2.5。

5.2　砌筑施工工艺

5.2.1　砌砖施工

1.砖墙的施工工艺

砖的品种、强度等级必须符合设计要求,并应规格一致。用于清水墙、柱表面的砖,应边角整齐,色泽均匀。砌筑时,砖应提前 1～2d 浇水湿润,烧结普通砖、多孔砖以及填充墙砌筑用的空心砖的含水率宜为 10%～15%；灰砂砖、粉煤灰砖的含水率宜为 8%～12%。

砖墙砌筑的施工过程一般有（施工前的准备如润砖等）抄平、放线、摆砖、立皮数杆、挂线、砌砖、勾缝、清理等工序。下面以房屋建筑砖墙砌筑为例,说明各工序的具体做法。

（1）抄平。砌筑砖墙前,先在基础防潮层或楼面上定出各层标高,并用水泥砂浆或 C10 细石混凝土抄平,使各段砖墙底部标高符合设计要求。

（2）放线。建筑物底层轴线可按龙门板上定位钉为准拉麻线,沿麻线挂下线锤,将墙身中心轴线放到基础面上,并以此墙身中心轴线为准弹出纵横墙身边线,定出门窗洞口位置。各楼层的轴线则可利用预先引测在外墙面上的墙身中心轴线,借助于经纬仪把墙身中心轴线引测到楼层上去；或采用悬挂线锤的方法,对准外墙面上的墙身中心轴线,从而向上引测。轴线的引测是放线的关键,必须按图纸要求尺寸用钢皮尺进行校核。然后按楼层墙身中心线弹出各墙边线,划出门窗洞口位置。

砌筑基础前,应校核放线尺寸,允许偏差应符合表 5-1 中的规定。

表 5-1　放线尺寸允许偏差

长度 L、宽度 B/m	允许偏差/mm
L(或 B)≤30	±5
30<L(或 B)≤60	±10
60<L(或 B)≤90	±15
L(或 B)>90	±20

(3)摆砖。在弹好线的基面上由经验丰富的瓦工按选定的组砌方式,在墙基顶面放线位置试摆砖样(生摆,即不铺灰),尽量使门窗垛符合砖的模数,偏差小时可通过竖缝调整,以减小砍砖数量,并保证砖及砖缝排列整齐、均匀,以提高砌砖效率。摆砖在清水墙砌筑中尤为重要。

(4)立皮数杆。砌墙前先要立好皮数杆,作为砌筑的依据之一。使用皮数杆对保证灰缝一致,避免砌体发生错缝、错皮的作用较大。皮数杆一般是用 5cm×7cm 的方木做成,在皮数杆上必须按设计规定的层高、施工规定的灰缝大小及施工现场砖的规格,计算出灰缝厚度,标明每皮砖、灰缝厚度、门窗、楼板、圈梁、过梁等的位置和标高,屋架等构件位置,建筑物各种预留洞口和加筋的高度。皮数杆是墙体竖向尺寸的标志。

皮数杆应立在墙的转角处、内外墙交接处、楼梯间及墙面变化较多的部位。立皮数杆时可用水准仪测定标高,使各皮数杆立在同一标高上。在砌筑前,应先检查皮数杆上±0.000 与抄平桩上的±0.000 是否符合,所有应立皮数杆的部位是否立了皮数杆。检查合格后才可砌墙。

(5)挂线。为保证砌体垂直平整,砌筑时必须挂线,一般二四墙可单面挂线,三七墙及以上的墙则应双面挂线。

(6)砌筑。砌砖的操作方法与各地区操作习惯、使用工具等有关。实心砖砌体多采用一顺一丁、三顺一丁或梅花丁的砌筑形式(如图 5-2 所示)。使用大铲砌筑宜采用一铲灰、一块砖、一揉浆的"三一砌砖法",也叫满铺满挤操作法;使用瓦刀铺浆砌筑时,铺浆长度不得超过 750mm,施工期间气温超过 30℃时,铺浆长度不得超过 500mm。

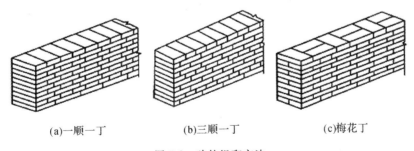

(a)一顺一丁　　　　(b)三顺一丁　　　　(c)梅花丁

图 5-2　砖的组砌方法

"三一砌砖法"的操作顺序如下:

①铲灰取砖:砌墙时,操作者应顺墙斜站,砌筑方向是由前向后退着砌;这样易于随时检

查已砌好的墙面是否平直。铲灰时,取灰量应根据灰缝厚度,以满足一块砖的需要量为标准。取砖时应随拿随挑选,左手拿砖,右手舀砂浆,同时进行,以减少弯腰次数,争取砌筑时间。

②铺灰:铺灰是砌筑时比较关键的动作,如掌握不好就会影响砖墙砌筑质量。一般常用的铺灰手法是甩浆,有正手甩浆和反手甩浆。灰不要铺得超过砖长太多,长度约比一块砖稍长1~2cm,宽约8~9cm,灰口要缩进外墙2cm。

用大铲砌筑时,所用砂浆稠度为7~9cm适宜。不能太稠,过稠不易揉砖,竖缝也填不满;也不能太稀,过稀大铲不易舀上砂浆,容易滑下去,操作不方便。

③揉浆:灰浆铺好后,左手拿砖在离已砌好的砖约有3~4cm处,开始平放并稍稍蹭着灰面,把灰浆刮起一点到砖顶头的竖缝里,然后把砖揉一揉,顺手用大铲把挤出墙面的灰刮起来,甩到竖缝里。揉砖时,眼要上看线,下看墙面。揉砖的目的是使砂浆饱满,揉到“下齐砖棱上齐线”为适宜。

砖砌体组砌方法应正确,上下错缝、内外搭砌,砌砖不得采用包心砖砌法。240mm厚承重墙的每层墙最上一皮砖或梁、梁垫下面,或砖砌体的台阶水平面上及挑出层,应整砖顶砌。多孔砖的孔洞应垂直于受压面砌筑。

砖砌通常先在墙角以皮数杆进行盘角,然后将准线挂在墙侧,作为墙身砌筑的依据,每砌一皮或两皮,准线向上移动一次。

(7)勾缝、清理。清水墙砌完后,要进行墙面修正及勾缝。墙面勾缝宜采用细砂拌制的1∶1.5的水泥砂浆,勾缝应横平竖直,深浅一致,搭接平整,不得有丢缝、开裂和黏结不牢等现象;内墙也可采用原浆勾缝,但必须随砌随勾,并使灰缝光滑密实。砖墙勾缝宜采用凹缝或平缝,凹缝深度一般为4~5mm。勾缝完毕后,应进行墙面、柱面和落地灰的清理。

2. 砌砖的质量

砌筑质量应符合《砌体工程施工质量验收规范》(GB 50203—2011)的要求。砌筑应横平竖直,砂浆饱满,灰缝均匀、上下错缝、内外搭砌。

对砌砖工程,要求每一皮砖的灰缝横平竖直、砂浆饱满。由于砌体的重量主要通过砌体之间的水平灰缝传递到下面,水平灰缝不饱满往往会使砖块折断。为了使砌块受力均匀,保证砌体紧密结合,砌体水平灰缝的砂浆饱满度不得小于80%。竖向灰缝的饱满程度影响砌体抗透风和抗渗水的性能,故宜采用挤浆或加浆方法,不得出现透明缝,严禁用水冲浆灌缝。砌体的水平灰缝厚度和竖向灰缝宽度一般规定为10mm,不宜小于8cm,也不宜大于12mm,过厚的水平灰缝容易使砖块浮滑,墙身倾倒;过薄的水平灰缝会影响砖块之间的黏结力。

5.2.2　砌块施工

1. 混凝土小型空心砌块施工

混凝土小型空心砌块是一种新型的墙体材料,目前在我国的房屋建筑工程中已得到广泛应用。混凝土小型空心砌块的材料包括普通混凝土小型空心砌块、轻骨料混凝土小型空心砌块等。混凝土小型空心砌块使用时的龄期不应小于28d。由于混凝土小型空心砌块墙体容易产生收缩裂缝,充分的养护可使其收缩量在早期完成大部分,从而减少墙体的裂缝。

2. 砌块吊装用机具

砌块墙的施工特点是砌块数量多,吊次也相应多,但砌块的重量不很大,通常采用的吊装方案有两种:一是以塔式起重机进行砌块、砂浆的运输以及楼板等构件的吊装,由台灵架吊装砌块。台灵架在楼层上的转移由塔吊来完成。二是以井架进行材料的垂直运输、杠杆车进行楼板吊装,所有预制构件及材料的水平运输则用砌块车和手推车,台灵架用于砌块的吊装(如图 5-3 所示)。

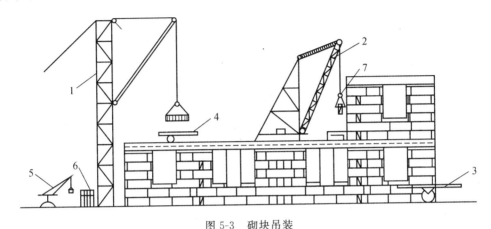

图 5-3　砌块吊装

1—井架;2—台灵架;3—杠杆车;4—砌块车;5—少先吊;6—砌块;7—砌块夹

3. 砌块排列图

砌块在吊装前应先绘制砌块排列图,以指导吊装施工和砌块准备,如图 5-4 所示。

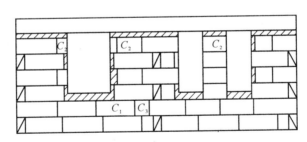

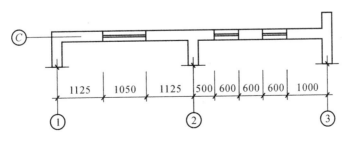

图 5-4　砌块排列图

砌块排列图的绘制方法:在立面图上用 1∶50 或 1∶30 的比例绘制出纵横墙面,然后将过梁、平板、大梁、楼梯、混凝土垫块等在图上标出,再将管道等孔洞标出。

在纵横墙上画水平灰缝线,按砌块错缝搭接的构造要求和竖缝的大小,尽量以主砌块为主、其他各种型号砌块为辅进行排列。需要镶砖时,尽量对称分散布置。

砌块排列应遵守的技术要求:上下皮砌块错缝搭接长度一般为砌块长度的 1/2(较短的砌块必须满足这个要求),或不得小于砌块皮高的 1/3,以保证砌块牢固搭接。外墙转角处及纵横墙交接处应交错搭接,如纵横墙不能互相搭接,则应每两皮设置一道钢筋网片,当要镶砖时,砖应分散布置。

3. 砌块施工工艺与构造要求

(1)砌块施工的工艺流程

砌块施工的工艺流程为:铺灰→吊装砌块就位→校正→灌缝→浇灌芯柱混凝土→镶砖。

①铺灰

砌块墙体所采用的砂浆应具有较好的和易性,砂浆稠度采用 50～80mm,铺灰应均匀平整,长度一般以不超过 5m 为宜,炎热的夏季或寒冷的冬季应按设计要求适当缩短。

②吊装砌块就位

砌块吊装就位后,吊装砌块一般用摩擦式夹具,夹砌块时应避免偏心。砌块就位时,应使夹具中心尽可能与墙身中心线在同一垂直线上,对准位置徐徐下落于砂浆层上,待砌块安放稳当后,方可松开夹具。

③校正

用垂球或托线板检查垂直度,用拉准线的方法检查水平度。校正时可用人力轻微推动砌块或用撬杠轻轻撬动砌块,自重在 150kg 以下的砌块可用木槌敲击偏高处。

④灌缝

竖缝可用夹板在墙体内外夹住,然后灌砂浆,用竹片插或铁棒捣,使其密实。当砂浆吸水后,用刮缝板把竖缝和水平缝刮齐。此后,砌块一般不准撬动,以防止破坏砂浆的黏结力。

⑤浇灌芯柱混凝土

完成一段墙体的砌筑以后,应将灰缝抠清,将墙面和操作地点清扫干净,有条件时,应随手把灰缝勾抹好,并组织检查验收。

⑥镶砖

镶砖工序必须在砌块校正后立即进行,镶砖时应注意要使砖的竖缝灌捣密实。

(2)混凝土小型空心砌块构造要求

混凝土小型空心砌块砌体所用的材料,除满足设计强度要求外,尚应符合下列要求:

①小砌块的产品龄期不应小于 28d,以避免其干燥收缩,引起墙面裂缝。

②砌筑砂浆宜选用《混凝土小型空心砌块和混凝土砌筑砂浆》(JC 860—2008)专用的小砌块砌筑砂浆。承重墙体严禁使用断裂的小砌块。

③在墙体的下列部位,应用 C20 混凝土灌实砌块的孔洞:底层室内地面以下或防潮层以下的砌体;无圈梁的楼板支撑面下的一皮砌块;没有设置混凝土垫块的屋架、梁等构件支撑面下,高度不应小于 600mm、长度不应小于 600mm 的砌体;挑梁支撑面下,距墙中心线每边不应小于 300mm、高度不应小于 600mm 的砌体。

④砌块墙与后砌隔墙交接处,应沿墙高每隔 400mm 在水平灰缝内设置不少于 2ϕ4、横筋间距不大于 200mm 的焊接钢筋网片,钢筋网片伸入后砌隔墙内不应小于 600mm,如图 5-5 所示。

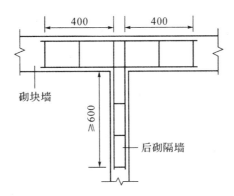

图 5-5　砌块墙与后砌隔墙交接处钢筋网片

⑤砌块建筑在相邻施工段之间或临时间断处的高度差不应超过一个楼层,斜槎水平投影长度不应小于高度的 2/3。

⑥砌块砌体的灰缝应横平竖直,灰浆饱满,错缝搭接,接槎可靠,水平灰缝应平直、表面平整,竖向灰缝应垂直。水平灰缝厚度和竖向灰缝宽度宜为 10mm,一般为 8～12mm。水平灰缝的砂浆饱满度按净面积计算应不小于 90%,竖向灰缝饱满度应不小于 80%,竖缝凹槽部位宜采用加浆措施用砌筑砂浆填实,不得出现瞎缝、透明缝和假缝等。

5.2.3　砌石施工

石砌体包括毛石砌体和料石砌体两种,在建筑基础、挡土墙、桥梁墩台中应用较多。

1. 毛石砌体

毛石基础一般采用 M5 水泥砂浆铺灰法砌筑。砌筑基础前,必须用钢尺校核毛石基础放线尺寸。砌筑毛石基础的第一皮石块,应首先坐浆,然后选择大而平整的石块,大面朝下平放安砌,砌好后要以双脚左右摇踩不动为准,使地基受力均匀,基础稳固。毛石基础扩大部分一般做成阶梯形,每阶内至少砌两皮毛石。上级阶梯的石块应至少压砌下级阶梯石块的 1/2,相邻阶梯的毛石应相互错缝搭砌。

毛石砌体应采用铺灰法砌筑,灰缝厚度一般为 20～30mm,要求石块间不得有相互接触现象。石块间较大的空隙应先填塞砂浆,然后嵌入小石块并用手锤打紧,再填以砂浆,务必使砂浆填满空隙,砌体平稳密实。应利用各皮石块自然形状对其进行敲打修整,使后砌石块能与先砌石块基本吻合、搭砌紧密。毛石砌体的第一皮及转角处、交接处和洞口处应用较大的平毛石砌筑;每一楼层(包括基础)砌体的最上一皮应选用较大的毛石砌筑。毛石砌体应分皮卧砌,上下错缝,内外搭砌。一般每皮厚约 30cm,上下皮毛石间搭接不小于 8cm,不得有通缝。毛石砌体的转角处和交接处应同时砌筑,否则应砌成踏步槎。为了增强毛石墙体的整体性、稳定性,除了要做到内外搭砌、上下错缝外,还必须按规定设置拉结石(顶头石)。对于拉结石长条形石块,当基础宽度或墙厚小于或等于 400mm 时,拉结石的长度一般与宽度或厚度相等;当基础宽度或墙厚大于 400mm 时,可用两块拉结石内外搭接,搭接长度不小于 150mm,且其块长度不小于基础宽度或墙厚的 2/3。上下层拉结石要均匀分布,相互错开,在立面上呈梅花状。毛石基础同皮内每间隔 2m 左右设置一块拉结石;毛石墙应每 0.7m² 墙面至少设置一块拉结石。考虑到毛石形状不规则和自重较大的特点,为保证砌体的稳定性,规定毛石砌体每日的砌筑高度应不超过 1.2m。

2. 料石砌体

料石砌体砌筑时,应放置平稳。砂浆铺设厚度应略高于规定的灰缝厚度。在料石和毛石或砖的组合墙中,料石砌体和毛石砌体或砖砌体应同时砌筑,并每隔 2~3 皮料石层用顶砌层与毛石砌体或砖砌体拉结砌筑。顶砌料石的长度宜与组合墙厚度相同。

下面以桥梁石砌墩台为例,简述其施工方法。

在砌筑前应按设计图放出实样,挂线砌筑。砌筑基础的第一层砌块时,如基底为土质,不需坐浆;如基底为石质,应先坐浆再砌石。砌块间用砂浆黏结并保持一定缝厚,所有砌缝要求砂浆饱满。形状比较复杂的工程应先做出配料设计图,注明石材尺寸;形状比较简单的工程也要根据砌体高度、尺寸、错缝等,先放样配好料石再砌。

砌筑方法:同一层石料及水平灰缝的厚度要均匀一致,每层按水平砌筑,丁顺相间,砌石灰缝相互垂直,灰缝宽度和错缝应符合表 5-2 的规定。砌石顺序为先角石,后镶面,再填腹。填腹石的分层高度应与镶面相同;圆端、尖端及转角形砌体的砌石顺序应自顶点开始,按丁顺排列接砌镶面石。

表 5-2 浆砌镶面石灰缝规定

种类	灰缝宽度 /cm	错缝(层间或行列间) /cm	三块石料相接处空隙 /cm	砌筑行列高度 /cm
粗料石	1.5~2		1.5~2	
半细料石	1~1.5	不小于 10	1~1.5	每层石料 厚度一致
细料石	0.8~1		0.8~1	

砌石施工的质量检查主要包括:

(1)砌体所用各项材料的类别、规格及质量;

(2)砌缝砂浆饱满度不应小于 80%;

(3)砌缝宽度、错缝距离符合规定;

(4)砌筑方法;

(5)砌体位置、尺寸。

5.3 砌体的冬季施工

根据当地气象资料确定,当室外日平均气温连续 5d 稳定低于 5℃时,砌体工程应该采取冬季施工措施。在冬季施工期限以外,如果当日最低气温低于 0℃时,也应按冬季施工执行。

冬季施工所用的材料应符合如下规定：

(1)砖和石材在砌筑前,应清除冰霜；

(2)砂浆宜采用普通硅酸盐水泥拌制；

(3)石灰膏、黏土膏和电石膏等应防止受冻,如遭冻应融化后使用；

(4)拌制砂浆所用的砂不得含有冰块和直径大于 10cm 的冰结块；

(5)拌和砂浆时,水的温度不得超过 80℃,砂的温度不得超过 40℃。

基土无冻胀性时,基础可在冻结的地基上砌筑；基土有冻胀性时,应在未冻结的地基上砌筑。在施工期间和回填土前,均应防止地基遭受冻结。

普通砖、多孔砖和空心砖在气温高于 0℃条件下砌筑时,应浇水湿润。在气温低于或等于 0℃的条件下砌筑时,可不浇水,但必须增大砂浆稠度。对于抗震设防烈度为 9 度的建筑物,普通砖、多孔砖和空心砖无法浇水湿润时,如无特殊措施,不得砌筑。

冬季进行砌体施工时,拌和砂浆宜采用两步投料法。水的温度不得超过 80℃,砂的温度不得超过 40℃。砂浆使用温度应当采用掺外加剂法时,不应低于 5℃；当采用氯盐砂浆法时,不应低于 5℃；当采用暖棚法时,不应低于 5℃,即块材在砌筑时的温度不应低于 5℃,距离所砌的结构底面 0.5m 处的棚内温度也不应低于 5℃；当采用冻结法且室外空气温度分别为 −10～0℃、−25～−11℃、−25℃以下时,砂浆使用最低温度分别为 10℃、15℃、20℃。

当采用掺盐砂浆法施工时,宜将砂浆强度等级按常温施工的强度等级提高一级。配筋砌体不得采用掺盐砂浆法施工。

冬季施工砂浆试块的留置,除应按照常温规定要求外,尚应增留不少于 1 组与砌体同条件养护的试块,测试检验 28d 强度。

在冻结施工法施工的解冻期间,应经常对砌体进行观测和检查,如发现裂缝、不均匀下沉等情况,应立即采取加固措施。

拓展阅读

配筋砌块建筑表现了良好的抗震性能,在地震区得到应用与发展。美国是配筋砌块应用最广泛的国家,在 1933 年大地震后,推出了配筋混凝土砌块结构体系,建造了大量的多层和高层配筋砌体建筑。这些建筑大部分经历了强烈地震的考验,如 1990 年 5 月在内华达州拉斯维加斯(7 度区)建成了 4 栋 28 层配筋砌体旅馆。同时,配筋砌块强度高、延性好,和钢筋混凝土剪力墙性能十分类似,可以应用于大开间和高层建筑结构。在我国,配筋砌块建筑应用具有较快的发展,如哈尔滨科盛大厦办公楼采用钢筋混凝土砌块砌体剪力墙结构,是我国首栋高度达到 100m 级别的高层配筋砌块结构建筑,具有施工速度快、增大使用面积、降低工程成本以及低碳节能等诸多优势。

思 考 题

5-1　简述砌筑用砖及砂浆的质量要求。

5-2　简述砖墙砌筑的施工工艺。

5-3　砖砌筑前的摆砖的作用是什么? 什么是皮数杆? 其作用是什么? 如何布置?

5-4　什么是"三一砌砖法"? 其特点是什么? 砌筑时,挂线的作用是什么?

5-5 砖砌体工程的质量要求有哪些？砖墙临时间断处的接槎方式有哪两种？各有何要求？

5-6 如何绘制砌块排列图？简述砌块的施工工艺。

5-7 砌体工程冬季施工的常用方法有哪些？采用氯盐砂浆法时应注意哪些问题？

5-8 冬季施工中的砌体材料各应符合什么要求？

习　　题

5-1 简述我国砌块的种类和规格要求。

5-2 "三一砌砖法"的操作顺序和施工方法是什么？

第6章　钢结构工程

【内容提要】

本章主要介绍钢结构的工厂加工,包括钢材矫正、放样和号料、切割、制孔、边缘加工、弯制成型和装配等,还介绍了两种基本的钢结构连接方式:焊接连接和螺栓连接。

【学习要求】

通过本章学习,熟悉钢结构制作加工的工艺和质量要求。焊接连接要求了解电弧焊的施工工艺,掌握焊接质量检查要求;螺栓连接要求熟悉普通螺栓和高强螺栓的受力机理、紧固方法,掌握它们的质量控制要求。

钢结构是钢材制成的工程结构,通常由型钢和钢板等制成的梁、桁架、柱、板等构件组成,各部分之间用焊缝、螺栓或铆钉连接。有些钢结构还部分采用钢丝绳或钢丝束。

钢结构具有下列优缺点:

(1)强度高,质量轻。钢材强度较高,弹性模量也高,因而钢结构构件小而轻。现在有多种强度等级的钢材,即使强度较低的钢材,其密度与强度的比值一般也小于混凝土和木材,因而在同样受力情况下钢结构自重小,可以做成跨度较大的结构。由于杆件小,钢结构所占空间少,亦便于运输和安装。

(2)材质均匀,可靠性高。钢材组织均匀,接近于各向同性匀质体。钢材由钢厂生产,控制严格,质量比较稳定。钢结构的实际工作性能比较符合目前采用的理论计算结果,所以钢结构可靠性较高。

(3)塑性和韧性好。钢结构的抗拉和抗压强度相同,塑性和韧性均好,适于承受冲击和动力荷载,有较好的抗震性能。

(4)便于机械化制造。钢结构由轧制型材和钢板在工厂制成,便于机械化制造,生产效率高,速度快,成品精确度较高,质量易于保证,是工程结构中工业化程度最高的一种结构。

(5)安装方便,施工期限短。钢结构安装方便,施工期限短,可尽快地发挥投资的经济效益。

(6)密封性好。钢结构的密封性较好,容易做成密不漏水和密不透气的常压和高压容器结构与大直径管道。

(7)耐热性较好。结构表面温度在200℃以内时,钢材强度变化很小,因而钢结构适用于热车间。但结构表面长期受辐射热使温度达150℃时,应采用隔热板加以防护。

(8)耐火性差。钢结构耐火性较差,钢材表面温度达300～400℃以后,其强度和弹性模量显著下降,600℃时几乎降到零。当耐火要求较高时,需要采取保护措施,如在钢结构外面包混凝土或其他防火板材,或在构件表面喷涂一层含隔热材料和化学助剂等的防火涂料,以提高耐火等级。

(9)耐锈蚀性差。钢结构耐锈蚀性较差,特别是在潮湿、有腐蚀性介质的环境下,容易锈蚀,需要定期维护,增加了维护费用。

由于钢材和钢结构有上述特点,钢结构常用于各种工程结构中。钢结构的合理应用范围大体如下:

(1)大跨径结构。随着结构跨度增大,结构自重在全部荷载中所占的比重也就越大,减轻自重可获得明显的经济效益。对于大跨度结构,钢结构质量轻的优点显得特别突出。我国上海可容纳8万人的体育馆是一平面为椭圆形的建筑,采用了由径向悬挑格架和环向桁架组成的空间钢屋盖结构,长轴为288.4m,短轴为274.4m,屋盖最大悬挑跨度达73.5m。2005年建成通车的润扬长江大桥,其中南汊主桥采用单孔双铰钢箱梁悬索桥,主跨径为1490m的大跨径悬索桥。

(2)高层建筑。高层建筑已成为现代化城市的一个标志。钢材强度高和钢结构质量轻的特点对高层建筑具有重要意义。钢锗强度高则构件截面尺寸小,可提高有效使用面积;钢结构质量轻可大大减轻构件、基础和地基所承受的荷载,降低基础工程等的造价。当今世界上最高的50幢建筑中,钢结构和钢-混凝土混合结构占80%以上。1974年建成的纽约西尔斯大厦,共110层,总高度达443m,为全钢结构建筑。近年来,我国的高层建筑钢结构如雨后春笋般拔地而起,1999年建成的上海金茂大厦为88层,总高度为420.5m;1997年8月在上海浦东开工兴建的上海环球金融中心为101层,总高度为492m。这表明完全由我国自己来建造超高层钢结构是可以做到的。

(3)工业建筑。当工业建筑的跨度和柱距较大,或者设有大吨位吊车,结构需承受大的动力荷载时,往往部分或全部采用钢结构。为了缩短施工工期,尽快发挥投资效益,近年来我国的普通工业建筑也大量采用钢结构。

(4)轻型结构。使用荷载较小或跨度不大的结构为轻型结构。自重是这类结构的主要荷载,常采用冷弯薄壁型钢或小型钢制成的轻型钢结构。

(5)高耸结构。塔架和桅杆等的高度大,构件的横截面尺寸较小,风荷载和地震常常起主要作用,自重对结构的影响较大,因此常采用钢结构。

(6)活动式结构。如水工钢闸门、升船机等,可充分发挥钢结构质量轻的特点,降低启闭设备的造价和运转所耗费的动力。

(7)可拆卸或移动的结构。如施工用的建筑和钢栈桥、流动式展览馆、移动式平台等,可发挥钢结构质量轻、便于运输和安装方便的优点。

(8)容器和大直径管道。钢结构可用于贮液(气)罐、输(油、气、原料)管道、水上压力管道等。三峡水利枢纽工程中的发电机组采用的压力钢管内径达12.4m。

(9)在地震区抗震要求高的结构。钢结构具有良好的延展性,可以将地震波的能耗抵消掉。

(10)急需早日交付使用的工程。这类工程可发挥钢结构施工工期短、质量轻、便于运输的特点。

综上所述,钢结构是在各种工程中广泛应用的一种重要的结构形式。随着我国经济建设的发展和钢产量的提高,钢结构将会发挥日益重要的作用。

6.1 钢结构的加工

由于钢材的强度高、硬度大,钢结构的制造精度要求较高,因而钢结构构件的制造必须在具有专门机械设备的金属结构制造厂中进行。

钢结构的制造从钢材进厂到构件出厂,一般要经过生产准备、零件加工、装配、油漆和装运等一系列工序。因而金属结构制造厂通常由钢材仓库和准备车间、放样间、零件加工车间、半成品仓库、装配车间、油漆和装运车间等组成。在钢材仓库和准备车间内进行材料验收,分类存放,并在供料前进行校正。在放样间根据施工图制成实际尺寸的样板,以供加工车间号料用。在加工车间进行号料、切割、制孔、边缘加工和弯曲等工序并送入中间仓库存放。在装配车间进行装配、焊接、铆前扩孔、铆接、铣端和钻安装孔等工序。在整个制造过程中,必须及时对零件或构件进行校正,以满足设计要求。在装配、焊接及铆接过程中,必须对结构进行全面的技术检查和验收。验收合格的构件或运输单元送到油漆装运车间进行油漆和编号,然后运往安装工地。

从各工序所需的平均劳动量来看,焊接结构最费工的工序是切割、装配和焊接,而铆接结构最费工的工序是制孔、装配和打铆。它们几乎各占其全部劳动量的 60% 以上。在设计时构件应尽量采用焊接,构件间的连接应尽量采用高强螺栓连接,以提高钢结构的制造和安装质量、节约钢材和降低钢结构的制造费用。

6.1.1 钢材矫正

从轧钢厂运到钢结构制造厂的钢材,常因长途运输、装卸不慎而产生较大的变形,给加工造成困难,影响制造的精度,因此在加工前必须进行矫正使之平直。钢板矫正辊床的工作简图如图 6-1 所示;槽钢和工字钢一般用水平直弯机矫正,水平直弯机的工作简图如图 6-2 所示。

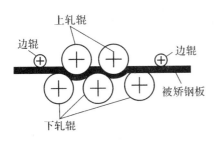

图 6-1 钢板矫正辊床的工作简图

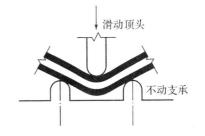

图 6-2 水平直弯机的工作简图

6.1.2 放样和号料

在一个结构中往往有很多完全相同的构件,而每一构件又由各种零件组成,所以一个结构工程中各种零件的数量一般是很多的。为了保证构件的制作质量和提高工作效率,应按施工图上的图形和尺寸绘出 1:1 的大样,并做成足尺寸的样板,这一工序叫放样。然后利用样板在钢材上画线,以得到所需要的切割线和孔眼位置,这一工序叫号料。样板用质轻、价廉且不易产生伸缩变形的材料做成,最常用的材料有铁皮、纸板和油毡等,也可用薄木板或胶合板,应根据零件要求的精度和重复使用的次数进行选择。

号料时,用钢卷尺测量长度,用钢针画线,用梅花冲在钢材上打孔眼,以标定孔心位置。放样和号料时,应根据工艺要求预留焊接收缩余量及切割、刨边和铣平等的加工余量。

6.1.3 切 割

钢材的切割有剪切、锯切和气割等方法。用剪切机切割最方便,钢板剪切机的工作简图,如图 6-3 所示。薄钢板可以用一般的压力剪切机切割,厚钢板要用强大的龙门剪床切割,圆弧剪切机可以把钢板的边缘切割成圆弧形。钢板的最大剪切厚度视剪床的功率而定。

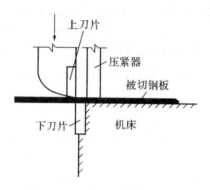

图 6-3 钢板剪切机的工作简图

钢材经剪切后在离剪切边缘 2~3mm 范围内产生严重的冷作硬化,使这部分钢材变脆。因此,对于厚度较大且受动力荷载作用的重要结构,剪切后应将该部分刨去。

对于工字钢、槽钢、钢管和大号角钢可用机械锯锯切,通常选用无齿圆盘摩擦锯,其切割质量好而且效率高,缺点是噪声大。

此外,氧气切割也经常采用,特别适用于板厚大于 25mm 的切割工序。它的优点是生产效率高,较经济,可以切任何厚度的钢材,既能切直线又能切曲线,还能直接做成 V 形和 X 形焊缝的坡口。氧气切割分手工切割、自动和半自动切割,以及精密切割。精密切割质量最好,但自动和半自动切割已能满足制造精度要求。

6.1.4 制 孔

制孔的方法有冲孔和钻孔两种。冲孔(如图 6-4 所示)在冲床上进行,一般只能冲较薄的钢板,直径大小也有一定限度,一般不能小于钢板的厚度。冲孔的原理是剪切,因此在孔壁周围将产生严重的冷作硬化,质量较差,但冲孔的生产效率很高。所以,当对孔的质量要求不高时,可以采用冲孔。

钻孔在钻床上进行,可以钻任何厚度的钢材。钻孔的原理是切削,故孔壁损伤较小,质量较好,但生产效率较低,仅用于厚钢板以及直接承受动力荷载作用的结构中。为了避免拼装时孔眼对不齐和加快钻孔速度,有时先在零件上冲成或钻成比设计孔径小 3mm 的孔,待结构预总装时再将孔扩钻到设计孔径大小。

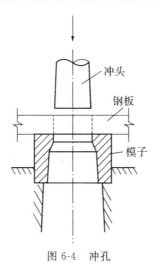

图 6-4   冲孔

6.1.5   边缘加工

有些构件根据其受力特点常需经过刨边和铲边的工序,例如对接焊钢板边缘的坡口和磨光顶紧传力板端的刨边等。刨边在刨床上进行,对于几米长的钢板需要用大型龙门刨边机。刨边是很费工的工序,生产效率低、成本高,因此非必要时应尽量避免。

对于重级工作制吊车梁,翼缘板切割边的冷作硬化部分应在零件装配前先行刨掉。有时为使零件的端部能直接传力,也要将其端部在刨床上刨平。

对于工作量不大,且加工质量要求不高的边缘加工,例如屋架连接角钢的铲棱可用风铲。风铲是一种利用高压空气作为动力的风动机具。其优点是设备简单,使用方便,成本低;缺点是噪声大,质量不如刨的好。

6.1.6   弯制成型

当钢板或型钢需要弯成某一角度或弯成某一圆弧时,就需经过弯曲这道工序。弯曲可在常温下进行,称为冷弯;也可在热塑状态下进行,称为热弯。钢板和型钢的冷弯可在专门的辊弯机上进行。角钢辊弯机的工作简图如图 6-5 所示。要把钢板冷弯成具有某种截面形式的杆件,可用模压机。模压机的工作简图如图 6-6 所示。模压机可根据要弯成的形状设置相应的上下冲模。冷弯只适用于薄钢板,其曲率半径也不宜过小,以免钢材的塑性损失过大导致出现裂纹。

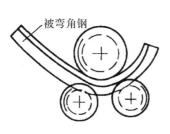

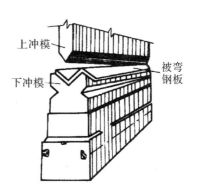

图 6-5   角钢辊弯机的工作简图   图 6-6   模压机的工作简图

对于厚钢板或型钢,当弯曲的角度过大或弯曲的曲率半径较小时,一般都需要将钢材加热至呈浅黄色(1000~1100℃)后在模子上进行弯曲,此即热弯。热弯后应使零件缓慢而均匀地冷却,以防钢材变脆。热加工使钢结构制造工序复杂化,并使造价增高,在设计时应尽量避免。

加工过程中,零件可能扭曲,必须在装配前加以校正,然后进行验收。验收合格的零件送到半成品仓库分类存放,以备后面的工序使用。

6.1.7 装 配

装配是把加工好的零件按照施工图纸拼装成构件,并点焊加以固定的工序。在装配前应将零件上的铁锈、毛刺和油污等清除干净。

有的构件在装配时,为了固定零件的相对位置常需用模架。例如装配工字形截面的焊接组合梁就需要采用如图 6-7 所示的模架。

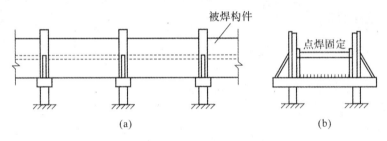

图 6-7 拼装焊接工字梁的模架

钢结构制作的工序较多,因此,对加工顺序要周密安排,避免工件倒流,以减少往返运输时间。钢结构大流水作业生产的一般工艺流程如图 6-8 所示。钢结构构件运入工地后再进行现场安装。

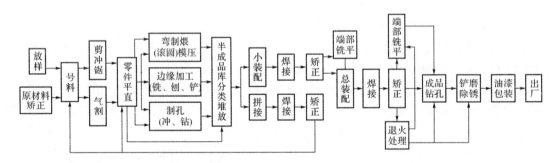

图 6-8 钢结构大流水作业生产的一般工艺流程

6.2 钢结构的连接

钢结构的连接就是把板材或型钢组合成构件,再将构件组合成结构,以保证结构的共同受力。因此,钢结构连接的方式及质量直接影响其工作性能。钢结构的连接必须符合安全可靠、传力明确、构造简单、制造方便和节约钢材的原则。

钢结构采用的连接方法有焊接连接、铆钉连接和螺栓连接,如图 6-9 所示。

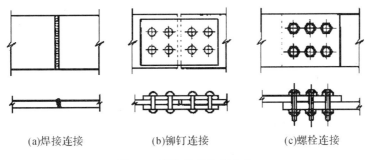

(a)焊接连接　　　　　(b)铆钉连接　　　　　(c)螺栓连接

图 6-9　钢结构的连接方法

1. 焊接连接

焊接连接是现代钢结构的主要连接方法。它的主要优点是不削弱构件截面(不必钻孔),可省去拼接板,因而构造简单,节约钢材,制造加工方便,密封性能好;缺点是由于焊件连接处局部受高温,在热影响区形成的材质较差、冷却又很快,同时,由于热影响区的不均匀收缩,易使焊件产生焊接残余应力以及残余变形,甚至可能造成裂缝,导致脆性破坏。

2. 铆钉连接

铆钉连接的优点是塑性及韧性较好,质量也易检查和保证,可用于承受动载的重型结构。但是,由于铆接工艺复杂,连接件受钉孔削弱及需要拼接板,因此费钢又费工,近 30 年以来在钢结构中已很少采用。

铆钉连接包括制孔和打铆两个主要工序。被连接的板件按设计要求制成钉孔,孔径应比钉杆公称直径大 1.0mm。打铆时先将铆钉加热到 900~1000℃,迅速插入钉孔,用风动铆钉枪或液压铆钉机把钉端打或压成铆钉头。铆合后的钉杆充满钉孔。由于钉杆冷缩,压紧被连接的板件,有利于铆接接头的整体工作。试验结果表明,钉孔质量直接影响连接的强度。铆钉连接的钢结构的塑性和韧性都比焊接连接的好,传力可靠,连接质量容易检查,而且对主体金属材质质量的要求比焊接结构低。但铆钉连接的钉孔削弱截面,制孔和打铆费钢费工,而且要求技工的技术水平高,且劳动条件差,所以目前在钢结构连接中已被焊接连接和高强螺栓连接取代。

3. 螺栓连接

螺栓连接就是先在连接件上钻孔,然后装入预制的螺栓,拧紧螺母即成,安装时不需要特殊设备,操作简单,又便于拆卸,故螺栓连接常用于结构的安装连接、需经常装拆的结构以及临时固定连接中。螺栓又分为普通螺栓和高强螺栓。高强螺栓连接紧密,耐疲劳,承受动载可靠,成本也不太高。目前在一些重要的永久性结构的安装连接中,螺栓连接已成为代替铆钉连接的优良连接方法。

6.2.1　焊接施工

建筑钢结构焊接时应考虑以下问题:焊接方法的选择应考虑焊接构件的材质和厚度、接头的形式和焊接设备;焊接工艺及作业程序;焊接质量检验。

焊缝连接常用的形式有三种:电弧焊、电阻焊及气焊。电弧焊是工程中应用最普遍的焊接形式,本节主要讨论其施工工艺。

1. 焊接接头

电弧焊分为手工电弧焊与自动或半自动电弧焊,如图 6-10 所示。根据焊件的厚度、使用条件、结构形状的不同,焊接接头又分为对焊接头、角焊接头、T 形接头和搭接接头等形式。为了提高焊接质量,较厚的构件往往要开坡口。开坡口的目的是保证电弧能深入焊缝的根部,使根部能焊透,以便清除熔渣,获得较好的焊缝形态。常用的焊接接头形式如表 6-1 所示。

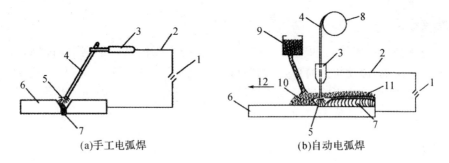

(a)手工电弧焊　　　　　(b)自动电弧焊

图 6-10　电弧焊

1—电源;2—导线;3—夹具;4—焊条;5—电弧;6—焊件;7—焊缝;8—转盘;9—漏斗;
10—熔剂;11—熔化的熔剂;12—移动方向

表 6-1　焊接接头形式

序号	名称	图示	接头形式	特点和适用性
1	对焊接头		不开坡口	应力集中较小,有较高的承载力
			V、X、U 形坡口	
2	角焊接头		不开坡口	适用厚度在 8mm 以下
			V、K 形坡口	
			卷边(非焊接)	适用厚度在 2mm 以下
3	T 形接头		不开坡口	适用厚度在 30mm 以下的不受力构件
			V、K 形坡口	适用厚度在 30mm 以上的只承受较小剪应力构件
4	搭接接头		不开坡口	适用厚度在 12mm 以下的钢板
			塞焊	适用双层钢板的焊接

按施焊的空间位置分,焊缝形式可分为平焊缝、横焊缝、立焊缝及仰焊缝四种。平焊的熔滴靠自重过渡,操作简单,质量稳定;横焊时,由于重力作用熔化金属容易下淌,使焊缝上

侧产生咬边,下侧产生焊瘤或未焊透等缺陷;立焊缝成型更加困难,易产生咬边、焊瘤、夹渣、表面不平等缺陷;仰焊施工最为困难,施焊时易出现未焊透、凹陷等质量问题。

2. 焊接前的准备

焊接前的准备包括坡口制备、预焊部位清理、焊条烘干、预热、预变形及高强度钢切割表面探伤等。

焊条、焊剂使用前必须烘干。一般酸性焊条的烘焙温度为 $75\sim150℃$,时间为 $1\sim2h$;碱性低氢型焊条的烘焙温度为 $350\sim400℃$,时间为 $1\sim2h$。烘干的焊条应放在 $100\sim150℃$ 保温筒(箱)内,低氢型焊条在常温下超过 4h 应重新烘焙,重复烘焙的次数不宜超过两次。焊条烘焙时,应注意随箱逐步升温。

焊接不同类别钢材时,焊接材料的匹配应符合设计要求。表 6-2 为 Q235 和 Q345 钢材采用手工电弧焊进行焊接时,常用焊接材料的选配。

表 6-2　Q235 和 Q345 钢材手工电弧焊焊接材料的选配

结构钢材		手工电弧焊焊条型号
Q235	A	E4303*
	B	E4303*、E4328、E4315、E4316
	C	
	D	
Q345	A	E5003*
	B	E5003*、E5015、E5016、E5018
	C	E5015、E5016、E5018
	D	
	E	供需双方协议

注:* 用于一般结构。

3. 焊接施工

(1)引弧与熄弧

引弧有碰击法和划擦法两种。碰击法是将焊条垂直于工件进行碰击,然后迅速保持一定距离;划擦法是将焊条端头轻轻划过工件,然后保持一定距离。施工中,严禁在焊缝区以外的母材上打火引弧。在坡口内引弧的局部面积应熔焊一次,不得留下弧坑。

(2)运条方法

电弧点燃之后,就进入正常的焊接过程。焊接过程中焊条同时有三个方向的运动:沿其中心线向下送进;沿焊缝方向移动;横向摆动。由于焊条被电弧熔化逐渐变短,为保持一定的弧长,就必须使焊条沿其中心线向下送进,否则会发生断弧。焊条沿焊缝方向移动速度的快慢要根据焊条直径、焊接电流、工件厚度、接缝装配情况及焊缝所在位置而定。移动速度太快,焊缝熔深太小,易造成未焊透;移动速度太慢,焊缝过高,工件过热,会引起变形增加或烧穿。为了获得一定宽度的焊缝,焊条必须横向摆动。在做横向摆动时,焊缝的宽度一般是焊条直径的 1.5 倍左右。以上三个方向的动作密切配合,根据不同的接缝位置、接头形式、焊条直径和性能、焊接电流、工件厚度等情况,采用合适的运条方法(如表 6-3 所示),就可以在各种焊接位置得到优质的焊缝。

表 6-3 常用运条方法及适用范围

运条方法	图例	适用范围	运条方法	图例	适用范围
直线形	→	要求焊缝很小的薄小构件	下斜线形	〜	一般用于横焊
带火形	〜	要求焊缝很小的薄小构件	椭圆形	〜	一般用于横焊
折线形	∧∧∧	普通焊缝	三角形	▷▷▷	常用于加强焊缝的中心加热
正半月形	∩∩∩	普通焊缝	圆圈形	○○○	角焊或平焊的堆焊
反半月形	∪∪∪	普通焊缝	一字形	⊓⊔⊓	角焊或平焊的堆焊
斜折线形	〜	一般用于边缘堆焊			

(3)完工后的处理

焊接结束后的焊缝及两侧应彻底清除飞溅物、焊渣和焊瘤等。无特殊要求时,应根据焊接接头的残余应力、组织状态、熔敷金属含氢量和力学性能决定是否需要焊后热处理。

4. 焊接工艺参数

手工电弧焊的焊接工艺参数主要有焊条直径、焊接电流、焊接层数等。

(1)焊条直径

焊条直径的选择主要取决于焊件厚度(如表 6-4 所示)、接头形式、焊缝位置和焊接层次等因素。平焊时焊条直径可选择大些,立焊时焊条直径不大于 5mm,仰焊和横焊时最大焊条直径为 4mm,多层焊及坡口第一层焊缝使用的焊条直径为 3.2~4mm。

表 6-4 焊条直径的选择

焊件厚度/mm	2	3	4~5	6~12	≥13
焊条直径/mm	2	3.2	3.2~4	4~5	4~6

(2)焊接电流

焊接电流过大或过小都会影响焊接质量,所以其选择应根据焊条的类型与直径、焊件的厚度、接头形式、焊缝空间位置等因素来考虑,其中焊条直径和焊缝空间位置最为关键。在一般钢结构的焊接中,焊接电流大小与焊条直径关系可用经验公式(6-1)进行试选:

$$I = 10d^2 \tag{6-1}$$

式中:I——焊接电流(A);

d——焊条直径(mm)。

另外,立焊时,电流应比平焊时小 15%~20%;横焊和仰焊时,电流应比平焊电流小

$10\% \sim 15\%$。

（3）焊接层数

焊接层数应视焊件的厚度而定。除薄板外，一般都采用多层焊。对于同一厚度的材料，其他条件相同时，焊接层数增加，热输入量减少，有利于提高接头的塑性，但层数过多，焊件的变形会增大，因此，应该合理选择层数，施工中每层焊缝的厚度不应大于 $4 \sim 5$mm。

5. 焊接质量检查

由于焊缝连接受材料、操作影响很大，施工后应进行认真的质量检查。钢结构焊缝质量检查分为三级，检查项目包括外观检查、超声波探伤以及 X 射线探伤等。

所有焊缝均应进行外观检查，检查其几何尺寸和外观缺陷。焊缝感观应达到：外形均匀、成型较好，焊道与焊道、焊道与基本金属间过渡较平滑，焊渣和飞溅物基本清除干净。焊缝表面不得有裂纹、焊瘤等缺陷。一级、二级焊缝不得有表面气孔、夹渣、弧坑裂纹、电弧擦伤等缺陷，且一级焊缝不得有咬边、未焊满、根部收缩等缺陷。

设计要求全焊透的一级、二级焊缝应采用超声波探伤进行内部缺陷的检验，超声波探伤不能对缺陷做出判断时，应采用 X 射线探伤。

6.2.2　螺栓施工

螺栓作为钢结构连接紧固件，通常用于构件间的连接、固定、定位等。钢结构中的连接螺栓一般分普通螺栓和高强螺栓两种。采用普通螺栓或高强螺栓而不施加紧固力，该连接即为普通螺栓连接；采用高强螺栓并对螺栓施加紧固力，该连接称为高强螺栓连接。

两种螺栓连接工作机理如图 6-11 所示。普通螺栓连接在受外力后，节点连接板即产生滑动，外力通过螺栓杆受剪和连接板孔壁承压来传递。高强螺栓连接则分为摩擦型和承压型。摩擦型高强螺栓连接通过对高强螺栓施加紧固轴力，将被连接的连接钢板夹紧产生摩擦效应，受外力作用时，外力靠连接板层接触面间的摩擦来传递，应力流通过接触面平滑传递，无应力集中现象，此时螺栓不受剪力而只受拉力。承压型高强螺栓连接则容许连接件之间产生滑移，其受力与普通螺栓相同。

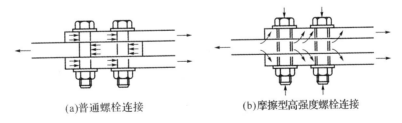

(a)普通螺栓连接　　　　　　(b)摩擦型高强度螺栓连接

图 6-11　螺栓连接工作机理

螺栓连接的典型拉伸曲线如图 6-12 所示，从曲线上可以把螺栓连接工作过程分为 4 个阶段：阶段 1 为静摩擦抗滑移阶段，即为摩擦型高强螺栓连接的工作阶段。对于普通螺栓连接，阶段 1 不明显，可忽略不计。阶段 2 时，荷载克服摩擦阻力，接头产生滑移，螺栓杆与连接板孔壁接触进入承压状态，此阶段为摩擦型高强螺栓连接的极限破坏状态。阶段 3 时，螺栓和连接板处于弹性变形阶段，荷载-变形曲线呈线性关系。阶段 4 时，螺栓和连接板处于弹塑性变形阶段,最后螺栓剪断或连接板破坏(拉脱、承压和净截面拉断),整个连接接头破坏。曲线的终点对于普通螺栓连接为极限破坏状态;对于高强螺栓连接,则为承压型高强螺栓连接的极限破坏状态。

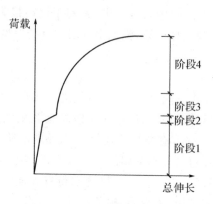

图 6-12　螺栓连接的典型拉伸曲线

螺栓按照性能等级分为 3.6,4.6,4.8,5.6,5.8,6.8,8.8,9.8,10.9,12.9 十个等级,其中 8.8 级以上(含 8.8 级)螺栓材质为低碳合金钢或中碳钢并经热处理(淬火、回火),通称为高强螺栓,8.8 级以下通称为普通螺栓。

螺栓性能等级标号由两部分数字组成,分别表示螺栓的公称抗拉强度和材质的屈强比。例如性能等级 4.6 级的螺栓其含义为:第一部分数字(4.6 中的"4")为螺栓材质公称抗拉强度(N/mm^2)的 $1/100$;第二部分数字(4.6 中的"6")为螺栓材质屈强比的 10 倍;两部分数字的乘积($4×6=$"24")为螺栓材质公称屈服点(N/mm^2)的 $1/10$。4.6 级则表示其抗拉强度为 $400N/mm^2$,屈强比为 0.6,屈服点为 $240N/mm^2$。

1. 普通螺栓

钢结构普通螺栓连接即将普通螺栓、螺母、垫圈机械地和连接件连接在一起形成的一种连接形式。

(1)普通螺栓的种类

普通螺栓分为 A,B,C 三级。A 级螺栓通称为精制螺栓,B 级螺栓为半精制螺栓。A,B 级适用于拆装式结构或连接部位需传递较大剪力的重要结构的安装中。C 级螺栓通称为粗制螺栓。钢结构用连接螺栓,除特殊注明外,一般即为普通粗制(C 级)螺栓[如图 6-13(a)和图 6-13(b)所示],图中螺纹规格 d 通常有 8mm,10mm,12mm 直至 95mm,也可表示为 M8,M10,M12 等。

双头螺栓一般又称双头螺柱,图 6-13(c)为等长双头螺柱 C 级的外形图。双头螺柱多用于连接厚板和需两端调节的地方,如混凝土屋架、屋面梁悬挂单轨梁吊挂件等。

地脚螺栓分为一般地脚螺栓、锤头螺栓和锚固地脚螺栓,用于柱底或设备基础处的连接。一般地脚螺栓的埋入端做成直角形或 U 形,在浇筑混凝土基础时,预埋在基础之中用以固定钢柱。锤头螺栓是基础螺栓的一种特殊形式,一般在混凝土基础浇筑时将特制模箱(锚固板)预埋在基础内。锚固地脚螺栓是在已成形的混凝土基础上经钻机制孔后,再浇筑固定的一种地脚螺栓,或采用化学锚固剂锚固。

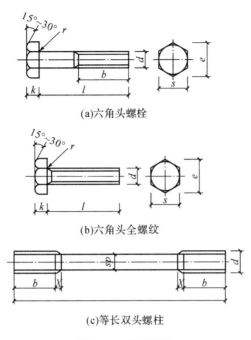

(a)六角头螺栓

(b)六角头全螺纹

(c)等长双头螺柱

图 6-13　普通螺栓

(2)普通螺栓的施工要求

1)连接要求

普通螺栓在连接时应符合下列要求:

①永久螺栓的螺栓头和螺母的下面应放置平垫圈。垫置在螺母下面的平垫圈不应多于 2 个,垫置在螺栓头下面的平垫圈不应多于 1 个。

②螺栓头和螺母应与结构构件的表面及垫圈密贴。

③对于倾斜面的螺栓连接,则应放置斜垫片垫平,以使螺母和螺栓的头部支撑面垂直于螺杆,避免螺栓紧固时螺杆受到弯曲力。

④永久螺栓和锚固螺栓的螺母应根据施工图纸中的设计规定,采用有防松装置的螺母或弹簧垫圈。

⑤对于动荷载或重要部位的螺栓连接,应在螺母的下面按设计要求放置弹簧垫圈。

⑥各种螺栓连接,从螺母一侧伸出螺栓的长度应保持在不小于两个完整螺纹的长度。

2)长度选择

连接螺栓的长度的计算公式为

$$L = \delta + H + nh + C \tag{6-2}$$

式中:δ——连接板约束厚度(mm);

H——螺母的高度(mm);

h——垫圈的厚度(mm);

n——垫圈的个数(个);

C——螺杆的余长(5～10mm)。

3)紧固轴力

普通螺栓连接对螺栓紧固轴力没有要求,因此螺栓的紧固施工以操作者的手感及连接接头的外形控制为准。为了使连接接头中螺栓受力均匀,螺栓的紧固次序为从中间开始,对称向两边进行;对大型接头应采用复拧,即两次紧固方法,保证接头内各个螺栓能均匀受力。

普通螺栓连接的螺栓紧固检验比较简单,一般采用锤击法。用质量为 3kg 的小锤,一只手扶螺栓(或螺母)头,另一只手用锤敲,要求螺栓(或螺母)头不偏移,不颤动,不松动,锤声比较干脆,否则说明螺栓紧固质量不好,需要重新紧固施工。

2. 高强螺栓

(1)高强螺栓的种类

高强螺栓连接现已成为与焊接并重的钢结构主要连接形式之一,它具有受力性能好、耐疲劳、抗震性能好、连接刚度大、施工简便等优点,被广泛地应用在土木工程中。

高强螺栓连接按其受力状况,主要有摩擦型连接、承压型连接两种类型,其中摩擦型连接是目前广泛采用的基本连接形式。

摩擦型连接的连接应力传递圆滑,接头刚性好,通常所指的高强螺栓连接,就是这种摩擦型连接,其极限破坏状态即为连接接头滑移。

承压型高强螺栓的材料、构件摩擦面处理方法与预拉力与摩擦型高强螺栓的均相同,其连接接头承载力高,可以利用螺栓和连接板的极限破坏强度,经济性能好,但连接变形大,可应用在非重要的构件连接中。

高强螺栓的形式有高强度大六角头螺栓和扭剪型高强螺栓等,如图 6-14 所示。

(a)高强度大六角头螺栓　　　　(b)扭剪型高强螺栓

图 6-14　高强螺栓

1)高强度大六角头螺栓

钢结构用高强度大六角头螺栓分为 8.8 和 10.9 两种等级,一个连接副为一个螺栓、一个螺母和两个垫圈。高强螺栓连接副应同批制造,保证扭矩系数稳定,同批连接副扭矩系数平均值为 0.110～0.150,其扭矩系数标准偏差应不大于 0.110。

扭矩系数的计算公式为

$$K = \frac{M}{Pd} \tag{6-3}$$

式中:K——扭矩系数;

　　　d——高强螺栓公称直径(mm);

　　　M——施加扭矩(kN·m);

　　　P——高强螺栓预拉力(kN)。

在确定螺栓的预拉力 P 时,应根据设计预拉力值,一般考虑螺栓的施工预拉力损失 10%,即螺栓施工预拉力 P 按 1.1 倍的设计预拉力取值,表 6-5 为高强度大六角头螺栓施工预拉力 P 值。

表 6-5　高强度大六角头螺栓施工预拉力　　　　　　　单位:kN

性能等级	M12	M16	M20	M22	M24	M27	M30
8.8 级	45	75	120	150	170	225	275
10.9 级	60	110	170	210	250	320	390

2)扭剪型高强螺栓

钢结构用扭剪型高强螺栓一个螺栓连接副为一个螺栓、一个螺母和一个垫圈,它适用于摩擦型连接的钢结构。扭剪型高强螺栓连接副紧固轴力如表 6-6 所示。

表 6-6　扭剪型高强螺栓连接副紧固轴力　　　　　　　单位:kN

螺纹规格		M16	M20	M22	M24
每批紧固轴力的平均值	公称	109	170	211	245
	最小	99	154	191	222
	最大	120	186	231	270
紧固轴力标准偏差 σ		≤1.01	≤1.57	≤1.95	≤2.27

(2)高强螺栓的施工

1)施工的机具

①手动扭矩扳手

各种高强螺栓在施工中以手动紧固时,都要使用可示明扭矩值的扳手施拧,以达到高强螺栓连接副规定的扭矩和剪力值。一般常用的手动扭矩扳手有指针式、音响式和扭剪型三种,如图 6-15 所示。

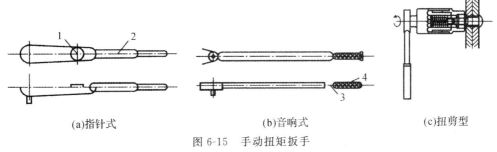

(a)指针式　　　　　　　　(b)音响式　　　　　　　　(c)扭剪型

图 6-15　手动扭矩扳手

1—扳手;2—千分表;3—主刻度;4—副刻度

a.指针式扭矩扳手

在头部设一个指示盘配合套筒头紧固六角螺栓,当给扭矩扳手预加扭矩施拧时,指示盘即显示出扭矩值。

b.音响式扭矩扳手

这是一种附加棘轮机构预调式的手动扭矩扳手,配合套筒可紧固各种直径的螺栓。音响式扭矩扳手在手柄的根部带有力矩调整的主、副两个刻度,施拧前,可按需要调整预定的扭矩值。当施拧到预调的扭矩值时,便有明显的音响和手上的触感。这种扳手操作简单、效率高,适用于大规模的组装作业和检测螺栓紧固的扭矩值。

c.扭剪型扭矩扳手

这是一种紧固扭剪型高强螺栓使用的手动扭矩扳手。配合扳手紧固螺栓的套筒,设有内套筒弹簧、内套筒和外套筒。这种扳手靠螺栓尾部的卡头得到紧固反力,使紧固的螺栓不会同时转动。内套筒可根据所紧固的扭剪型高强螺栓直径而更换相适应的规格。紧固完毕后,扭剪型高强螺栓卡头在颈部被剪断,所施加的扭矩可以视为合格。

②电动扳手

钢结构用高强度大六角头螺栓紧固时用的电动扳手有 NR-9000A、NR-12 和定扭矩、定转角电动扳手等,它们是拆卸和安装六角高强螺栓的机械化工具,可以自动控制扭矩和转角,适用于钢结构桥梁,厂房建设,化工、发电设备安装高强度大六角头螺栓施工的初拧、终拧和扭剪型高强螺栓的初拧,以及对螺栓紧固件的扭矩或轴力有严格要求的场合。

扭剪型电动扳手是用于扭剪型高强螺栓终拧紧固的电动扳手,常用的扭剪型电动扳手有 6922 型和 6924 型两种。6922 型扭剪型电动扳手只适用于紧固 M16,M20,M22 三种规格的扭剪型高强螺栓。6924 型扭剪型电动扳手则可以紧固 M16,M20,M22 和 M24 四种规格的扭剪型高强螺栓。

2)高强螺栓的施工工艺

①高强度大六角头螺栓

a.扭矩法施工

对高强度大六角头螺栓连接副来说,当扭矩系数 K 确定之后,根据设计的预拉力 P,螺栓应施加的扭矩值 M 就可以通过计算确定。根据计算确定的施工扭矩值,使用扭矩扳手(手动、电动、风动)按施工扭矩值进行终拧。

在采用扭矩法终拧前,应首先进行初拧,对螺栓数量多的大接头,还需进行复拧。初拧的目的就是使连接接触面密贴,一般常用规格螺栓(M20,M22,M24)的初拧扭矩为 200~300N·m,螺栓轴力达到 10kN~50kN 即可。

初拧、复拧及终拧一般都应从中间向两边或四周对称进行,初拧和终拧的螺栓都应做不同的标记,避免漏拧、超拧等安全隐患,同时也便于检查人员检查紧固质量。

b.转角法施工

因扭矩系数具有一定的离散性,特别是螺栓制造质量或施工管理不善等,采用扭矩值控制螺栓轴力的方法就会出现较大的误差,欠拧或超拧问题突出。采用转角法施工可避免较大的误差。

转角法就是利用螺母旋转角度以控制螺杆弹性伸长量来控制螺栓轴向力的方法。试验结果表明,螺栓在初拧以后,螺母的旋转角度与螺栓轴向力成对应关系,当螺栓受拉处于弹性范围内,两者呈线性关系,因此根据这一线性关系,在确定了螺栓的施工预拉力(一般为1.1倍设计预拉力)后,就很容易得到螺母的旋转角度,施工操作人员按照此旋转角度紧固施工,就可以满足设计上对螺栓预拉力的要求。

转角法施工分初拧和终拧两步进行(必要时需增加复拧),初拧的要求比扭矩法施工要严,因为起初连接板间隙的影响,螺母的转角大都消耗于板缝,转角与螺栓轴力的关系不稳定。初拧的目的是为消除板缝影响,使终拧具有一致的初始扭矩。转角法施工在我国已有30 多年的历史,但对初拧扭矩尚没有一定的标准,各个工程根据具体情况确定,一般来讲,对于常用螺栓(M20,M22,M24),初拧扭矩定为 200~300N·m 比较合适,初拧应该以使连接板缝密贴为准。终拧是在初拧的基础上,再将螺母拧转一定的角度,使螺栓轴向力达到施工预拉力。转角法施工方法如图 6-16 所示。

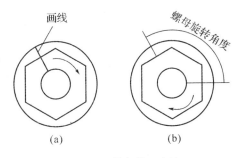

图 6-16 转角施工方法

转角法施工步骤为:从栓群中心顺序向外拧紧螺栓(初拧),然后用小锤逐个检查,防止螺栓漏拧,对螺栓逐个进行画线,再用专用扳手使螺母再旋转一个额定角度,螺栓群终拧紧固的顺序与初拧相同。终拧后逐个检查螺母旋转角度是否符合要求。最后对终拧完成的螺栓做好标记,以备检查。

②扭剪型高强螺栓

扭剪型高强螺栓连接副紧固施工比高强度大六角头螺栓连接副紧固施工要简便得多,在正常情况下采用专用的电动扳手进行终拧,梅花头被拧掉标志着螺栓终拧的结束。

为了减少接头中螺栓群间相互影响及消除连接板面间的缝隙,紧固也要分初拧和终拧两个步骤进行,对于超大型的接头还要进行复拧。

扭剪型高强螺栓连接副的初拧扭矩可适当加大,一般初拧螺栓轴力可以控制在螺栓终拧轴力值的 $50\% \sim 80\%$,对常用规格的高强螺栓(M20,M22,M24)初拧扭矩可以控制在 $400 \sim 600 \text{N} \cdot \text{m}$,若用转角法初拧,初拧转角控制在 $45° \sim 75°$,一般以 $60°$ 为宜。

扭剪型高强螺栓紧固过程如图 6-17 所示。先将扳手内套筒套入梅花头上,再轻压扳手,然后将外套筒套在螺母上;按下扳手开关,外套筒旋转,使螺母拧紧、切口拧断;关闭扳手开关,将外套筒从螺母上卸下,将内套筒中的梅花头顶出。

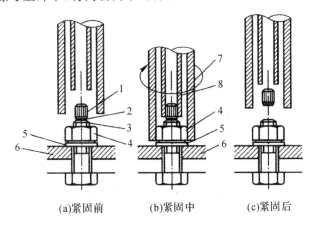

(a)紧固前 (b)紧固中 (c)紧固后

图 6-17 扭剪型高强螺栓紧固过程

1—梅花头;2—断裂切口;3—螺栓;4—螺母;5—垫圈;
6—被紧固的构件;7—扳手外套筒;8—扳手内套筒

6.3　钢结构的预拼装

为了保证安装的顺利进行,应根据构件或结构的复杂程度、设计要求或合同协议规定,在构件出厂前进行预拼装。另外,由于受运输条件、现场安装条件等因素的限制,大型钢结构构件不能整件出厂,必须分成两段或若干段出厂时,也要进行预拼装。

预拼装一般分为立体预拼装和平面预拼装两种形式,除管结构为立体预拼装外,其他结构一般均为平面预拼装。预拼装所用的支撑凳或平台应测量找平,检查时应拆除全部临时固定架和拉紧装置,预拼装的构件应处于自由状态,不得强行固定。

预拼装时,构件与构件的连接形式为螺栓连接,其连接部位的所有节点连接板均应装上,除检查各部位尺寸外,还应用试孔器检查板叠孔的通过率,并应符合下列规定:当采用比孔公称直径小 1.0mm 的试孔器检查时,每组孔的通过率不应小于 85％;当采用比螺栓公称直径大 0.3mm 的试孔器检查时,通过率应为 100％。

节点的各部件在拆开之前必须予以编号,做出必要的标记。预拼装检验合格后,应在构件上标注上下定位中心线,标高基准线,交线中心点等必要标记,必要时焊上临时撑件和定位器等,以便于根据预拼装的状况进行最后安装。

拓展阅读

用"筷子"像搭积木一样建房

杭州市上城区住建局曾发生过这么一件有意思的事儿:局里接到举报,称在中河北路与庆春路交叉口瑞丰国际商务大厦的工地上不见混凝土搅拌机,一夜之间竟盖出了 4 层楼。举报者说:"这肯定是在违规施工!"

这当然不是违规施工,而是正在进行的钢结构施工,这幢大楼还为国内高层、超高层钢结构建筑业树立了技术标杆。随后的几年,钢结构被运用在各种标志性建筑上。李克强总理主持召开国务院常务会议时曾提出,要开展钢结构建筑试点,扩大绿色建材等的使用。眼下,全国最大面积的钢结构绿色保障性住房——钱江世纪城人才专项用房即将落成(如图6-18所示)。何谓绿色建筑? 在建筑全寿命周期内,最大限度地节约资源、保护环境和减少污染,为人们提供健康、适用和高效的使用空间。简单地说,就是最终实现把蔚蓝还给天空,

图 6-18　在建的钢结构住宅

把碧绿还给大地,把清澈还给河流。

钱江世纪城人才专项用房的建筑面积约为 $66 \times 10^4 \mathrm{m}^2$,是目前为止全国面积最大的钢结构绿色保障性住房。在施工现场,见不着混凝土搅拌工人,更没有轰鸣的机器声,几幢还未封顶的楼房四面,可以清晰地看到全钢结构的承重墙。更令人吃惊的是,穿着皮鞋在工地走一圈,鞋上竟没沾染一点儿灰尘。

除了建筑材料 80% 为钢材,建筑垃圾也少了 60%,装配式施工现场还可以减少 80% 的噪声、扬尘、污水。如果要拿出一个未来钢结构住宅体系的模板,钱江世纪城人才专项用房项目应该是对现有住宅体系的突破。而这个突破来自杭萧钢构的第三代"钢管束"技术。简单来说,造这样的房子类似搭积木,而这些积木都是用像筷子一样的钢管束组装而成的,32层的建筑只花 60d 就封顶了。据了解,这个全球领先的"钢管束"建筑体系已在全世界 110多个国家申请了专利。

时代在变,建筑业也在变革,钢结构绿色住宅时代已经到来。

思 考 题

6-1　钢结构生产的一般流程如何?

6-2　钢材切割有哪几种方法?

6-3　钻孔和冲孔有何特点? 分别适用哪种构件?

6-4　试述钢结构电弧焊接头的形式和适用性。

6-5　试述电弧焊的主要工艺。

6-6　焊接的质量检查主要有哪几方面?

6-7　普通螺栓和高强螺栓的工作机理有何区别?

6-8　常用的扭矩扳手有哪几种?

6-9　高强度大六角头螺栓和扭剪型高强螺栓应如何紧固?

6-10　什么是扭矩法? 什么是转角法?

习　　题

8.8 级 M20 高强度大六角头螺栓的预拉力为 110kN,扭矩系数为 0.12,试确定其施工扭矩。

第7章 脚手架工程

【内容提要】

本章主要介绍了扣件式钢管脚手架、碗扣式钢管脚手架、门式脚手架的基本构造和搭设要求,自升降式、互升降式、整体升降式3种类型升降式脚手架的结构形式和升降原理,并对里脚手架做了简单介绍。

【学习要求】

通过本章学习,掌握扣件式钢管脚手架、碗扣式钢管脚手架、门式脚手架的基本构造,熟悉其搭设要求,了解升降式脚手架的升降原理。

脚手架是建筑施工中不可缺少的临时设施。它是为保证高处作业安全、施工顺利进行而搭设的工作平台或作业通道。脚手架在砌筑工程、混凝土工程、装修工程中有着广泛的应用。

过去我国的脚手架主要利用竹、木材料制作,后来发展出现了扣件式钢管脚手架以及各种钢制工具式脚手架。20 世纪 80 年代以后,随着土木工程的发展,又开发出了一系列新型脚手架,如升降式脚手架等。目前脚手架的发展趋势是采用金属制作的、具有多种功用的组合式脚手架,以适用不同情况的作业要求。

1. 脚手架在使用时应满足的基本要求

(1)满足使用要求。脚手架的宽度应满足工人操作、材料堆放及运输的要求。脚手架的宽度一般为 2m 左右,最小不得小于 1.5m。

(2)有足够的强度、刚度及稳定性。施工期间,在各种荷载作用下,脚手架要不变形、不摇晃、不倾斜。脚手架的标准荷载值取脚手架上实际作用荷载,其控制值为 3kN/m² (砌筑用脚手架)。在脚手架上堆砖,只许单行摆三层。脚手架所用材料的规格、质量应经过严格检查,符合有关规定;脚手架的构造应符合规定,搭设要牢固,有可靠的安全防护措施并在使用过程中经常检查。

(3)搭拆简单,搬运方便,能多次周转使用。

(4)因地制宜,就地取材,尽量节约用料。

2. 脚手架的分类

脚手架可根据其与施工对象的位置关系、支撑特点、结构形式以及使用的材料等划分为多种类型。

(1)按其搭设位置划分为外脚手架和里脚手架两大类;

（2）按其所用材料划分为木脚手架、竹脚手架和金属脚手架；

（3）按其构造形式划分为多立杆式、框式、桥式、吊式、升降式等。

7.1　外脚手架

外脚手架是在建筑物的外侧（沿建筑物周边）搭设的一种脚手架，既可用于外墙砌筑，又可用于外装修施工。常见的外脚支架有扣件式钢管脚手架、碗扣式钢管脚手架、门式脚手架、升降式脚手架等。

7.1.1　扣件式钢管脚手架

扣件式钢管脚手架属于多立杆式外脚手架中的一种，是目前常用的一种脚手架，由立杆、大横杆（纵向水平杆）、小横杆（横向水平杆）、斜撑（紧贴脚手架外侧与地面约成 45°角的斜杆，上下连续设置呈之字形）、剪刀撑（设在脚手架外侧交叉成十字的双支斜撑，与地面成 45°～60°的夹角）、抛撑（在脚手架立面以外设置的斜撑）、脚手板等组成。其特点是：通用性强；装卸方便，利于施工操作；搭设灵活，搭设高度大；坚固耐用，使用方便。虽然其一次投资较大，但其周转次数多，摊销费用低。斜撑、剪刀撑如图 7-1 所示。

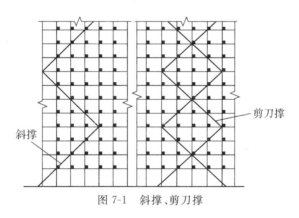

图 7-1　斜撑、剪刀撑

多立杆式脚手架分为双排式和单排式两种形式，如图 7-2 所示。双排式沿外墙侧设两

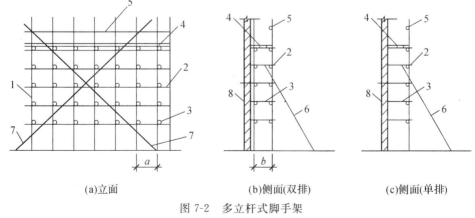

| (a)立面 | (b)侧面(双排) | (c)侧面(单排) |

图 7-2　多立杆式脚手架

1—立杆；2—大横杆；3—小横杆；4—脚手板；5—栏杆；6—抛撑；7—斜撑（剪刀撑）；8—墙体

排立杆,小横杆两端支撑在内外两排立杆上,多、高层房屋施工均可采用。单排式沿墙外侧仅设一排立杆,其小横杆一端与大横杆(或立杆)连接,另一端支撑在墙上,仅适用于荷载较小、高度较低、墙体有一定强度的多层房屋。

(1)基本构造。扣件式钢管脚手架是由标准钢管杆件(立杆、横杆、斜杆)和特制扣件组成的脚手架骨架与脚手板、防护构件、连墙杆等组成的。

①钢管杆件。钢管杆件一般采用外径为 48mm、壁厚为 3.5mm 的焊接钢管或无缝钢管,也有外径为 50～51mm、壁厚为 3～4mm 的焊接钢管或其他钢管。用于立杆、大横杆、剪刀撑和斜杆的钢管最大长度不宜超过 6.5m,最大重量不宜超过 250N,以便适合人工操作。用于小横杆的钢管长度宜为 1.8～2.2m,以适应脚手板宽度的需要。

②扣件。扣件为杆件的连接件,有可锻铸铁铸造扣件和钢板压制扣件两种。扣件的基本形式有三种,如图 7-3 所示。

对接扣件:也叫一字扣件,用于两根钢管的对接连接;

旋转扣件:用于两根钢管成任意角度交叉的连接;

直角扣件:十字扣件,用于两根钢管成垂直交叉的连接。

在使用中,虽然旋转扣件可连接任意角度的相交钢管,但对直角相交的钢管应用直角扣件连接,而不应用旋转扣件连接。

  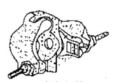

(a)对接扣件　　　　(b)旋转扣件　　　　(c)直角扣件

图 7-3　扣件的基本形式

③脚手板。脚手板一般用厚为 2mm 的钢板压制而成,长度为 2～4m,宽度为 250mm,表面设有防滑措施。其也可采用厚度不小于 50mm、长度为 3～5m、宽度为 200～250mm 的杉木板或松木板制作;或者采用竹脚手板,竹脚手板有竹笆板和竹串片板两种形式。脚手板的材质应符合规定,且脚手板不得有超过允许的变形和缺陷。

④连墙杆。当扣件式钢管脚手架用作外脚手架时,必须设置连墙杆。连墙杆将立杆与主体连接在一起,可有效防止脚手架的失稳与倾覆。连墙杆的构造必须同时满足承受拉力和压力的要求,如图 7-4 所示。

⑤底座。扣件式钢管脚手架的底座用于承受脚手架立柱传递下来的荷载,底座一般采用厚为 8mm、边长为 150～200mm 的钢板做底板,上焊 150mm 高的钢管。底座形式有内插式和外套式两种(如图 7-5 所示),内插式的外径 D_1 比立杆内径小 2mm,外套式的内径 D_2 比立杆外径大 2mm。

(2)搭设要求。扣件式钢管脚手架底座底面标高宜高于自然地坪 50mm,搭设范围内的地基要夯实找平,并有可靠的排水措施,防止积水浸泡地基。

立杆必须用连墙杆与建筑物可靠连接。立杆接长除顶层顶步可采用搭接外,其余各层各步接头必须采用对接扣件连接。对接、搭接应符合下列规定:立杆上的对接扣件应交错布置;两根相邻立杆的接头不应设置在同步内,同步内隔一根立杆的两个相隔接头在高度方向

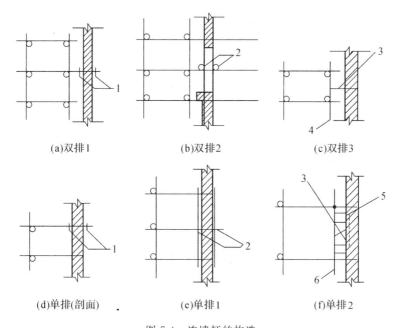

图 7-4　连墙杆的构造

1—扣件;2—短钢管;3—铅丝与墙内埋设的钢筋环拉住;4—顶墙横杆;5—木楔;6—短钢管

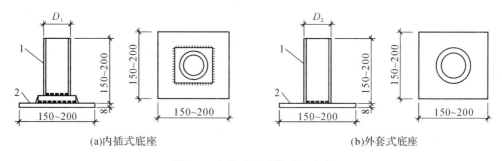

(a)内插式底座　　　　　　　　　(b)外套式底座

图 7-5　扣件式钢管脚手架底座

1—承插钢管;2—钢板底座

错开的距离不宜小于 500mm;各接头中心至主节点的距离不宜大于步距的 1/3;搭接长度不应小于 1m,应采用不少于 2 个旋转扣件固定,端部扣件盖板的边缘至杆端距离不应小于 100mm。立杆顶端宜高出女儿墙上皮 1m,高出檐口上皮 1.5m。双管立杆中副立杆的高度不应低于 3 步,钢管长度不应小于 6m。

立杆之间的纵向间距,当为单排设置时,立杆离墙 1.2~1.4m;当为双排设置时,里排立杆离墙 0.4~0.5m,里外排立杆的间距为 1.5m 左右。

立杆底座须在底下垫以木板或垫块。杆件搭设时应注意立杆垂直,竖立第一节立柱时,每 6 跨应暂设 1 根抛撑(垂直于大横杆,一端支撑在地面上),直至固定件架设好后方可根据情况拆除。

脚手架底层步距不应大于 2m。脚手架必须设置纵、横向扫地杆,其构造如图 7-6 所示。纵向扫地杆应采用直角扣件固定在距底座上皮不大于 200mm 处的立杆上。横向扫地杆亦应采用直角扣件固定在紧靠纵向扫地杆下方的立杆上。当立杆基础不在同一高度上时,必须将高处的纵向扫地杆向低处延长2跨与立杆固定,高低差不应大于1m。靠边坡上方的立杆轴线到边坡的距离不应小于500mm。

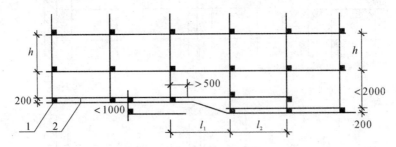

图 7-6　纵、横向扫地杆构造
1—横向扫地杆;2—纵向扫地杆

大横杆宜设置在立杆内侧,其长度不宜小于3跨;上下两层相邻大横杆的间距(步架高)为1.8m左右。大横杆接长宜采用对接扣件连接,也可采用搭接。对接、搭接应符合下列规定:对接扣件应交错布置,两根相邻纵向水平杆的接头不宜设置在同步或同跨内,不同步或不同跨两个相邻接头在水平方向错开的距离不应小于500m;各接头中心至最近主节点的距离不宜大于纵距的1/3(如图7-7所示);搭接长度不应小于1m,应等间距设置3个旋转扣件固定,与立杆之间应用直角扣件连接,纵向水平高差不应大于50mm。当使用冲压钢脚手板、木脚手板、竹串片脚手板时,纵向水平杆应作为横向水平杆的支座,用直角扣件固定在立杆上;当使用竹笆脚手板时,纵向水平杆应采用直角扣件固定在横向水平杆上,并应等间距布置,间距不应大于400mm(如图7-8所示)。

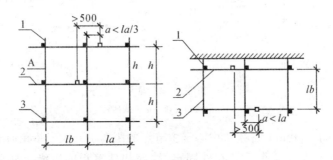

图 7-7　大、小横杆节点构造
1—纵杆;2—大横杆;3—小横杆

主节点处必须设置一根小横杆,用直角扣件扣接且严禁拆除。主节点处两个直角扣件的中心距不应大于150mm。在双排脚手架中,靠墙一端的外伸长度 a(如图7-9所示)不应大于 $0.4lb$,且不应大于500mm。作业层上非主节点处的横向水平杆宜根据支撑脚手板的需要等间距设置,最大间距不应大于纵距的1/2。当使用冲压钢脚手板、木脚手板、竹串片脚手板时,双排脚手架的横向水平杆两端均应采用直角扣件固定在纵向水平杆上;单排脚手架的横向水平杆的一端应用直角扣件固定在纵向水平杆上,另一端应插入墙内(不宜用于墙体厚度小于或等于180mm,空斗砖墙、加气块墙等轻质墙体及砌筑砂浆强度等级小于或等于M1.0的砖墙),插入长度不应小于180mm。使用竹笆脚手板时,双排脚手架的横向水平

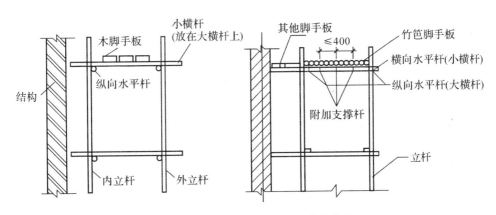

图 7-8 　双排式多立杆脚手架钢管的构造

杆两端应用直角扣件固定在立杆上；单排脚手架的横向水平杆的一端应用直角扣件固定在立杆上，另一端应插入墙内，插入长度亦不应小于 180mm。

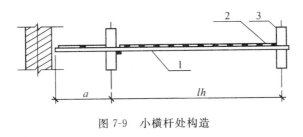

图 7-9 　小横杆处构造

7.1.2 　碗扣式钢管脚手架

碗扣式钢管脚手架是我国参考国外经验自行研制的一种多功能脚手架，其杆件节点处采用碗扣连接，由于碗扣是固定在钢管上的，构件全部轴向连接，力学性能好，其连接可靠，组成的脚手架整体性好，不存在扣件丢失问题。碗扣式钢管脚手架特别适合于搭设扇形表面，常用于立交桥工程和平面变化较大的房屋建筑工程。

(1)基本构造。碗扣式钢管脚手架由钢管立杆、横杆、碗扣接头等组成。其基本构造和搭设要求与扣件式钢管脚手架类似，不同之处主要在于碗扣接头。

碗扣接头是该脚手架系统的核心部件，由上碗扣、下碗扣、横杆接头和上碗扣的限位销等组成。在立杆上焊接下碗扣和上碗扣的限位销，将上碗扣套入立杆内。在横杆和斜杆上焊接插头。组装时，将横杆和斜杆插入下碗扣内，压紧和旋转上碗扣，利用限位销固定上碗扣(如图 7-10 所示)。碗扣间距为 600mm，碗扣处可同时连接 4 根横杆，可以互相垂直或偏转一定角度，可组成直线形、曲线形、直角交叉形等多种形式。

(2)搭设要求。碗扣式钢管脚手架立柱横距为 1.2m，纵距根据脚手架荷载可为 1.2m，1.5m，1.8m，2.4m，步距为 1.8m，2.4m。搭设时立杆的接长缝应错开，第一层立杆应用长 1.8m 和 3.0m 的立杆错开布置，往上均用 3.0m 长杆，至顶层再用 1.8m 和 3.0m 两种长度找平。高度在 30m 以下脚手架垂直度应在 1/200 以内，高度在 30m 以上脚手架垂直度应控制在 1/400，1/600，总高垂直度偏差应不大于 100mm。

碗扣式钢管脚手架的连墙杆应均匀布置。对高度在 30m 以下的脚手架，脚手架每

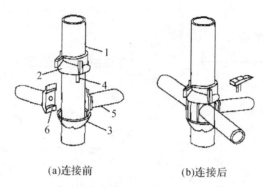

(a)连接前　　　　　　　　(b)连接后

图 7-10　碗扣接头

1—立杆;2—上碗扣;3—下碗扣;4—限位销;5—横杆;6—横杆接头

40m² 竖向面积应设置 1 个;对高层或荷载较大的脚手架,每 20～25m² 竖向面积应设置 1 个。连墙杆应尽量设置在碗扣接头内。

7.1.3　门式脚手架

门式脚手架又称多功能门式脚手架,是一种工厂生产、现场组拼的脚手架,是目前国际上应用最普遍的脚手架之一。它不仅可作为外脚手架,也可作为移动式里脚手架或满堂脚手架。门式脚手架因其几何尺寸标准化、结构合理、受力性能好、施工中装拆容易、安全可靠、经济实用等特点,广泛应用于建筑、桥梁、隧道、地铁等工程施工。

(1)基本构造。门式脚手架的基本单元由 2 个门式框架、2 个剪刀撑、1 个水平梁架和 4 个连接器构成(如图 7-11 所示)。若干个基本单元通过连接器在竖向叠加,组成一个多层框架。在水平方向,用加固杆和水平梁使相邻单元连成整体,加上斜梯、栏杆柱和横杆组成上下步相通的外脚手架,图 7-12 为整片门式脚手架。门式脚手架的主要部件如图 7-13 所示。

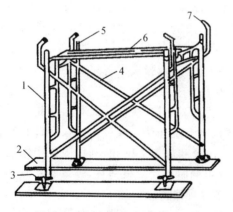

图 7-11　门式脚手架的基本单元

1—门架;2—平板;3—螺旋基脚;4—剪刀撑;

5—连接棒;6—水平梁架;7—锁臂

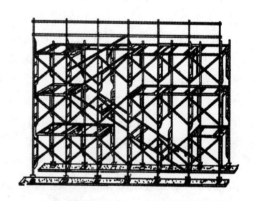

图 7-12　整片门式脚手架

(2)搭设要求。门式脚手架一般按以下程序搭设:铺放垫木(板)→拉线、放底座→自一端起立门架并随即装剪刀撑→安放水平梁架(或脚手板)→安装梯子→需要时,装设通长的

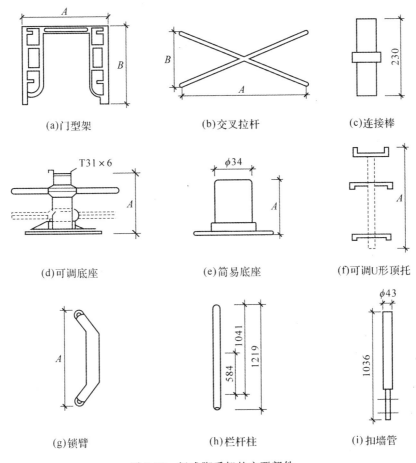

(a)门型架　　　　　(b)交叉拉杆　　　　　(c)连接棒

(d)可调底座　　　　(e)简易底座　　　　　(f)可调U形顶托

(g)锁臂　　　　　　(h)栏杆柱　　　　　　(i)扣墙管

图 7-13　门式脚手架的主要部件

纵向水平杆→装设连墙杆→照上述步骤,逐层向上安装→装加强整体刚度的长剪刀撑→装设顶部栏杆。

搭设门式脚手架时,基底必须先平整夯实。门式脚手架的高度一般不超过 45m,每 5 层至少应架设水平架一道,垂直和水平方向每隔 4～6m 应设一个连墙杆,脚手架的转角应用钢管通过扣件紧扣在相邻两个门框上(如图 7-14 所示)。

脚手架架设后,应用水平加固杆加强,通过扣件将水平加固杆扣在门式框架上,形成水平闭合圈。一般在 10 层框架以下,每 3 层设一道;在 10 层框架以上,每 5 层设一道。最高层顶部和最底层底部应各加设一道,同时还应设置交叉斜撑。

门式脚手架架设超过 10 层时,应加设辅助支撑,一般在高 8～11 层门式框架之间,宽在 5 个门式框架之间,加设一组,使脚手架与墙可靠连接,部分荷载由墙体承受(如图 7-14 所示)。

7.1.4　升降式脚手架

升降式脚手架是沿结构外表面满搭的脚手架,在结构和装修工程施工中应用较为方便,但费料耗工,一次性投资大,工期亦长。近年来在高层建筑及筒仓、竖井、桥墩等施工中发展

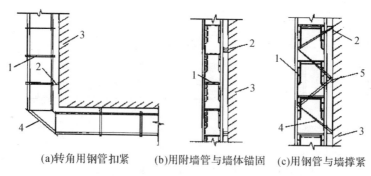

(a)转角用钢管扣紧　(b)用附墙管与墙体锚固　(c)用钢管与墙撑紧

图 7-14　门式钢管脚手架的加固处理

1—门式脚手架；2—附墙管；3—墙体；4—钢管；5—混凝土板

了多种形式的外挂脚手架，其中应用较为广泛的是升降式脚手架，包括自升式、互升降式、整体升降式 3 种类型。

升降式脚手架的主要特点是：脚手架不需满搭，只搭设满足施工操作及安全各项要求的高度；地面不需做支撑脚手架的坚实地基，也不占施工场地；脚手架及其上承担的荷载传给与之相连的结构，对这部分结构的强度有一定要求；脚手架可随施工进程沿外墙升降，结构施工时由下往上逐层提升，装修施工时由上往下逐层下降。

（1）自升降式脚手架。自升降式脚手架的升降运动是通过手动或电动倒链交替对活动架和固定架进行升降来实现的。从升降架的构造来看，活动架和固定架之间能够进行上下相对运动。当脚手架工作时，活动架和固定架均用附墙螺栓与墙体锚固，两架之间无相对运动；当脚手架需要升降时，活动架与固定架中的一个架子仍然锚固在墙体上，使用倒链对另一个架子进行升降，两架之间便产生相对运动。通过活动架和固定架交替附墙，互相升降，脚手架即可沿着墙体上的预留孔逐层升降（如图 7-15 所示）。

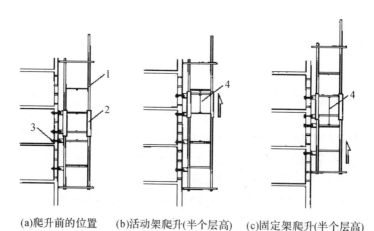

(a)爬升前的位置　(b)活动架爬升(半个层高)　(c)固定架爬升(半个层高)

图 7-15　自升降式脚手架爬升过程

1—活动架；2—固定架；3—附墙螺栓；4—倒链

自升降式脚手架的优点是脚手架可单片独立升降，可用于局部结构的施工。但其刚度较小，提升活动架时固定架上端悬臂高度较大，稳定性较差；此外，在升降过程中操作人员位于被升降的架体上,安全性较差。

(2)互升降式脚手架。互升降式脚手架将脚手架分为甲、乙两种单元,通过倒链交替对甲、乙两单元进行升降。当脚手架工作时,甲单元与乙单元均用附墙螺栓与墙体锚固,两架之间无相对运动;当脚手架升降时,一个单元仍然锚固在墙体上,使用倒链对相邻一个架子进行升降,两架之间便产生相对运动。通过甲、乙两单元交替附墙,相互升降,脚手架即可沿着墙体上的预留孔逐层升降。互升降式脚手架的性能特点是:结构简单,易于操作控制;架子搭设高度低,用料省;操作人员不在被升降的架体上,增加了操作人员的安全性;脚手架结构刚度较大,附墙的跨度大。但其使用必须沿结构四周全部布置,对局部的结构部位无法使用。它适用于框架剪力墙结构的高层建筑、水坝、筒体等施工(如图 7-16 所示)。

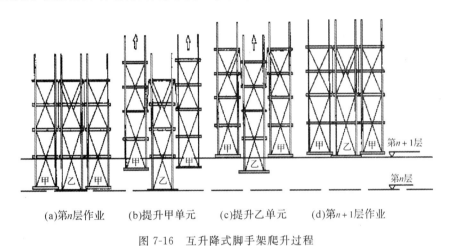

(a)第 n 层作业   (b)提升甲单元   (c)提升乙单元   (d)第 $n+1$ 层作业

图 7-16   互升降式脚手架爬升过程

(3)整体升降式脚手架。在超高层建筑的主体施工中,整体升降式脚手架有明显的优越性,它结构整体好、升降快捷方便、机械化程度高、经济效益显著,是一种很有使用价值的超高建(构)筑外脚手架。

整体升降式脚手架以电动倒链为提升机,使整个外脚手架沿建筑物外墙或柱整体向上爬升。搭设高度依建筑物施工层的层高而定,一般取建筑物标准层 4 个层高加 1 步安全栏的高度为架体的总高度。脚手架为双排,宽以 0.8~1m 为宜,里排杆离建筑物净距为 0.4~0.6m。脚手架的横杆和立杆间距都不宜超过 1.8m,可将 1 个标准层高分为 2 步架,以此步距为基数确定架体横、立杆的间距。

架体设计时可将架子沿建筑物外围分成若干单元,每个单元的宽度参考建筑物的开间而定,一般为 5~9m。

具体操作如下:

①施工前的准备。按平面图先确定承力架及电动倒链挑梁安装的位置和个数,在相应位置上的混凝土墙或梁内预埋螺栓或预留螺栓孔。各层的预留螺栓或预留孔位置要求上下相一致,误差不超过 10mm。

加工制作型钢承力架、挑梁、斜拉杆。准备电动倒链、钢丝绳、脚手管、扣件、安全网、木板等材料。

因整体升降式脚手架的高度一般为 4 个施工层层高,在建筑物施工时,由于建筑物的最下面几层层高往往与标准层不一致,且平面形状也往往与标准层不同,所以一般在建筑物主体施工到 3～5 层时开始安装整体脚手架。下面几层施工时往往要先搭设落地外脚手架。

②安装。先安装承力架,承力架内侧用 M25～M30 的螺栓与混凝土边梁固定,承力架外侧用斜拉杆与上层边梁拉结固定,用斜拉杆中部的花篮螺栓将承力架调平;在承力架上面搭设架子,安装承力架上的立杆;再搭设下面的承力桁架。然后逐步搭设整个架体,随搭随设置拉结点,并设斜撑;在比承力架高 2 层的位置安装工字钢挑梁,挑梁与混凝土边梁的连接方法与承力架相同。电动倒链挂在挑梁下,并将电动倒链的吊钩挂在承力架的花篮挑梁上。在架体上每个层高满铺厚木板,架体外面挂安全网。

③爬升。短暂开动电动倒链,将电动倒链与承力架之间的吊链拉紧,使其处在初始受力状态。松开架体与建筑物的固定拉结点。松开承力架与建筑物相连的螺栓和斜拉杆,开动电动倒链开始爬升,爬升过程中应随时观察架子的同步情况,如发现不同步,应及时停机进行调整。爬升到位后,先安装承力架与混凝土边梁的紧固螺栓,并将承力架的斜拉杆与上层边梁固定,然后安装架体上部与建筑物的各拉结点。待检查符合安全要求后,脚手架可开始使用,进行上一层的主体施工。在新一层主体施工期间,将电动倒链及其挑梁摘下,用滑轮或手动倒链转至上一层重新安装,为下一层爬升做准备(如图 7-17 所示)。

④下降。利用电动倒链顺着爬升用的墙体预留孔下行,脚手架即可逐层下降,同时把留在墙面上的预留孔修补完毕,最后脚手架返回地面。

⑤拆除。爬架拆除前应清理脚手架上的杂物。拆除爬架有两种方式:一种和常规脚手架拆除方式相同,采用自上而下的顺序,逐步拆除;另一种是用起重设备将脚手架整体吊至地面拆除。

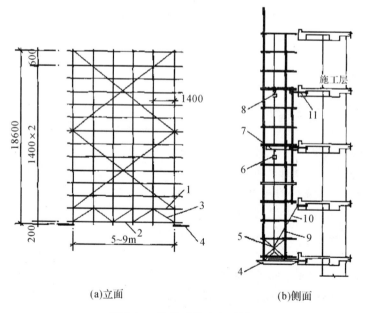

(a)立面   (b)侧面

图 7-17   整体升降式脚手架

1—上弦杆;2—下弦杆;3—承力桁架;4—承力架;5—斜撑;6—电动倒链;
7—挑梁;8—倒链;9—花篮螺栓;10—拉杆;11—螺栓

7.2　里脚手架

里脚手架常用于楼层上砌砖、内粉刷等工程施工。由于使用过程中不断转移施工地点，装拆较频繁，故其结构形式和尺寸应力求轻便灵活和装拆方便。

里脚手架的形式很多，按其结构形式有折叠式、支柱式和门架式里脚手架。

7.2.1　折叠式里脚手架

折叠式里脚手架适用于民用建筑的内墙砌筑和内粉刷（如图 7-18 所示）。根据材料不同，分为角钢、钢管和钢筋折叠式里脚手架，角钢折叠式里脚手架的架设间距，砌墙时不超过 2m，粉刷时不超过 2.5m。钢管和钢筋折叠式里脚手的架设间距，砌墙时不超过 1.8m，粉刷时不超过 2.2m。

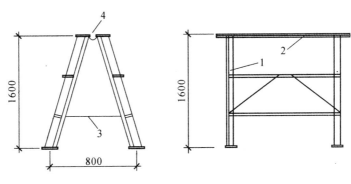

图 7-18　折叠式里脚手架
1—立柱；2—横楞；3—挂钩；4—铰链

7.2.2　支柱式里脚手架

支柱式里脚手架由若干支柱和横杆组成，适用于砌墙和内粉刷。其搭设间距，砌墙时不超过 2m，粉刷时不超过 2.5m。支柱式里脚手架的支柱有套管式和承插式两种形式。套管式支柱如图 7-19 所示，它是将插管插入立管中，以销孔间距调节高度，在插管顶端的凹形支托内搁置方木横杆，横杆上铺设脚手架。架设高度为 1.5～2.1m。

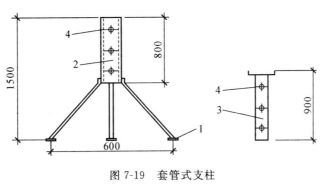

图 7-19　套管式支柱
1—支脚；2—立管；3—插管；4—销孔

7.2.3　门架式里脚手架

门架式里脚手架由两片 A 形支架与门架组成（如图 7-20 所示），适用于砌墙和粉刷。支架间距砌墙时不超过 2.2m，粉刷时不超过 2.5m，其搭设高度为 1.5～2.4m 。

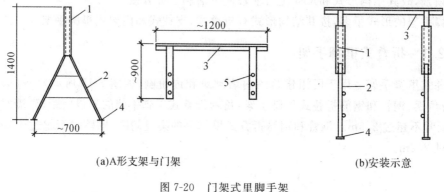

(a)A形支架与门架　　　　　　　　　(b)安装示意

图 7-20　门架式里脚手架

1—立管；2—支脚；3—门架；4—垫板；5—销孔

7.3　脚手架工程的安全要求

（1）具有足够的强度、刚度和稳定性，确保施工期间在规定荷载作用下不被破坏。

（2）具有良好的结构整体性和稳定性，保证使用过程中不发生晃动、倾斜、变形，以保障使用者的人身安全和操作的可靠性。

（3）应设置防止操作者高空坠落和零散材料掉落的防护措施。

（4）架子工作业时，必须戴安全帽、系安全带、穿软底鞋。脚手架材料应堆放平稳，工具应放入工具袋内，上下传递物件不得抛掷。

（5）使用脚手架时必须沿外墙设置安全网，以防材料下落伤人和高空操作人员坠落。

（6）不得使用腐朽和严重开裂的竹、木脚手板，或虫蛀、枯脆、劈裂的材料。

（7）在雨、雪、冰冻的天气施工，架子上要有防滑措施，并在施工前将积雪、冰碴清除干净。

（8）复工工程应对脚手架进行仔细检查，发现立杆沉陷、悬空、节点松动、架子歪斜等情况，应及时处理。

（9）脚手架应有良好的防电避雷装置。

（10）电动机具必须与钢脚手架接触时，要有良好的绝缘性。

拓展阅读

钢平台上"云中漫步"

2008—2014 年，位于上海浦东新区陆家嘴的上海中心大厦（如图 7-21 所示）历经六年建设终于封顶，其高度不仅使其超越之前的上海环球金融中心成为我国最高的摩天大厦，同时也使其跻身为世界第三高楼。俯瞰上海中心大厦核心筒施工现场，其使用的钢平台（如图 7-22 所示）液压爬升技术，是上海建工集团经过长期研究和不断完善的超高层建筑施工先进技术。比起传统的机械爬升技术,液压爬升体系顶升作业时连带施工模板体系同时顶升,在大楼转换层无须拆卸,快的时候 3d 就能建一层楼。

图 7-21　上海陆家嘴天际线的塔尖
——金茂大厦、上海环球金融中心、上海中心大厦

图 7-22　上海中心大厦钢平台
注:钢平台共 5 层,整体高度 23.35m。

2013 年 5 月 30 日,第 114 层的施工工序已基本完成,施工已达到 527m 的高空。上海建工集团副总裁房庆强上楼前,加了一件衣服,因为 500m 上空的温度一般比地面低 5℃左右。

"这还不算什么,上面的风才厉害呢。"房庆强说,伴随上海中心大厦的长高,建设者们已经逐渐摸清了上海中心大厦工地的脾性:下面下雨,上面下雪;下面下雪,上面结冰。"别看今天马路上微风,偶尔几片树叶飘动,到了 500m 的上空,照样得用力才能站住!"

不过,建设者们就是有办法做到闲庭信步。上海建工集团自主研发了一套钢平台整体液压爬升体系,从大楼跃出地面起,施工人员始终能在一个大约 1000m² 的钢平台上实施钢筋绑扎、模板封闭等工序,就像从来没离开地面一样。这个钢平台随着大楼的长高而逐渐向上攀升。

每天,就算地面风平浪静,500m 以上的高空也可能风起云涌。在"云上的日子",建设者们在忙些什么? 在 500m 以上的高空施工,最考验心理承受力的,要数钢结构吊装了。去过东方明珠电视塔的悬空观光廊吗? 钢结构吊装时,工人们凌空作业,感觉可比悬空观光廊刺激多了,当然防护措施必须到位,以确保万无一失。500m 以上,任何一样细微的"不速之客",都可能对工程造成极大影响。混凝土泵送过程中将产生强大的压力,这时候,如果混凝土里混入了超过标准的黄砂或石子,造成"爆管",那么,爆出来的一粒粒石子,就好比是枪中射出的一颗颗子弹,后果不堪设想。同样,在 500m 高空,哪怕是一枚小小的钉子坠落,都有可能造成人员伤亡。目前,工程人员正在全面清理每一个楼层的垃圾,他们的要求是,一个塑料袋也不能放过!

思 考 题

7-1　脚手架在使用时应满足的基本要求有哪些?

7-2　试述脚手架的分类。

7-3 扣件式钢管脚手架搭设有哪些要求?

7-4 升降式脚手架有哪几类?

7-5 试述自升降式脚手架和互升降式脚手架的提升原理。

7-6 试述脚手架工程的安全要求。

习 题

7-1 试分析扣件式钢管脚手架、碗扣式钢管脚手架和门式脚手架搭设要求的异同点。

7-2 整体升降式脚手架与自升降或互升降式脚手架的提升原理有何不同?

第8章 结构吊装工程

【内容提要】

本章主要介绍了起重机械及索具设备的类型、主要构造和技术性能;结构吊装构件加工制作计划任务和现场平面布置;如何选择起重、运输机械;如何选择构件的吊装工艺;确定起重机开行路线与构件吊装顺序。

【学习要求】

通过本章学习,了解各种起重机械及索具设备的类型、主要构造和技术性能;了解单层混凝土结构工业厂房结构安装的工艺过程;掌握柱、吊车梁、屋架等主要构件的绑扎、吊升、就位、临时固定、校正、最后固定方法;掌握结构吊装方案;掌握制订装配式单层工业厂房结构安装的施工方案,确定起重机械的类型、型号、结构吊装的方法。

8.1 起重索具及起重机械

8.1.1 起重索具

结构安装工程常用的索具设备主要包括卷扬机、钢丝绳、滑轮组和吊具等。

1. 卷扬机

(1)卷扬机的概念

卷扬机又称绞车,多为电动卷扬机,是结构吊装最常用的工具。电动卷扬机主要由电动机、卷筒、电磁制动器和减速机构等构成。卷扬机分快速和慢速两种。快速卷扬机主要用于垂直运输和打桩作业;慢速卷扬机主要用于结构吊装、钢筋冷拉、预应力筋张拉等作业。卷扬机的主要技术参数是卷筒牵引力、钢丝绳的速度和卷筒容绳量。

(2)卷扬机的固定

卷扬机必须用地锚予以固定,以防工作时产生滑动或倾覆。根据受力大小,卷扬机的固定方法有螺栓锚固法、水平锚固法、立桩锚固法和压重锚固法四种,如图8-1所示。常用桩式锚碇和水平锚碇。桩式锚碇系用木桩、钢管或型钢打入土中而成。水平锚碇可承受较大荷载,分无板栅水平锚碇和有板栅水平锚碇两种。水平锚碇在设计时,需要进行垂直分力作用下锚碇的稳定性、水平分力作用下侧向土壤的强度和锚碇横梁的计算。

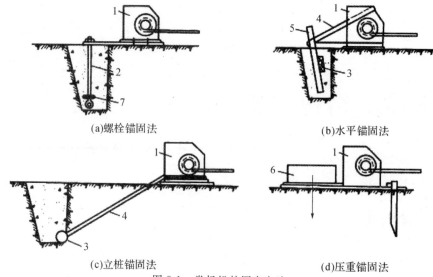

图 8-1　卷扬机的固定方法

1—卷扬机;2—地脚螺栓;3—横木;4—拉索;5—木桩;6—压重;7—压板

(3)卷扬机的布置

卷扬机的布置(即安装位置)应注意下列几点:

1)卷扬机安装位置周围必须排水畅通,并应搭设工作棚。

2)卷扬机的安装位置应能使操作人员看得清指挥人员和起吊或拖动的物件;卷扬机至构件安装位置的水平距离应大于构件的安装高度,即当构件被吊到安装位置时,操作者视线的仰角应小于45°。

3)在卷扬机正前方应设置导向滑车,导向滑车至卷筒轴线的距离,带槽卷筒应不小于卷筒宽度的15倍,即倾斜角 α 不大于2°,无槽卷筒应大于卷筒宽度的20倍,以免钢丝绳与导向滑车槽缘产生过分的磨损。

4)钢丝绳绕入卷筒的方向应与卷筒轴线垂直,其垂直度允许偏差为6°。这样能使钢丝绳圈排列整齐,不致斜绕和互相错叠挤压。

(4)卷扬机的使用注意事项

1)使用前,应检查卷扬机与地面的固定情况,弹性联轴器不得松旷;并应检查安全装置、防护设施、电气线路、接零或接地线、制动装置和钢丝绳等,全部合格后方可使用。

2)使用皮带或开式齿轮的部分均应设防护罩,导向滑轮不得用开口拉板式滑轮。

3)对于以动力正反转的卷扬机,卷筒旋转方向应与操纵开关上指示的方向一致。

4)卷扬机必须有良好的接地或接零装置,接地电阻不得大于 10Ω。在一个供电网路上,接地或接零线不得混用。

5)卷扬机使用前要先空运转做空载正、反转试验5次,检查运转是否平稳,有无不正常响声;传动制动机构是否灵活可靠;各紧固件及连接部位有无松动现象,润滑是否良好,有无漏油现象。

6)钢丝绳的选用应符合原厂说明书规定。卷筒上的钢丝绳全部放出时应留有不少于3圈;钢丝绳的末端应固定牢靠;卷筒边缘外周至最外层钢丝绳的距离应不小于钢丝绳直径的1.5倍等。

2. 钢丝绳

钢丝绳是吊装中的主要绳索，它具有强度高、弹性大、韧性好、耐磨、能承受冲击载荷等优点，且磨损后外部会产生许多毛刺，容易检查，便于预防事故。

(1)钢丝绳的构造和种类

结构吊装中常用的钢丝绳是由六束绳股和一根绳芯(一般为麻芯)捻成的，绳股是由许多高强钢丝捻成的。

常用钢丝绳一般为 6×19，6×37，6×61 三种(六股，每股分别由 19，37，61 根钢丝捻成)，其钢丝的抗拉强度为 1400MPa，1550MPa，1700MPa，1850MPa，2000MPa 五种。吊装中常用的是 6×19 和 6×37 两种。6×19 钢丝绳多用作缆风绳和吊索，6×37 钢丝绳多用于穿滑车组和起重吊索。

钢丝绳按其捻制方法可分为右交互捻、左交互捻、右同向捻、左同向捻四种。

同向捻钢丝绳中钢丝捻的方向和绳股捻的方向一致，交互捻钢丝绳中钢丝捻的方向和绳股捻的方向相反。

顺捻绳：每根钢丝股的搓捻方向与钢丝绳的搓捻方向相同，这种钢丝绳柔性好、表面平整、不易磨损，但容易松散和扭结卷曲，吊重物时，易使重物旋转，一般多用于拖拉或牵引装置。

反捻绳：每根钢丝股的搓捻方向与钢丝绳的搓捻方向相反，这种钢丝绳较硬、强度较高、不易松散，吊重时不会扭结和旋转，多用于吊装工作。

(2)钢丝绳的允许拉力计算

钢丝绳允许拉力的计算公式为

$$[F_g] = \frac{\alpha F_g}{K} \tag{8-1}$$

式中：$[F_g]$——钢丝绳的允许拉力(kN)；

　　　F_g——钢丝绳的钢丝破断拉力总和(kN)；

　　　α——钢丝绳的钢丝破断拉力换算系数，按表 8-1 取用；

　　　K——钢丝绳的安全系数，按表 8-2 取用。

表 8-1　钢丝绳的钢丝破断拉力换算系数 α

钢丝绳结构	换算系数
6×19	0.85
6×37	0.82
6×61	0.80

表 8-2　钢丝绳的安全系数 K

用途	安全系数	用途	安全系数
用缆风绳	3.5	用吊索、无弯曲时	6~7
用于手动起重设备	4.5	用捆绑吊索	8~10
用于机动起重设备	5~6	用于载人的升降机	14

（3）钢丝绳的使用注意事项

1）钢丝绳解开用时，应按正确方法使用，以免钢丝绳产生扭结。钢丝绳切断前，应在切口两侧用细铁丝捆扎，以防切断后绳头松散。

2）钢丝绳穿过滑轮时，滑轮槽的直径应比绳的直径大 1～2.5mm。滑轮槽过大则钢丝绳容易压扁，过小则钢丝绳容易磨损。滑轮的直径不得小于钢丝绳直径的 10～12 倍，以减小钢丝绳的弯曲应力。禁止使用轮缘破损的滑轮。

3）应定期对钢丝绳加润滑油（一般工作四个月左右加一次）。

4）存放在仓库里的钢丝绳应成卷排列，避免重叠堆置，仓库中应保持干燥，以防钢丝绳锈蚀。

5）在使用中，如绳股间有大量的油挤出，表明钢丝绳的荷载已相当大，这时必须勤加检查，以防发生事故。

3. 滑轮组

滑轮组由一定数量的定滑轮和动滑轮以及穿绕的钢丝绳组成，具有省力和改变力的方向的功能。滑轮组负载重物的钢丝绳的根数称为工作线数，滑轮组的名称以滑轮组的定滑轮和动滑轮的数目来表示。定滑轮仅改变力的方向，不能省力；动滑轮随重物上下移动，可以省力，滑轮组滑轮越多，工作线数也越多，且越省力。

使用时要注意：

（1）使用前应查明它的允许荷载，检查滑车的各部分，看有无裂缝和损伤情况，滑轮转动是否灵活等。

（2）滑车组穿好后，要慢慢地加力；绳索收紧后应检查各部分是否良好，有无卡绳之处，若有不妥，应立即修正，不能勉强工作。

（3）滑车的吊钩（或吊环）中心应与起吊构件的重心在一条垂直线上，以免构件起吊后不平稳；滑车组上下滑车之间的最小距离一般为 700～1200mm。

4）滑车使用前后都要刷洗干净，轮轴应加油润滑，以减少磨损和防止锈蚀。

4. 吊具

吊具包括吊钩、卡环、钢丝绳卡扣、吊索、横吊梁等，是吊装的辅助工具，如图 8-2 所示。

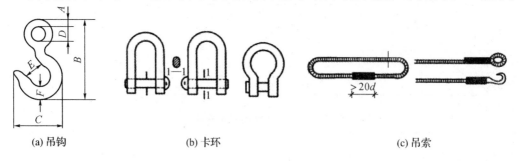

(a) 吊钩　　　　　　(b) 卡环　　　　　　　　　(c) 吊索

图 8-2　吊具

（1）吊钩

起重吊钩常用优质碳素钢锻成，锻成后要进行退火处理，要求硬度达到 95～135HB。

吊钩表面应光滑，不得有剥裂、刻痕、锐角、裂缝等缺陷存在，并不准对磨损或有裂缝的吊钩进行补焊修理。

吊钩在勾挂吊索时要将吊索挂至钩底；直接勾在构件吊环中时，不能使吊钩硬别或歪扭，以免吊钩产生变形或使吊索脱钩。

（2）卡环

卡环用于吊索和吊索或吊索和构件吊环之间的连接，由弯环与销子两部分组成。卡环按弯环形式分，有 D 形卡环和弓形卡环；按销子和弯环的连接形式分，有螺栓式卡环和活络卡环。螺栓式卡环的销子和弯钩采用螺纹连接；活络卡环的销子端头和弯环孔眼无螺纹，可直接抽出，销子断面有圆形和椭圆形两种。

用活络卡环吊装柱子时应注意以下几点：

1）绑扎时应使柱起吊后销子尾部朝下，以便拉出销子，同时吊索在受力后要压紧销子；

2）在构件起吊前要用白棕绳（直径为 10mm）将销子与吊索末端的圆圈连在一起，用镀锌钢丝将弯环与吊索末端的圆圈捆在一起；

3）拉绳人应选择适当位置和起重机落钩中的有利时机，即当吊索松弛不受力且使白棕绳与销子轴线基本成一直线时拉出销子。

（3）吊索（千斤）

吊索有环状吊索（又称万能吊索或闭式吊索）和 8 股头吊索（又称轻便吊索或开式吊索）两种。

吊索是用钢丝绳做成的，因此钢丝绳的允许拉力即为吊索的允许拉力。在工作中，吊索拉力不应超过其允许拉力。吊索拉力取决于所吊构件的质量及吊索的水平夹角，水平夹角应不小于 $30°$，一般用 $45°～60°$。

（4）横吊梁

横吊梁常用于柱和屋架等构件的吊装。用横吊梁吊柱容易使柱身保持垂直，便于安装；用横吊梁吊屋架可以降低起吊高度，减少吊索的水平分力对屋架的压力。

常用的横吊梁有滑轮横吊梁、钢板横吊梁和钢管横吊梁等。

1）滑轮横吊梁

滑轮横吊梁一般用于吊装 8t 以下的柱，它由吊环、滑轮和轮轴等部分组成，如图 8-3 所示。其中，吊环用 Q235 圆钢锻制而成，环圈的大小要保证能够直接挂上起重机吊钩；滑轮直径应大于起吊柱的厚度，轮轴直径和吊环断面应按起重量的大小计算而定。

2）钢板横吊梁

钢板横吊梁一般用于吊装 10t 以下的柱，它是由 Q235 钢板制作而成的，如图 8-4 所示。钢板横吊梁中的两个挂卡环孔的距离 l 应比柱的厚度大 20cm，以便柱"进档"。设计钢板横吊梁时，应先根据经验初步确定截面尺寸，再进行强度验算。

3）钢管横吊梁

钢管横吊梁一般用于吊屋架，钢管长为 6～12m，如图 8-5 所示。钢管横吊梁在起吊构件时承受轴向力 N、弯矩 M（由钢管自重产生的）。设计时，可先根据容许长细比 $[\lambda]=120$ 初选钢管截面，然后按压弯构件进行稳定验算。荷载按构件重力乘以动力系数 1.5 算，容许应力[σ]取 140 MPa。钢管横吊梁中的钢管亦可用两个槽钢焊接成箱形截面来代替。

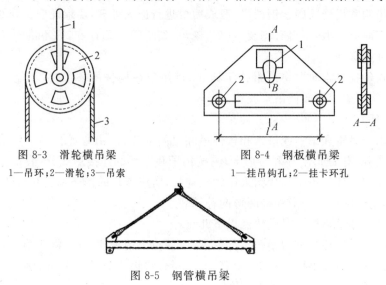

图 8-3 滑轮横吊梁

1—吊环；2—滑轮；3—吊索

图 8-4 钢板横吊梁

1—挂吊钩孔；2—挂卡环孔

图 8-5 钢管横吊梁

8.1.2 起重机械

建筑结构安装施工常用的起重机械有桅杆式起重机、自行杆式起重机和塔式起重机等几大类。

1. 桅杆式起重机

桅杆式起重机是用木材或金属材料制作的起重设备，具有制作简单、装拆方便、起重量大（可达 200t 以上）、受地形限制小等特点，宜在大型起重设备不能进入时使用；但是其起重半径小，移动较困难，需要设置较多的缆风绳。它一般适用于安装工程量集中、结构质量大、安装高度大以及施工现场狭窄的构件，常用的有独脚拔杆、人字拔杆、悬臂拔杆等。

（1）独脚拔杆

1）概述

独脚拔杆由拔杆、起重滑轮组、卷扬机、缆风绳和锚碇等组成。独脚拔杆按材料分为木独脚拔杆、钢管独脚拔杆和型钢格构式独脚拔杆三种。木独脚拔杆由圆木做成，圆木直径为 200~300mm，最好用整根木料，起重高度在 15m 以内，起重量在 10t 以下。钢管独脚拔杆起重高度在 20m 以内，起重量在 30t 以下。型钢格构式独脚拔杆一般制作成若干节，以便于运输，吊装中根据安装高度及构件质量组成需要长度，其起重高度可达 70m，起重量可达 100t。独脚拔杆在使用时，保持不大于 10° 的倾角，以便吊装构件时不致碰撞拔杆，底部要设拖子以便移动。拔杆主要依靠缆风绳来保持稳定，其根数应根据起重量、起重高度以及绳索强度而定，一般为 6~12 根。缆风绳与地面的夹角 α 一般取 30°~45°，角度过大则对拔杆产生较大的压力。

2）独脚拔杆的竖立

独脚拔杆的竖立有滑行法、旋转法和起拔法。

①滑行法

先将拔杆就地捆扎好，使拔杆的重心位于竖立地点，再将辅助拔杆立在竖立拔杆位置的附近,将辅助拔杆的滑车组吊在竖立拔杆重心以上 1~1.5m 处,然后开动卷扬机,拔杆的顶端即上升,拔杆底端就沿着地面滑到竖立地点,当拔杆即将要垂直时,收紧缆风绳就可竖立好拔杆,辅助拔杆高度约为拔杆高的 2/3,如图 8-6 所示。

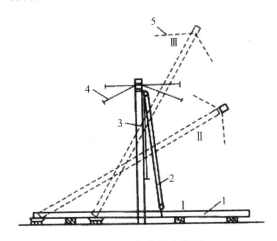

图 8-6　滑行法竖立拔杆
1—拔杆;2—滑车组;3—辅助拔轩;4—辅助拔杆缆风绳;5—拔杆缆风绳

②旋转法

将拔杆脚放在竖立地点,并将拔杆头部垫高。在竖立地点附近立一根辅助拔杆,将辅助拔杆的滑车组吊在距离拔杆头约 1/4 的地方。开动卷扬机,拔杆即绕底部旋转竖立起来,当转到拔杆与水平线的夹角为 60°~70°时,收紧缆风绳将拔杆拉直,辅助拔杆高度约为拔杆高的 1/2,如图 8-7 所示。

③起拔法

将辅助拔杆立在竖立拔杆的底端,与竖立拔杆互相垂直,并将其连接牢固。在两拔杆之间用滑车组连接,同时把起拔的动滑车绑于辅助拔杆的顶端,把定滑车绑在木桩上,并使起重钢丝绳通过导向滑车引到卷扬机上。开动卷扬机,辅助拔杆绕着支座旋转而向后倾倒,拔杆就被拔起,当拔起到拔杆与水平线的夹角为 60°~70°时,可收紧缆风绳使拔杆竖直,辅助拔杆高度约为拔杆高的 1/2,如图 8-8 所示。

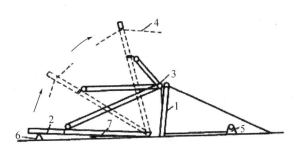

图 8-7　旋转法竖立拔杆
1—辅助拔杆;2—拔杆;3—滑车组;4—缆风绳;
5—卷扬机;6—支垫;7—反牵力

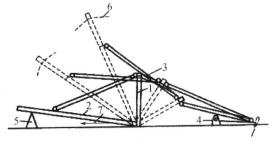

图 8-8　起拔法竖立拔杆
1—辅助拔杆;2—拔杆;3—滑车组;4—缆风绳;
5—卷扬机;6—支垫;7—反牵力

3）独脚拔杆的移动

先将后缆风绳慢慢放松，同时收紧前缆风绳，使拔杆向移动的一侧倾斜，倾斜角度一般不超过10°，然后用卷扬机拖拉拔杆下部，将拔杆下部向前移动到拔杆向后倾10°，按此反复动作，即可将拔杆移动到所需要的位置。

（2）人字拔杆

人字拔杆由两根圆木或钢管、缆风绳、滑车组、导向滑轮组成，如图8-9所示。在人字拔杆的顶部交叉处悬挂滑车组，拔杆下端两脚的距离为高度的1/3～1/2。缆风绳的数量根据起重量和起重高度决定，一般不少于5根。人字拔杆顶部相交成20°～30°夹角，以钢丝绳绑扎成铁件铰接。人字拔杆起重时拔杆向前倾斜，在后面有两根缆风绳。为保证起重时拔杆底部的稳固，在一根拔杆底部装一导向滑轮，起重索通过它连到卷扬机上，再用另一根钢丝绳连接到锚碇上。圆木人字拔杆的起重量为40～140kN，拔杆长为6～13m，圆木小头直径为200～340mm；钢管人字拔杆的起重量为100kN，拔杆长为20m，钢管外径为273mm，壁厚10mm。人字拔杆的特点是侧向稳定性好、缆风绳用量少，但起吊构件活动范围小，一般仅用于安装重型柱，也可作辅助起重设备用于安装厂房屋盖上的轻型构件。

（3）悬臂拔杆

在独脚拔杆中部或2/3高度处装上一根起重臂成悬臂拔杆，如图8-10所示。悬臂拔杆的特点是有较大的起重高度和起重半径，起重臂还能左右摆动120°～270°，这为吊装工作带来较大的方便。但其起重量较小，多用于起重高度较高的轻型构件的吊装。

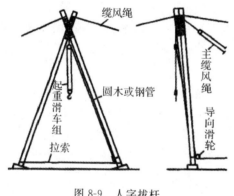

图8-9　人字拔杆

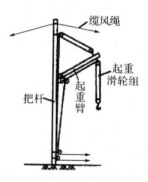

图8-10　悬臂拔杆

2. 自行杆式起重机

自行杆式起重机可分为履带式起重机、汽车式起重机和轮胎式起重机三种。自行杆式起重机的优点是灵活性大、移动方便，能为整个建筑工地服务。起重机是一个独立的整体，一到现场即可投入使用，无须进行拼接等工作，施工起来更方便，只是稳定性稍差。

（1）履带式起重机

1）履带式起重机概况

履带式起重机（如图8-11所示）是一种360°全回转的起重机，它利用两条面积较大的履带着地行走。其优点为对场地、路面要求不高，臂杆可以接长或更换，有较大的起重能力及工作速度，在平整坚实的道路上还可负载行驶。但其行走速度较慢，稳定性差，履带对路面破坏性较大。履带式起重机一般用于单层工业厂房结构安装工程中。

2)履带式起重机的型号和参数

履带式起重机常用的型号有机械式(QU)、液压式(QUY)和电动式(QUD)三种。电动式不适用于需要经常转移作业场地的建筑施工。目前国产履带式起重机已经形成 30～300t 的产品系列(QUY35,QUY50,QUY100,QUY150,QUY300),品种较少,中小吨位重复较多,而国外公司产品型号的覆盖面很大,最大起重量已达到 1600t,我国目前也具有该起重量的起重机,如中华第一吊——1600t 履带式起重机已在天津投入使用。

履带式起重机的主要技术性能包括三个主要参数(如图 8-12 所示):起重量 Q、起重半径 R 和起重高度 H。起重量是指安全工作所允许的最大起重重物的质量,起重半径是指起重机回转中心至吊钩的水平距离,起重高度是指起重吊钩中心至停机面的距离。三个工作参数之间存在互相制约的关系,即起重量、起重半径和起重高度的数值取决于起重臂长度及其仰角。当起重臂长度一定时,随着起重臂仰角的增大,起重量和起重高度增大,而起重半径则减小。当起重臂仰角不变时,随着起重臂长度的增加,起重半径和起重高度都增大,而起重量则变小。

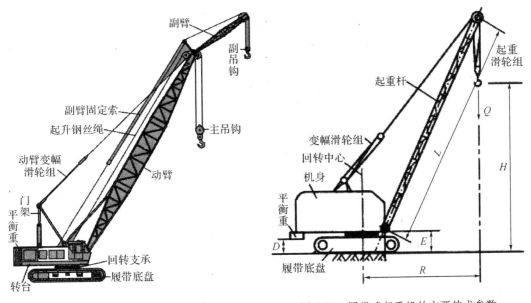

图 8-11　履带式起重机的构造　　　　　图 8-12　履带式起重机的主要技术参数

3)履带式起重机的使用要点

起重机应在平坦坚实的地面上作业、行走和停放。在正常作业时,坡度不得大于 3°,并应与沟渠、基坑保持安全距离;作业时,起重臂的最大仰角不得超过出厂规定,当无资料可查时,不得超过 78°;起重机变幅应缓慢平稳,严禁在起重臂未停稳前变换挡位;起重机载荷达到额定起重量的 90% 及以上时,严禁下降起重臂;在起吊载荷达到额定起重量的 90% 及以上时,升降动作应慢速进行,并严禁同时进行两种及以上动作;采用双机抬吊作业时,应选用起重性能相似的起重机进行。抬吊时应统一指挥,动作应配合协调,载荷应分配合理,单机的起吊载荷不得超过允许载荷的 80%。在吊装过程中,两台起重机的吊钩滑轮组应保持垂直状态;起重机如需带载行走时,载荷不得超过允许起重量的 70%,行走道路应坚实平整,重物应在起重机正前方向,重物离地面不得大于 500mm,并应拴好拉绳,缓慢行驶。严禁长距离带载行驶;起重机行走时,转弯不应过急;当转弯半径过小时,应分次转弯;当路面凹凸不平时,不得转弯;作业后,起重臂应转至顺风方向,并降至 40°～60°,吊钩应提升到接近顶端的位置,应关停内燃机,将各操纵杆放在空挡位置,各制动器加保险固定,操纵室和机棚应关门加锁。

　　(2)汽车式起重机

　　汽车式起重机是装在普通汽车底盘上或特制汽车底盘上的一种起重机,也是一种自行式全回转起重机。其行驶的驾驶室与起重操作室是分开的,具有行驶速度高、机动性能好、转移迅速、对道路无损伤的特点。但吊重时需要打支腿,因此不能负载行驶,也不适合在泥泞或松软的地面上工作。

　　常用的汽车式起重机有 Q1 型(机械传动和操纵)、Q2 型(全液压式传动和伸缩式起重臂)、Q3 型(多电动机驱动各工作机构)以及 YD 型随车起重机和 QY 系列等,如图 8-13所示。

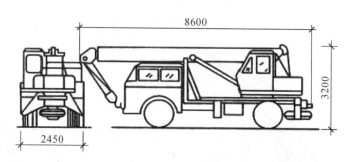

图 8-13　汽车式起重机

　　我国起重量最大的汽车式起重机徐工 QAY500 全地面汽车式起重机最大起重量为 500t,主臂最大起升高度为 84m。重型汽车式起重机 Q2-32 型起重臂长为 30m,最大起重量为 32t,可用于一般厂房的构件安装和混合结构的预制板安装工作。目前引进的大型汽车式起重机最大起重量达 120t,最大起重高度可达 75.6m,能满足吊装重型构件的需要。在使用汽车式起重机时不准负载行驶或不放下支腿就起重,在起重工作之前要平整场地,以保证机身基本水平(一般不超过 3°),支腿下要垫硬木块。支腿伸出应在吊臂起升之前完成,支腿的收入应在吊臂放下、搁稳之后进行。

　　汽车式起重机作业前应伸出全部支腿,并在撑脚板下垫方木;调整支腿必须在无荷载时进行;起吊作业时驾驶室严禁坐人,所吊重物不得超越驾驶室,不得在车的前方起吊;发现起重机倾斜或支腿不稳时,立即将重物下降落在安全地方,下降中严禁制动。

　　(3)轮胎式起重机

　　轮胎式起重机(如图 8-14 所示)是把起重机构安装在加重型轮胎和轮轴组成的特制底盘上的一种自行式全回转起重机。其横向尺寸较大,故横向稳定性好,能全回转作业,并能在允许载荷下负荷行驶。由于起重量的大小不同,底盘下装有若干根

图 8-14　轮胎式起重机

轮轴,配备有 4~10 个或更多轮胎。吊装时一般用 4 个支腿支撑以保证机身的稳定性,构件重力在不用支腿允许荷载范围内也可不放支腿起吊。轮胎式起重机与汽车式起重机的优缺点基本相似,其行驶均采用轮胎,故可以在城市的路面上行走且不会损伤路面,主要差别是其行驶速度慢,故不宜长距离行驶,适宜于作业地点相对固定而作业量较大的场合。轮胎式起重机可用于装卸、一般工业厂房的安装和低层混合结构预制板的安装工作。轮胎式起重机按传动方式分为机械式(QL)、电动式(QLD)和液压式(QLY),液压式发展快,已逐渐替代了机械式和电动式。

3. 塔式起重机

塔式起重机具有竖直的塔身,其起重臂安装在塔身顶部与塔身组成"Γ"形,使塔式起重机具有较大的工作空间。它的安装位置能靠近施工的建筑物,有效工作幅度较其他类型起重机大。塔式起重机的起重臂安装在塔身顶部,可进行 360°回转,具有较高的起重高度、工作幅度和起重能力。塔式起重机种类繁多,在多层、高层结构的吊装和垂直运输中应用最广。

(1)塔式起重机的分类和表示方法

1)分类

塔式起重机按行走方式分为轨道式和固定式(代号 G);按变幅方法分为大臂变幅和小车变幅;按回转部位分为下(塔身)回转(代号 A)和上(顶部)回转;按安装方法分为自升式(代号 Z)、整体快速拆装(代号 K)和拼装式。

2)表示方法

Q 代表起重机;T 代表塔式;P 代表内爬式;数字代表起重力矩($\times 10^{-1}$ kN·m)。QT 代表上回转式塔式起重机;QTA 代表下回转式塔式起重机;QTK 代表快速安装式塔式起重机;QTP 代表内爬式塔式起重机;QTZ 代表上回转自升式塔式起重机。

目前,应用最广的是下回转、快速拆装、轨道式塔式起重机和能够一机四用(轨道式、固定式、附着式和内爬式)的自升塔式起重机。拼装式塔式起重机因拆装工作量大将逐渐被淘汰。

(2)下回转快速拆装塔式起重机

下回转快速拆装塔式起重机都是 600kN·m 以下的中小型塔机。其特点是结构简单、重心低、运转灵活、伸缩塔身可自行架设、速度快、效率高、采用整体拖运、转移方便,适用于砖混砌块结构和大板建筑的工业厂房、民用住宅的垂直运输作业。

(3)上回转塔式起重机

当前主要厂家生产的上回转塔式起重机均采用液压顶升接高(自升)、水平臂小车变幅装置,如图 8-15 所示。这种塔式起重机通过更换辅助装置可改成固定式、附着式、内爬式等。

(4)轨道式塔式起重机

轨道式塔式起重机是一种在轨道上行驶的自行式塔式起重机,如图 8-16 所示。其中,有的只能在直线轨道上行驶,有的可沿 L 形或 U 形轨道行驶。作业范围在两倍幅度的宽度和走行线长度的矩形面积内,并可负荷行驶,同时完成水平和垂直运输,且能在直线和曲线轨道上运行,使用安全,生产效率高,起重高度可按需要增减塔身,互换节架。缺点是需铺设轨道,占用施工场地过大,塔架高度和起重量较固定式小。

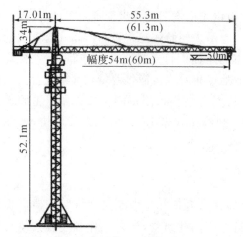

图 8-15　QTZ100 型塔式起重机上回转自升式　　　图 8-16　轨道式塔式起重机

低塔(塔高 30m)最大起重力矩为 800kN·m,最大起重量为 104kN,最大起重高度为48m,最大起重半径为 30m。

中塔(塔高 40m)最大起重力矩为 700kN·m,最大起重量为 90kN,最大起重高度为58m,最大起重半径为 30m。

高塔(塔高 50m)最大起重力矩为 600kN·m,最大起重量为 78kN,最大起重高度为68m,最大起重半径为 30m。

(5)附着式塔式起重机

附着式塔式起重机是固定在建筑物近旁钢筋混凝土基础上的自升式塔式起重机,在建筑物外部布置。随着建筑物的升高,这种起重机利用液压自升系统逐步将塔顶顶升、塔身接高。

为了保证塔身的稳定,每隔 14～20m 采用附着式支架装置将塔身固定在建筑物上。锚固装置由套装在塔身上的锚固环、附着杆及固定在建筑结构上的锚固支座构成。第一道锚固装置设于塔身高度的 30～50m 处,自第一道向上每隔 20m 左右设置一道,一般锚固装置设 3～4 道。这种塔式起重机适用于高层建筑施工,如图 8-17 所示。

(6)内爬式塔式起重机

内爬式塔式起重机是安装在建筑物内部电梯井或其他合适开间的结构上,随建筑物的升高向上爬升的起重机械,如图 8-18 所示。其优点是塔身短、不需轨道和附着装置,不占施工场地;其缺点是全部荷载由建筑物承受,拆除时需在屋面架设辅助起重设施,主要用于超高层建筑施工中。

图 8-17　附着式塔式起重机　　　　　图 8-18　内爬式塔式起重机

8.2　结构吊装方案

单层工业厂房结构吊装方案的主要内容有起重机的选择、结构吊装方法、起重机的开行路线及停机位置、构件平面布置等。

8.2.1　起重机的选择

起重机的选择直接影响结构吊装方法、起重机的开行路线及停机位置、构件平面布置等问题,故在吊装工程中占有重要地位。首先应根据厂房跨度、构件重量、吊装高度、施工现场条件及施工单位机械设备供应等情况确定起重机的类型。对于一般中小厂房,由于平面尺寸不大、构件重量轻、起重高度较小,可选用自行杆式起重机。对于大跨度重型工业厂房,则可选用自行杆式起重机、牵缆式起重机、重型塔式起重机等。

确定起重机的类型以后,应根据构件尺寸、重量及安装高度确定起重机的型号。所选定的起重机的三个工作参数起重量 Q、起重高度 H 和起重半径 R 均应满足结构吊装的要求,如图 8-19 所示。

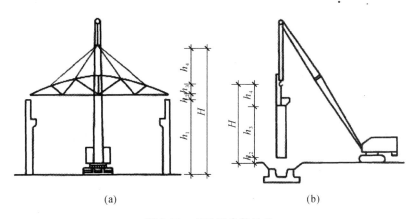

(a)　　　　　　　　　　　　　　　　　(b)

图 8-19　起重机参数选择

1. 起重量

起重机的起重量满足

$$Q \geqslant Q_1 + Q_2 \tag{8-2}$$

式中:Q——起重机的起重量(t);

Q_1——构件质量(t);

Q_2——索具质量(t)。

2. 起重高度

起重机的起重高度必须满足所吊构件的高度要求,即

$$H \geqslant h_1 + h_2 + h_3 + h_4 \tag{8-3}$$

式中:H——起重机的高度(m),从停机面至吊钩的垂直距离;

h_1——安装支座表面高度(m),从停机面算起;

h_2——安装间隙(m),不小于 0.3m;

h_3——绑扎点至构件底面的距离(m);

h_4——索具高度(m),自绑扎点至吊钩中心的距离,根据具体情况而定,一般不小于 1m。

3. 起重半径

起重机起重半径可按以下三种情况确定:

(1)当起重机可以不受限制地开到构件吊装位置附近吊装时,对起重半径没有要求,在计算起重量及起重高度后,便可查阅起重机起重性能表或性能曲线来选择起重机型号及起重臂长度,并可查得在此起重量和起重高度下相应的起重半径,作为确定起重机开行路线及停机位置时的参考。

(2)当起重机不能直接开到构件吊装位置附近去吊装构件时,需根据起重量、起重高度和起重半径三个参数,查起重机起重性能表或性能曲线来选择起重机型号及起重臂长。

(3)当起重机的起重臂需要跨过已安装好的结构去吊装构件时(如跨过屋架或天窗架吊屋面板),为了避免起重臂与已安装结构相碰,或当所吊构件宽度较大,为使构件不碰起重臂,均需要求出起重机吊该构件的最小臂长及相应起重半径。其方法有数解法和图解法。

8.2.2 结构吊装方法

单层工业厂房的结构吊装方法有分件吊装法和综合吊装法两种。

1. 分件吊装法

分件吊装法是起重机每开行一次,仅吊装一种或两种构件。通常起重机分三次开行,吊完单层工业厂房的全部构件。

第一次开行,吊装完全部柱,并对柱进行校正和最后固定;

第二次开行,吊装全部吊车梁、连系梁及柱间支撑等;

第三次开行,按节间吊装屋架、天窗架、屋面板及屋面支撑等。

分件吊装的优点是:每次吊装同类型构件,索具不需经常更换,且操作程序相同,吊装速度快,构件分批进场,供应单一,吊装现场平面布置较简单,构件校正、固定工作有充足的时间。其缺点是起重机开行路线长,不能为后续工序及早提供工作面。

2. 综合吊装法

综合吊装法是起重机在车间内一次开行中,分节间吊装完所有各种类型构件,即先吊装 4~6 根柱子,立即校正固定后,随即吊装吊车梁、连系梁、屋面板等构件,待吊装完一个节间的全部构件后,起重机再移至下一节间进行吊装。

综合吊装的优点是:起重机开行路线较短,停机点位置较少,可使后续工序提早进行,使各工种进行交叉平行流水作业,有利于加快工程进度。其缺点是:要同时吊装各种类型构件,不能充分发挥起重机的工作效率,且构件供应紧张,平面布置复杂,校正困难。故此法目前很少采用。只有当某些结构(如门式结构)必须采用综合吊装时,或当采用移动比较困难的桅杆式起重机进行吊装时,才采用综合吊装法。

8.2.3 起重机的开行路线及停机位置

起重机的开行路线及停机位置和起重机的性能、构件尺寸及重量、构件平面位置、构件的供应方式、吊装方法等有关。

(1)吊装柱时,根据厂房跨度、柱的尺寸及重量、起重机性能等情况,可沿跨中开行或跨边开行,如图 8-20 所示。

1)若柱布置在跨内,起重机在跨内开行,每个停机位置可吊 1~4 根柱。

当起重半径 $R \geqslant L/2$ 时,起重机沿跨中开行,每个停机位置可吊装 2 根柱,如图 8-20(a)所示;

当起重半径 $R \geqslant \sqrt{(L/2)^2 + (b/2)^2}$ 时,可吊装 4 根柱,如图 8-20(b)所示;

当起重半径 $R \leqslant L/2$ 时,起重机沿跨边开行,每个停机位置吊装 1 根柱,如图 8-20(c)所示;

当 $R \geqslant \sqrt{a^2 + (b/2)^2}$ 时,起重机沿跨边开行,每个停机位置可吊装 2 根柱,如图 8-20(d)所示。

式中:R——起重机的起重半径(m);

L——厂房跨度(m);

b——柱的间距(m);

a——起重机开行路线到跨边的距离(m)。

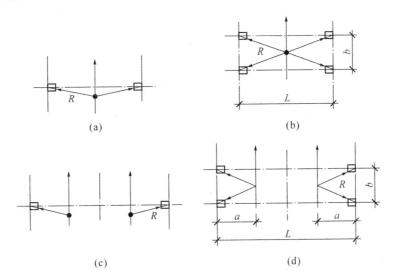

图 8-20 起重机吊装柱时的开行路线及停机位置

2)若柱布置在跨外,起重机沿跨外开行,停机位置与沿跨内靠边开行相似。

(2)屋架扶直就位及屋盖系统吊装时,起重机在跨内开行。

当一单跨车间采用分件吊装法时,起重机的开行路线及停机位置如图 8-21 所示。起重机从Ⓐ轴线进场,沿跨外开行吊装 A 列柱,再沿Ⓑ轴线跨内开行吊装 B 列柱,然后转到Ⓐ轴线一侧扶直屋架并将其就位,再转到Ⓑ轴线吊装 B 列连系梁、吊车梁等,随后转到Ⓐ轴线吊装 A 列连系梁、吊车梁等构件,最后转到跨中吊装屋盖系统。

当单层工业厂房面积大或具有多跨结构时,为加快工作进度,可将建筑划分为若干施工段,选用多台起重机同时进行施工。每台起重机可以独立作业,并负责完成一个区段的全部吊装工作,也可选用不同性能的起重机协同作业,分别吊装柱和屋盖结构,组织大流水施工。

当建筑物为多跨并列且具有纵横跨时,可先吊装各纵向跨,以保证起重机在各纵向跨吊装时,运输道路畅通。若有高低跨,则应先吊高跨,后吊低跨,并向两边逐步开展吊装作业。

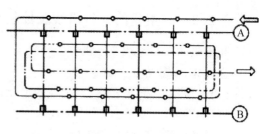

图 8-21　起重机开行路线及停机位置

8.2.4　构件平面布置

构件平面布置与吊装方法、起重机性能、构件制作方法等有关,故应在确定起重机型号和结构吊装方案后结合施工现场实际情况来确定。

构件平面布置应注意以下问题:

(1)各跨构件宜布置在本跨内,如有困难可考虑布置在跨外且便于吊装的地方;

(2)构件布置方式应满足吊装工艺要求,尽可能布置在起重机的起重半径内,以减少起重机负荷行走的距离及起重臂起伏的次数;

(3)构件的布置应便于支模和浇筑混凝土,对重型构件应优先考虑,若为预应力构件还需考虑抽管、穿筋的操作场所;

(4)各种构件的布置应力求占地最小,保证起重机、运输车辆运行道路畅通,当起重机回转时不致与建筑物或构件相碰;

(5)构件的布置应注意安装时的朝向,避免空中调头,影响施工进度和安全;

(6)构件均应布置在坚实的地基上,在新填土上布置构件时,必须采取措施(如夯实、垫通长木板等)防止地基下沉,以免影响构件质量。

构件的平面布置可分为预制阶段的平面布置和吊装阶段的平面布置两种。

单层工业厂房需要在现场预制的构件主要是柱和屋架,吊车梁有时也在现场制作。其他构件则在构件厂或预制场外制作,运到现场吊装就位。

1. 柱的布置

柱的布置按吊装方法不同,有斜向布置和纵向布置两种。

(1)柱的斜向布置。若以旋转法起吊,按三点共弧布置(如图 8-22 所示),其步骤如下:

确定起重机开行路线至柱基中心的距离 a。a 的最大值不超过起重机吊装该柱时的最大起重半径 R,也不能小于起重机的最小起重半径 R,以免起重机太靠近基坑而失稳。此外,应注意起重机回转时,其尾部不与周围构件或建筑物相碰。综合考虑上述条件,即可画出起重机的开行路线。

确定起重机的停机位置。以柱基中心 M 为圆心,以吊装该柱的起重半径 R 为半径画弧,与起重机开行路线相交于点 O,点 O 即为吊装该柱的起重机停机位置。以停机位置 O 为圆心,以 OM 为半径画弧,在靠近柱基的弧上选点 K 作为柱脚中心位置。再以 K 为圆心,以柱脚到吊点的距离为半径画弧,与以 OM 为半径所画弧相交于 S,连接 KS 的柱的中心线。

布置柱时尚应注意牛腿朝向,若柱布置在跨内,牛腿应朝向起重机;若柱布置在跨外,牛腿应背向起重机。

由于受场地或柱尺寸的限制,有时难于做到三点共弧,则可以按照两个共弧布置,有两种布置方法:一种是将柱脚与柱基安装在起重半径 R 的圆弧上,而将吊点布置于起重半径 R' 之外(如图 8-23 所示)。吊装时先用其中较大的半径 R' 起吊,并升起重臂,当起重半径变为 R 后,停升重臂,再按旋转法吊装柱。另外一种是将吊点与柱基安排在起重半径 R 的同一圆弧上,而柱脚斜向任意方向(如图 8-24 所示),吊装时,柱可按旋转法吊装,也可用滑行法吊升。

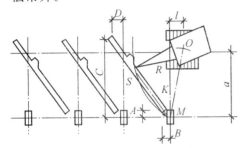

图 8-22　柱斜向布置方式一

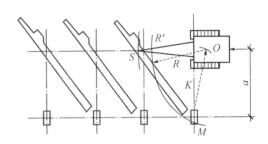

图 8-23　柱斜向布置方式二

(2)柱的纵向布置。当采用滑行法吊装柱时,可以纵向布置,预制柱与厂房纵轴线平行(如图 8-25 所示)。若柱长小于 12m,为节约模板及场地,两柱可以叠浇并排成两行。柱叠浇时应刷隔离剂以防黏结,浇筑上层柱混凝土时,需待下层柱混凝土强度达到 5.0N/mm² 后方可进行。

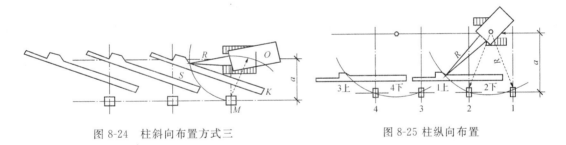

图 8-24　柱斜向布置方式三　　　　　　　　　图 8-25　柱纵向布置

2. 屋架的布置

屋架一般在跨内平卧叠浇预制,每叠 3～4 榀,其布置方式有三种:斜向布置、正反斜向布置和正反纵向布置,如图 8-26 所示。由于斜向布置便于屋架扶直就位,故优先选用该布置方式。若场地受限,则可选用其他两种布置方式。

确定屋架的预制位置时,还要考虑屋架的扶直、堆放要求及扶直的先后顺序,先扶直的应放在上层。屋架跨度大,转动不易,在布置时应注意屋架两端的朝向。图 8-26 中的虚线表示预应力屋架抽管及穿筋所需场地,每两垛屋架间留有 1m 的空隙,一边支模和浇筑混凝土。

3. 吊车梁的布置

若吊车梁在现场预制,可靠近柱子基础顺着轴线或略作倾斜布置,也可插在柱子之间预制。若具有运输条件,可另行在场外集中预制。

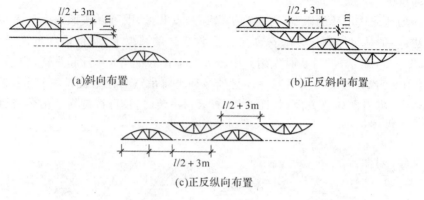

图 8-26 屋架预制时布置方式

8.3 单层厂房的构件安装

8.3.1 构件安装前的准备工作

构件安装工程是装配式结构施工中的主导工程。为了开展有节奏的文明施工和提高企业的管理水平、保证施工进度和优质的吊装质量，就必须做好和重视构件安装前的准备工作。构件安装准备工作包括两大内容：一是室内技术准备工作（如熟悉图纸、图纸会审、计算工程量、编制施工组织设计、绘制工序图表等）；二是室外现场准备工作（如现场环境、临时道路、基础检查、构件准备、水电安全等）。现将现场准备工作简述如下：

（1）清理场地和修筑道路。起重机进场之前，按照现场施工平面图中标出的起重机开行路线位置，进行场地清理，平整压实和修筑临时道路，并做好排水措施。

（2）构件外观和强度检查。构件安装前应检查构件的外形尺寸、埋件位置、吊环规格、表面平整度、表面孔洞、蜂窝麻面、露筋和裂缝等是否符合规范要求，以及混凝土强度是否达到75％以上的设计强度等级。

（3）柱基础杯口弹线与杯底抄平。首先应在基础杯口面上弹出纵、横定位轴线，作为柱对位、校正的依据；其次为了保证柱牛腿标高进行准确，在吊装前要对杯底标高进行调整。调整前先测出杯底原有标高（小柱测中间一点，大柱测四个角点），再测量柱脚底面至牛腿面的实际长度，算出杯底标高调整值，并在杯底标出。然后用水泥砂浆或细石混凝土将杯底垫平至标志处（在浇筑杯底混凝土时要较设计标高低 50mm，以作调整之用）。杯形基础准备工作完成后，应将杯口盖好，以防污物落入杯底；近基础的土面最好低于杯口，以免泥土及地面水流入杯内。

（4）构件运输与堆放。构件运输时的混凝土强度应达到不低于设计强度等级的 75％；装卸时的吊点位置要符合设计的规定要求，运输过程中要防止构件倾倒、碰撞而导致损坏。构件就位前应将堆放场地平整压实，并采取有效的排水措施；构件就位时应按设计的受力情况搁置在垫木或支架上；重叠的构件之间应垫上垫木，上下层垫木应垫在同一垂直线上；较薄的构件如薄腹梁、屋架等应两边撑牢；各堆构件之间应留有不小于 20mm 的间距，以免构件相互碰坏。叠放构件堆垛高度，应根据构件混凝土强度、地面耐压力、垫木的强度和堆垛的稳定性而定。一般梁可叠堆 2~3 层,屋面板可叠堆 6~8 层。构件的吊环要向上,标志向外。还要考虑构件吊装顺序和施工进度要求,构件要按编号进行堆放。

(5)构件弹线与编号。构件在吊装前应在表面弹出吊装中心线,作为构件对位、校正时的依据,对形状复杂的构件,还要标出它的重心及绑扎点位置。具体要求如下:

1)柱。应在柱身三个面上弹出吊装中心线。所弹中心线位置应与基础杯口面上所弹中心线相吻合(对应)。此外,还应在柱顶面和牛腿面上,弹出屋架和吊车梁的吊装中心线。

2)屋架。应在上弦顶面弹出几何中心线,并从跨度中央向两端分别弹出天窗架、屋面板或檩条的吊装中心线,屋架端头应弹出屋架的纵横吊装中心线。

3)梁。应在两端及顶面弹出吊装中心线。

在对构件进行弹线的同时,按图纸设计构件号对应于预制构件进行编号,编号应写在明显易见的部位。对不易辨别上下左右的构件,还要注明方向,以免吊装时搞错。

(6)构件吊装应力复核与临时加固。由于构件吊装时与使用时的受力状况不同,可能导致构件吊装损坏。因此,在吊装前必须进行构件应力验算,并采取适当的临时加固措施。

(7)水电与安全准备。构件吊装就位后,主要是通过电焊实现最后固定。必须事先落实电源的容量和考虑电焊机放置的位置。结构吊装高空和立体交叉作业多,要重视施工安全,必须对操作平台及脚手架等进行认真检查和加固,以确保吊装安全。

8.3.2 构件安装工艺

预制构件吊装过程一般包括绑扎、起吊、就位、临时固定、校正和最后固定等工序。

1. 柱的吊装

(1)柱的绑扎

柱身绑扎点和绑扎位置要保证柱身在吊装过程中受力合理,不发生变形或裂断。一般中、小型柱绑扎一点;重型柱或配筋少而细长的柱绑扎两点甚至两点以上,以减少柱的吊装弯矩。必要时,需经吊装应力和裂缝控制计算后确定。一点绑扎时,绑扎位置在牛腿下面。

按柱吊起后柱身是否能保持垂直状态,分为斜吊法和直吊法,相应的绑扎方法有斜吊绑扎法(如图 8-27 所示)和直吊绑扎法(如图 8-28 所示)。斜吊绑扎法用于柱的宽面抗弯能力满足

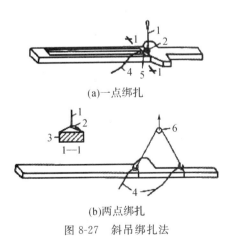

(a)一点绑扎

(b)两点绑扎

图 8-27　斜吊绑扎法

1—吊索;2—椭圆销卡环;3—柱子;4—棕绳;5—铅丝;6—滑车

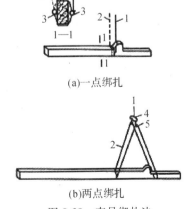

(a)一点绑扎

(b)两点绑扎

图 8-28　直吊绑扎法

1—第一支吊索;2—第二支吊索;3—活络卡环;4—铁扁担;5—滑车

吊装要求时,此法不需要将预制柱翻身,但因起吊后柱身与杯底小垂直,对线就位较难;直吊绑扎法适用于柱宽面抗弯能力不足时,必须将预制柱翻身后狭面向上,刚度增大,再绑扎起吊,此法因吊索需跨过柱顶,故需要较长的起重杆。

（2）柱的起吊

柱的起吊方法按柱在吊升过程中柱身运动的特点分为旋转法和滑行法;按采用起重机的数量分为单机起吊和双机抬吊两种方法。单机起吊的工艺如下:

1）旋转法。起重机边起钩、边旋转,使柱身绕柱脚旋转而逐渐吊起的方法称为旋转法。其要点是保持柱脚位置不动,并使柱的吊点、柱脚中心和杯口中心三点共弧。其特点是柱升中所受震动较小,但对起重机的机动性要求高。一般采用自行式起重机(如图 8-29 所示)。

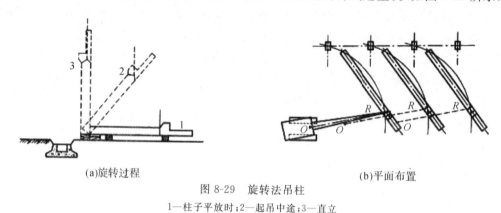

(a)旋转过程　　　　　　　　　　　(b)平面布置

图 8-29　旋转法吊柱
1—柱子平放时;2—起吊中途;3—直立

2）滑行法。起吊时起重机不旋转,只起升吊钩,使柱脚在吊钩上升过程中沿地面逐渐向前滑行,直至柱身直立的方法称为滑行法。其要点是柱的吊点要布置在杯口旁,并与杯口中心两点共圆弧。其特点是起重机只需转动吊杆,即可将柱子吊装就位,较安全,但滑行过程中柱子易受震动。故只在场地受限时才采用此法(如图 8-30 所示)。

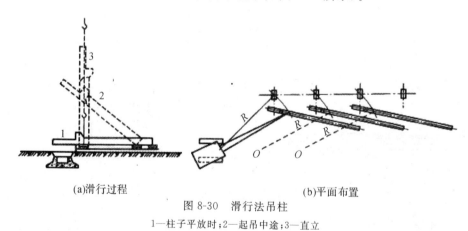

(a)滑行过程　　　　　　　　　　　(b)平面布置

图 8-30　滑行法吊柱
1—柱子平放时;2—起吊中途;3—直立

（3）柱的就位和临时固定

柱脚插入杯口后,使柱的安装中心线对准杯口的安装中心线,然后将柱四周八只楔子打紧加以临时固定。吊装重型、细长柱时,除采用以上措施进行临时固定外,必要时增设缆风绳拉锚。

（4）柱的校正与最后固定

柱的校正包括平面定位轴线、标高和垂直度的校正。柱平面定位轴线在临时固定前，进行就位时已校正好。标高则在柱吊装前由调整基础杯底的标高，予以控制在施工验收规范允许的范围以内。而垂直度可用经纬仪的观测和钢管校正器或螺旋千斤顶（柱较重时）进行校正。

校正完毕即在柱底部四周与基础杯口的空隙之间浇筑细石混凝土，捣固密实，使柱的底脚完全嵌固在基础内作为最后固定。浇筑工作分两次进行，第一次浇至楔块底面，待混凝土强度达到 25% 的设计强度后，拔去楔块再第二次灌注混凝土至杯口顶面。

2. 吊车梁的吊装

待柱子与杯口第二次浇筑的混凝土强度达到 75% 的设计强度等级后，即可进行吊车梁的吊装。

（1）绑扎、吊升、对位与临时固定

吊车梁吊起后应基本保持水平。因此，采用两点绑扎，其绑扎点应对称地设在梁的两端，吊钩应对准梁的重心。在梁的两端应绑扎溜绳，以控制梁的左右转动，避免悬空时碰撞柱子。

吊车梁对位时应缓慢降钩，使吊车梁端与柱牛腿面的横轴线对准。在吊车梁安装过程中，应用经纬仪或线锤校正柱子的垂直度，若产生了竖向偏移，应将吊车梁吊起重新进行对位，以消除柱的竖向偏移。

吊车梁本身的稳定性较好，一般对位后，不需要采取临时固定措施，起重机即可松钩移走。当梁高与底宽之比大于 4 时，可用 8 号铁丝将梁捆在柱上，以防倾倒。

（2）校正与最后固定

吊车梁吊装后，需校正标高、平面位置和垂直度。吊车梁的标高在进行杯形基础杯底抄平时，已对牛腿面至柱脚的高度进行过测量和调整，因此误差不会太大。如存在少许误差，也可待安装轨道时，在吊车梁面上抹一层砂浆找平层加以调整。吊车梁的平面位置和垂直度可在屋盖吊装前校正，也可在屋盖吊装后校正。但较重的吊车梁由于摘钩后校正困难，则可边吊边校。平面位置的校正主要是检查吊车梁的纵轴线以及两列吊车梁之间的跨距是否符合要求。施工规范规定吊车梁吊装中心线对定位轴线的偏差不得大于 5mm。在屋盖吊装前校正时，跨距不得有正偏差，以防屋盖吊装后柱顶向外偏移，使跨距的偏差过大。

检查吊车梁吊装中心线偏差的常用方法有以下两种：

1）通线法（如图 8-31 所示）。根据柱的定位轴线，首先在车间两端地面定出吊车梁定位轴线的位置，打下木桩，并设置经纬仪。用经纬仪将车间两端的四根吊车梁位置校正准确，

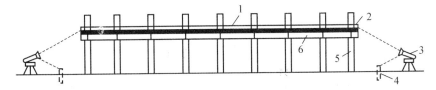

图 8-31　通线法校正吊车梁

1—通线；2—支架；3—经纬仪；4—木桩；5—柱；6—吊车梁

并检查两列吊车梁之间的跨距是否符合要求。然后在四根已校正的吊车梁端部设置支架（或垫块），约高 200mm，并根据吊车梁的定位轴线拉钢丝通线。最后根据通线来逐根拨正（用撬棍）吊车梁的吊装中心线。

2）平移轴线法（如图 8-32 所示）。在柱列边设置经纬仪，逐根将杯口上柱的吊装中心线投影到吊车梁顶面处的柱身上，并做出标志。若柱吊装中心线到定位轴线的距离为 a，则标志距吊车梁定位轴线应为 $\lambda - a$（λ 为柱定位轴线到吊车梁定位轴线之间的距离，一般 $\lambda = 750$mm）。可据此来逐根拨正吊车梁的吊装中心线，并检查两列吊车梁之间的跨距是否符合要求。

在检查及拨正吊车梁中心线的同时，可用靠尺线垂球检查吊车梁的垂直度。若发现有偏差，可在吊车梁两端的支座面上加斜垫铁纠正，每端叠加斜垫铁不得超过三块。

吊车梁校正之后，立即按设计图纸用电焊进行最后固定，并在吊车梁与柱的空隙处浇筑细石混凝土。

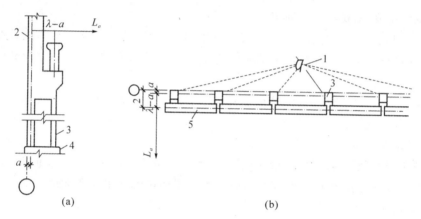

图 8-32 平移轴线法校正吊车梁
1—经纬仪；2—标志；3—柱；4—柱基础；5—吊车梁

3.屋架的吊装

中小型单层工业厂房屋架的跨度为 12～24m，重量为 30～100kN。钢筋混凝土屋架一般在施工现场平卧叠浇预制，在屋架吊装前，先要将屋架扶直（或称翻身、起扳），然后将屋架吊运到预定地点就位（排放）。

（1）扶直与就位

钢筋混凝土屋架的侧向刚度较差，扶直时由于自重影响，改变了杆件的受力性质，特别是上弦杆极易扭曲，造成屋架损伤。因此，在屋架扶直时必须采取一定措施，严格遵守操作要求，才能保证安全施工。

1）屋架扶直时，应注意的问题有以下几点：

①扶直屋架时，起重机的吊钩应对准屋架中心。吊索应左右对称，吊索与水平面的夹角不小于 45°。为使各吊索受力均匀，吊索可用滑轮串通。在屋架接近扶直时，吊钩应对准下弦中点，防止屋架摆动。

②当屋架数榀在一起叠浇时，为防止屋架在扶直过程中突然下滑造成损伤，应在屋架两

端搭设枕木垛,其高度与被扶直屋架的底面齐平。

③叠浇的屋架之间若黏结严重,应采用凿、撬棒、倒链等工具,消除黏结后再扶直。

④如扶直屋架时采用的绑扎点或绑扎方法与设计规定不同,应按实际采用的绑扎方法验算屋架扶直应力。若承载力不足,在浇筑屋架时应补加钢筋或采取其他加强措施。

2)屋架扶直方法。屋架扶直时,由于起重机与屋架的相对位置不同,可分为正向扶直和反向扶直。

①正向扶直。起重机位于屋架下弦一边,首先以吊钩对准屋架中心,收紧吊钩,然后略升臂使屋架脱模,接着升钩并升臂,使屋架以下弦为轴,缓缓转为直立状态,如图 8-33(a)所示。

②反向扶直。起重机位于屋架上弦一边,首先以吊钩对准屋架中心,收紧吊钩,接着起重机升钩并降臂,使屋架以下弦为轴缓缓转为直立状态,如图 8-33(b)所示。

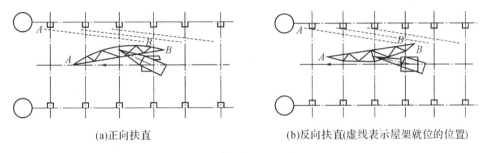

(a)正向扶直　　　　　　　　　　(b)反向扶直(虚线表示屋架就位的位置)

图 8-33　屋架的扶直

正向扶直与反向扶直最主要的不同点是在扶直过程中,一为升臂,一为降臂。升臂比降臂易于操作且较安全,故应尽可能采用正向扶直。

屋架扶直后,立即进行就位。屋架就位的位置与屋架安装方法、起重机械性能有关。其原则是应少占场地,便于吊装,且应考虑到屋架的安装顺序、两端朝向等问题。一般靠柱边斜放或以 3～5 榀为一组,平行柱边就位。

屋架就位后,应用 8 号铁丝、支撑等与已安装的柱或已就位的屋架相互拉牢撑紧,以保持稳定。

(2)绑扎

屋架的绑扎点应选在上弦节点处或附近 500mm 区域内,左右对称,并高于屋架重心,使屋架起吊后基本保持水平,不晃动,不倾翻。在屋架两端应加绳,以控制屋架转动,屋架吊点的数目及位置与屋架的形式和跨度有关,一般通过设计确定。绑扎时,吊索与水平线的夹角不宜小于 45°,以免屋架承受过大的横向压力。当夹角小于 45°时,为了减少屋架的起吊高度及所受的横向力,可采用横吊梁。横吊梁的选用应经过计算确定,以确保施工安全。一般来说,当屋架跨度小于或等于 18m 时绑扎两点;当跨度大于 18m 时需绑扎四点;当跨度大于 30m 时,应考虑采用横吊梁,以减小绑扎高度。对三角组合屋架等刚性较差的屋架,下弦不能承受压力,故绑扎时也应采用横吊梁(如图 8-34 所示)。

(3)吊升、对位和临时固定

屋架吊升是先将屋架吊离地面约 300mm,并将屋架转运至吊装位置下方,然后起钩,将屋架提升超过柱顶约 300mm。最后利用屋架端头的溜绳,将屋架调整对准柱头,并缓缓降至柱头,用撬棍配合进行对位。

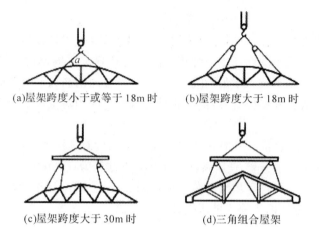

(a)屋架跨度小于或等于18m时　　(b)屋架跨度大于18m时

(c)屋架跨度大于30m时　　　　　　(d)三角组合屋架

图 8-34　屋架的绑扎

屋架对位应以建筑物的定位轴线为准。因此,在屋架吊装前,应当用经纬仪或其他工具在柱顶放出建筑物的定位轴线。如柱顶截面中线与定位轴线偏差过大,可逐渐调整纠正。

屋架对位后,立即进行临时固定。临时固定稳妥后,起重机才可摘钩离去。

第一榀屋架的临时固定必须十分可靠,因为这时它只是单片结构,而且第二榀屋架的临时固定,还要以第一榀屋架做支撑。第一榀屋架的临时固定方法通常是用 4 根缆风绳,从两边将屋架拉牢,也可将屋架与抗风柱连接作为临时固定。第二榀屋架的临时固定是用工具式支撑撑牢在第一榀屋架上(如图 8-35 所示)。以后各榀屋架的临时固定,也都是用工具式支撑撑牢在前一榀屋架上。

工具式支撑(如图 8-36 所示)用 ϕ50 钢管制成,两端各装有两只撑脚,其上有可调节松紧的螺栓,使用时调紧螺栓,即可将屋架可靠地固定。撑脚上的这对螺栓,既可夹紧屋架上弦杆件,又可使屋架平移位置,故也是校正机具。每榀屋架至少要用两个工具式支撑,才能使屋架撑稳。当屋架经校正、最后固定并安装了若干块大型面板以后,将支撑放下。

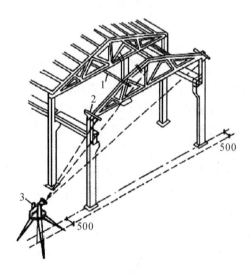

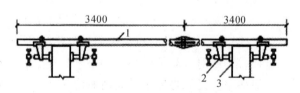

图 8-35　屋架的临时固定与校正　　　　　图 8-36　工具式支撑的构造

1—工具式支撑;2—卡尺;3—经纬仪　　　　1—钢管;2—撑脚;3—屋架上弦

（4）校正与最后固定

屋架的竖向偏差可用经纬仪或垂球检查。

用经纬仪检查竖向偏差的方法，是在屋架上安装三个卡尺，一个安装在上弦中点附近，另外两个分别安装在屋架的两端，自屋架几何中线向外量出一定距离（一般可取500mm），在卡尺上做出标志。然后在距屋架中线同样距离（500mm）处设置经纬仪，观测三个卡尺上的标志是否在同一垂面上。用经纬仪检查屋架竖向偏差，虽然减少了高空作业，但经纬仪设置比较麻烦，所以工地上仍广泛采用垂球检查屋架竖向偏差。

用垂球检查屋架竖向偏差法，与上述经纬仪检查法的步骤基本相同，但标志至屋架几何中线的距离可短些（一般可取300mm），在两端头卡尺的标志间连一通线，自屋架顶卡尺的标志处向下挂垂线球，检查三个卡尺标志是否在同一垂面上。若发现卡尺上的标志不在同一垂面上，即表示屋架存在竖向偏差，可通过转动工具式支撑撑脚上的螺栓加以调整，并在屋架两端的柱顶垫入斜垫铁校正。

屋架校至垂直后，立即用电焊固定。焊接时，先焊接屋架两端成对角线的两侧边，再焊另外两边，避免两端同侧焊接影响屋架的垂直度。

4. 天窗架与屋面板的吊装

天窗架可与屋架组合拼装后，整体绑扎吊装或单独吊装。前者高空作业少，但对起重机要求较高，后者为常用方式，吊装时需待天窗架两侧屋面板安装完成后进行，并用工具式夹具或绑扎圆木进行临时固定。其绑扎可采用两点或四点绑扎（如图8-37所示）。

屋面板的吊装一般多采用一钩多块迭吊或平吊法（如图8-38所示），以提高起重机效率。吊装时，应由两边檐口左右对称逐块吊向屋脊，这样有利于屋架稳定、受力均匀。屋面板就位校正后，应立即焊接牢固，除最后一块只能焊两点外，每块屋面板可焊三点。

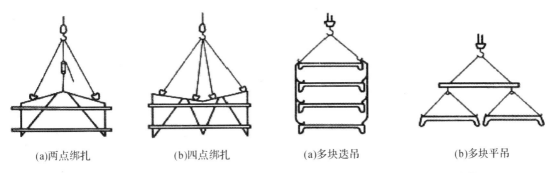

| (a)两点绑扎 | (b)四点绑扎 | (a)多块迭吊 | (b)多块平吊 |

图8-37　天窗架的绑扎　　　　　　　图8-38　屋面板的吊装

拓展阅读

天津117大厦物料的输运——通道塔技术

对于超高层建筑，大量的物料输运是个非常突出的问题。常规的吊车和施工电梯的输运效率低下，无法满足长距离的输运要求。目前在超高层建筑施工中，通道塔是个比较成熟的方法。

通道塔以钢结构塔为附着载体和通道，用来完成超高层建筑施工中大量和繁重的垂直运输任务。这座总高度为578m的"小钢塔"已实现了与117大厦同步长高，上面安装了5

部施工电梯。工程实践表明,使用通道塔可节约施工场地,加快了装修进度,使得施工对下部运营的影响有所降低,实现了超高层建筑阶段性投入使用的目标。

117 大厦在中国率先研发通道塔技术,采取"工厂预制、现场拼装、整体吊装"的流水作业,装配效率极高,后期拆除也很方便。该通道塔平面尺寸为 5m×9m,一面与主楼相连,另外三面附着 5 部双笼施工电梯,统一调度指挥,实现"人货分离,分层停靠,分时上下",极大地提高了运输效率。一般中速施工电梯速度为 50m/min,而通道塔电梯最高速度可达 90m/min。打开每层安全门,一条宽 5m 的通道搭接在通道塔与主塔楼各层楼面上。施工至 200m 时,117 大厦通道塔如图 8-39 所示。商业综合体通道塔技术如图 8-40 所示。

8-39　施工至 200m 时,117 大厦通道塔 　　　图 8-40　商业综合体通道塔技术

思考题

8-1　起重机工作的三个参数是什么?

8-2　起重半径的选择依据是什么?

8-3　起重机开行路线及停车位置如何确定?

8-4　柱的起吊工艺有哪些?

8-5　检查吊车梁吊装中心线偏差的常用方法有哪些?

8-6　屋架扶直方法有哪些?适用于什么工程条件?

第9章 防水工程

【内容提要】

本章主要介绍防水工程的常用分类，以及影响防水工程质量的因素（防水设计的合理性、防水材料的选择、施工工艺及施工质量、保养与维修管理等）。

【学习要求】

通过本章学习，了解卷材防水屋面的构造及各层作用，地下工程的防水方案、构造、性能和做法；掌握卷材防水屋面、涂膜防水屋面和刚性防水屋面的施工要点及质量标准；能制订防水工程的施工方案，确定施工方法和安全措施。

9.1 地下防水工程

地下工程埋设在地下或水下，常年受到潮湿环境和地下水的有害影响。所以，对地下工程防水的处理比屋面防水工程的要求更高，防水技术难度更大。在地下防水工程施工期间，应做好排除地面水和降低地下水位的工作，以保持基坑内土体干燥，创造良好的施工条件。

9.1.1 地下防水方案

确定正确的地下防水方案，是保证地下防水工程防水功能的根本。地下工程防水方案应根据使用要求和建筑物特点，全面考虑地形、地貌、水文地质、地震烈度、冻结深度、环境条件、结构形式、施工工艺及材料来源等因素科学合理确定。

《地下工程防水技术规范》(GB 50108—2008)规定，对于不同的工程情况，应当采取相应的防水方案。地下防水工程的一般要求为：

(1)地下工程的防水等级分为四级。防水混凝土的环境温度不得高于80℃。

(2)地下防水工程施工前，施工单位应进行图纸会审，掌握工程主体及细部构造的防水技术要求，编制防水工程施工方案。

(3)地下防水工程必须由具备相应资质的专业防水施工队伍进行施工，主要施工人员应持有建设行政主管部门或其指定单位颁发的执业资格证书。

9.1.2 地下室的防水构造

当常年静止水位和最高水位都高于地下室底板，土层有滞水时，地下室的底板和外墙板将浸在水中。在水的作用下，地下室的外墙板受到地下水的侧压力，底板则受到浮力作用，而且地下水位高出地下室地面越多，侧压力和浮力就越大，渗水也越严重。因此，地下室外墙板与底板必须采取防水处理。

地下室的防水做法有防水卷材防水、涂料防水、防水混凝土防水等。

1. 防水卷材防水

防水卷材防水一般用改性沥青卷材和高分子卷材做防水层，是一种传统的防水做法。

（1）地下工程卷材防水层的防水方法

1）内防水法是将卷材防水层粘贴在地下工程结构的背水面（结构的内表面）。这种内防水层不能直接阻断地下水对主体结构的渗透和侵蚀，需要在卷材防水层内侧加设刚性内衬层来压紧卷材防水层，以共同保护主体结构。内防水法在地下防水工程中用得较少，仅用于人防工程、隧道等难以进行外防水法施工的工程中。

2）外防水法是将卷材防水层粘贴在地下工程结构的迎水面（结构的外表面）。该方法能够有效地保护地下工程主体结构免受地下水的侵蚀和渗透，是地下防水工程中最常见的防水方法。外防水法分为外防外贴法和外防内贴法两种。

①外防外贴法

外贴法的铺贴如图9-1（a）所示。在浇筑混凝土底板和结构墙体之前，先做混凝土垫层，在垫层的四周砌保护墙，再铺贴底层卷材，四周应留出卷材接头，然后灌注底板和墙身混凝土，待侧模拆除以后，继续铺贴结构墙外侧的卷材防水层。

②外防内贴法

外防内贴法的铺贴如图9-1（b）所示。先在地下构筑物四周的混凝土底板垫层上做好找平层，四周干铺一层卷材，在其上砌永久性保护墙（高度按设计要求），接着在保护墙上抹水泥砂浆找平，然后将防水卷材铺贴在保护墙上，最后浇筑钢筋混凝土底板和结构墙体。

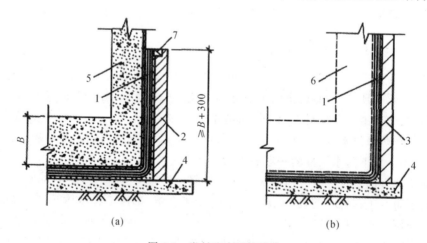

图9-1　卷材防水层铺贴法

1—卷材防水层；2—临时保护墙；3—永久保护墙；4—垫层；5—先浇构筑物；6—后浇构筑物；7—压边

外防外贴法与外防内贴法相比较，各有优缺点。两者的比较如表9-1所示，在一般情况下，应采用外防外贴法，在施工条件受到限制时才采用外防内贴法。

表 9-1　外防外贴法与外防内贴法的比较

比较项目	外防外贴法	外防内贴法
渗漏水检验	防水层做完后即可做试验,且修补较容易	防水层做完后不能立即试验,而待基础及外墙施工完毕后才可试验,如发现漏水则修补困难
卷材粘贴作业	预留的卷材接头不易保护好,基础与外墙卷材转角易弄脏受损,且操作困难	基础及外墙的卷材防水层一次铺贴完,转角的铺贴质量较易保证
工期	工期长	工期短
施工条件	要有一定的工作面	地下结构外作业面很小
开挖土方量	土方量较大	土方量较小
沉陷影响	不受沉陷影响	易受沉陷影响
防水层保护与检查	防水层不易破坏,混凝土质量检查也比较方便	浇捣混凝土时,防水层易损坏,混凝土捣固质量不易检查

在工程中,卷材防水法一般与涂料防水法一起使用。

(2)卷材防水层施工

1)卷材防水层宜用于经常处于地下水环境,且受侵蚀介质作用或受震动作用的地下工程。

2)铺贴卷材严禁在雨天、雪天、五级及以上大风中施工;冷粘法、自粘法施工的环境气温不宜低于 5℃,热熔法、焊接法施工的环境气温不宜低于 −10℃。施工过程中下雨或下雪时,应做好已铺卷材的防护工作。

3)卷材防水层应铺设在混凝土结构的迎水面上。其用于建筑地下室时,应铺设在结构底板垫层至墙体防水设防高度的结构基面上。

4)卷材防水层的基面应坚实、平整、清洁、干燥,阴阳角处应做成圆弧或 45°坡角,其尺寸应根据卷材品种确定。当基面潮湿时,应涂刷湿固化型胶黏剂或潮湿界面隔离剂。

5)在阴阳角等特殊部位,应铺设卷材加强层,当设计无要求时,加强层宽度宜为 300~500mm。

6)结构底板垫层混凝土部位的卷材可采用空铺法或点粘法施工,侧墙采用外防外贴法的卷材及顶板部位的卷材应采用满粘法施工。铺贴立面卷材防水层时,应采取防滑的措施。

7)铺贴双层卷材时,上下两层和相邻两幅卷材的接缝应错开 1/3~1/2 幅宽,且两层卷材不得相互垂直铺贴。

8)弹性体改性沥青防水卷材和改性沥青聚乙烯胎防水卷材采用热熔法施工应加热均匀,不得加热不足或烧穿卷材,搭接缝部位应溢出热熔的改性沥青。

9)采用外防外贴法铺贴卷材防水层时,应符合下列规定:

①先铺平面,后铺立面,交接处应交叉搭接。

②临时性保护墙宜采用石灰砂浆砌筑,内表面宜做找平层。

③对于从底面折向立面的卷材与永久性保护墙的接触部位,应采用空铺法施工;对于卷材与临时性保护墙或围护结构模板的接触部位,应将卷材临时贴附在该墙上或模板上,并应将

顶端临时固定。当不设保护墙时,从底面折向立面的卷材接槎部位应采取可靠的保护措施。

④混凝土结构完成,铺贴立面卷材时,应先将接槎部位的各层卷材揭开,并将其表面清理干净,如卷材有损伤应及时修补。对于卷材接槎的搭接长度,高聚物改性沥青类卷材应为150mm,合成高分子类卷材应为100mm;当使用两层卷材时,卷材应错槎接缝,上层卷材应盖过下层卷材。

10)采用外防内贴法铺贴卷材防水层时,应符合下列规定:

①混凝土结构的保护墙内表面应抹厚度为20mm的1：3水泥砂浆找平层,然后铺贴卷材。

②卷材宜先铺立面,后铺平面;铺贴立面时,应先铺转角,后铺大面。

11)卷材防水层经检查合格后,应及时做保护层。顶板卷材防水层上的细石混凝土保护层采用人工回填土时厚度不宜小于50mm,采用机械碾压回填土时厚度不宜小于70mm,防水层与保护层之间宜设隔离层。底板卷材防水层上细石混凝土保护层厚度不应小于50mm。侧墙卷材防水层宜采用软质保护材料或铺抹20mm厚的1：2.5水泥砂浆找平层。

2. 涂料防水

涂料防水适用于受侵蚀性介质或受震动作用的地下工程迎水面或背水面的涂刷。由于其施工简便,成本较低,防水效果较好,因而在防水工程中被广泛使用。

(1)防水涂料

有机防水涂料主要包括合成橡胶类、合成树脂类和橡胶沥青类,适宜做在主体结构的迎水面。如氯丁橡胶防水涂料、SBS改性沥青防水涂料等聚合物乳液防水涂料属挥发固化型;聚氨酯防水涂料等属反应固化型;另有聚合物水泥涂料,国外称之为弹性水泥防水涂料。

无机防水涂料主要包括聚合物改性水泥基防水涂料和水泥基渗透结晶型防水涂料,其被认为是刚性防水材料,所以不适用于变形较大或受震动部位,适宜做在主体结构的背水面。

(2)施工工艺

1)基层要求及处理

涂刷厚质涂料的基层应坚实、无松软现象,表面应平整、洁净、无浮粒及污物。基层表面若有凸出物,应予铲除并补平;若有蜂窝、麻面或凹坑,应用水泥砂浆补平;缝隙应予填嵌密实;阴阳角应抹成圆弧形。

2)涂刷冷底子施工

在成品涂料中加入与涂料等量的水,用力搅拌均匀即制成冷底子涂料,在基层上满涂一层,其用量约为0.3kg/m²。冷底子施工比较简单,基层稍有潮湿也可涂刷,但在涂刷时一定要用力,使冷底子涂料浸入基层表面,以利于涂料与基层的牢固黏结。

3)增强涂布施工

在结构细部、接缝处或基层表面有较大裂缝处,应先做增强层。增强层的做法是:先用25cm宽的牛皮纸或条形聚乙烯薄膜干铺一层,再用SL-防水涂料粘铺45cm宽的玻璃纤维布。

4)涂刷底层涂料施工

待增强层干燥后,即用SL-防水涂料刮涂一层,其用量掌握在3kg/m²左右。底层涂料的施工质量好坏关系到防水工程的整体效果,因此,要特别注意涂刷均匀。涂刷的顺序是先立面,后平面。

5)粘铺玻璃纤维布施工

待底层涂料干燥后,即可粘铺玻璃纤维布。铺贴前先按铺贴的平面或立面尺寸将玻璃纤维布裁剪好,沿流水方向的下坡开始铺布,布的纵向与流水方向垂直,布的搭接宽度不小于 10cm,边铺布边将 SL-防水涂料倒在玻璃纤维布上,并用橡皮刮板反复涂刮,使涂料透过玻璃纤维布与底涂层黏结紧密,在刮涂时将气泡排除,还要注意将玻璃纤维布拉直铺平,不得出现褶皱等质量问题。这一层的涂料用量约为 $4kg/m^2$。

6)保护层施工

待铺布涂层干燥后,在防水涂料中加入适量的水稀释,在铺布涂层再薄涂一层,随即撒粘云母粉(或蛭石、细砂)。用棕帚轻轻扫平,然后可根据实际情况做水泥砂浆或细石混凝土保护层,立面也可以砌砖保护墙。

(3)涂料防水层施工注意事项

1)无机防水涂料宜用于结构主体的背水面,有机防水涂料宜用于地下工程主体结构的迎水面,用于背水面的有机防水涂料应具有较高的抗渗性,且与基层有较好的黏结性。

2)涂料防水层严禁在雨天、雾天、五级及以上大风时施工,不得在施工环境温度低于 5℃或高于 35℃或烈日暴晒时施工。涂膜固化前如有降雨的可能,应及时做好已完涂层的保护工作。

3)有机防水涂料基层表面应基本干燥,不应有气孔、凹凸不平、蜂窝麻面等缺陷。涂料施工前,基层阴阳角应做成圆弧形,阴角直径宜大于 50mm,阳角直径宜大于 10mm,在底板转角部位应增加胎体增强材料,并应增涂防水涂料。铺贴胎体增强材料时,应使胎体层充分浸透防水涂料,不得有露槎及褶皱。

4)防水涂料应分层刷涂或喷涂,涂层应均匀,不得漏刷、漏涂。涂刷应待前遍涂层干燥成膜后进行,每遍涂刷时应交替改变涂层的涂刷方向,同层涂膜的先后搭压宽度宜为 30～50mm。甩槎处接缝宽度不应小于 100mm,接缝前应将其甩槎表面处理干净。

5)用有机防水涂料时,基层阴阳角处应做成圆弧;在转角处、变形缝、施工缝、穿墙管等部位应增加胎体增强材料和增涂防水涂料,宽度不应小于 50mm。胎体增强材料的搭接宽度不应小于 100mm,上下两层和相邻两幅胎体的接缝应错开 1/3 幅宽,且上下两层胎体不得相互垂直铺贴。

6)涂料防水层完工并经验收合格后应及时做保护层。底板、顶板应采用 20mm 厚的 1:2.5 水泥砂浆层和 40～50mm 厚的细石混凝土保护层,防水层与保护层之间宜设置隔离层。侧墙背水面保护应采用 20mm 厚的 1:2.5 水泥砂浆层。侧墙迎水面保护层宜选用软质保护材料或 20mm 厚的 1:2.5 水泥砂浆层。

3. 防水混凝土防水

为满足结构的强度和刚度需要,地下工程的底板与墙板一般多采用钢筋混凝土结构。这时,以采用防水混凝土防水为佳,即在混凝土中掺入一定量的外加剂,如引气剂或密实剂,提高其密实性和抗渗性能,以达到防水的目的。外加剂防水混凝土的种类很多,目前在建筑防水工程上常用的有减水剂防水混凝土、引气剂防水混凝土、氯化铁防水混凝土、三乙醇胺防水混凝土、其他防水剂混凝土和聚合物水泥混凝土等。

为确保防水质量和结构受力,一般外墙板厚度不宜小于 200mm,底板厚度应不小于

150mm。为防止地下水对混凝土的侵蚀,在墙板外侧抹水泥砂浆找平,然后涂刷沥青涂料,如图9-2所示。

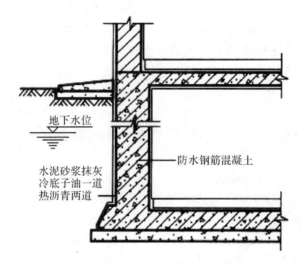

图9-2　地下室防水混凝土防水构造

(1)防水混凝土制备

防水混凝土制备的工艺流程为:施工准备工作→模板安装→钢筋绑扎→混凝土搅拌→混凝土运输→混凝土的浇筑和振捣→混凝土的养护→拆除模板→防水混凝土结构的保护→施工缝。

施工缝的断面形式可做成不同的形状,工程上常用的断面形式有凸缝、凹缝、阶梯缝和平直缝等几种,如图9-3所示。

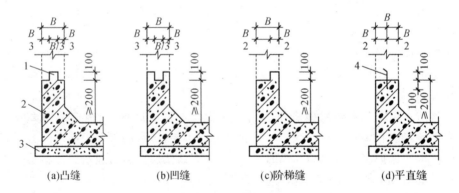

(a)凸缝　　　(b)凹缝　　　(c)阶梯缝　　　(d)平直缝

图9-3　施工缝接缝形式

1—施工缝;2—构筑物;3—垫层;4—钢板止水片

(2)防水混凝土施工注意事项

1)防水混凝土可通过调整配合比,或掺入外加剂、掺和料等措施配制而成,抗渗等级不得小于P6。其试配混凝土的抗渗等级应比设计要求提高0.2MPa。

2)用于防水混凝土的水泥品种宜采用硅酸盐水泥、普通硅酸盐水泥,采用其他品种水泥时应经试验确定。粗骨料宜选用坚固耐久、粒形良好的洁净石子,其最大粒径不宜大于40mm。细骨料宜选用坚硬、抗风化性强、洁净的中粗砂,不宜使用海砂。用于拌制混凝土的水,应符合相关标准规定。

3)防水混凝土胶凝材料总用量不宜小于 $320kg/m^3$,在满足混凝土抗渗等级、强度等级和耐久性条件下,水泥用量不宜小于 $260kg/m^3$;砂率宜为 $35\%\sim40\%$,泵送时可增至 45% ;水胶比不得大于 0.50,有侵蚀性介质时水胶比不宜大于 0.45;防水混凝土宜采用预拌商品混凝土,其入泵坍落度宜控制在 $120\sim160mm$,坍落度每小时损失值不应大于 20mm,总损失值不应大于 40mm;掺引气剂或引气型减水剂时,混凝土含气量应控制在 $3\%\sim5\%$;预拌混凝土的初凝时间宜为 $6\sim8h$ 。

4)防水混凝土拌和物应采用机械搅拌,搅拌时间不宜小于 2min。

5)防水混凝土应分层连续浇筑,分层厚度不得大于 500mm,并应采用机械振捣,避免漏振、欠振和超振。

6)防水混凝土应连续浇筑,宜少留施工缝。当留设施工缝时,应符合下列规定:

①墙体水平施工缝不应留在剪力最大处或底板与侧墙的交接处,应留在高出底板表面不小于 300mm 的墙体上。拱(板)墙结合的水平施工缝,宜留在拱(板)墙接缝线以下150~300mm 处。墙体有预留孔洞时,施工缝距孔洞边缘不应小于 300mm。

②垂直施工缝应避开地下水和裂隙水较多的地段,并宜与变形缝相结合。

7)施工缝应按设计及规范要求做好施工缝防水构造。施工缝的施工应符合如下规定:

①水平施工缝浇筑混凝土前,应先将其表面浮浆和杂物清除,然后铺设净浆或涂刷混凝土界面处理剂、水泥基渗透结晶型防水涂料等材料,再铺 $30\sim50mm$ 厚的 1:1 水泥砂浆,并应及时浇筑混凝土。

②垂直施工缝浇筑混凝土前,应先将其表面清理干净,再涂刷混凝土界面处理剂或水泥基渗透结晶型防水涂料,并应及时浇筑混凝土。

③遇水膨胀止水条(胶)应与接缝表面密贴;选用的遇水膨胀止水条(胶)应具有缓胀性能,7d 的净膨胀率不宜大于最终膨胀率的 60% ,最终膨胀率宜大于 220% 。

④采用中埋式止水带或预埋式注浆管时,应定位准确、固定牢靠。

8)地下室外墙穿墙管必须采取止水措施,单独埋设的管道可采用套管式穿墙防水。当管道集中多管时,可采用穿墙群管的防水方法。

(3)结构施工后的质量检查

1)在施工过程中,按有关规定进行混凝土取样,经过一定龄期的养护,进行混凝土强度、抗渗、抗冻等试验。

2)在施工过程中,各分项工程及隐蔽工程的验收记录。

3)混凝土的外观检查,主要检查其表面有无蜂窝、麻面、孔洞、露筋等影响质量的缺陷,穿墙管、变形缝等细部构造是否封闭严密,整个混凝土结构有无渗漏现象。若发现存在渗漏现象,应找出渗漏的确切部位,分析产生渗漏的原因,采取技术措施,及时进行修补。

(4)水泥砂浆刚性抹面防水的施工

水泥砂浆抹面防水层是一种刚性防水层。它是在构筑物的底面与侧面分层涂抹一定厚度的水泥砂浆,利用水泥砂浆本身的憎水性和密实性来达到抗渗防水的目的。水泥砂浆抹面防水层施工方便、效果可靠、价格较低,适用于一般防水工程。这种防水层抵抗变形能力差,不适用于受震动、沉陷或温度、湿度变化易产生裂缝的结构,也不宜用于有腐蚀的高温工程。

常用的水泥砂浆抹面防水层主要有普通水泥砂浆防水、掺外加剂的水泥砂浆防水层

（常用外加剂有氯化铁防水剂、膨胀剂和减水剂等）和膨胀水泥或无收缩性水泥砂浆防水层三种类型，工程上最常用的是前两种。

水泥砂浆刚性抹面防水层在结构外部为外抹面防水，在结构内部为内抹面防水。地下结构除考虑地下水渗透外，还要考虑地表水的渗透，因此，防水层的设置高度应高于室外地坪 15cm 以上，以防止向室内渗透，如图 9-4 所示。

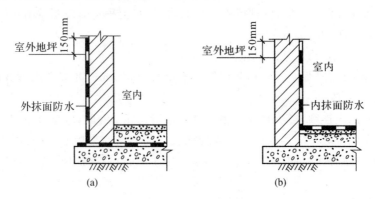

图 9-4　防水层的设置

4. 止水带防水

为适应建筑结构沉降、温度变化等因素产生的变形，在地下建筑的变形缝（沉降缝或伸缩缝）、后浇带、施工缝、地下通道的连接口等处，两侧的基础结构之间留一定宽度的空隙，两侧的基础是分别浇筑的，这是防水结构的薄弱环节，如果这些部位产生渗漏，则抗渗堵漏较难实施。为防止变形缝等处的渗漏水现象，除在构造设计中考虑结构的防水的能力外，通常还应采用止水带防水。

（1）止水带分类

目前，常见的止水带材料有橡胶止水带、塑料止水带、氯丁橡胶止水带和金属止水带等。其中橡胶及塑料止水带均为柔性材料，抗渗、适应变形能力强，是常用的止水带材料；氯丁橡胶止水板具有施工简便、防水效果好、造价低且易修补的特点；金属止水带一般仅用于高温环境下无法采用橡胶止水带或塑料止水带时。

1）聚氯乙烯塑料止水带

聚氯乙烯（polyvinyl chloride，PVC）塑料止水带又称为"塑料止水带"，是由聚氯乙烯树脂及各种添加剂，经混合、造粒、挤出等工序而制成的止水带产品。它主要用于混凝土浇筑时设置在施工缝及变形缝内与混凝土构成为一体的基础工程，如隧道、涵洞、引水渡槽、拦水坝、贮液构筑物、地下设施等。

2）橡胶止水带

①遇水膨胀橡胶止水带

遇水膨胀橡胶止水带并不是指止水带本身膨胀，而是一种在普通中埋式橡胶止水带的基础上增加膨胀防水线的止水带类型。膨胀的部分是膨胀防水线。

②背贴式止水带

背贴式止水带又称外贴式止水带或外置式止水带，是一种在地下构筑物混凝土变形缝、沉降缝壁板外侧(迎水面)设置的止水构造,具有以止水带的材料弹性和结构形式来适应混凝土伸缩变形的能力。

(2)止水带施工工艺

1)固定止水带的砼界面保持平整、干燥,安装前清除界面浮渣尘土及杂物,用钢钉或胶黏剂将止水条固定在已确定的安装部位,但必须将有注浆管的面安放在原砼界面上。

2)止水条连接时采用平行搭接方法,其中间不得留断点,连接处止水条用钢钉加强固定,并将止水条上的预留注浆连接管套入平行的另一条止水条上连接并通上。

3)根据所安装止水条的长度在约 30m 处装设三通连接件,其一头插入止水条内,一头插入注浆连接管内,另一丁字端头应插入备用注浆内,以备缝隙渗漏水时注化学浆止水使用。

4)必须将所连接的止水条中的注浆连接管与三通连接件牢固黏结,必须保证所安装的止水条的注浆管完全通畅。安装在三通连接件上的备用注浆管应放入内墙方向内。

止水带构造形式有粘贴式、可卸式、埋入式等,目前较多采用的是埋入式。埋入式橡胶(或塑料)止水带的构造如图 9-5 所示。

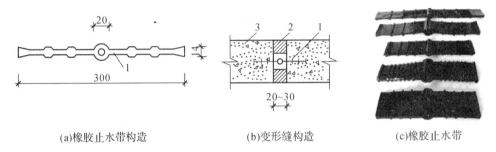

(a)橡胶止水带构造　　　　　(b)变形缝构造　　　　　(c)橡胶止水带

图 9-5 埋入式橡胶(或塑料)止水带的构造
1—止水带;2—沥青麻丝;3—构筑物

9.2 屋面防水工程

建筑物的屋面根据排水坡度分为平屋面和坡屋面两类。在长期的工程实践中,结合建筑材料的发展,坡屋面可通过构造节点设计和加工的合理及完善,达到构造防水的目的。其所选用的材料一般为防水材料。平屋面的防水主要是采用材料防水的方案,即在屋面找坡后,在上面铺设一道或多道防水材料作为防水层。根据所用材料的不同,平屋面防水分为卷材防水、刚性材料防水、涂膜防水及瓦屋面防水等。

我国现行的《屋面工程技术规范》(GB 50345—2012)根据建筑物的性质、重要程度、使用功能要求将屋面防水划分为 2 个等级,如表 9-2 所示。对防水有特殊要求的建筑屋面,应进行专项防水设计。

表 9-2 屋面防水等级和设防要求

防水等级	建筑类别	设防要求
Ⅰ 级	重要建筑和高层建筑	两道防水设防
Ⅱ 级	一般建筑	一道防水设防

9.2.1　卷材防水屋面

卷材防水使用的卷材需要有较好的延展性及耐气候性,预防屋面在昼夜温差的作用下周而复始地热胀冷缩导致防水材料被拉裂或产生鼓泡等问题。

用于卷材防水屋面的防水卷材通常有沥青防水卷材、高聚物改性沥青防水卷材、合成高分子防水卷材及合成橡胶等几种类型,其中沥青防水卷材因缺陷较大而被逐渐淘汰,代之后面三种新型防水卷材。

1. 卷材防水材料

目前国内使用较普遍的是高聚物改性沥青防水卷材。它是以合成高分子聚合物改性沥青为涂盖层,纤维织物或纤维毡为胎体,粉状、粒状、片状或薄膜材料为覆面材料制成可卷曲的片状材料,厚度一般为 3mm,4mm,5mm,以沥青基为主体。常用的有苯乙烯-丁二烯-苯乙烯(SBS)改性沥青防水卷材和无规聚丙烯(APP)改性沥青防水卷材等。

1)SBS 改性沥青防水卷材是以热塑性弹性体为改性剂,将石油沥青改性后作浸渍涂盖材料,以玻纤毡或聚酯毡等增强材料为胎体,以塑料薄膜、矿物粒、片料等作为防粘隔离层,经过选材、配料、共熔、浸渍、复合成型、卷曲、检验、分卷、包装等工序加工而制成的一种柔性中高档的可卷曲的片状防水材料,属弹性体沥青防水卷材中有代表性的品种。其综合性能强,具有良好的耐高温和低温以及耐老化性能,施工简便。

2)APP 改性沥青防水卷材属塑性体沥青防水卷材,以纤维毡或纤维物为胎体,浸涂APP 改性沥青,上表面撒布矿物粒、片料或覆盖聚乙烯膜,下表面撒布细砂或者覆盖聚乙烯膜,经过一定的生产工艺而加工制成的一种中高档改性沥青可卷曲片状防水材料。其分子结构稳定,老化期长,具有良好的耐热性,拉伸强度高,伸长率大,施工简便,无污染。这种卷材具有 $-15\sim130$℃的温度适应范围,耐紫外线能力很强。

卷材种类繁多,性能差异较大,因此对不同品种、标号和等级的卷材,应分别堆放。卷材应储藏在阴凉通风的室内,避免雨淋、暴晒和受潮,严禁接近火源等。

2. 卷材防水构造

卷材防水屋面分保温卷材屋面和不保温卷材屋面,一般由结构层、隔气层、保温层、找平层、防水层和保护层组成,其中是否设保温层和隔气层,依据低温条件和使用要求而定,如图 9-6 所示。

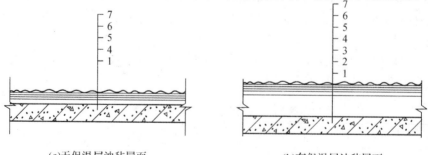

(a)无保温层油毡屋面　　　　　　　(b)有保温层油毡屋面

图 9-6　卷材防水屋面构造层次

1—结构层;2—隔气层;3—保温层;4—找平层;5—底油结合层;6—卷材防水层;7—保护层

　　粘贴防水卷材用的胶黏剂品种多、性能差异大,选用时应与所用的卷材的材性相容,才能很好地黏结在一起,否则就会出现粘贴不牢,脱胶开口,甚至发生相互间的化学腐蚀,使防水层遭到破坏。在防水层施工之前,预先涂刷在基层上的涂料称为基层处理剂。不同种类的卷材应选用与其材性相容的基层处理剂。高聚物改性沥青防水卷材的基层处理剂可选用氯丁胶沥青乳液、橡胶改性沥青溶液和冷底子油。合成高分子防水卷材的基层处理剂可选用聚氯酯二甲苯溶液、氯丁橡胶溶液和氯丁胶沥青乳液等。

3. 卷材防水层屋面施工

(1)卷材防水层施工规范要求

1)卷材防水层铺贴顺序和方向应符合下列规定:

①卷材防水层施工时,应先进行细部构造处理,然后由屋面最低标高向上铺贴;

②檐沟、天沟卷材施工时,宜顺檐沟、天沟方向铺贴,搭接缝应顺流水方向;

③卷材宜平行屋脊铺贴,上下层卷材不得相互垂直铺贴;

④立面或大坡面铺贴卷材时,应采用满粘法,并宜减少卷材短边搭接。

2)卷材搭接缝应符合下列规定:

①平行屋脊的搭接缝应顺流水方向,搭接缝宽度应符合《屋面工程质量验收规范》(GB 50207—2012)的规定。

②同一层相邻两幅卷材短边搭接缝错开距离不应小于 500mm。

③上下层卷材长边搭接缝应错开,且不应小于幅宽的 1/3。

④叠层铺贴的各层卷材,在天沟与屋面的交接处应采用叉接法搭接,搭接缝应错开;搭接缝宜留在屋面与天沟侧面,不宜留在沟底。

⑤合成高分子卷材搭接部位采用胶黏带黏结时,黏合面应清理干净,必要时可涂刷与卷材及胶黏带材性相容的基层胶黏剂,撕去胶黏带隔离纸后应及时黏合接缝部位的卷材,并应辊压粘贴牢固;低温施工时,宜采用热风机加热。搭接缝口用密封材料封严。

3)热粘法铺贴卷材应符合下列规定:

①熔化热熔型改性沥青胶结料时,宜采用专用导热油炉加热,加热温度不应高于200℃,使用温度不宜低于 180℃。

②粘贴卷材的热熔型改性沥青胶结料厚度宜为 1.0～1.5mm。

③采用热熔型改性沥青胶结料铺卷材时,应随刮随滚铺,并应展平压实。

④厚度小于 3mm 的高聚物改性沥青防水卷材严禁采用热熔法施工。搭接缝部位宜以溢出热熔的改性沥青胶结料为度,溢出的改性沥青胶结料宽度宜为 8mm,并宜均匀顺直。当接缝处的卷材上有矿物粒或片料时,应用火焰烘烤及清除干净后再进行热熔和接缝处理。

4)机械固定法铺贴卷材应符合下列规定:

①固定件应与结构层连接牢固;

②固定件间距应根据抗风揭试验和当地的使用环境与条件确定,并不宜大于 600mm;

③卷材防水层周边 800mm 范围内应满粘,卷材收头应采用金属压条钉压固定和密封处理。

(2)卷材防水层施工

卷材防水层的施工流程:基层表面清理、修整→喷涂基层处理剂→节点附加层处理→定位、弹线、试铺→铺贴卷材→收头处理、节点密封→保护层施工。

1)基层处理

基层处理得好,对保证屋面防水施工质量有很大的作用。要求基层有足够的强度和刚度,承受荷载时不致产生显著的变形。采用水泥砂浆做找平层时,水泥砂浆抹平收水后应二次压光,充分养护,不得有酥松、起砂、起皮及起壳现象,否则必须进行修补。屋面基层与女儿墙、立墙、天窗壁、烟囱、变形缝等突出屋面结构的连接处,以及基层的转角处,均应做成圆弧。基层表面应坚实且具有一定的强度,清洁干净,表面无浮土、砂粒等污物,残留的砂浆块或突起物应以铲刀削平。伸出屋面的管道及连接件应安装牢固,接缝严密,若有铁锈、油污应用钢丝刷、砂纸溶剂等清理干净。

找平层宜设置分格缝,并嵌填密封材料。分格缝应留设在板端缝处,其纵横向缝的最大间距:水泥砂浆或细石混凝土找平层不宜大于6m,沥青砂浆找平层不宜大于4m。

铺设防水层或隔气层前,找平层必须干燥、洁净。选用的基层处理剂应与卷材的材性相容。基层处理剂可采用喷涂、刷涂施工。喷涂应均匀,待第一遍干燥后再进行第二遍喷涂,待最后一遍干燥后,方可铺设卷材。

2)卷材铺贴

①施工顺序及铺设方向

卷材铺贴在整个施工过程中应采用"先高后低、先远后近"的施工顺序,即对于高低跨屋面,先铺高跨后铺低跨;对于等高的大面积屋面,先铺离上料地点较远的部位,后铺较近部位。这样可以避免已铺屋面因材料运输遭人员踩踏和破坏。

卷材大面积铺贴前,应先做好节点密封、附加层和屋面排水较集中部位(屋面与水落口连接处、檐口、天沟等)与分格缝的空铺条处理等,然后由屋面最低标高处向上施工。施工段的划分宜设在屋脊、檐口、天沟、变形缝等处。

卷材铺贴方向应根据屋面坡度和周围是否有震动来确定。当屋面坡度小于3%时,卷材宜平行于屋脊铺贴;当屋面坡度为3%~15%时,卷材可平行或垂直屋脊铺贴;当屋面坡度大于15%或受震动时,高聚物改性沥青防水卷材和合成高分子防水卷材可平行或垂直屋脊铺贴,但上下层卷材不得相互垂直铺贴;当坡度大于25%时,应有固定措施,防止卷材下滑。

②搭接方法、宽度和要求

卷材铺贴应采用搭接法,各种卷材的搭接宽度应符合表9-3的要求。

表 9-3　卷材搭接宽度

搭接方向		短边搭接宽度/mm		长边搭接宽度/mm	
卷材种类		满粘法	空铺、点粘、条粘法	满粘法	空铺、点粘、条粘法
高聚物改性沥青防水卷材		80	100	80	100
合成高分子防水卷材	胶黏剂	80	100	80	100
	胶黏带	50	60	50	60
	单缝焊	60,有效焊接宽度不小于25			
	双缝焊	80,有效焊接宽度为10×2+空腔宽			

当用高聚物改性沥青防水卷材点粘或空铺时,两头部分必须全粘 500mm 以上。平行于屋脊的搭接缝,应顺水流方向搭接;垂直于屋脊的搭接缝,应顺年最大频率风向搭接。

3)高聚物改性沥青防水卷材铺贴

下面以热熔铺贴法为例进行说明。

①涂布底胶

目的为清理基层灰尘,隔绝基层潮气,增强卷材和基层的黏结能力。用长把刷把稀释过的氯丁胶或沥青涂料均匀地涂刷在干净和干燥的基层表面上,复杂部位用油漆刷刷涂,要求不露白,涂刷均匀。干燥 4h 以上至不粘脚后方可进行下道工序。

②附加层

底胶涂布作业完成后,先在水沟、女儿墙等重点部位铺贴一层附加层,附加层宽度为 4mm。

③卷材实行热熔铺贴

应将卷材顺长方向进行配置,使卷材长面与流水方向垂直,卷材搭接要顺流水坡方向,不应成逆向。先铺设高跨屋面,后铺下层的屋面,按标高由低向高的顺序铺设排水比较集中的部位(如排水、檐口、天沟等处)。在基层上弹出基准线,把卷材试铺定位。用高压喷灯将卷材和基层的夹角处均匀加热,待卷材表面熔化后,把成卷的改性卷材向前滚铺使其黏结在基层表面上。卷材的搭接宽度为长边不小于 100mm,短边不小于 150mm,搭接缝的边缘以溢出热熔的改性沥青为宜,然后用喷灯均匀热熔卷材搭接缝并用小抹子把边抹好。

铺贴平面和立面的卷材防水层。在铺平面与立面相连的卷材时,应先铺贴平面,然后由下向上铺贴,并使卷材紧贴阴角,不应空鼓。

④质量检查与要求

所选用的改性沥青防水卷材的各项技术性能指标应符合 GB 18242—2008 的要求,产品应附有现场取样进行复核验证的质量检测报告或其他有关材料质量证明文件。

卷材与卷材的搭接缝必须黏结牢固,封闭严密。不允许有皱褶、孔洞、翘边脱层、滑移或影响渗漏水的其他外观缺陷存在。

卷材与穿墙管之间黏结牢固,卷材的末端收头部位必须封闭严密。卷材防水层不允许有渗漏水的现象存在。

⑤成品保护

施工人员应穿软质胶底鞋,严禁穿带钉的硬底鞋。在施工过程中,严禁非本工序人员进入现场。

防水上堆料放物都应轻拿轻放,并加以方木铺垫。施工用的小推车腿均应做包扎处理,防水层如搭设临时架子,架子管下口应加板材铺垫,以防破坏防水层。

施工结束后要注意成品保护,严禁在防水层上堆放重物以及带棱角有尖刺的物品(如钢筋、机械、建筑垃圾)。

防水层验收合格后,可直接在防水层上浇筑细石混凝土或砂浆做刚性保护层,施工时必须防止施工机具如手推车或铁锹损坏防水层。

施工中若有局部防水层破坏,应及时采取相应的补救措施,以确保防水层的质量。

4)合成高分子防水卷材铺贴

高分子防水卷材的铺贴目前采用较多的是冷粘贴法,其施工工艺如下:

①基层处理

基层表面为水泥砂浆找平层,找平层要求表面平整。当基层面有凹坑或不平时,可用聚合物水泥砂浆嵌平或抹层缓坡。基层在铺贴前需做到洁净、干燥。

②底胶

将高分子防水材料胶黏剂配制成的基层处理剂或胶黏带均匀地刷在基层的表面,干燥4～12h后再进行后一道工序。胶黏剂涂刷应均匀,不漏底,不堆积。

③卷材上胶

把卷材在干净平整的面层上展开,用长滚刷蘸满搅拌均匀的胶贴剂,涂刷在卷材的表面,涂胶的厚度要均匀且无漏涂,但在沿搭接部位留出100mm宽的无胶带。静置10～20min,当胶膜干燥且手指触摸基本不粘手时,用纸筒芯重新卷好带胶的卷材。

④滚铺

卷材的铺贴应从流水口下坡开始。先弹出基准线,然后将已涂刷胶贴剂的卷材一端粘贴固定在预定部位,再逐渐沿基线滚动展开卷材,将卷材粘贴在基层上。

卷材滚铺施工中应注意:铺设同一跨屋面的防水层时,应先铺排水口、天沟、檐口等排水比较集中的部位,按标高由低向高的顺序铺;在铺多跨或高低跨屋面防水卷材时,应按先高后低、先远后近的顺序进行;应将卷材顺长方向铺,并使卷材长面与流水坡垂直,卷材的搭接要顺流水方向,不应成逆向。

⑤上胶

在铺贴完成的卷材表面再均匀涂刷一层胶黏剂。

⑥复层卷材

根据设计要求可重复上述施工方法,再铺贴一层高分子卷材,达到屋面防水的效果。

⑦着色剂

在高分子防水卷材铺贴完成、质量验收合格后,可在卷材表面涂刷着色剂,以保护卷材和美化环境。

9.2.2 涂膜防水屋面

1.涂膜防水屋面材料及构造

涂膜防水屋面是将防水材料涂刷在屋面基层上,利用涂料干燥或固化后形成一层不透水的薄膜层来达到防水的目的。涂膜防水屋面具有防水、抗渗、黏结力强、耐腐蚀、耐老化、延伸率大、弹性好、不延燃、无毒、施工方便等诸多优点,主要适用于防水等级为Ⅱ级的屋面防水,也可用作Ⅰ级屋面两道防水设防中的一道防水层。涂料按其稠度有厚质涂料和薄质涂料之分,具体做法视屋面构造和涂料本身性质而定。涂膜防水屋面的构造层次和泛水构造分别如图9-7和图9-8所示。

需要特别指出的是,对于涂膜防水层,它是紧密地依附于基层(找平层)形成具有一定厚度和弹性的整体防水膜而起到防水作用的。与卷材防水屋面相比,找平层的平整度对涂膜防水层的质量影响更大,平整度要求更严格,否则涂膜防水层的厚度得不到保证,必将造成涂膜防水层的可靠性、耐久性降低。涂膜防水层是满粘于找平层的,按剥离区理论,找平层开裂(强度不足)易引起防水层开裂。因此涂膜防水层的找平层应有足够的强度,尽可能避免裂缝出现,出现裂缝应做修补,通常涂膜防水层的找平层宜采用掺膨胀剂的细石混凝土,强度等级不低于 C15,厚度不小于 30mm,宜为 40mm。

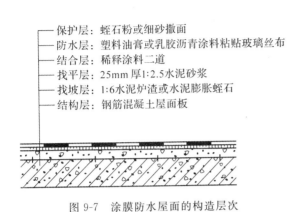

保护层：蛭石粉或细砂撒面
防水层：塑料油膏或乳胶沥青涂料粘贴玻璃丝布
结合层：稀释涂料二道
找平层：25mm 厚1:2.5水泥砂浆
找坡层：1:6水泥炉渣或水泥膨胀蛭石
结构层：钢筋混凝土屋面板

≥250mm
涂膜防水层
附加卷材
找平层

图 9-7　涂膜防水屋面的构造层次　　　　9-8　涂膜防水屋面的泛水构造

2. 涂膜防水屋面施工

(1)涂膜防水屋面的施工方法

涂膜防水屋面的施工方法主要包括抹压法、涂刷法、涂刮法和机械喷涂法。施工方法不同,其适用范围也各不相同。涂膜防水屋面的施工方法和适用范围如表 9-4 所示。

表 9-4　涂膜防水屋面的施工方法和适用范围

施工方法	具体做法	适用范围
抹压法	涂料用刮板刮平后,待其表面收水而尚未结膜时,用铁抹子压实抹光	用于流平性差的沥青基厚质防水涂膜施工
涂刷法	用棕刷、长柄刷、圆滚刷蘸防水涂料进行涂刷	用于涂刷立面防水层和节点部位细部处理
涂刮法	用胶皮刮板涂布防水涂料,将防水涂料倒在基层上,用刮板来回涂刮,使其厚薄均匀	用于黏度较大的高聚物改性沥青防水涂料和合成高分子防水涂料在大面积上的施工
机械喷涂法	将防水涂料倒入设备内,通过喷枪将防水涂料均匀喷出	用于黏度较小的高聚物改性沥青防水涂料和合成高分子防水涂料在大面积上的施工

(2)涂膜防水屋面的施工程序

涂膜防水屋面的施工程序与涂膜地下防水的施工程序基本相同。涂膜防水层的施工程序一般为:施工准备工作→板缝处理及基层施工→基层检察及处理→涂刷基层处理剂→节点和特殊部位附加增强处理→涂布防水涂料,铺贴胎体增强材料→防水层清理与检查维修→保护层施工。

9.2.3 刚性防水屋面

刚性防水屋面是指用防水砂浆或配筋现浇细石混凝土做防水层的屋面,因混凝土抗拉强度低,属于脆性材料,故称为刚性防水屋面,其结构层如图 9-9 所示。这种屋面的主要优点是结构简单、施工方便、造价低、耐久性好,但容易开裂,尤其是在气候变化剧烈、屋面基层变形大的情况下更是如此。所以刚性防水屋面多用于南方地区,而很少用于北方。

防水层:40mm 厚C25细石混凝土内配$\phi4$
双向钢筋网片,间距100~200mm
隔离层:干铺卷材,或低强度等级砂浆
找平层:20mm 厚1:3水泥砂浆
结构层:钢筋混凝土屋面板

图 9-9 刚性防水屋面的结构层

刚性防水主要依靠混凝土自身的密实或采用收缩补偿混凝土,并采取一定的构造措施(如配筋、设置隔离层、混凝土分缝、油膏嵌缝等)以达到防水目的。刚性防水主要有普通细石混凝土防水、预应力混凝土防水、补偿收缩混凝土防水、钢纤维混凝土和块体刚性防水。它主要适用于房屋屋面防水工程和地下防水工程。

刚性防水伸缩的弹性小,对地基的不均匀沉降、构件的微小变形、房屋受震动、温度变化极为敏感。如果设计不合理、施工不良,极易发生漏水、渗水现象,故施工时应对材料的质量和操作规程进行严格要求,以确保防水工程的质量。

9.2.4 瓦材屋面结构

瓦材屋面是指采用各种瓦形材料作为防水层的屋面。瓦材屋面所使用的瓦材包括传统黏土瓦(小青瓦和平瓦)、防水卷材瓦、波形瓦及压形钢板等。

瓦材屋面的构造原理是在屋面基层上铺设各种瓦材,瓦材之间互相搭接以防止雨水渗漏。瓦材屋面具有结构简单、传统瓦材取材容易、现代瓦材质轻块大、施工简便的特点。我国传统建筑广泛采用瓦材屋面成为一大特色,现代建筑有些也采用瓦材屋面以减轻屋盖自重。尽管如此,瓦材屋面因其接缝多,极易构成屋面防水薄弱环节,且结构上常使屋面坡度增大,多以坡屋顶形式出现。

瓦材屋面的构造组成概括起来包括屋顶承重结构、屋面基层和屋面防水层三部分。

拓展阅读

建筑两大特殊部位的防水工程做法

防水工程是建筑工程中非常重要但又最容易让人忽视的工程,一般部位的防水做法已相当成熟,但一些特殊部位的防水却是十分讲究,也容易出现问题。

(1)电梯井、集水坑防水(如图 9-10 所示)

电梯井、集水坑基层阴阳角必须做成半径≥50mm 的圆弧或 45°(135°)八字角,阴阳角、立面内角、外角及施工缝处均做 500mm 宽的附加层。电梯井、集水坑斜面的第二层防水卷材需带有砂粒,以便于防水保护层的施工。

图 9-10 电梯井、集水坑防水

(2)施工缝止水钢板(如图 9-11 所示)

钢板的凹面应朝向迎水面,转角处止水钢板应做成 45°角。止水钢板居中布置。橡胶止水带及钢板止水带做法同上。

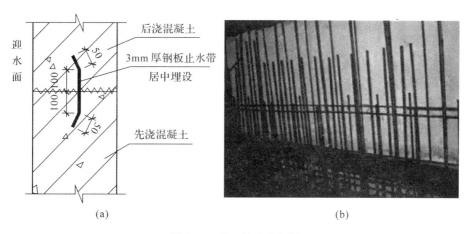

图 9-11 施工缝止水钢板

思 考 题

9-1 地下室防水可以采用哪些材料?

9-2 外防外贴法与外防内贴法的区别有哪些?

9-3 什么是止水带?适用于哪些工程条件?

9-4 屋面防水中常用的高聚物改性沥青防水卷材种类有哪些?分别适用于什么工程条件?

9-5 涂膜防水屋面的施工方法和适用范围有哪些?

9-6 细部构造的施工注意事项有哪些?

9-7 举例说明地下工程卷材防水的外防外贴法和外防内贴法的区别和适用性。

第 10 章　装饰工程

【内容提要】

本章主要介绍了装饰工程,装饰工程是采用装饰装修材料或饰物,对建筑物内外表面及空间进行各种处理的过程。装饰工程是整个建筑工程的重要组成部分,概括地说,建筑装饰的主要作用是:保护主体,延长其使用寿命,增强和改善建筑物的保温、隔热、防潮、隔音等使用功能,美化建筑物及周围环境,给人们创造一个良好的生活、生产的空间。

【学习要求】

通过本章学习,掌握主要装饰工程对材料的质量要求、施工工艺过程和施工方法;了解装饰工程的质量标准及质量保证措施;掌握一般抹灰工程材料的质量要求、施工操作方法;掌握大理石、花岗石板面传统湿作业方法和干挂法的施工工艺,釉面砖和外墙面砖的镶贴方法;掌握建筑涂料施工方法。

10.1　抹灰工程

抹灰工程按工种可分为室内抹灰和室外抹灰,按抹灰的材料和装饰效果可分为一般抹灰和装饰抹灰。一般抹灰采用的是石灰砂浆、混合砂浆、水泥砂浆、麻刀灰、纸筋灰和石膏灰等材料;装饰抹灰按施工工艺可分为拉条灰、拉毛灰、水刷石、水磨石、干粘石,剁斧石及弹涂、滚涂、喷砂等。

10.1.1　一般抹灰

1. 一般抹灰的分级、组成和要求

一般抹灰按做法和质量要求分为普通抹灰、中级抹灰和高级抹灰三级。

普通抹灰由一底层、一面层构成,施工要求分层赶平、修整,表面压光。

中级抹灰由一底层、一中层、一面层构成,施工要求阳角找方、设置标筋,分层赶平、修整,表面压光。

高级抹灰由一底层、数中层、一面层构成,施工要求阴阳角找方、设置标筋,分层赶平、修整,表面压光。

抹灰工程分层施工主要是为了保证抹灰质量,做到表面平整,避免裂缝,黏结牢固,一般由底层、中层和面层组成。当底层和中层并为一起操作时,可只分为底层和面层,各层的作

用及对材料的要求如下：

（1）底层

底层主要起抹面层与基层黏结和初步找平的作用，采用的材料与基层有关，室内砖墙常采用石灰砂浆或水泥砂浆；室外砖墙常采用水泥砂浆；混凝土基层常采用素水泥浆、混合砂浆或水泥砂浆；硅酸盐砌块基层应采用水泥混合砂浆或聚合物水泥砂浆；板条基层抹灰常采用麻刀灰和纸筋灰，因基层吸水性强，故砂浆稠度应较小，一般为 10～20cm，若有防潮、防水要求则应采用水泥砂浆抹底层。

（2）中层

中层主要起保护墙体和找平作用，采用的材料与基层相同，但稠度可大一些，一般为 7～8cm。

（3）面层

面层主要起装饰作用，室内墙面及顶棚抹灰常采用麻刀灰、纸筋灰或石膏灰，也可采用大白腻子，室外抹灰可采用水泥砂浆、聚合物水泥砂浆或各种装饰砂浆，稠度为 10cm 左右。

抹灰层的平均总厚度要求为：内墙普通抹灰不得大于 18mm，中级抹灰不得大于 20mm，高级抹灰不得大于 25mm；外墙抹灰墙面不得大于 20mm，勒脚及突出墙面部分不得大于 25mm；顶棚抹灰当基层为板条空心砖或现浇混凝土时不得大于 15mm，预制混凝土不得大于 18mm，金属顶棚、顶层金属网顶棚抹灰不得大于 20mm。

抹灰层每层的厚度要求为：水泥砂浆每层厚度宜为 5～7mm，水泥混合砂浆和石灰砂浆每层厚度宜为 7～9mm。

面层抹灰经过赶平压实的厚度：麻刀灰不得大于 3mm，纸筋灰、石膏灰不得大于 2mm。

2. 抹灰工具

常用手工抹灰工具有以下几种：

（1）抹子

抹子是将灰浆施于抹灰面上的主要工具，有铁抹子、钢皮抹子、压子、塑料抹子、木抹子、阴阳角抹子等若干种，可用于抹制底层灰、抹制面层灰、压光、搓平压实、阴阳角压光等抹灰操作。

（2）木制工具

木制工具主要有木杠、刮尺、靠尺、靠尺板、方尺、托线板等，可用于抹灰层的找平、做墙面楞角、测阴阳角的方正和墙面的垂直度。

（3）其他工具

其他工具有毛刷、钢丝刷、茅草刷、喷壶、水壶、弹线墨斗等，可用于抹灰面的洒水、清刷基层、木抹子搓平时洒水及墙面洒水、浇水。

3. 一般抹灰的施工方法

（1）内墙一般抹灰

内墙一般抹灰的工艺流程为：基体表面处理→浇水润墙→设置标筋→阳角做护角→抹底层、中层灰→窗台板、踢脚板或墙裙→抹面层灰→清理。

（2）外墙一般抹灰

外墙一般抹灰的工艺流程为：基体表面处理→浇水润墙→设置标筋→抹底层、中层灰→

弹分格线、嵌分格条→抹面层灰→起分格条→养护。

外墙抹灰的做法与内墙抹灰大部分相似,下面只介绍其特殊的几点。

①抹灰顺序。外墙抹灰应先上部后下部,先檐口再墙面。大面积的外墙可分块同时施工。高层建筑的外墙面可在垂直方向适当分段,如一次抹完有困难,可在阴、阳角交接处或分格线处间断施工。

②嵌分格条,抹面层灰及分格条的拆除。待中层灰六七成干后,按要求弹分格线。分格条为梯形截面,浸水湿润后两侧用黏稠的素水泥浆与墙面抹成45°角黏结。嵌分格条时,应注意横平竖直,接头平直。如当天不抹面层灰,分格条两边的素水泥浆应与墙面抹成60°角。

面层灰应抹得比分格条略高一些,然后用刮杠刮平,紧接着用木抹子搓平,待稍干后再用刮杠刮一遍,用木抹子搓磨出平整、粗糙、均匀的表面。

面层灰抹好后即可拆除分格条,并用素水泥浆把分格缝勾平整。如果分格条不是当即拆除,则必须待面层达到适当强度后才可拆除。

(3)顶棚一般抹灰

顶棚一般抹灰不设置标筋,只需按抹灰层的厚度在墙面四周弹出水平线作为控制抹灰层厚度的基准线。若基层为混凝土,则需在抹灰前在基层上用掺10% 107胶的水溶液或水灰比为0.4的素水泥浆刷一遍作为结合层。抹底层灰的方向应与楼板及木模板木纹方向垂直。抹中层灰后用木刮尺刮平,再用木抹子搓平。面层灰宜两遍成活,两道抹灰方向垂直,抹完后按同一方向抹压赶光。顶棚的高级抹灰应加钉长350～450mm的麻束,间距为400mm,并交错布置,分遍按放射状梳理抹进中层灰浆内。

4. 一般抹灰的注意事项

(1)底层砂浆与中层砂浆的配合比应基本相同。中层砂浆的强度不能高于底层,底层砂浆的强度不能高于基层,以免砂浆凝结过程中产生较大的收缩应力,破坏强度较低的底层或基层,使抹灰层产生开裂、空鼓或脱落。一般混凝土基层上不能直接抹石灰砂浆,而水泥砂浆也不得抹在石灰砂浆层上。

(2)冬季施工,抹灰砂浆应采取保温措施。涂抹时,砂浆温度不宜低于5℃。砂浆抹灰硬化初期不得受冻,气温低于5℃时,室外抹灰所用的砂浆可掺入混凝土防冻剂,其掺量由试验确定。做涂料墙面的抹灰砂浆中不得掺入含氯盐的防冻剂,以免引起涂层表面反碱、咬色。

(3)外檐窗台、窗楣、雨篷、阳台、压顶和突出腰线等的上面应做流水坡度,下面应做滴水线或滴水槽,其深度和宽度均应小于10mm,并应整齐一致。

10.1.2　装饰抹灰施工

装饰抹灰除具有与一般抹灰相同的功能外,其装饰艺术效果也非常鲜明。装饰抹灰的底层和中层的做法与一般抹灰基本相同,只是面层的材料和做法有所不同。

装饰抹灰面层所用的材料有彩色水泥、白水泥和各种颜料及石粒,石粒中较为常用的是大理石石粒,其具有多种色泽。

1. 水磨石

现制水磨石一般适用于地面施工,墙面水磨石通常采用水磨石预制贴面板镶贴。

地面现制水磨石的施工工艺流程为:基层处理→抹底层、中层灰→弹线,贴镶嵌条→抹面层水泥石子浆→磨光。

(1)弹线,贴镶嵌条

在中层灰验收合格相隔 24h 后,即可弹线并镶嵌条。嵌条可采用玻璃条或铜条。玻璃条规格为宽×厚=10mm×3mm,铜条规格为宽×厚=10mm×(1~1.2)mm。镶嵌条时,先用靠尺板与分格线对齐,将其压好,再把嵌条与靠尺板贴紧,用素水泥浆在嵌条另一侧根部抹成八字形灰埂,其灰浆顶部比嵌条顶部低 3mm 左右。然后取下靠尺板,在嵌条另一侧抹上对称的灰埂。

(2)抹面层水泥石子浆

将嵌条稳定好,浇水养护 3~5d 后,抹水泥石子面层。具体操作为:清除地面积水和浮灰,接着刷一遍素水泥浆,然后铺设面层水泥石子浆,铺设厚度高于嵌条 1~2mm。铺完后,在表面均匀撒一层石粒,拍实压平,用滚筒压实,待出浆后,用抹子抹平,24h 后开始养护。

(3)磨光

开磨时间以石粒不松动为准。通常磨四遍,使全部嵌条外露。第一遍磨后将泥浆冲洗干净,稍干后擦同色水泥浆,养护 2~3d。第二遍用 100~150 号金刚砂洒水后将表面磨至平滑,用水冲洗后养护 2d。第三遍用 180~240 号金刚砂或油石洒水后磨至表面光亮,用水冲洗擦干。第四遍在表面涂擦草酸溶液(草酸溶液为热水:草酸=1:0.35 质量比,冷却后备用),再用 280 号油石细磨,直至磨出白浆为止。冲洗后晾干,待地面干燥后打蜡上光。

水磨石的外观质量要求为:表面平整、光滑,石子显露均匀,不得有砂眼、磨纹和漏磨,嵌条位置准确,全部露出。

2. 水刷石

水刷石是一种常用的外墙装饰抹灰。面层材料的水泥可采用彩色水泥、白水泥或普通水泥。颜料应选耐碱、耐光、分散性好的矿物颜料。骨料可选用粒径为中、小八厘的石粒,玻璃碴,粒砂等,骨料颗粒应坚硬,均匀,洁净,色泽一致。

水刷石的施工工艺流程为:基层处理→抹底层、中层灰→弹线,贴分格条→抹面层石子浆→冲刷面层→起分格条及浇水养护。

(1)抹面层水泥石子浆

待中层砂浆初凝后,酌情将中层抹灰润湿,马上用水灰比为 0.4 的素水泥浆满刮一遍,随即抹面层水泥石子浆。水泥石子浆面层稍收水后,用铁抹子把面层浆满压一遍,将露出的石子棱尖轻轻拍平,然后用刷子蘸水刷一遍,再通压一遍。如此反复刷压不少于三遍,最后用铁抹子拍平,使表面石子大面朝外,排列紧密均匀。

(2)冲刷面层

冲刷面层是影响水刷石质量的关键环节。此工序应待面层水泥石子浆刚开始初凝(手指按上去不显指痕,用刷子刷表面而石粒不掉)时进行。冲刷分两遍进行,第一遍用软毛刷蘸水刷掉面层水泥浆,露出石粒。第二遍紧跟着用喷雾器向四周相邻部位喷水。把表面水泥浆冲掉,石子外露约 1/2 粒径,使石子清晰可见,均匀密布。喷水顺序为由上至下,喷水压力要合适,且应均匀喷洒。喷头离墙 10～20cm。前道工序完成后用清水(水管或水壶)从上到下冲净表面。冲刷的时间要严格掌握,冲刷过早则石子显露过多,易脱落;冲刷过晚则水泥浆冲刷不净,石子显露不够或饰面浑浊,影响美观。冲刷应由上而下分段进行,一般以每个分格线为界。为保护未喷刷的墙面面层,冲刷上段时,下段墙面可用牛皮纸或塑料布贴盖,将冲刷的水泥浆外排。若墙面面积较大,则应优先冲洗先罩的面,后罩的面推后冲洗。罩面顺序也是先上后下,这样既可保证各部分的冲刷时间,又可保护下段墙面不受到损坏。

(3)起分格条

冲刷面层后,适时起出分格条,先用小线抹子顺线溜平,然后根据要求用素水泥浆做出凹缝并上色。

水刷石的外观质量要求是石粒清晰,分布均匀,紧密平整,色泽一致,不得有掉粒和接槎痕迹。

3. 斩假石(剁斧石)

斩假石是一种在硬化后的水泥石子浆面层上用斩斧等专用工具斩琢,形成有规律剁纹的一种装饰抹灰方法。其骨料宜采用粒径为小八厘的石粒,成品的色泽和纹理与细琢面花岗石或白云石相似。

斩假石的施工工艺流程为:基层处理→抹底层、中层灰→弹线,贴分格条→抹面层水泥石子浆→养护→斩剁面层。

(1)抹面层水泥石水浆

在已硬化的水泥砂浆中层(1∶2 水泥砂浆)上洒水湿润,弹线并贴好分格条,用素水泥浆刷一遍,随即抹面层。面层石粒浆的配比为 1∶1.25 或 1∶1.5,稠度为 5～6cm,骨料采用粒径 2mm 的米粒石,内掺粒径 0.3mm 左右的白云石屑。面层抹面厚度为 12mm,抹后用木抹子打磨拍平,不要压光,但要拍出浆,随势上下溜直,每分格区内一次抹完。抹完后,随即用软毛刷蘸水顺剁纹的方向把水泥浆轻刷掉从而露出石粒。但注意不要太用力,以免石粒松动。抹完 24h 后浇水养护。

(2)斩剁面层

在正常温度(15～30℃)下,面层养护 2～3d 后即可试剁,试剁时以石粒不脱掉、较易剁出斧迹为准。采用的斩剁工具有斩斧、多刃斧、花锤、扁凿、齿凿、尖锥等。斩剁的顺序一般为先上后下,由左至右,先剁转角和四周边缘,后剁大面。斩剁前应先弹顺线,分割线相距约10cm,按线斩剁,以免剁纹跑斜。剁纹深度一般以 1/3 石粒粒径为宜。为了美观,一般在分格缝和阴、阳角周边留出 15～20mm 的边框线不剁。斩剁完后,墙面应用清水冲刷干净,起出分格条,用钢丝刷刷净分格缝处。按设计要求,可在缝内做凹缝并上色。

斩假石的外观质量标准是剁纹均匀顺直,深浅一致,不得有漏剁处。阳角处横剁或留出不剁的边条应宽窄一致,棱角不得有损坏。

以上介绍的三种装饰抹灰的共同特点是采用适当的施工方法,显露出面层中的石粒,以呈现天然石粒的质感和色泽,达到装饰目的。所以此类装饰抹灰又称为石碴类装饰抹灰。该类装饰抹灰还有干粘石、扒拉石、拉假石、喷粘石等做法。

4. 拉条灰

拉条灰是以砂浆和灰浆做面层,然后用专用模具在墙面拉制出凹凸状平行条纹的一种内墙装饰抹灰方法。这种装饰抹灰墙面广泛用于剧场、展览厅等公共建筑物作吸声墙面。

拉条灰的施工工艺流程为:基层处理→抹底层、中层灰→弹线,贴拉模轨道→抹面层灰→拉条→取木轨道,修整饰面。

5. 拉毛灰

拉毛灰是在尚未凝结的面层灰上用工具在表面触拉,靠工具与灰浆间的黏结力拉出大小、粗细不同的凸起毛头的一种装饰抹灰方法,可用于有一定声学要求的内墙面和一般装饰的外墙面。

拉毛灰的施工工艺流程为:基层处理→抹底层灰→弹线,粘贴分格条→抹面层灰,拉毛→养护。

拉毛灰的外观质量标准为:花纹、斑点分布均匀,不显接槎。

6. 洒毛灰

洒毛灰所用的材料、操作工艺与拉毛灰基本相同,只是面层采用 1∶1 的彩色水泥砂浆,用茅草、竹丝或高粱穗绑成 20cm 长、手握粗细适宜的小帚,将砂浆泼洒到中层灰面上。操作时由上往下进行,要用力均匀,每次蘸用的砂浆量、洒向墙面的角度和操作者与墙面的距离都要一样。如几个人同时操作,应先试洒,要求操作人员的手势做法基本一致,出入较大时应相互协调,以保证形成均匀呈云朵状的粒状饰面。也可使中层抹灰带有颜色,然后不均匀地洒上面层砂浆,并用抹子轻轻压平,使表面局部露底,形成带色底层与洒毛灰纵横交错的饰面。

洒毛灰的外观质量标准和质量允许偏差同拉毛灰。

除以上介绍的几种装饰抹灰外,还有采用聚合物水泥砂浆的喷涂、滚涂、弹涂等装饰抹灰。这几种装饰抹灰是利用专用喷枪、喷斗或滚、弹涂工具将聚合物水泥(彩色)砂浆施于墙面的中层灰面层上,形成粒状、波状面层或大小、颜色不一的色点或拉毛,也是极富特色的一类饰面抹灰方法。

10.1.3 抹灰工程其他注意事项

1. 外墙抗裂控制缝

外墙抗裂控制缝可采用预留和后切两种方法留缝,金属网、找平层、防水层、饰面层应在相同位置留缝。

(1)预留抗裂控制缝:底层砂浆抹好后,根据图纸要求弹出控制缝位置线,沿位置线粘分格条,并在分格条两侧用素水泥浆抹成 45°八字坡形。当抹面层砂浆与分格条平,砂浆表面无明水时,将分格条取出,用素水泥膏勾缝。

(2)后切抗裂控制缝:面层抹灰砂浆达到一定强度后,用墨线弹出抗裂控制缝位置,然后用切割机切缝,用空气压缩机具吹除缝内粉末。

(3)用柔性密封嵌缝材料嵌填预留或后切的抗裂控制缝。

2. 施工缝及后续抹灰施工

抹灰施工需留施工缝时,要将已完成的抹灰层边缘切成与墙面成60°角的反槎,如图10-1所示,水平施工缝的反槎必须向下,防止水从槎口渗入墙体。

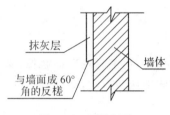

图 10-1　反槎留置

反槎留置不超过1~2h,在槎口处甩撒素水泥浆后可继续抹灰。当留置反槎超过终凝时,应将槎口及墙身反复浇水湿润,水浸入深度10mm且表面无明水时即可抹灰。

3. 内墙抹灰注意事项

内墙阳角要做护角,墙面踢脚线应采用M15水泥砂浆打底抹面,卫生间为有防水要求的房间,在淋浴位置墙面的防水层高度从建筑完成地面起算,不低于1800mm,墙面采用1.5mm厚Ⅱ型JS防水多遍涂刷。

4. 外墙抹灰注意事项

外墙上直通室内的管道应加套管,做到内高外低,并在外墙沿套管周边嵌填密封胶;外墙找平层材料的抗拉强度不应低于外墙饰面对基层黏结强度的要求。

5. 冬季、雨季施工

一般抹灰工程的施工环境温度应该在5℃以上,环境温度低于5℃时,应该采取升温、保温或抗冻措施,且要编制冬季施工方案,0℃以下严禁施工。抹灰砂浆层硬化初期不得受冻。油漆墙面的抹灰砂浆中不得掺入食盐和氯化钙。在冬季施工,应设专人负责定时开关门窗,以便加强通风,排除湿气。在雨季施工,应采取防雨措施,防止抹灰层终凝前受雨淋而损坏。

10.2　饰面板(砖)工程

饰面板(砖)工程是指将饰面砖、天然或人造石饰面板等安装或粘贴在室内外墙面、柱面等基层上的饰面装饰工程。

常用的饰面砖有釉面瓷砖、外墙面砖、陶瓷锦砖等。

常用的饰面板有大理石、花岗岩等天然石板,预制水磨石、人造大理石等人造石饰面板以及金属饰面板(如彩色涂层钢板、彩色不锈钢板、镜面不锈钢饰面板、铝合金板等)。

依据饰面板(砖)的板块大小和设计构造做法,饰面板(砖)工程施工方法主要有粘贴法和挂贴法等。

10.2.1 粘贴法施工

粘贴法施工是指用黏结砂浆、聚合物水泥浆或强力胶等黏结材料,将饰面板(砖)块材黏结在基层表面形成装饰面层的施工做法。这种施工做法施工简便、成本较低,是饰面板(砖)施工中较常用的做法,适用于地面、内墙面、建筑细部及单层或多层外墙面块材较小的饰面板(砖)施工,如地面粘贴地面砖,室内墙面粘贴釉面砖,室外墙面粘贴外墙面砖以及厚度在 10mm 以下、边长小于 400mm 的大理石或花岗石板材等。

现以室内墙面粘贴釉面砖为例说明粘贴法施工工艺。室内墙面粘贴釉面砖的基本构造做法如图 10-2 所示。

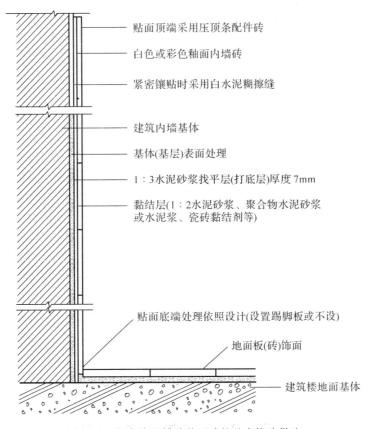

图 10-2 室内墙面粘贴釉面砖的基本构造做法

1. 材料

(1)水泥

水泥主要使用在基层和黏结层,通常选用 32.5 级或 42.5 级矿渣硅酸盐水泥或普通硅酸盐水泥。水泥应有出厂证明或复验合格单。若水泥出厂日期超过 3 个月而且已结有小块则不得使用;白水泥主要用于擦缝或做黏结层,应选用 32.5 级以上的,并符合设计和规范质量标准的要求。

(2)砂子

砂子应选用中砂,用前过筛,含泥量不大于 3%。

(3)面砖

面砖的表面应光洁、方正、平整、质地坚固,其品种、规格、尺寸、色泽、图案应均匀一致,并符合设计要求,不得有缺楞、掉角、暗痕和裂纹等缺陷。其性能指标均应符合现行国家标准的规定。釉面砖的吸水率不得大于 10%。

(4)石灰膏

石灰膏可用块状生石灰淋制,淋制时必须用孔径为 3mm 的筛网过滤,并储存在沉淀池中。熟化时间在常温下不少于 15d。石灰膏内部不得有未熟化的颗粒和其他杂质。

(5)生石灰粉

磨细生石灰粉的细度应通过 4900 孔/cm² 筛子,用前应用水浸泡,其时间不少于 3d。

(6)粉煤灰

用作塑化剂的粉煤灰的细度应通过 0.08mm 筛孔,筛余量不大于 5%。

(7)界面剂和矿物颜料

界面剂和矿物颜料应按设计要求配合,其质量应符合规范标准。

2. 施工工艺顺序

室内墙面粘贴釉面砖的施工工艺顺序为:基层处理→找规矩、贴灰饼与冲筋→抹底层灰→选砖、排砖→弹线、贴标准点→垫底尺、粘贴瓷砖→擦缝。

3. 施工操作要点

上述施工顺序中基层处理以及找规矩、贴灰饼与冲筋的操作要求同抹灰施工。

(1)抹底层灰

根据基层材料不同,底层灰的材料和操作也各有不同。

混凝土墙面抹底层灰:先用掺水重 10% 的乳液(胶黏剂)的素水泥浆薄薄地刷一道,然后紧跟前面用 1∶3 水泥砂浆分层抹底层灰。每层厚度控制在 5～7mm,使底层砂浆与基层黏结牢固。底层砂浆抹平压实后,应将其扫毛或划毛。

加气混凝土抹底层灰:先刷一道掺水重 20% 的胶黏剂水溶液,紧跟着用 1∶0.5∶4 的水泥混合砂浆分层抹底层灰。其厚度控制在 7mm 左右,刮平压实后扫毛或划出纹道,待终凝后浇水养护。

砖墙面抹底层灰:先将砖墙面浇水湿润,然后用 1∶3 水泥砂浆分层抹底层灰。其厚度控制在 12mm 左右,在刮平压实后,扫毛或划出纹道,待终凝后浇水养护。

(2)选砖、排砖

内墙瓷砖或釉面砖一般按 1mm 差距分类选出 1～3 个规格,选好后应根据房间大小计划好用料,一面墙或一间房间尽量用同一规格的瓷砖。要求选用方正、平整、无裂纹、棱角完好、颜色均匀、表面无凸凹和扭翘等毛病的瓷砖,不合格的瓷砖不能使用。

在底层灰有六七成干时,按施工图设计要求排砖,同一方向应粘贴尺寸一致的瓷砖。如果不能满足要求,应将数量较多、规格较大的瓷砖贴在下部,以便上部的瓷砖通过缝隙宽窄来调整找齐。排砖要按粘贴顺序进行排列。一般从阴角开始粘贴,自下而上地进行,尽量使不成整块的瓷砖排在阴角处或次要部位,每面瓷砖不宜有两列非整砖,并且非整砖宽度不宜小于整砖的 1/3。当遇有水池、镜框时,必须以水池、镜框为中心往两边分贴,

外墙排砖时,应注意防止水的渗透,尤其是突出墙面部分的排砖,其做法如图 10-3 和图 10-4 所示。

(3)弹线、贴标准点

待砖层排好后,应在底层砂浆上弹垂直与水平控制线。一般竖线间距为 1m 左右,横线间距根据瓷砖规格尺寸每隔 5～10 块弹一水平控制线,确保横平竖直。

标准点是用废瓷砖片粘贴在底层砂浆上,粘贴时将砖的棱角翘起,以棱角为粘贴瓷砖表面平整的标准点。标准点一般用水泥混合砂浆粘贴,其配比为水泥:石灰膏:砂＝1:0.1:3。粘贴时,上下用靠尺板找好垂直,横向用靠尺板找平。标准点粘贴好后,在标准点的棱角上拉直线,再在直线上拴活动的水平线,以控制瓷砖的表面平整度。

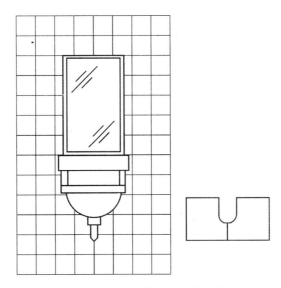

图 10-3　墙面有装饰物处的排砖做法

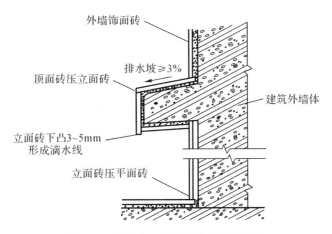

图 10-4　外墙立面凹凸部位的排砖做法

（4）垫底尺、粘贴瓷砖

根据计算好的最下面一皮砖的下口标高，垫放好尺板作为第一皮砖下口的标准，底尺上皮一般比地面低 10mm 左右，以使地面压住墙面砖。底尺安放必须平稳，底尺的垫点间距一般为 400mm，以保证垫板牢固。

粘贴时，首先将规格一致的瓷砖清理干净，放入净水中浸泡 1h 以上，取出后擦净水痕，阴干。然后用水泥∶石灰膏∶砂＝1∶0.1∶2.5 的混合砂浆，由下而上地进行粘贴。

粘贴瓷砖的方法是：垫好底尺后，挂线；在瓷砖背面满刮砂浆，其厚度为 6～8mm，紧靠底尺上皮把砖贴在墙上，使灰浆挤满、挤牢，上口以水平线为准，再用橡胶锤敲击表面以固定。贴好底层一皮砖后，再用靠尺板横向靠平，有不平处，用橡胶锤敲平，有砂浆不饱满处应取下瓷砖添灰重贴，不得在砖口处塞灰，否则会发生空鼓。在门口或阳角以及长墙处，每隔 2m 应先竖向贴一排砖，作为墙面垂直、平整和确定皮数的标准，然后按此标准向两侧挂线粘贴。

瓷砖粘贴到上口必须平直成一线，上口用一面圆的配件瓷砖压顶封口。如墙面有孔洞，应先用瓷砖对准孔洞，上下左右画好位置，然后用切砖刀裁切，用胡桃钳钳去局部。整面墙不宜一次铺贴到顶，以免塌落。

（5）擦缝

全部瓷砖粘贴完后，应自检一下是否有空鼓、不平、不直等现象，发现不符合要求时，应及时进行补救。然后用清水将砖面洗擦一遍，用棉丝擦净，再用长刷子蘸粥状白水泥素浆涂缝，用麻布将缝子的素浆擦均匀，最后把瓷砖表面擦干净即可。在整个粘贴瓷砖工程完成之后，要采取措施防止被玷污和损坏。

4. 饰面砖粘贴的检查验收

饰面砖粘贴施工完毕后，应按国标进行质量检验和验收。其质量要求包括：

（1）饰面板的品种、规格、颜色和性能应符合设计要求；

（2）饰面砖粘贴工程的找平、防水、黏结和勾缝材料及施工方法应符合设计要求及国家现行产品标准和工程技术标准；

（3）饰面砖粘贴必须牢固；

（4）满粘法施工的饰面砖工程应无空鼓、裂缝；

（5）饰面板表面应平整、洁净、颜色一致，无裂痕和缺损；

（6）阴阳角处搭接方式、非整砖使用部位应符合设计要求；

（7）墙面突出物周围的饰面砖应整砖套割吻合，边缘应整齐；

（8）饰面砖接缝应平直、光滑，填嵌应连续、密实，宽度和深度应符合设计要求；

（9）有排水要求的部位做滴水线（或槽）；

（10）饰面砖粘贴的允许偏差和检验方法如表 10-1 所示。

表 10-1 饰面砖粘贴的允许偏差和检验方法

项次	项目	允许偏差/mm		检验方法
		内墙面砖	外墙面砖	
1	立面垂直度	3	2	用2m垂直检测尺检查
2	表面平整度	4	3	用2m靠尺和塞尺检查
3	阴阳角方正	3	3	用直角检测尺检查
4	接缝直线度	3	2	拉5m线,不足5m拉通线,用钢直尺检查
5	接缝高低差	1	0.5	用钢直尺和塞尺检查
6	接缝宽度	1	1	用钢直尺检查

10.2.2 挂贴法施工

挂贴法施工是指在装饰墙面的基体上首先固定钢筋网,将饰面板材挂在钢筋网上,或利用金属锚固件直接将板材锚固到基体上,然后在基体与饰面板材之间的缝隙中灌注细石混凝土或黏结砂浆形成装饰面层的施工做法,又称为湿挂法。这种施工做法由于板材挂在固定钢筋网上,可以将板材自重形成的拉力和剪力通过钢筋网直接传递到基体上,大大提高了板材的稳定性,在规格较大的大理石、花岗石板材饰面施工中较常采用,适用于以钢筋混凝土墙体或砖墙为基体的墙面饰面装饰。

挂贴法施工工艺主要有两种做法:绑扎固定灌浆法和金属件固定灌浆法,如图 10-5 和图 10-6 所示。

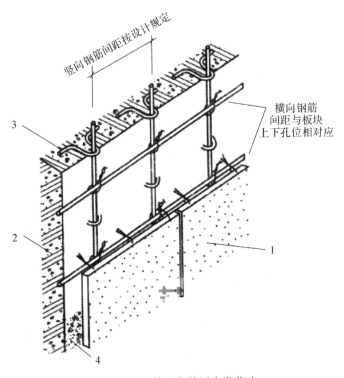

图 10-5 钢筋网绑扎固定灌浆法

1—饰面石材;2—混凝土墙体;3—预埋件;4—细石混凝土或黏结砂浆灌浆

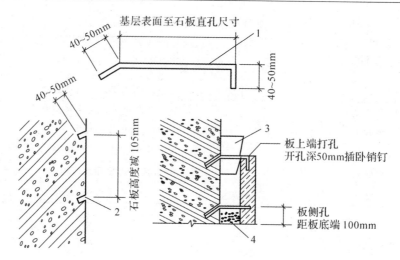

图 10-6　U 形钢钉固定灌浆法

1—φ5 不锈钢锚固钉；2—混凝土基体打孔（φ5mm）；
3—木楔（临时固定调整用）；4—细石混凝土或黏结砂浆灌浆

现以钢筋网绑扎固定灌浆法为例说明挂贴法施工工艺。

1. 材料

挂贴法施工的粘贴材料参见粘贴法施工，其他材料包括 φ8 或 φ6 钢筋、绑扎钢筋用铁丝、绑扎板材用不锈钢丝或铜丝等，材料质量应符合设计要求。

2. 施工工艺顺序

钢筋网绑扎固定灌浆法施工工艺顺序为：基层处理→弹线分块、绑扎钢筋网→预拼编号→钻孔、开槽、绑丝→安装饰面板→临时固定板材→灌浆→清理→嵌缝。

3. 施工操作要点

（1）基层处理

将基层表面的残灰、污垢清理干净，有油污的部位可用 10% 火碱液清洗，清洗后再用清水将火碱液洗净。

基层应具有足够的刚度和稳定性，并且基体表面应平整粗糙，对于光滑的基体表面应进行凿毛处理。

基层应在板材安装前一天浇水湿透。

（2）弹线分块、绑扎钢筋网

检查基体墙面平整情况，然后在建筑物四周由顶到底挂垂直线，再根据垂直标准，拉水平通线，在边角做出板材安装厚度的标志块，根据标志块做标筋以确定饰面板留缝灌浆的厚度。

按上述办法确定的标准线，在水平与垂直范围内根据立面要求算出水平方向及垂直方向的板材分块尺寸，并核对一下墙和柱预留的洞、槽的位置。先剔凿出墙面或柱面结构施工时的预埋钢筋，使其外露于墙、柱面，然后连接绑扎（或焊接）φ8 竖向钢筋（竖向钢筋的间距，如无设计要求，可按板材宽度距离设置，一般为 30～50cm），随后绑扎横向钢筋，横向钢筋的间距以比板材竖向尺寸小 2～3cm 为宜。

如果基体墙面上没有预埋钢筋，绑扎钢筋网之前需要在墙面上用 M10～M16 膨胀螺栓来固定铁件，膨胀螺栓的间距为板面宽；或者用冲击电钻在基体上打出 $\phi6～\phi8mm$、深度大于 60mm 的孔，再向孔内打入 $\phi6～\phi8mm$ 的短钢筋，钢筋外露 50mm 以上并做弯钩。短钢筋的间距为板面宽度。上下两排膨胀螺栓或插筋的距离为板的高度减去 80mm。在同一标高的膨胀螺栓或钢筋上连接水平钢筋，水平钢筋可绑扎固定或点焊固定，如图 10-7 所示。

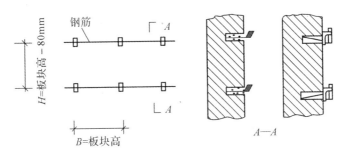

图 10-7　墙上埋入膨胀螺栓或钢筋

（3）预拼编号

为了使板材安装时上下左右颜色花纹一致，纹理通顺，接缝严密吻合，安装前必须按大样图预拼编号。

一般应先按图样挑出品种、规格、颜色与纹理一致的板料，按设计尺寸进行试拼，校正尺寸及四角套方，使其合乎要求。遇阳角对接处，应磨边卡角。

预拼好的板材应按施工顺序编号，编号一般由下往上编排，然后竖向堆好备用。

对于有缺陷的板材，经过修补后可改小料用，或应用于阴角或靠近地面不显眼部位。

（4）钻孔、开槽、绑丝

为将板材固定绑扎在钢筋网上，板材在安装前需在板材绑扎的位置上钻孔或开槽，如图 10-8 所示。

四道槽的位置是：板材背面的边角处开两条竖槽，其间距为 30～40mm，板材侧边外的两条竖槽位置上开一条横槽，再在板材背面上的两条竖槽位置下部开一条横槽，如图 10-8（e）所示。

板材开好槽后，把备好的不锈钢或铜丝剪成 30cm 长，并弯成 U 形。将 U 形绑丝先套入板材背横槽内，U 形的两条边从两条竖槽内通出后，在板材侧边横槽处交叉。然后通过两竖槽将绑丝在板材背面扎牢，但要注意不要将绑丝拧得过紧，以防止拧断绑丝或把槽口弄断裂。

（5）安装饰面板

饰面板安装一般自下往上进行，每层板材由中间或一端开始。先将墙面最下层的板材按地面标高线就位，如果地面未施工完毕，就需用垫块把板材垫高至墙面标高线位置。然后使板材上口外仰，把下口不锈钢丝（或铜丝）绑好后，用木楔垫稳。随后用靠尺检查平整度、垂直度，合格后系紧绑丝，并用木楔挤紧。最下一层定位后，再拉上一层垂直线和水平线来控制上一层安装。上口水平线应灌浆完后再拆除。

柱面可按顺时针安装，一般先从正面开始。第一层就位后要用靠尺找垂直，用水平尺找平整，用方尺打好阴、阳角。如发现板材规格不准确或板材间隙不匀，应用铅皮加垫，使板材

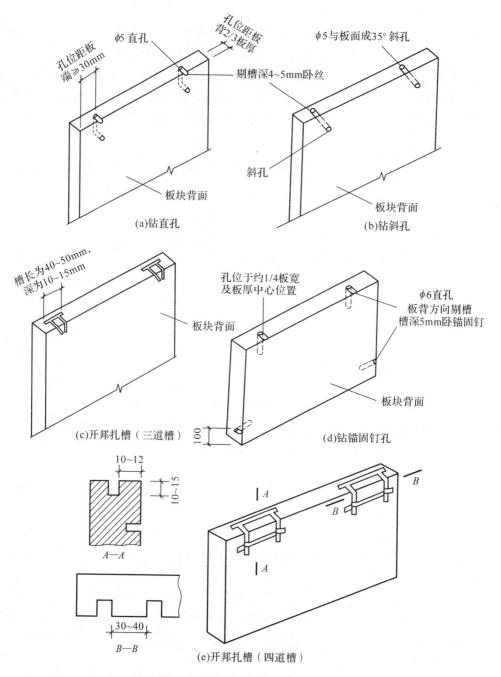

图 10-8　饰面石板的钻孔和开槽

间隙均匀一致,以保持每一层板材上口平直。

(6)临时固定板材

板材安装就位后,用纸或熟石膏将两侧缝隙堵严。

用熟石膏临时封固后,要及时用靠尺、水平尺检查板面是否平直,保证板与板的交接处四角平直。如发现问题,立即纠正。待石膏硬固后即可进行灌浆。

(7)灌浆

灌浆可采用细石混凝土或水泥砂浆,较常使用 1 : 2.5 的水泥砂浆,砂浆稠度为 10~15cm。

灌浆应分层进行,用铁簸箕将砂浆徐徐倒入板材内侧,不要只从一处灌注,也不能碰动板材,同时检查板材是否有移位。

第一层浇灌高度为 15cm 左右,即不得超过板材高度 1/3 处。第一次灌浆后稍停 1~2h,待砂浆初凝无水溢出,并且板材无移动后,再进行第二次灌浆,高度为 10cm 左右,即灌浆高度达到板材的 1/2 高度处。稍停 1~2h,再灌第三次浆,灌浆高度达到离上口 5cm 处,余量作为上层板材灌浆的接口。

当采用浅色的板材时,灌浆应采用白水泥和白石屑,以防透底影响美观。如为柱子贴面,则在灌浆前用方木夹具夹住板材,以防灌浆时板材外胀。

(8)清理

三次灌浆完毕,砂浆初凝后就可清理板材上口余浆,并用棉丝擦干净。隔天再清理第一层板材上口木楔和上口有碍安装上层板材的石膏。以后用相同方法把上层板材下口绑丝拴在第一层板材上口固定的绑丝处,依次进行安装。

(9)嵌缝

嵌缝是全部板材安装完毕后的最后一道工序。首先应将板材表面清理干净,并按板材颜色调制水泥色浆嵌缝,边嵌缝边擦拭清洁,使缝隙密实干净、颜色一致。安装固定后的板材如面层光泽受到影响,要重新打蜡上光。

10.2.3　冬季施工

一般只在冬季初期施工,严寒阶段不得施工。冬季施工注意以下几点:

(1)砂浆的使用温度不得低于 5℃,砂浆硬化前,应采取防冻措施;

(2)用冻结法砌筑的墙,应待其解冻后再抹灰;

(3)镶贴砂浆硬化初期不得受冻,室外气温低于 5℃时,室外镶贴砂浆内可掺入能降低冻结温度的外加剂,其掺入量应由试验确定;

(4)严防黏结层砂浆早期受冻,并保证操作质量,禁止使用白灰膏和界面处理剂,宜采用同体积粉煤灰代替或改用水泥砂浆抹灰。

10.3　涂饰工程

10.3.1　涂饰工程分类

涂饰工程按采用的建筑涂料主要成膜物质的化学成分不同,分为水性涂料涂饰、溶剂型涂料涂饰、美术涂饰工程。水性涂料涂饰工程包括乳液型涂料、无机涂料、水溶性涂料等涂饰工程;溶剂型涂料涂饰工程包括丙烯酸酯涂料、聚氨酯丙烯酸涂料、有机硅丙烯酸涂料等涂饰工程;美术涂饰工程包括室内外套色涂饰、滚花涂饰、仿花纹涂饰等涂饰工程。建筑装饰常用的涂料有乳胶漆、美术漆、氟碳漆等。

10.3.2 施工环境要求

(1)水性涂料涂饰工程施工的环境温度应为5~35℃,要注意通风换气和防尘。

(2)涂饰工程应在抹灰、吊顶、细部、地面湿作业及电气工程等已完成并验收合格后进行。其中,新抹的砂浆常温要求7d以后,现浇混凝土常温要求28d以后,方可涂饰建筑涂料,否则会出现粉化或色泽不均匀等现象。

10.3.3 涂料的分类

涂料的分类方法较多,下面介绍其中几种。

(1)按建筑物的使用部位分类,可分为外墙涂料、内墙涂料、底面涂料、顶棚涂料、门窗涂料等;

(2)按主要成膜物质的性质分类,可分为有机涂料、无机涂料、有机无机复合涂料等;

(3)按涂料的状态分类,可分为溶剂型涂料、水溶性涂料、乳液型涂料、粉末型涂料等;

(4)按涂料的特殊功能分类,可分为防水涂料、防火涂料、防霉涂料、杀虫涂料、吸声隔音涂料、隔热保温涂料、防辐射涂料、防结露涂料、防锈涂料等;

(5)按涂料和涂膜状态分类,可分为薄质涂料、厚质涂料、砂壁状涂料、彩色复层凹凸花纹涂料等;

(6)按综合单价分类,可分为木材面油漆、金属面油漆、抹灰面油漆等。

涂饰工程应优先采用通过绿色环保认证的建筑涂料。

10.3.4 施工工艺

1.乳胶漆施工

(1)基层处理:将墙面起皮及松动处清除干净,并用水泥砂浆将墙面磕碰处及坑洼、缝隙等处补抹、找平,干燥后用砂纸将凸出处磨掉,将残留灰渣铲干净,然后将墙面扫净。

(2)刮腻子:刮腻子遍数可由墙面平整程度决定,通常为三遍。第一遍用胶皮刮板横向满刮,干燥后打磨砂纸,将浮腻子及斑迹磨光,然后将墙面清扫干净。第二遍用胶皮刮板竖向满刮,所用材料及方法同第一遍腻子,干燥后用砂纸磨平并清扫干净。第三遍用胶皮刮板找补腻子或用钢片刮板满刮腻子,将墙面刮平刮光,干燥后用细砂纸磨平磨光,不得遗漏或将腻子磨穿。批刮的腻子层不宜过厚,且必须待第一遍干透后方可批刮第二遍。底层腻子未干透不得做面层。

(3)刷底漆:涂刷顺序是先刷天花板后刷墙面,墙面涂刷顺序是先上后下。将基层表面清扫干净。乳胶漆用排笔(或滚筒)涂刷,使用新排笔时,应将排笔上不牢固的毛清理掉。底漆使用前应加水搅拌均匀,待干燥后复补腻子,腻子干燥后再用砂纸磨光,并清扫干净。

(4)刷面漆(一至三遍):操作要求同底漆,使用前充分搅拌均匀。刷第二和第三遍面漆时,需待前一遍漆膜干燥,用细砂纸打磨光滑并清扫干净后再刷下一遍。

2.美术漆施工

(1)基层处理:工艺做法与乳胶漆施工中基层处理相同

（2）刮腻子：工艺做法与乳胶漆施工中刮腻子相同。

（3）刷封闭底漆：基层腻子干透后，涂刷一遍封闭底漆。涂刷顺序是先天花板后墙面，墙面涂刷顺序是先上后下。将基层表面清扫干净。使用排笔（或滚筒）涂刷，施工工具应保持清洁，使用新排笔时，应将排笔上不牢固的毛清理掉，确保封闭底漆不受污染。

（4）涂装质感涂料：待封闭底漆干燥后，即可涂装质感涂料。一般采用刮涂或喷涂等施工方法。刮涂（抹涂）施工是用铁抹子将涂料均匀刮涂到墙上，并根据设计图纸的要求，刮出各种造型，或用特殊的施工工具制作出不同的艺术效果。喷涂施工是用喷枪将涂料按设计要求喷涂于基层上，喷涂施工时应注意控制涂料的黏度、喷枪的气压、喷口的大小、喷射距离以及喷射角度等。

拓展阅读

如何避免装修污染

防止室内空气污染应从源头做起，即在设计、工艺、材料几个方面加强防范。在装修时，应尽量选用环保的无毒或少毒材料，并且请正规的家装公司按环保要求施工。购买家具时，要选择有信誉保证的正规厂家生产的产品。在房屋建筑过程中，可以通过控制材料选择、工程地点选择和验收等各个环节减轻环境污染。

（1）在材料选择上，住宅装饰装修应采用 A 类天然石材，不得采用 C 类天然石材，应采用 E1 级人造木板，不得采用 E3 级人造木板。

（2）内墙涂料严禁使用聚乙烯醇水玻璃内墙涂料（106 内墙涂料）、聚乙烯醇缩甲醛内墙涂料（107，803 内墙涂料）。

（3）粘贴壁纸严禁使用聚乙烯醇缩甲醛胶黏剂（107 胶）。

（4）木地板及其他木质材料严禁采用沥青类防腐、防潮处理剂处理，阻燃剂不得含有可挥发的氨气成分。

（5）粘贴塑料地板时，不宜采用溶剂型胶黏剂。脲醛泡沫塑料不宜作为保温、隔热、吸声材料。

（6）在施工要求方面，住宅装饰装修中所用的稀释剂和溶剂不得含有苯（包括工业苯、石油苯、重质苯，不包括甲苯、二甲苯）。

（7）严禁使用苯、甲苯、二甲苯和汽油进行大面积除油和清除旧油漆作业。

（8）涂料、胶黏剂、处理剂、稀释剂等溶剂使用后，应及时封闭存放，废料应及时清出室内，严禁在室内用溶剂清洗施工用具。

（9）进行人造木板拼接时，除芯板为 E1 级外，断面及边缘应进行密封处理。

（10）加强室内通风非常关键，几大主要污染物质通过加强通风都可以被大量清除。装修好的居室不能马上入住，要尽量通风散味，做好空气净化工作。但是，不能打开所有门窗通风，因为这样对刚刚涂刷完毕的墙面及顶棚不利，会使漆急速风干，容易出现裂纹。

思 考 题

10-1 建筑装饰的主要作用是什么?

10-2 建筑装饰工程的特点是什么?

10-3 一般抹灰分几级?有哪些具体要求?

10-4 抹灰为何要分层施工?一般抹灰层的厚度是如何要求的?

10-5 一般抹灰主要工序的施工方法及技术要求是什么?

10-6 水磨石、水刷石、剁斧石的施工要点各是什么?

10-7 建筑涂料如何分类?

10-8 建筑涂料主要的施工方法有哪几种?

第 11 章　流水施工原理

【内容提要】

本章主要介绍了流水施工原理,流水施工方法是组织施工的一种科学方法。建筑工程的流水施工与工业企业中采用的流水线生产极为相似,不同的是,工业生产中各个工件在流水线上,从前一工序向后一工序流动,生产者是固定的;而在建筑施工中,各个施工对象都是固定不动的,专业施工队伍则由前一段施工向后一段施工流动,即生产者是移动的。

【学习要求】

通过本章学习,要求熟悉流水施工的基本概念和特点;掌握流水施工基本参数及计算方法,掌握流水施工的组织方法以及其在工程实践中的应用。

11.1　概　　述

生产实践已经证明,在所有的生产领域中,流水作业法是组织产品生产的理想方法,流水施工也是建筑安装工程施工的最有效的科学组织方法,它建立在分工协作的基础上,但是由于建筑产品生产的特点不同,流水施工的概念、特点和效果与其他产品的流水作业也有所不同。

11.1.1　流水施工概念

流水施工是将拟建工程项目的整个建造过程在工艺上分解成若干个施工过程,在平面上划分成若干个劳动量大致相等的施工段,在竖向上划分成若干个施工层,按照施工过程分别建立相应的专业工作队,各专业工作队在人数、使用的机具和材料不变的情况下,按照一定的工艺顺序和组织顺序依次地、连续地投入各施工段或施工层施工,在规定时间内有节奏、连续、均衡地完成全部施工任务。

简而言之,流水施工是指所有的施工过程按一定的时间间隔依次投入施工,各个施工过程陆续开工,陆续竣工,使同一个施工过程的施工班组保持连续均衡,不同施工过程尽可能平行搭接施工的组织方式。

11.1.2　流水施工与其他施工组织方式的比较

为了说明建筑工程中采用的流水施工的优越性,可将流水施工同其他施工方式进行比较,除了上述流水施工方式外,常用的施工组织方式有依次施工、平行施工、搭接施工,现以三栋房屋基础工程为例,采用上述四种方式组织施工并进行效果分析。

例如某三栋房屋基础工程有五个施工过程,基槽挖土 2d,混凝土垫层 1d,钢筋混凝土基础 2d,墙基础(素混凝土)1d,回填土 1d,一栋房屋作为一个施工段,现分别采用依次、平行、搭接、流水施工方式组织施工。

1. 依次施工

依次施工是各施工段或各施工过程依次开工、依次完工的一种施工组织方式,即按次序一段段或一个个施工过程地进行施工。将上述三栋房屋的基础工程组织依次施工,其施工进度安排如图 11-1 和图 11-2 所示,这种方法的优点就是单位时间内投入的劳动力和物资资源较少,施工现场管理简单,但专业工作队的工作有间歇,工地物资资源消耗也有阶段性,工期明显拉得很长。它适用于工作面积有限、规模小、工期要求不紧的工程,每段施工工期为各施工过程作业时间之和。

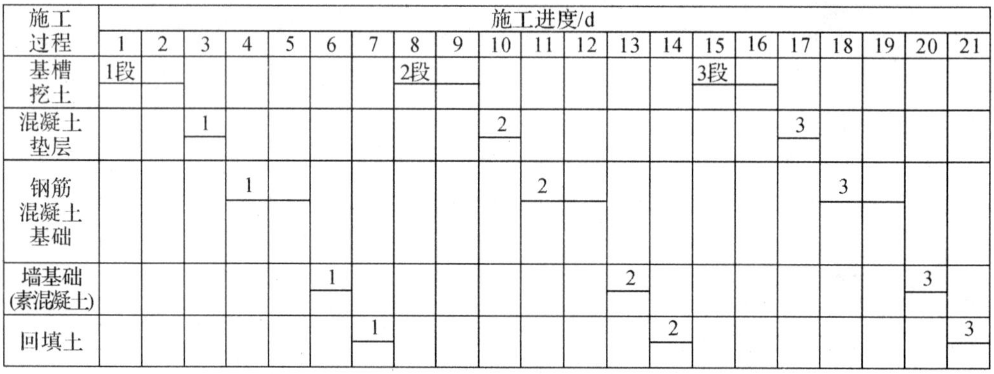

施工过程	施工进度/d																				
	1	2	3	4	5	6	7	8	9	10	11	12	13	14	15	16	17	18	19	20	21
基槽挖土	1段							2段							3段						
混凝土垫层			1							2							3				
钢筋混凝土基础				1							2							3			
墙基础(素混凝土)						1							2							3	
回填土							1							2							3

图 11-1　按段数依次施工

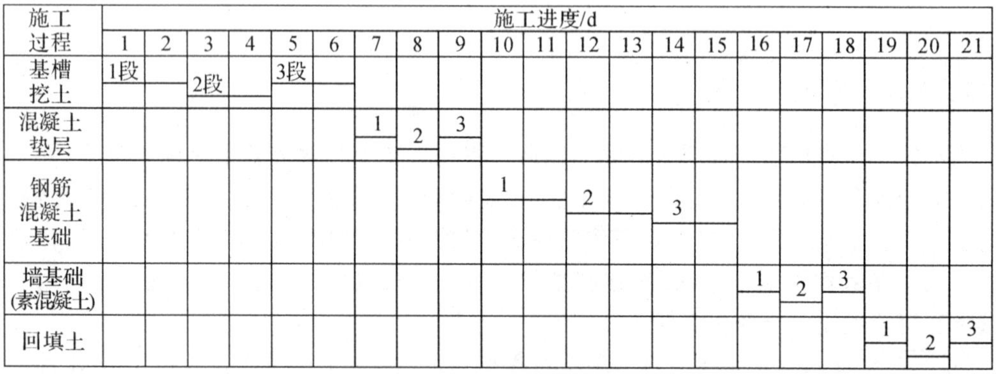

施工过程	施工进度/d																				
	1	2	3	4	5	6	7	8	9	10	11	12	13	14	15	16	17	18	19	20	21
基槽挖土	1段		2段		3段																
混凝土垫层							1	2	3												
钢筋混凝土基础										1		2		3							
墙基础(素混凝土)																1	2	3			
回填土																			1	2	3

图 11-2　按施工过程依次施工

2. 平行施工

平行施工是全部工程任务的各施工段同时开工、同时完成的一种施工组织方式,将上述三栋房屋的基础工程组织平行施工,其施工进度安排如图 11-3 所示,从图 11-3 中可知完成三栋房屋的基础工程所需的时间等于一栋房屋基础工程施工的时间。

这种方法的优点是工期短,充分利用工作面。但专业工作队数目成倍增加,现场临时设施增加,物资资源消耗集中,这些情况都会带来不良的经济效果,因此这种方法一般适用于工期紧、大规模的建筑群。

施工过程	施工进度/d						
	1	2	3	4	5	6	7
基槽挖土	1段 2段 3段						
混凝土垫层			1 2 3				
钢筋混凝土基础				1 2 3			
墙基础(素混凝土)						1 2 3	
回填土							1 2 3

图 11-3　平行施工

3. 搭接施工

搭接施工是对施工项目中的各个施工过程,按照施工顺序和工艺过程的自然衔接关系进行安排的一种方法。将上述三栋房屋基础工程组织搭接施工,如图 11-4 所示,这种方法是最常见的组织方法,它既不是将 m 段施工过程依次进行施工,也不是平行施工,而是陆续开工、陆续竣工,同时把各施工过程最大限度地搭接起来,因此前后施工过程之间安排紧凑,充分利用了工作面,有利于缩短工期,但有些施工过程会出现不连续现象。在混凝土垫层、墙基础(素混凝土)、回填土等施工过程中,工人作业有间断,但工期比流水施工少两天。

施工过程	班组人数/人	施工进度/d										
		1	2	3	4	5	6	7	8	9	10	11
基槽挖土	10	1段		2段		3段						
混凝土垫层	10			1		2		3				
钢筋混凝土基础	20				1		2		3			
墙基础(素混凝土)	10						1		2		3	
回填土	10							1		2		3

图 11-4　搭接施工

4. 流水施工

将上述三栋房屋的基础工程组织流水施工,其施工进度计划如图 11-5 所示,从图 11-5 中可以看出,流水施工方式的优点是保证了各工作队的工作和物资的消耗具有连续性和均衡性,能消除依次施工和平行施工方法的缺点,同时保留了他们的优点。

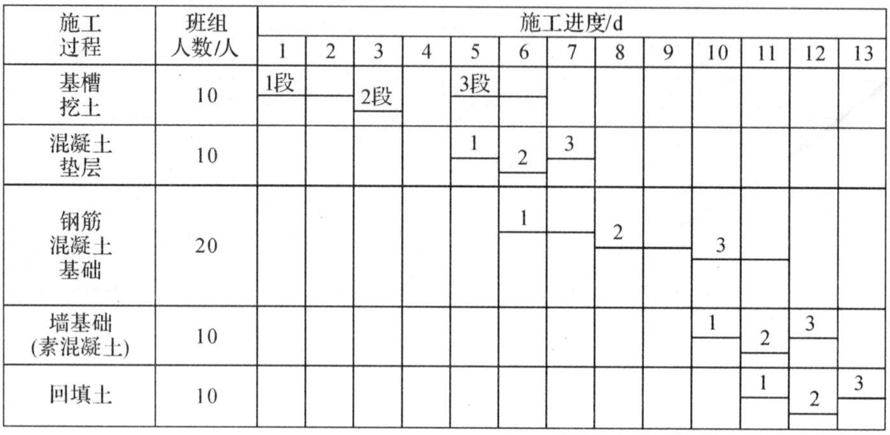

施工过程	班组人数/人	施工进度/d												
		1	2	3	4	5	6	7	8	9	10	11	12	13
基槽挖土	10	1段		2段		3段								
混凝土垫层	10					1	2	3						
钢筋混凝土基础	20						1		2		3			
墙基础(素混凝土)	10										1	2	3	
回填土	10											1	2	3

图 11-5　流水施工

11.1.3　组织流水施工的条件与特点

1. 组织流水施工的条件

(1)划分施工过程

划分施工过程就是把拟建工程的整个建造过程分解为若干施工过程,划分施工过程是为了对施工对象的建造过程进行分解,以便逐一实现局部对象的施工,从而使施工对象的整体得以实现,也只有这样合理分解,才能组织专业化施工和有效协作。

(2)划分施工段

根据组织流水施工的需要,将拟建工程尽可能划分为劳动量大致相等的若干个施工段(也可称为流水段)。

建筑工程组织流水施工的关键是将建筑单件产品变成多件产品,以便成批生产,由于建筑产品体形庞大,没有划分施工段就可将单件产品变成"批量"的多件产品,从而形成流水作业前提没有"批量"就不可能或没有必要组织任何流水作业,每一个段就是一个假定的"产品"。

(3)每个施工过程组织独立的施工班组

在一个流水分部中,每个施工过程尽可能组织独立的施工班组,其形式可以是专业班组也可以是混合班组,这样可使每个施工班组按施工顺序依次地、连续地、均衡地从一个施工段转移到另一个施工段进行相同的操作。

(4)主要施工过程必须连续、均衡地施工

主要施工过程是指工作量较大、作业时间较长的施工工程,对于主要施工工程必须连续均衡地施工,对其他次要施工过程可考虑与相邻的施工过程合并,如不能合并,为缩短工期可以安排间断施工(此时可以采用流水施工与搭接施工相结合的方式)。

(5)不同施工过程尽可能组织平行搭接施工

不同施工过程之间的关系关键是工作时间上有搭接和工作空间上有搭接,在有工作面的条件下,除必要的技术和组织间歇外,应尽可能组织平行搭接施工。

2. 流水施工的特点

流水施工是搭接施工的一种特定形式,它最主要的组织特点是每个施工过程的作业均能连续施工,前后施工过程的最后一个施工段都能紧密衔接,使得整个过程的资源供应呈现一定的规律的均匀性。现代工程施工是一项非常复杂的组织管理工作,尽管理论上的流水施工组织方式和实际情况会有差异,甚至会有很大的差异,但是它所总结的一套安排生产的方法和计算分析的原理对于施工生产活动的组织还是有很大帮助的。

11.1.4　流水施工的技术经济效果和分级

1. 流水施工的技术经济效果

流水施工在工艺划分、时间排列和空间布局上的统筹安排,必然会给相应的施工项目带来显著的经济效果,具体可归纳为如下几点:

(1)流水施工的连续性,减少了专业工作的间隔时间,达到了缩短工期的目的,可使拟建工程项目尽早竣工交付使用,发挥投资效益;

(2)便于改善劳动组织,改进操作方法和施工机具,有利于提高劳动生产率;

(3)专业化的生产可以提高工人的技术水平,使工程质量相应提高;

(4)工人技术水平和劳动效率的提高,可以减少用工量和施工临时设施建造量,降低工程成本,提高利润水平;

(5)可以保证施工机械和劳动力得到充分、合理的利用;

(6)流水施工工期短、效率高、用人少、资源消耗均衡,可以减少现场管理费和物资消耗,实现合理储存与供应,有利于提高项目的综合经济效益。

2. 流水施工的分级

根据流水施工组织的划分,流水施工通常可分为:

(1)分项工程流水施工,也称为细部流水施工。它是在一个专业工种内部组织起来的流水施工,在项目施工进度计划表上,它是一条标有施工段或工作队编号的水平进度指示线段或斜向进度指示线段。

(2)分部工程流水施工,也称为专业流水施工。它是在一个分部工程内部各分项工程之间组织起来的流水施工,在项目施工进度计划表上,它是一组标有施工段或工作队编号的水平进度指示线段或斜向进度指示线段。

(3)单位工程流水施工,也称为综合流水施工。它是在一个单位工程内部各分部工程之间组织起来的流水施工,在项目施工进度计划表上它是若干组分部工程的进度指示线段,并由此构成单位工程施工进度计划表。

(4)群体工程流水施工,也称为大流水施工。它是在若干单位工程之间组织起来的流水施工,反映在项目施工进度计划上,是一张项目施工总进度计划表。

11.2　流水参数

在组织拟建工程项目流水施工时,用以表达流水施工在工艺流程、空间布置和时间排列等方面开展状态的参数称为流水参数。它主要包括工艺参数、空间参数和时间参数三类。

11.2.1　工艺参数

工艺参数指在组织流水施工时,用以表达流水施工在施工工艺上开展顺序及其特征的参数,具体地说是在组织流水施工时,将拟建工程项目的整个建造过程可以分解为施工过程的种类、性质和数目的总称。通常工艺参数包括施工过程数和流水强度两种。

1. 施工过程数

根据工艺性质不同,施工过程可分为制备类施工过程、运输类施工过程和砌筑安装类施工过程三种,而施工过程的数目一般用 n 表示。

(1)制备类施工过程

它是指为了提高建筑产品的装配化、工厂化、机械化和生产能力而形成的施工过程,如砂浆、混凝土、构配件、制品、门窗框扇等的制备过程。

它一般不占有施工对象的空间,不影响项目总工期,因此不在项目施工进度表上表示。只有当其占有施工对象的空间并影响项目总工期时,才在项目施工进度表上列入,如在拟建车间、实验室等场地内,预制或组装的大型构件等。

(2)运输类施工过程

它是将建筑材料、构配件、(半)成品、制品和设备等运到项目工地仓库或现场操作使用地点而形成的施工过程。

它一般不占有施工对象的空间,不影响施工总工期,也不列入项目施工进度表中。只有当其占有施工对象的空间并影响项目总工期时,才在项目施工进度表上列入,如结构安装工程中采用随用随吊方案的运输过程。

(3)砌筑安装类施工过程

它是指在施工对象的空间上,直接进行加工最终形成建筑产品的过程,如地下工程、主体工程、结构安装工程、屋面工程和装饰工程等施工过程。

它占有施工对象的空间,影响工期的长短,必须列入项目施工进度计划表上,而且是项目施工进度计划表的主要内容。

2. 流水强度

某施工过程在单位时间内所完成的工程量,即该施工过程的流水强度,流水强度一般用 V_i 表示,它可由公式(11-1)或公式(11-2)求得。

(1)机械操作流水强度

$$V_i = \sum_{i=1}^{x} R_i S_i \tag{11-1}$$

式中:R_i——某种施工机械台数;

　　S_i——该种施工机械台班生产率;

　　X——用于同一施工过程的主导施工机械种数。

(2)人工操作流水强度

$$V_i = R_i S_i \qquad (11\text{-}2)$$

式中:R_i——每一施工工程投入的工人人数;

　　S_i——每一工人每班产量。

11.2.2　空间参数

在组织流水施工时,用以表达流水施工在空间布置上所处状态的参数,称为空间参数,空间参数主要有工作面、施工段数和施工层数三种。

1. 工作面

某专业工种的工人在从事建筑产品施工生产加工过程中,所必须具有的活动空间称为工作面。它的大小是根据相应工种单位时间内的产量定额、建筑安装工程操作规程和安全规程等的具体要求确定的,工作面确定得合理与否,直接影响专业工种工人的劳动生产效率,对此,必须认真对待,合理确定。

2. 施工段数

为了有效地组织流水施工,通常把拟建工程项目在平面上划分为若干个劳动量大致相等的施工段落,这些施工段落称为施工段,施工段数通常用 m 表示。

划分施工段是组织流水施工的基础。施工段数要适当,过多会延长工期,过少又会造成资源供应过分集中,不利于组织流水施工。因此,施工段划分应该遵循以下原则:

(1)专业工作队在各个施工段上的劳动量要大致相等,其相差幅度不宜超过 $10\% \sim 15\%$。

(2)为了充分发挥工人、主导机器的效率,每个施工段要有足够的工作面,使其所容纳的劳动力人数或机械台数能满足合理劳动组织的要求。

(3)为了保证拟建工程项目的结构整体完整性,施工段的分界线应尽可能与结构的自然界线(如沉降缝等)相一致;如果必须将分界线处于墙体中间,应将其设在对结构整体性影响小的门窗洞口等部位,以减少留槎,便于修复。

(4)对于多层的拟建工程项目,既要划分施工段,又要划分施工层,以保证相应的专业工作队在施工段与施工层之间有节奏、连续、均衡地流水施工。

(5)对于多层或高层建筑,施工段数(m)与施工过程数(n)存在以下的关系:

①当 $m > n$ 时,各专业工作队能够连续作业,但是工作有空闲,如图 11-6 所示,利用这种空闲可以弥补由于技术间歇、组织管理间歇和备料等要求所必需的时间。

②当 $m = n$ 时,各专业工作队能够连续施工,施工段没有间歇,如图 11-7 所示。这是理想化的流水施工方案,此时要求项目管理者提高管理水平,只能进取,不能回旋、后退。

③当 $m < n$ 时,各专业工作队不能连续施工,施工段没有空闲,出现停工、窝工现象,如图 11-8 所示。这种流水施工是不适宜的,应加以杜绝。

施工层	施工过程	施工进度/d									
		3	6	9	12	15	18	21	24	27	30
I	支模板	①	②	③	④						
	绑扎钢筋		①	②	③	④					
	浇混凝土			①	②	③	④				
II	支模板					①	②	③	④		
	绑扎钢筋						①	②	③	④	
	浇混凝土							①	②	③	④

图 11-6　施工计划安排($m>n$)

施工层	施工过程	施工进度/d									
		3	6	9	12	15	18	21	24	27	30
I	支模板	①	②	③							
	绑扎钢筋		①	②	③						
	浇混凝土			①	②	③					
II	支模板				①	②	③				
	绑扎钢筋					①	②	③			
	浇混凝土						①	②	③		

图 11-7　施工计划安排($m=n$)

施工层	施工过程	施工进度/d									
		3	6	9	12	15	18	21	24	27	30
I	支模板	①	②								
	绑扎钢筋		①	②							
	浇混凝土			①	②						
II	支模板				①	②					
	绑扎钢筋					①	②				
	浇混凝土						①	②			

图 11-8　施工计划安排($m<n$)

由此可见,对于多层或高层建筑物,要想保证专业工作队能够连续施工,必须满足 $m \geqslant n$。同时,应该指出,当无层间关系或无施工层(如某些单层建筑物、基础工程等)时,施工段数(m)与施工过程数(n)的关系可以不受限制。

3. 施工层数

在多层或高层建筑物组织流水施工时,为了满足专业工种对操作高度和施工工艺的要求,将拟建筑工程项目在竖向划分为若干操作层,这些操作层称为施工层数,施工层数用 j 表示。

11.2.3　时间参数

在组织流水施工时,用以表达流水施工在时间排列上所处状态的参数,称为时间参数,时间参数主要有流水节拍、流水步距、平行搭接时间、技术间歇时间、组织管理间歇时间五种。

1. 流水节拍

流水节拍是一个施工过程在一个施工段上的持续时间,它的大小关系着投入的劳动力、机械和材料量的多少,决定着施工的速度和施工的节奏性。因此,流水节拍的确定具有很重要的意义。流水节拍用 t 表示,通常可以按以下方法确定:

(1)定额计算法:根据各施工段的工程量、现有能够投入的资源(劳动力、机器台数和材料量)来确定,其公式为

$$t_i = \frac{Q_i}{S_i \cdot R_i \cdot N_i} = \frac{P_i}{R_i \cdot N_i} \tag{11-3}$$

式中:t_i——流水节拍;

$\quad Q_i$——某施工段的工程量;

$\quad S_i$——每一工日(或台班)的计划产量;

$\quad R_i$——施工人数(或机械台数);

$\quad N_i$——工作队的工作班次;

$\quad P_i$——某施工段所需要的劳动量(或机械台班量)。

(2)经验估算法:根据以往的施工经验进行估算,其公式为

$$m = \frac{a + 4c + b}{6} \tag{11-4}$$

式中:a——某施工过程完成一施工段工程量最乐观的时间;

$\quad b$——某施工过程完成一施工段工程量最可能的时间;

$\quad c$——某施工过程完成一施工段工程量最悲观的时间。

(3)工期倒排法:根据合同工期的要求倒排进度来确定施工过程的持续时间,然后估算各施工段上的流水节拍,或者按式(11-5)计算各施工段上的流水节拍。

$$t = \frac{T}{m} \tag{11-5}$$

式中:T——工期;

$\quad m$——施工过程。

2. 流水步距

在组织流水施工时,两个相邻的施工过程先后进入同一个施工段进行流水施工的时间间隔叫流水步距,用 K 表示。流水步距的数目取决于参加流水施工的施工过程数,如施工过程数为 n 个,则流水步距的总数为 $n-1$ 个。

(1)确定流水步距的基本要求如下:

①始终保持合理的先后两个施工过程工艺顺序;

②尽可能保持各施工过程的连续作业;

③做到前后两个施工过程施工时间的最大搭接(即前一施工过程完成后,后一施工过程尽可能早地进入施工);

④流水步距的确定要保证工程质量,满足安全生产。

(2)确定流水步距常用的方法有"累加斜减法"(又称"大差法",)步骤如下:

①根据专业工作队各施工段上的流水节拍求累加数列;

②根据施工顺序,对所求相邻的两累加数列错位相减;

③根据错位相减的结果确定相邻专业工作队之间的流水步距,即相减结果中数值最大者。

【例 11-1】 某工程由 3 个施工过程组成,分为 4 个施工段进行流水施工,其流水节拍如表 11-1 所示,试确定流水步距。

表 11-1　某工程流水节拍　　　　　　　　　　　　　　单位:d

施工过程	施工段			
	①	②	③	④
Ⅰ	2	3	2	1
Ⅱ	3	2	4	2
Ⅲ	3	4	2	2

解　(1)求各施工过程流水节拍的累加数列:

施工过程Ⅰ:2,5,7,8;

施工过程Ⅱ:3,5,9,11;

施工过程Ⅲ:3,7,9,11。

(2)错位相减求得差数列:

Ⅰ与Ⅱ:　　2,　5,　7,　　8

　　　　－)　　　3,　5,　　9,　　11
　　　　――――――――――――――――
　　　　　　2,　2,　2,　－1,　－11

Ⅱ与Ⅲ:　　3,　5,　9,　11

　　　　－)　　　3,　7,　9,　　11
　　　　――――――――――――――――
　　　　　　3,　2,　2,　2,　－11

(3)在差数列中取最大值求得流水步距:

施工过程Ⅰ与Ⅱ之间的流水步距: $K_{1,2} = \max\{2,2,2,-1,-11\} = 2(\mathrm{d})$;

施工过程Ⅱ与Ⅲ之间的流水步距:$K_{2,3} = \max\{3,2,2,2,-11\} = 3(d)$。

3. 平行搭接时间

在组织流水施工时,有时为了缩短工期,在工作面允许的条件下,前后两个工作队在同一个施工段上平行搭接施工,这个搭接时间称为平行搭接时间,常用 C 表示。

4. 技术间歇时间

根据施工过程的工艺性质,在流水施工中,除了考虑两个相邻施工过程之间的流水步距外,还需考虑增加一定的技术间歇时间。如楼板混凝土浇筑后,需要一定的养护时间才能进行后道工序的施工;又如房屋找平层完工后,需等待一定时间,使其彻底干燥,才能进行屋面防水层施工等。这些由于工艺原因引起的等待时间称为技术间歇时间,常用 Z 表示。

5. 组织管理间歇时间

由于组织因素,要求两个相邻的施工过程在规定的流水步距以外增加必要的间歇时间,如质量验收、安全检查等,这种间歇时间称为组织间歇时间,常用 G 表示。

11.3 流水施工的组织方法

在建筑施工中,根据工程施工的特点和流水节拍特征的不同,一般流水施工组织分为等节拍流水施工、异节拍流水施工和无节奏流水施工三种。

11.3.1 等节拍流水施工

等节拍流水施工是指在组织流水施工时,各个施工过程的流水节拍均为常数的一种流水施工方式,即同一施工过程在各施工段上的流水节拍都相等,并且不同施工过程之间的流水节拍也相等的一种流水施工方式。等节拍流水施工也称为固定节拍流水施工或同步距流水施工。

1. 基本特征

(1)所有流水节拍都彼此相等,如有 n 个施工过程,流水节拍为 t_i,则

$$t_1 = t_2 = \cdots = t_{n-1} = t_n = t(常数)$$

(2)所有流水步距都彼此相等,而且等于流水节拍,即

$$K_{1,2} = K_{2,3} = \cdots = K_{n-1,n} = K = t(常数)$$

(3)每个专业工作队都能够连续作业,施工段没有间歇时间;

(4)专业工作队数(N)等于施工过程数(n)。

2. 组织步骤

(1)决定项目施工起点流向,分解施工过程。

(2)确定施工顺序,划分施工段。

划分施工段时,其数目 m 的确定如下:

1)无层间关系或无施工层时,取 $m=n$。

2)有层间关系或有施工层时,施工段数目按下面两种情况确定:

①无技术和组织间歇时,取 $m=n$。

②有技术和组织间歇时,为了保证各专业工作队能连续施工,应取 $m>n$。此时,每层施工段空闲数为 $m-n$,一个空闲施工段的时间为 t,则每层的空闲时间为

$$(m-n) \cdot t = (m-n) \cdot K$$

若一个楼层内各施工过程间的技术、组织间歇时间之和为 $\sum Z_1$,楼层间技术、组织间歇时间为 Z_2。如果每层的 $\sum Z_1$ 均相等,Z_2 也相等,而且为了保证连续施工,施工段上除 $\sum Z_1$ 和 Z_2 外无空闲,则

$$(m-n) \cdot K = \sum Z_1 + Z_2$$

所以,每层的施工段数 m 可按式(11-6)确定:

$$m = n + \sum \frac{Z_1}{K} + \sum \frac{Z_2}{K} \tag{11-6}$$

如果每层的 $\sum Z_1$ 不完全相等,Z_2 也不完全相等,应取各层中最大的 $\sum Z_1$ 和 Z_2,并按式(11-7)确定施工段数。

$$m = n + \max \sum \frac{Z_1}{K} + \max \sum \frac{Z_2}{K} \tag{11-7}$$

(3)根据等节拍专业流水要求,按定额计算法、经验估算法、工期倒排法计算流水节拍数值。

(4)确定流水步距,$K=t$。

(5)计算流水施工的工期:

1)不分施工层时,可按公式(11-8)进行计算:

$$T = (m+n-1) \cdot K + \sum Z_{j,j+1} + \sum G_{j,j+1} + \sum C_{j,j+1} \tag{11-8}$$

式中:T——流水施工总工期;

$\quad m$——施工段数;

$\quad n$——施工过程数;

$\quad K$——流水步距;

$\quad j$——施工过程编号,$1 \leqslant j \leqslant n$;

$\quad Z_{j,j+1}$——j 与 $j+1$ 两施工过程间的技术间歇时间;

$\quad G_{j,j+1}$——j 与 $j+1$ 两施工过程间的组织间歇时间;

$\quad C_{j,j+1}$——j 与 $j+1$ 两施工过程间的平行搭接时间。

2)分施工层时,可按式(11-9)进行计算:

$$T = (m \cdot r + n - 1) \cdot K + \sum Z_1 + \sum C_{j,j+1} \tag{11-9}$$

式中:r——施工层数;

$\quad Z_1$——第一个施工层中各施工过程之间的技术与组织间歇时间。

在式(11-9)中,没有两层及两层以上的 $\sum Z_1$ 和 Z_2,是因为它们均已包括在式(11-9)中的 $m \cdot r \cdot K$ 项内。

（6）绘制流水施工指示图表。

3．应用举例

【例 11-2】　某分部工程由四个分项工程组成，划分成五个施工段，流水节拍均为 3d，无技术、组织间歇，试确定流水步距，计算工期，并绘制流水施工进度计划。

解　由已知条件 $t_i = t = 3\text{d}$ 知，本分部工程宜组织等节拍专业流水。

（1）确定流水步距

由等节拍专业流水的特点知：$K = t = 3$。

（2）计算工期

由式（11-8）得

$$T = (m+n-1) \cdot K = (5+4-1) \times 3 = 24(\text{d})$$

（3）绘制流水施工进度计划，如图 11-9 所示。

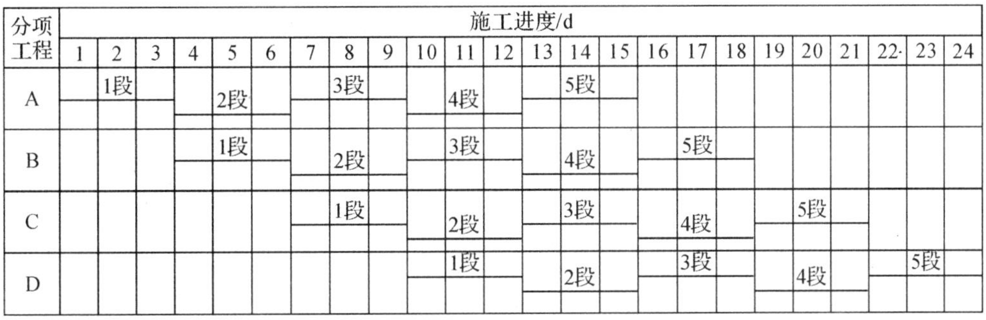

分项工程	施工进度/d																							
	1	2	3	4	5	6	7	8	9	10	11	12	13	14	15	16	17	18	19	20	21	22	23	24
A	1段			2段			3段			4段			5段											
B			1段			2段			3段			4段			5段									
C					1段			2段			3段			4段			5段							
D							1段			2段			3段			4段			5段					

图 11-9　等节拍流水施工进度计划

【例 11-3】　某项目由 Ⅰ，Ⅱ，Ⅲ，Ⅳ 四个施工过程组成，划分两个施工层组织流水施工，施工过程 Ⅱ 完成后需养护 1d 下一个施工过程才能施工，且层间技术间歇为 1d，流水节拍均为 1d。为了保证工作队连续作业，试确定施工段数，计算工期，绘制流水施工进度计划。

解　（1）确定流水步距

$$\because t_i = t = 1\text{d} \qquad \therefore K = t = 1\text{d}$$

（2）确定施工段数

因项目施工时分两个施工层，其施工段数可按式（11-6）确定：

$$m = n + \sum Z_1/K + \sum Z_2/K = 4 + 1/1 + 1/1 = 6(\text{段})$$

（3）计算工期

由式（11-9）得

$$T = (m \cdot r + n - 1) \cdot K + \sum Z_1 - \sum C_{j,j+1} = (6 \times 2 + 4 - 1) \times 1 + 1 - 0 = 16(\text{d})$$

（4）绘制流水施工进度计划，如图 11-10 所示。

11.3.2　异节拍流水施工

在组织流水施工时，如果同一施工过程在各个施工段上的流水节拍彼此相等，而不同施工过程在同一施工段上的流水节拍之间存在一个最大公约数，为加快流水施工速度，缩短工

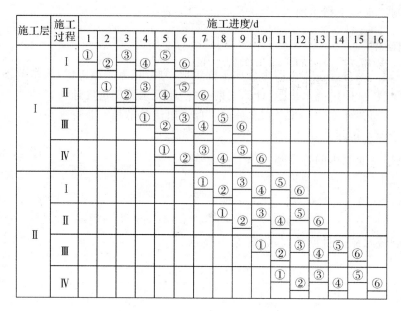

图 11-10　无节奏流水施工进度计划

期,在资源供应满足的前提下,对流水节拍长的施工过程,组织几个同工种的专业工作队来完成同一种施工过程在不同施工段上的任务,可按最大公约数的倍数确定每个施工过程的专业工作队,这样便构成了一个工期最短的异节拍流水施工,也称成倍节拍流水施工方案。

1. 基本特征

(1)同一施工过程在其各个施工段上的流水节拍均相等,不同施工过程的流水节拍不等,但其值为倍数关系;

(2)相邻施工过程的流水步距相等,且等于流水节拍的最大公约数(K);

(3)专业工作队数大于施工过程数,即有的施工过程只成立一个专业工作队,而对于流水节拍大的施工过程,可按其倍数增加相应专业工作队数目;

(4)各个专业工作队在施工段上能够连续作业,施工段之间没有空闲时间。

2. 组织步骤

异节拍流水施工的建立步骤如下:

(1)确定施工起点流向,划分施工段。

(2)分解施工过程,确定施工顺序。

(3)按以上要求确定每个施工过程的流水节拍。

(4)确定流水步距 K,等于各过程流水节拍的最大公约数。

(5)按式(11-10)和式(11-11)确定专业工作队数目:

$$b_j = \frac{t_i^j}{K} \tag{11-10}$$

式中:t_i^j——每个施工过程的流水节拍;

　　　K——各过程流水节拍的最大公约数。

$$n' = \sum_{j=1}^{n} b_j \tag{11-11}$$

式中：b_j——施工过程（j）的专业工作队数目，$n \geqslant j \geqslant 1$；

$\quad n'$——成倍节拍流水的专业工作队总和。

（6）按式（11-12）确定计算总工期：

$$T = (m + n' - 1)K + \sum Z_{j,j+1} + \sum G_{j,j+i} - \sum C_{j,j+1} \tag{11-12}$$

（7）绘制流水施工指示图表。

3. 应用举例

【**例 11-4**】　某建设工程由 4 幢大板结构楼房组成，每幢楼房为一个施工段，施工过程划分为基础工程、结构安装、室内装修和室外工程 4 项，组织加快的成倍节拍流水施工，计算流水步距和工期。

解　（1）计算流水步距

流水步距等于流水节拍的最大公约数：

$$K = \min\{5,10,10,5\} = 5$$

（2）确定专业工作队数目

每个施工过程成立的专业工作队数目为

$$b_j = t_j / K$$

式中：b_j——第 j 个施工过程的专业工作队数目；

$\quad t_j$——第 j 个施工过程的流水节拍。

各施工过程的专业工作队数目分别为

Ⅰ——基础工程：$b_Ⅰ = 5/5 = 1$（个）；

Ⅱ——结构安装：$b_Ⅱ = 10/5 = 2$（个）；

Ⅲ——室内装修：$b_Ⅲ = 10/5 = 2$（个）；

Ⅳ——室外工程：$b_Ⅳ = 5/5 = 1$（个）；

专业工作队总数：$n' = 1 + 2 + 2 + 1 = 6$（个）。

（3）绘制加快的成倍节拍流水施工进度计划，如图 11-11 所示。

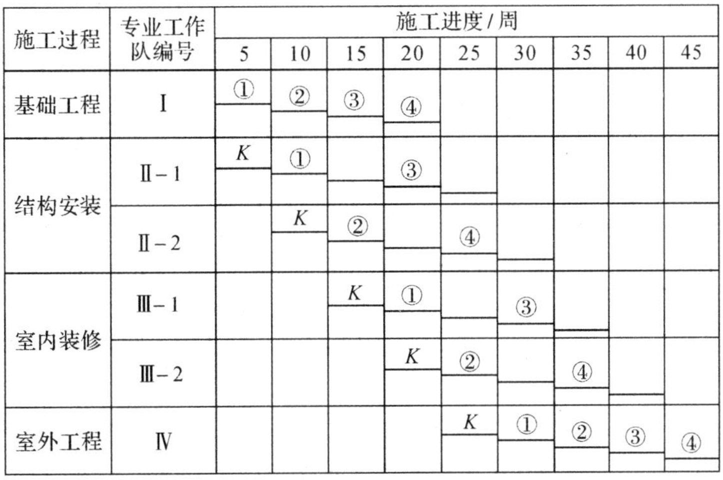

施工过程	专业工作队编号	施工进度 / 周								
		5	10	15	20	25	30	35	40	45
基础工程	Ⅰ	①	②	③	④					
结构安装	Ⅱ-1	K	①		③					
	Ⅱ-2		K	②		④				
室内装修	Ⅲ-1			K	①		③			
	Ⅲ-2				K	②		④		
室外工程	Ⅳ					K	①	②	③	④

图 11-11　例 11-4 图

（4）确定流水施工工期

流水施工工期为 $T=(m+n'-1)K=(4+6-1)\times 5=45$（周）。

【例 11-5】 某工程由支模板、绑钢筋和浇混凝土 3 个分项工程组成，它在平面上划分为 6 个施工段，上述 3 个分项工程在各个施工段上的流水节拍依次为 6d，4d 和 2d。试编制工期最短的流水施工方案。

解 根据题设条件和要求，该题只能组织成倍节拍流水施工，假定题设 3 个分项工程依次由专业工作队 I，II，III 来完成，其施工段编号依次为①②…⑥。

（1）确定流水步距

$$K_b=\text{最大公约数}\{6,4,2\}=2(\text{d})$$

（2）确定专业工作队数目，由

$$b_{\text{I}}=\frac{t_i^{\text{I}}}{K_b}=\frac{6}{2}=3(\text{个})$$

$$b_{\text{II}}=\frac{t_i^{\text{II}}}{K_b}=\frac{4}{2}=2(\text{个})$$

$$b_{\text{III}}=\frac{t_i^{\text{III}}}{K_b}=\frac{2}{2}=1(\text{个})$$

得

$$n'=\sum_{j=1}^{3}b_j=3+2+1=6(\text{个})$$

（3）确定计算总工期，由式（11-8）得

$$T=(6+6-1)\times 2=22(\text{d})$$

（4）绘制流水施工进度计划，如图 11-12 所示。

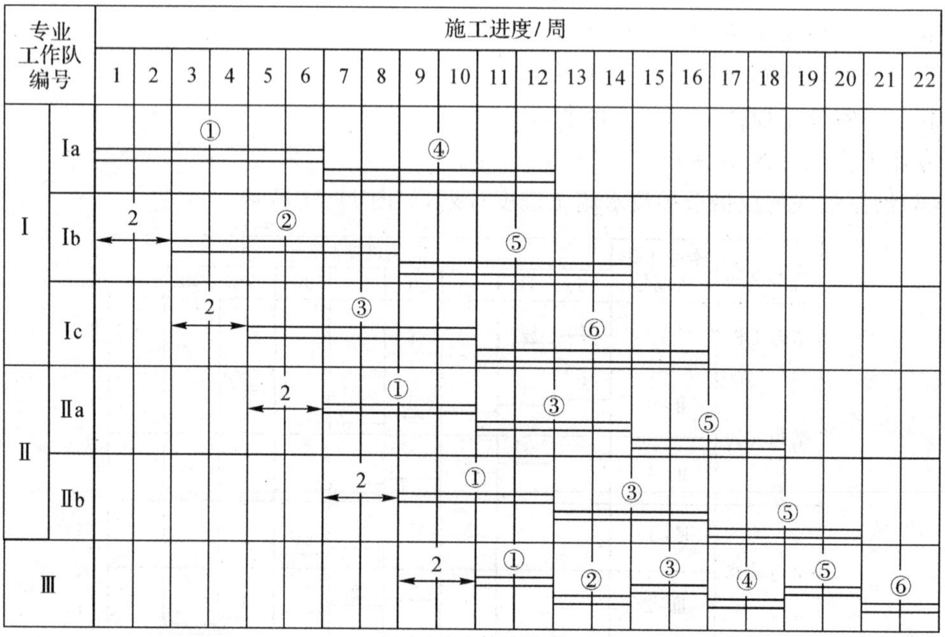

图 11-12　例 11-5 图

11.3.3 无节奏流水施工

在项目实际施工中,通常每个施工过程在各个施工段上的工作量彼此不等,各专业工作队的生产效率相差较大,导致大多数的流水节拍也彼此不相等,不可能组织成倍节拍流水或异节拍流水施工。在这种情况下往往利用流水施工的基本概念,在保证施工工艺、满足施工顺序要求的前提下,按照一定的计算方法,确定相邻专业工作队之间的流水步距,使其在开工时间上最大限度地合理搭接起来,形成每个专业工作队能够连续作业的流水施工方式,这种方式称为无节奏流水施工。它是流水施工的普遍形式。

1. 基本特征

(1)每个施工过程在各施工段上的流水节拍不相等,而且无变化规律;

(2)在大多数情况下,流水步距彼此不等,流水步距与流水节拍之间存在某种函数关系;

(3)每个专业工作队都能连续作业,但施工段上可能有空闲;

(4)专业施工队数等于施工过程数,即 $N=n$。

2. 组织步骤

(1)确定施工流水线,分解施工过程得到施工过程数 n,确定施工顺序。

(2)划分施工过程,确定施工段数 m。

(3)确定各流水节拍,计算流水步距 $K_{i,i+1}$:

1)当 $t_i \leqslant t_{i+1}$ 时,$K_{i,i+1} = t_i$;

2)当 $t_i > t_{i+1}$ 时,$K_{i,i+1} = mt_i - (m-1)t_i$。

(4)计算流水工期: $T - \sum K_{i,i+1} + \sum t_n + \sum Z - \sum C$。

(5)绘制流水施工指示图表。

3. 应用举例

【**例 11-6**】 某工厂需要修建 4 台设备的基础工程,施工过程包括基础开挖、基础处理和浇筑混凝土。设备型号与基础条件等不同,使得 4 台设备(施工段)的各施工过程有着不同的流水节拍,如表 11-2 所示。

表 11-2 基础工程流水节拍 单位:周

施工过程	施工段			
	设备 a	设备 b	设备 c	设备 d
基础开挖	2	3	2	2
基础处理	4	4	2	3
浇筑混凝土	2	3	2	3

解 本工程应按无节奏流水施工方式组织施工。

(1)确定施工流向为设备 a—b—c—d,施工段数 $m=4$。

(2)确定施工过程数 $n=3$,施工过程包括基础开挖、基础处理和浇筑混凝土。

（3）采用累加数列错位相减取大差法求流水步距：

$$K_{1,2}=\max\begin{Bmatrix} 2, & 5, & 7, & 9, & \\ -) & 4, & 8, & 10, & 13 \\ 2, & 1, & -1, & -1, & -13 \end{Bmatrix}=2$$

$$K_{2,3}=\max\begin{Bmatrix} 4, & 8, & 10, & 13, & \\ -) & 2, & 5, & 7, & 10 \\ 4, & 6, & 5, & 6, & -10 \end{Bmatrix}=6$$

（4）计算流水施工工期：$T=K_{i,i+1}+t_n+z-c=(2+6)+(2+3+2+3)+0-0=18$（周）。

（5）绘制无节奏流水施工进度计划，如图 11-13 所示。

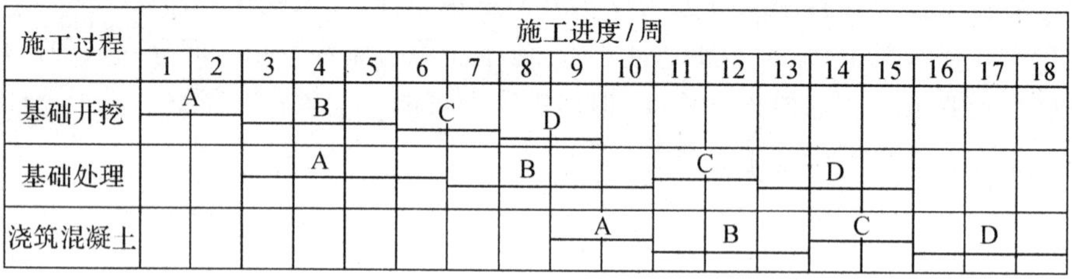

施工过程	施工进度/周																	
	1	2	3	4	5	6	7	8	9	10	11	12	13	14	15	16	17	18
基础开挖	A			B		C		D										
基础处理				A				B			C			D				
浇筑混凝土									A			B		C			D	

图 11-13　例 11-6 图

拓展阅读

关于流水施工工期的非专业计算方法

流水施工工期的计算是各类考试的重点题目，完成这些题目的过程往往耗时很长，现介绍一个既能减少时间又能准确回答这类题目的非专业方法。

1. 流水施工工期的一般公式（任何组织方式都适用）

$$T=\sum K+\sum t_n+\sum Z+\sum G-\sum C$$

2. 根据各种组织方式的特点，推导出不同组织方式的施工工期的计算公式，以达到计算时减少画图环节、提高效率的目的。

流水施工各组织方式的工期计算汇总如表 11-3 所示。

表 11-3　流水施工各组织方式的工期计算汇总

流水施工的基本组织方式			计算公式
有节奏流水施工	等节拍流水施工和异节拍流水施工		$T=(m+n-1)t+\sum G+\sum Z-\sum C$
	异节拍流水施工（不考虑各种间歇和提前插入）	异步距异节拍流水施工	$T=\sum K+mt$
		等步距异节拍流水施工	$T=(m+n'-1)K$（关键在于理解和计算 n'）
无节奏流水施工			$T=\sum K+\sum t_n$（方法：累加数列错位相减取大差法计算 K）

思 考 题

11-1　施工组织有哪几种方式？各自有哪些特点？

11-2　流水施工中的主要参数有哪些？分别叙述它们的含义。

11-3　施工过程的划分需要考虑哪些因素？

11-4　流水节拍的确定应考虑哪些因素？

11-5　简述划分流水段的基本要求。

11-6　流水施工按节奏特征不同可分为哪几种方式？各有什么特点？

11-7　如何组织全等节拍流水？如何组织成倍节拍流水？

11-8　什么是无节奏流水施工？如何确定其流水步距？

习　　题

某屋面工程有三道工序：保温层→找平层→卷材层，分三段进行流水施工，流水节拍均为 2d，且找平层需干燥后 2d 才能在其上铺卷材层。试绘制该工程流水施工横道图进度计划。

第12章 网络计划技术

【内容提要】

本章主要介绍了网络计划技术。网络计划技术是施工组织计划的主要方法之一,它由箭杆和节点组成,用来表达各项工作的先后顺序和相互关系,这种方法逻辑严密,主要矛盾突出,有利于计划的优化调整和计算机的应用,因此在工程管理、军事、航天、科学研究等领域得到广泛的使用,并取得显著的效果。

【学习要求】

通过本章学习,了解系统管理的网络计划技术;掌握双代号网络图和单代号网络图的绘制方法;掌握网络时间参数的计算方法;熟悉网络优化技术;熟悉一种项目管理软件的使用方法。

12.1 系统管理的网络计划技术概述

12.1.1 网络计划技术

当系统决策之后,项目面临的问题就是制订计划和组织实施。网络计划技术就是在制订计划和组织实施过程中常用的一种管理技术和方法。它是利用网络图对计划任务的进度、费用及其组成部分之间的相互关系进行计划和控制并使系统协调运转的科学方法。其主要特点是统筹安排,因此我国把各种不同的网络计划技术与方法统称为统筹法。

管理的对象都可作为系统来研究,虽然不同系统因其内容不同而各有特点,但其共性是都必须按系统各组成单元在时间和空间上的内在联系,把物质、能量和信息有机地组织起来,在最短的时间内,以最少的消耗实现系统的目标,取得最大的效益。目前,在工业、农业、交通运输、基本建设及科学研究等项目中使用的统筹方法有甘特图法、关键线路法、计划评审技术、决策关键线路法、图解评审技术、风险评审技术等。

1. 甘特图法

该方法是美国福兰克兵工厂顾问甘特于 20 世纪 40 年代开发的一种计划与管理技术。它以时间为横坐标,以工序为纵坐标,以线条的长短表示一项工作或作业的开始和完成时刻以及工作的进展情况。由于它以条形图进行系统计划与管理,故又称为横道图、条形图等。甘特图的最大特点是简单明了、容易绘制、使用方便。其缺点是:不能反映各项工作之间错综复杂的联系和制约关系;不能反映哪些工作是主要的、关键性的生产联系和工序,反映不出全局的关键所在,在不重要的工作上投入过分的资源,虽然忙得团团转,却致使系统目标难以实现。

2. 关键线路法

20 世纪 50 年代,关键线路法和计划评审技术的出现使系统的计划与管理进入一个新的阶段。

关键线路法(critical path method,CPM)是美国杜邦公司为进行计划与管理研究而提出的,并在 1958 年的建厂工作中发挥了很大作用,使工程工期提前两个月,初步显示出其优越性。而后,杜邦公司不仅把 CPM 应用于大型工程,而且也应用于小型工程和维修工程,都收到了良好的效果。美国兰德公司在 47 项工程中使用 CPM,平均节约时间 22%,节约资金 15%,其效果是显著的。

该方法以网络图的形式表示各工序之间在时间和空间上的相互关系以及各工序的工期,通过时间参数的计算,确定关键线路和总工期,从而制订出系统计划并指出系统管理的关键所在。

该方法问世后,立刻引起世界各国的重视,很多国家引入该方法都收到了良好的效果。1961 年,华罗庚教授将该方法引入我国并推广到各行各业,还派生出一些新的方法,如时间-费用网络等,使其内容更加丰富。目前,将甘特图法与关键线路法配合使用收到了良好的效果。

3. 计划评审技术

计划评审技术(program evaluation and review technique,PERT)也称计划协调技术。它的首次应用使美国“北极星”导弹潜艇工程的工期由原计划的 10 年缩短为 8 年。由于它的成功,自 1962 年起美国政府规定一切新开发的工程项目必须采用这种方法。

这种方法与 CPM 既有联系又有区别。其联系是两者的网络图形和计算方法基本相似,区别如表 12-1 所示。

表 12-1　CPM 与 PERT 的区别

	CPM	PERT
研究对象	有经验系统	新开发系统
研究目的	确定完成任务的工期和关键工作	工作安排情况的评价和审查
计算方法	确定型工期	随机性工期

从研究对象看,PERT 主要侧重研究新开发的系统,而 CPM 主要用于有经验的系统。

从研究目的看,PERT 主要对系统计划进行评价和审查,而 CPM 主要确定完成任务的工期和关键工作。

从计算方法看,PERT 网络中各工序的工期具有随机性,而 CPM 是确定型工期。如果将 PERT 网络中的随机性工期转化成确定型工期,PERT 网络则变为 CPM 网络;如果将确定型问题看作随机问题的特例,则 CPM 网络是 PERT 网络在工期不受随机因素干扰时的特例。

4.决策关键线路法

任何一项工作都有多种方案,通过方案的比较,才能选择最优方案。CPM 和 PERT 只能考虑完成任务的一种方案,而对不同方案必须画出不同的网络图,这不仅增大绘制网络图的工作量,而且在比较和分析时也不能一目了然。为了克服这种局限性,将 CPM 网络和决策理论结合起来,开发出决策关键线路法(decision critical path method,DCPM)。

DCPM 的特点是在同一张网络图上表示完成同一任务的各种不同方案,通过绘制特定的网络图和采用特定的计算方法,可得出完成该项任务的最小费用、工期及关键路线等。

5.图解评审技术

图解评审技术(graphical evaluation and review technique,GERT)是一种广义网络计划技术。该技术可克服 CPM 与 PERT 中工序均为确定型的缺点,解决实践中存在的随机工序(如检验工序后的返修工序)问题。

GERT 的特点是在网络图中同时考虑工序和工作持续时间的随机性,因此它可用于各种系统。它除可将 CPM,PERT 网络作为特例之外,尚可用于系统的模拟,因此该方法有广阔的应用前景。

12.1.2 网络计划技术应用的程序

网络计划技术是广泛用于工业、农业、交通运输、基本建设、国防事业及科学研究项目进行计划管理的工具,其应遵循系统性、协调性、动态性等基本原则并按一定的程序进行才能收到良好效果。网络计划技术应用的一般程序如表 12-2 所示。

表 12-2 网络计划技术应用的一般程序

阶段	步骤
准备阶段	(1)确定网络计划目标 (2)调查研究 (3)工作方案设计
绘制网络图	(1)项目分解 (2)逻辑关系分析 (3)绘制网络图
时间参数计算与确定关键线路	(1)计算工作持续时间 (2)计算其他时间参数 (3)确定关键线路
编制可行的网络计划	(1)检查与调整 (2)编制可行的网络计划
优化并确定正式网络计划	(1)优化 (2)编制正式网络计划
实施、调整与控制	(1)网络计划的贯彻 (2)检查和数据采集 (3)调整、控制
结束阶段	总结分析

12.1.3　网络图的绘制

网络图又叫统筹图,它是由箭线和节点组成的,用来表示工作流程的有向、有序网状图形,是计划任务及其组成部分相互关系的综合反映,是进行计划、管理和计算的基础。

1.网络图的组成

网络图是针对一项任务编制的,由节点、工作和线路组成。

任务是指一项有开始和结束标志、由若干相互关联且有不同指标要求的工作所组成的有目的的事物。

工作或工序是将任务按需要的粗细程度划分而成的、消耗时间同时也消耗资源的、在工艺和组织管理上相互独立的活动(子任务),它包括人的各式各样的相互协调的劳动,是网络计划的基本组成单元。

节点是网络图中箭线端部圆圈或其他形状的封闭图形,在双代号网络图中是工作开始或结束的标志,表示工作之间的逻辑关系;在单代号网络图中表示工作。

线路是从网络图的起点开始沿箭线方向连续通过一系列箭线和节点,最后到达终点所经过的路线。线路所消耗的时间称为路长,最长的路长为关键线路,它决定任务的工期。

2.网络图的绘制

(1)网络图的绘制程序。绘制网络图是在对任务进行分析和分解的基础上,按规定的画法画出网络图的过程。该过程分为以下两步:

①任务的分解和分析。把任务分解成工作,必须考虑其流程特性。流程是指一项任务随时间的推移而逐渐展开的过程。流程特性就是指任务在展开的过程中工作与工作间关联的特点。按流程特性,工作之间的关系有多种,其中最常用的是紧前工作和紧后工作。所谓紧前工作是指一项工作开始之前必须完成的工作;紧后工作是指一项工作完成之后紧接着能进行的工作。紧前工作和紧后工作是相对的,一项工作是其紧后工作的紧前工作,又是其紧前工作的紧后工作,因此按流程特性可将一项任务分解成工作,并表示出各工作间的逻辑关系。

任务分解和分析的工作内容为:把一项任务分解成工作(或工序),分析并确定各工作在工艺和组织方面的相互联系及相互制约关系;确定工作的先后顺序,找出各工作的所有紧前、紧后工作以及各工作之间的搭接关系;确定该工序的工期等。为了明显清晰起见,需列出"工作逻辑关系表"(如表12-3所示)。只有深入调查研究,与有关技术部门相互配合、密切协作,与生产、技术部门协商,不断修改,才能客观、正确地揭示任务的结构和内在联系,才能得到符合客观实际的"工作逻辑关系表"。

表 12-3　工作逻辑关系表

序号	编码	工序名称	紧后工作	工期	调整期	……

在逻辑关系表中,编码通常用工作代码、工作分解结构(work breakdown structure, WBS)码等,它们在现代项目管理中有重要作用。工期一般根据经验或工程量、定额及资源配置情况计算确定。

②画网络图。在网络计划法中,网络图有单代号和双代号两种表示法。单代号表示法可表示工作间的各种逻辑关系,应用较广;双代号表示法仅能表示工作间的紧前、紧后关系,应用有一定的局限性。目前我国中小型项目大多采用双代号表示法,因此其仍有一定的应用空间。

(2)单代号网络图绘制的方法与规则。单代号网络图用节点及编号表示一项工作,用箭线表示各工作之间的联系,一般采用"○"或"□"表示,如图 12-1 所示。

图 12-1　单代号网络图节点表示方法

建设部颁布的《工程网络计划技术规程》(JGJ/T 121—2015)中规定单代号网络图绘制的基本规则为:

①网络图必须正确表述已定的逻辑关系。

②严禁出现循环回路。

③严禁出现双箭头或无箭头的连线。

④严禁出现没有箭尾节点和没有箭头节点的箭线。

⑤箭线不宜交叉,当交叉不可避免时可采用过桥法和指向法绘制。

⑥应只有一个起点节点和一个终点节点。当网络图中有多项起点节点或多项终点节点时应在网络图的两端分别设置一项虚工作,作为该网络图的起点节点(St)和终点节点(Fn)。

(3)双代号网络图绘制方法与规则。双代号网络图用"○"表示节点,以箭线表示工作。在箭线上面标工作名称,在箭线下面标工期。

节点表示一项工作的开始和结束时间,是两项工作的交接点,它是紧前工作结束、紧后工作开始的标志,因其体现工作间的衔接过程且与工作持续时间相比是短暂的,故假设其不消耗资源,不占用时间和空间。网络图中的第一个节点称为开始节点,最后一个节点称为结束节点,其余为中间节点。在如图 12-2 所示的工作中,i 表示该工作的开始,j 表示该工作的结束,由 i 到 j 的箭线表示工作,箭线上面的 F 表示工作的名称,下面的数字 5 表示该工作的持续时间。

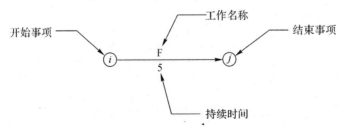

图 12-2　双代号网络图节点表示方法

表 12-4　逻辑关系表

工作	紧后工作	工期/d
A	B	3
B	—	5
C	B,D	8
D	—	6

在双代号网络图中,为了正确地表示各工作之间的逻辑关系,有时需引入虚工作。虚工作是没有具体工作内容,不消耗资源和时间,只表示工作间逻辑关系的以虚箭线表示的工作,如表 12-4 所示的逻辑关系可用引入虚工作的网络图表示,如图 12-3 所示。

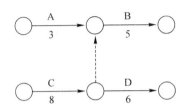

图 12-3　双代号网络虚工作

双代号网络图绘制的基本规则为:

①网络图必须正确表达已定的逻辑关系。

②所有箭线方向必须由左到右,时间必须由现在到将来,严禁出现循环回路。

③节点之间严禁出现双向箭头或无箭头的连线。

④严禁出现没有箭头或没有箭尾的箭线。

⑤箭线尽量避免交叉。

⑥进入某事项的工作虽然可有多条,但由同一事项进入该事项的工作只能有一条。如遇此情况,必须引入虚工序予以消除,如图 12-4 所示。

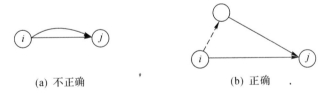

(a) 不正确　　　　　　　　(b) 正确

图 12-4　虚工作应用

⑦只应有一个起点节点和一个终点节点。如果一项任务出现多个起点节点或终点节点,可引入虚工作予以消除。

3. 逻辑关系的基本表示方法

网络图中各工作逻辑关系的表示方法如表 12-5 所示。

表 12-5   网络图中各工作逻辑关系的表示方法

序号	工作之间的逻辑关系	双代号表示方法	单代号表示方法
1	A，B，C 三项工作依次进行	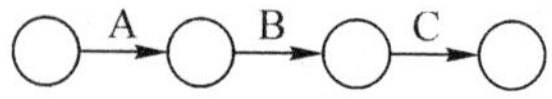	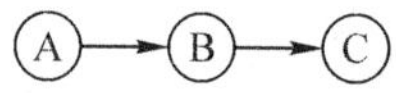
2	A 完成后同时开始 B，C 两项工作	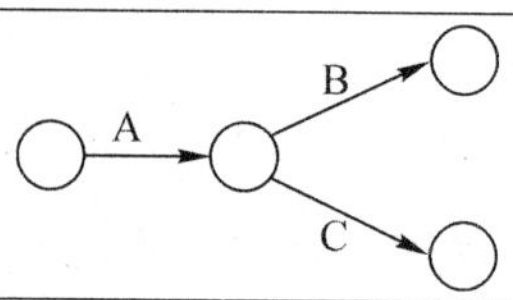	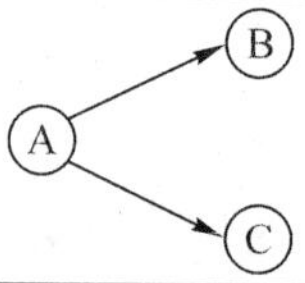
3	A，B 完成后进行 C 工作	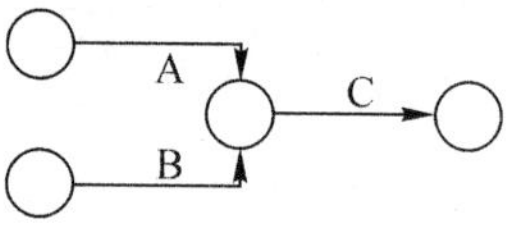	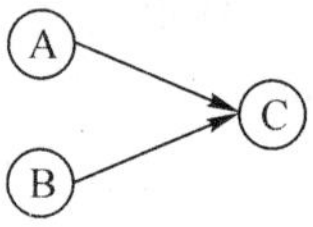
4	A，B 完成后同时进行 C，D 两项工作	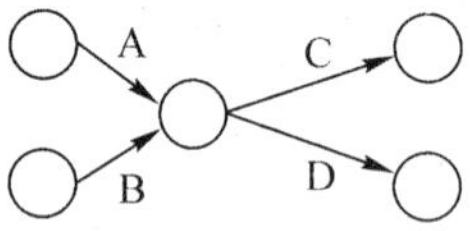	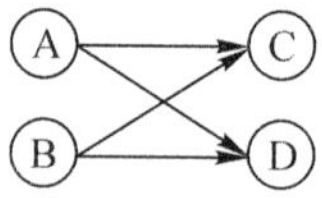
5	A 完成后进行 C，A，B 完成后进行 D	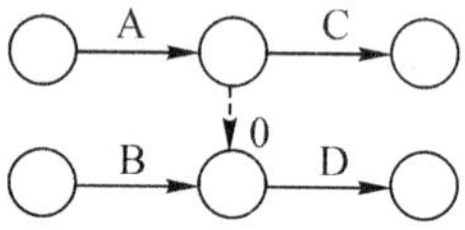	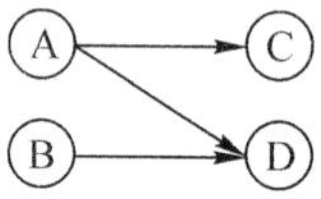
6	A，B 完成后进行 C，B，D 完成后进行 E	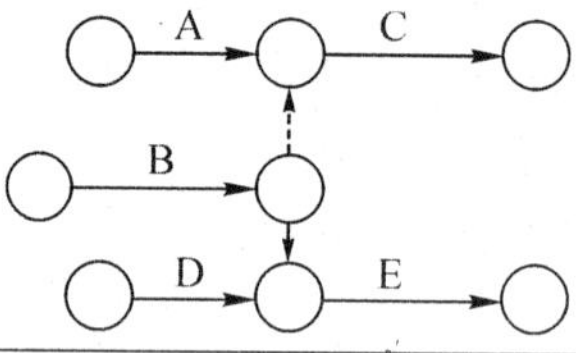	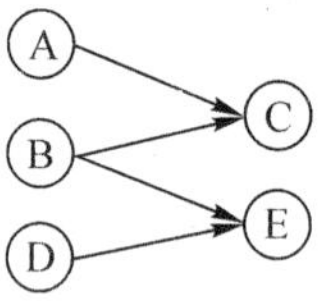
7	A 完成后进行 C，A，B 完成后进行 D，B 完成后进行 E	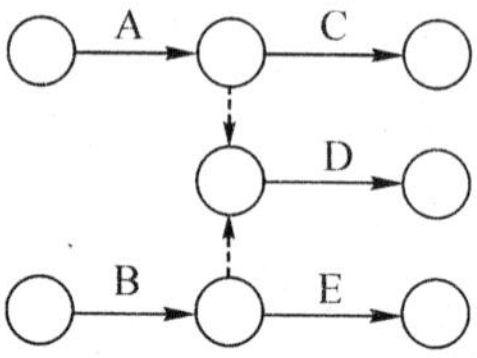	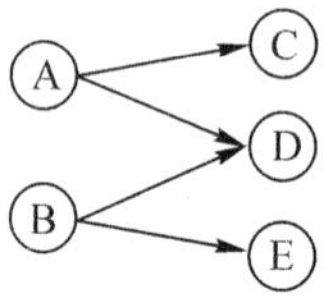
8	A，B 两项先后进行的工作，各分三段进行	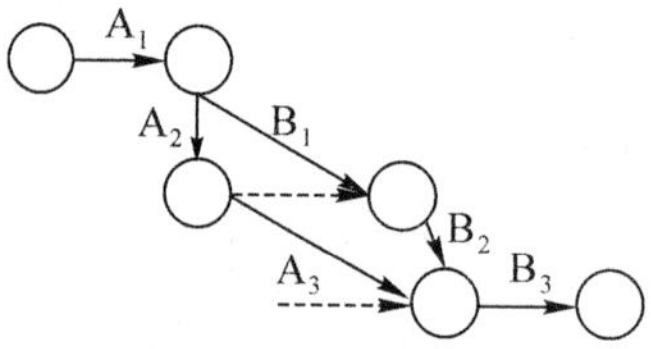	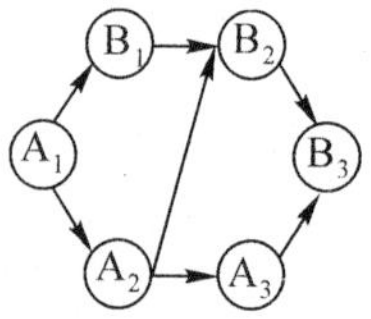

4. 网络图节点的标号

为统一起见，无论是双代号还是单代号均采用删掉箭杆法对网络图的节点进行编号，即把由已编号节点出发的所有箭线去掉，显露出来的节点按由小到大的顺序编号且需留有余地，以备修改之用，如图 12-5 所示。

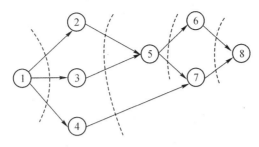

图 12-5　网络图的编号

12.2　关键线路法时间参数的计算方法

CPM 网络需解决完成任务的工期、关键工作和关键线路以及非关键工作的机动时间等问题,因此需计算网络的时间参数,即工作或节点所具有的各种时间值,包括工作的最早开始时间、最早结束时间、最晚开始时间、最晚结束时间、总时差和自由时差六个时间参数。计算时间参数的基本方法是分析法,根据其原理还可在图或表上实现计算,分别称其为图算法或表算法。

12.2.1　分析法

由于 CPM 网络有双代号和单代号两种不同的描述方式,故时间参数的计算方法、参数符号的表示等也略有差别。

1. 双代号网络时间参数的计算

双代号网络时间参数的计算方法有工作计算法和节点计算法两种,工作计算法是直接计算各项工作的时间参数,节点计算法是先计算节点的时间参数,再据以计算各项工作的时间参数。

(1)工作最早开始时间 ES_{i-j} 和最早结束时间 EF_{i-j} 的计算

工作 $i-j$ 的最早开始时间 ES_{i-j} 受其紧前工作 $k-i$ 的制约,并按式(12-1)计算:

$$ES_{i-j} = \max\{ES_{k-i} + D_{k-i}\} = \max\{EF_{k-i}\} \tag{12-1}$$

式中:ES_{k-i}——工作 $i-j$ 各紧前工作 $k-i$ 的最早开始时间;

D_{k-i}——$k-i$ 工作的持续时间;

EF_{k-i}——工作 $i-j$ 各紧前工作 $k-i$ 的最早结束时间,$EF_{k-i}=ES_{k-i}+D_{k-i}$。

由式 12-1 可见,如果 i 为开始节点(假设 $i=1$),令 $ES_{1-j}=0$,依据各工作的持续时间则可递推计算出全部工作的最早开始时间和最早结束时间,进而可确定任务的计算工期 T_c:

$$T_c = \max\{EF_{i-n}\} \tag{12-2}$$

式中:EF_{i-n} 为以终点节点为箭头节点的工作的最早结束时间。

如图 12-6 所示网络的计算如下:

$$ES_{1-2}=0,EF_{1-2}=0+4=4$$
$$ES_{1-3}=0,EF_{1-3}=0+8=8$$
$$ES_{2-3}=EF_{1-2}=4,EF_{2-3}=4+6=10$$
$$ES_{2-4}=EF_{1-2}=4,EF_{2-4}=4+9=13$$

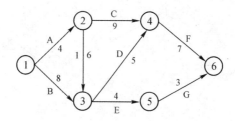

图 12-6　双代号网络图的计算(单位:d)

$$ES_{3-4}=\max\{0+8,4+6\}=10 \text{ 或 } ES_{3-4}=\max\{EF_{1-3},EF_{2-3}\}=\max\{8,10\}=10,$$
$$EF_{3-4}=10+5=15$$
$$ES_{3-5}=\max\{8,10\}=10,EF_{3-5}=10+4=14$$
$$ES_{4-5}=\max\{4+9,10+5\}=15,EF_{4-5}=15+7=22$$
$$ES_{5-6}=10+4=14,EF_{5-6}=14+3=17$$

$T_c=\max\{EF_{4-5},EF_{5-6}\}=\max\{22,17\}=22$,该任务 22d 可完成。

ES_{i-j} 和 EF_{i-j} 的计算是沿网络图箭线方向由前向后进行的,欲确定计划工期,也只需计算 ES_{i-j} 和 EF_{i-j} 两个时间参数。

(2)工作最晚开始时间 LS_{i-j} 和最晚结束时间 LF_{i-j} 的计算

当任务在预定的最早结束时间完成时,工作 $i-j$ 的最晚结束时间受其紧后工作制约,工作 $i-j$ 的最晚结束时间 LF_{i-j} 按式(12-3)计算:

$$LF_{i-j}=\min(LF_{j-k}-D_{j-k})=\min(LS_{j-k}) \qquad (12-3)$$

式中:LF_{j-k}——紧后工作 $j-k$ 的最晚结束时间;

D_{j-k}——紧后工作 $j-k$ 的持续时间;

LS_{j-k}——紧后工作 $j-k$ 的最晚开始时间,$LS_{j-k}=LF_{j-k}-D_{j-k}$。

由式(12-3)可见,如果 j 为结束节点(假设 $j=n$),令 $EF_{i-n}=T_c$ 或 $EF_{i-n}=T_p$,依据各工作的持续时间则可递推计算出全部工作的最晚开始时间和最晚结束时间。

如图 12-7 所示的计算如下:

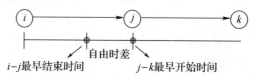

图 12-7　最早结束、最早开始关系

任务的最晚结束时间为 $T_c=22$,

$$LF_{4-6}=LF_{5-6}=22,LS_{4-6}=22-7=15$$
$$LS_{5-6}=22-3=19$$
$$LF_{3-5}=LS_{5-6}=19,LS_{3-5}=19-4=15$$
$$LF_{3-4}=LS_{4-6}=15,LS_{3-4}=15-5=10$$
$$LF_{2-3}=\min\{15-5,19-4\}=10 \text{ 或 } LF_{2-3}=\min\{LS_{3-4},LS_{3-5}\}=\min\{10,15\}=10$$
$$LS_{2-3}=10-6=4$$
$$LF_{2-4}=LS_{4-6}=15,LS_{2-4}=15-9=6$$

$$LF_{1-2} = \min\{LS_{2-4}, LS_{2-3}\} = \min\{6, 4\} = 4, LS_{1-2} = 4 - 4 = 0$$

$$LF_{1-3} = \min\{LS_{3-4}, LS_{3-5}\} = \min\{10, 15\} = 10, LS_{1-3} = 10 - 8 = 2$$

可见它受紧后工序的影响,是沿网络图逆向,即由后向前推算的。

(3)工作总时差 TF_{i-j} 的计算和关键线路

工作 $i-j$ 的总时差为该工作的机动时间,并按式(12-4)计算:

$$TF_{i-j} = LS_{i-j} - ES_{i-j} = LF_{i-j} - EF_{i-j} \tag{12-4}$$

当最终节点的 LF_{k-n} 等于计算工期 T_c 时,$TF_{k-n} = LS_{k-n} - ES_{k-n} = T_p - EF_{k-n}$。

仍用图 12-6 的例子计算,得

$$TF_{1-2} = 0, TF_{1-3} = 2, TF_{2-3} = 0, TF_{3-4} = 0, TF_{3-5} = 5, TF_{4-6} = 0, TF_{5-6} = 5$$

总时差最小的工作为关键工作。由开始节点至最终节点全部由关键工作组成的线路称为关键线路,图 12-6 的例子中关键线路为 1—2—4—6。

(4)工作自由时差 FF_{i-j} 的计算

工作 $i-j$ 的自由时差又称单时差,是在紧后工作最早开始的情况下,仅供本工作单独使用的、不能存储的机动时间,其计算公式为

$$FF_{i-j} = ES_{j-k} - EF_{i-j} \tag{12-5}$$

自由时差和总时差的区别在于前者只能供本工作使用,不能存储,后者可存储供紧后工作使用。两者之间的关系是

$$TF_{i,j} \geqslant FF_{i,j}$$

现定义

$$I_{i-j} = TF_{i-j} - FF_{i-j} \tag{12-6}$$

为干扰时差,它是本工作可以不使用而留给紧后工作使用的机动时间。

2. 简单的单代号网络时间参数的计算

将图 12-7 的双代号网络图改成单代号网络图,如图 12-8 所示。

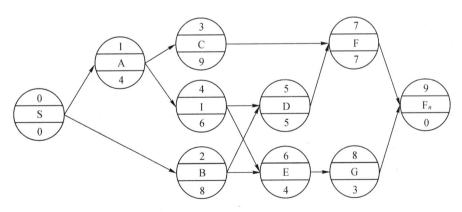

图 12-8　单代号网络

简单的单代号网络图时间参数的计算方法与双代号的基本相同,因其节点表示工作,故其计算方法为:

工作 i 的最早开始时间为

$$ES_i = \max\{ES_h + D_h\} = \max\{EF_h\}$$

式中:工作 h 为工作 i 的紧前工作;

　　ES_h——工作 h 的最早开始时间,当 h 为开始节点时,$ES_h=0$;

　　D_h——工作 h 的持续时间;

　　EF_h——工作 h 的最早结束时间。

　　工作的最早结束时间为

$$EF_j=ES_j+D_j$$

　　工作的最晚结束时间为

$$LF_j=\min\{LS_j\}$$

式中:LF_j 为工作 j 的最晚结束时间,当 j 为终点节点时,$ES_j=T_c$。

　　工作的最晚开始时间为

$$LS_i=LF_j-D_i$$

　　工作间的时间间隔:由于单代号网络不像双代号网络那样一项工作结束就是后一项工作的开始,其紧后工作的最早开始与紧前工作之间存在时间间隔,该间隔体现了紧前工作的机动时间,因此需计算该时间间隔 $LAG_{i,j}$。各节点间的时间间隔 $LAG_{i,j}$ 为

$$LAG_{i,j}=ES_j-EF_i$$

该式与双代号计算自由时差的公式是相同的,但它不一定是该工作的自由时差。

　　工作 i 的总时差 TF_i 为

$$TF_i=LS_i-ES_i=LF_i-EF_i$$

　　单代号网络的总时差一般从后向前计算,当仅有紧前和紧后关系时,其计算方法与双代号的相同,否则是不同的。终点节点的总时差 $TF_n=T_p-EF_n$,T_p 为计划工期,当 T_p 与计算工期 T_c 相同时,$TF_n=0$。

　　工作 i 的自由时差 FF_i 为

$$FF_i=\min\{LAG_{i,j}\}$$

　　当 $i=n$ 时,$FF_n=T_p-EF_n$ 或 $FF_n=T_c-EF_n=0$。

　　总时差最小的工作为关键工作,所有工作均为关键工作且所有工作时间间隔为零的线路为关键线路。

3. 有搭接关系的单代号网络时间参数的计算

　　(1)工作之间的逻辑关系

　　有搭接关系的单代号网络图是指各工作间存在搭接关系的网络图,所谓搭接关系是指相邻两工作间带有约束条件的逻辑关系,共有结束到开始、开始到开始、结束到结束和开始到结束四种连接方式。

　　①结束到开始连接方式,以 $FTS_{i-j}=a$ 表示,其含义是 i 工作结束,并间隔时间 a 后,j 工作才能开始。如果 $FTS_{i-j}=0$,说明紧前工作 i 的结束时间等于紧后工作 j 的开始时间,这种关系与双代号网络和普通单代号网络是相同的,因此双代号网络和普通单代号网络只是有搭接关系的单代号网络的特例。国外不区分有搭接关系的单代号网络和普通单代号网络,而将其统称为单代号网络正是这个道理。结束到开始连接方式的网络图画法如图 12-9 所示。

　　结束到开始连接方式是紧前工作的结束对紧后工作的开始形成约束,其计算关系为

$$ES_j = EF_i + FTS_{i-j} \tag{12-7}$$
$$LF_i = LS_j - FTS_{i-j} \tag{12-8}$$

②开始到开始连接方式，以 $STS_{i-j} = a$ 表示，其含义是紧前工作开始，并间隔时间 a 后，j 工作才开始，也就是后续工作的开始取决于紧前工作的开始。如管道施工中沟槽开挖和铺设管线两工作，只有沟槽开挖一定时间后，管线铺设才能开始，就是这类连接方式。我国标准规定这类连接方式的绘图方法与结束到开始连接方式的相同，但国外一般采用由紧前工作的开始处，引向紧后工作的开始处。开始到开始连接方式的网络图画法如图 12-10 所示。

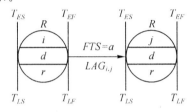

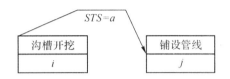

图 12-9　结束到开始连接方式的网络图画法　　　图 12-10　开始到开始连接方式的网络图画法

开始到开始连接方式是紧前工作的开始时间对紧后工作的开始时间形成约束，其计算关系为

$$ES_j = ES_i + STS_{i-j} \tag{12-9}$$
$$LS_i = LS_j - STS_{i-j} \tag{12-10}$$

③结束到结束连接方式，以 $FTF_{i-j} = a$ 表示，其含义是紧前工作结束并间隔时间 a 后，后续工作才能结束，紧后工作的完成受紧前工作完成的制约。如隧道开挖与路面施工两工作，只有隧道开挖结束后，路面施工才能结束。结束到结束连接方式的网络图画法如图 12-11所示。

结束到结束连接方式的是紧前工作的结束时间对紧后工作的结束时间形成约束，其计算关系为

$$EF_j = EF_i + FTF_{i-j}$$
$$LF_i = LF_j - FTF_{i-j}$$

④开始到结束连接方式，以 $STF_{i-j} = a$ 表示。如在地下水位较高的地方进行基坑开挖，降水与基坑开挖两工作的安排：应先降水，在基坑开挖工作结束后，再经一段时间才能结束就是这类连接方式。开始到结束连接方式的网络图画法如图 12-12 所示。

开始到结束连接方式是紧前工作的结束时间对紧后工作的结束时间形成约束，其计算关系为

$$EF_j = ES_i + STF_{i-j} \tag{12-11}$$
$$LS_i = LF_j - STF_{i-j} \tag{12-12}$$

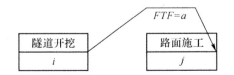

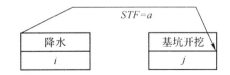

图 12-11　结束到结束连接方式的网络图画法　　　图 12-12　开始到结束连接关系方式的网络图画法

(2)有搭接关系单代号网络时间参数的计算

有搭接关系单代号网络时间参数的计算与双代号网络和一般单代号网络计算的原理基本相同,只是在计算中考虑约束而已,但由于约束的存在,使计算较复杂。

有搭接关系的网络图,无论原网络图如何绘制,为满足计算需要,均需增加一个虚拟开始节点 St 和一个虚拟的结束节点 Fn。

【例 12-1】 以如图 12-13 所示网络图为例,说明有搭接关系单代号网络时间参数的计算。

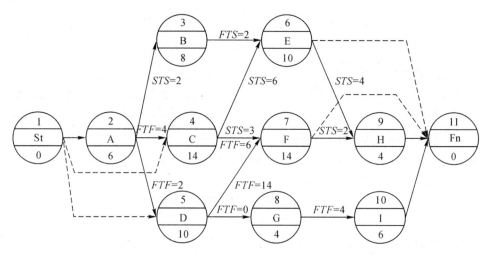

图 12-13 某工程单代号搭接网络

①最早开始时间和最早结束时间。一项工作的最早开始时间受其紧前工作和各种搭接关系的制约,应在各种制约关系中选最大值。

对某工作的最早开始时间具有直接影响的搭接关系是结束—开始、开始—开始两种,其计算取决于紧前工作的结束或开始,因此应先计算该工作的最早开始时间,然后加上该工作的工期,得出最早结束时间,计算公式为

$$ES_j = \max\{ES_{i-1} - STS_{i-j}, EF_{i-2} + FTS_{i-j}, \cdots\} \tag{12-13}$$

$$EF_j = ES_j + D_j \tag{12-14}$$

当存在开始—结束、结束—结束限制条件时,因紧后工作的最早结束时间取决于紧前工作的开始或结束时间,因此应先计算紧后工作的最早结束时间,然后扣除本工作的工期,得出本工作的最早开始时间,此时工作的最早结束和最早开始时间为

$$EF_j = ES_i + STF_{i-j} \text{ 或 } EF_j = EF_i + FTF_{i-j} \tag{12-15}$$

$$ES_j = \max\{EF_j - D_j\} \tag{12-16}$$

在计算中需注意两个问题:一是开始节点和终点节点都是虚工作,因此凡与起点节点相连的工作的最早开始时间均为零或规定的值;二是当计算中某工作的最早开始时间出现负值时,需将该工作与起点节点用虚箭线相连,类似增加一个紧前工作并重新计算;如果计算中某工作的最早结束时间大于终点节点的最早开始时间时,需将该工作与终点节点用虚箭线相连,类似增加一个紧后工作并重新计算。

本例的计算如下:

$$ES_2 = 0$$

由于 $STS_{2,3} = 2$，有

$$ES_3 = ES_2 + STS_{2,3} = 0 + 2 = 2$$
$$EF_2 = ES_2 + D_2 = 0 + 6 = 6$$
$$EF_3 = ES_3 + D_3 = 2 + 8 = 10$$

由 $FTF_{2,4} = 4$，$EF_4 = EF_2 + FTF_{2,4} = 6 + 4 = 10$，得

$$ES_4 = EF_4 - D_4 = 10 - 14 = -4$$

因 $ES_4 = -4$ 是不合理的，需将该工作用虚线与虚设的起点节点相连。
此时，$ES_4 = 0$，有

$$EF_4 = 0 + 14 = 14$$

由于 $FTF_{2,5} = 2$，有

$$EF_5 = EF_2 + FTF_{2,5} = 6 + 2 = 8$$
$$ES_5 = EF_5 - D_5 = 8 - 10 = -2$$

因 $ES_5 = -2$ 是不合理的，需将该工作用虚线与虚设的起点相连。
此时，$ES_5 = 0$，有

$$EF_5 = ES_5 + D_5 = 0 + 10 = 10$$

由于 $STS_{4,6} = 6$，$FTS_{BE} = 2$，则

$$ES_6 = \max\{EF_3 + FTS_{3,6}, ES_4 + STS_{4,6}\} = \max\{12, 6\} = 12$$
$$EF_6 = ES_6 + D_6 = 12 + 10 = 22$$

工作 C 和 F 之间有两种搭接关系，且 C，D 均是 F 工作的紧前工作，
由于 $STS_{4,7} = 3$，则

$$ES_7 = ES_4 + STS_{4,7} = 0 + 3 = 3$$

由于 $FTF_{4,7} = 6$，则

$$EF_7 = EF_4 + FTF_{4,7} = 14 + 6 = 20$$
$$ES_7 = EF_7 - D_4 = 20 - 14 = 6$$

故 C 工作决定 $ES(7) = \max\{3, 6\} = 6$。
D 工作也是 F 工作的紧前工作，由于 $FTF_{5,7} = 14$，则

$$EF_7 = EF_5 + FTS_{5,7} = 10 + 14 = 24$$
$$ES_7 = EF_7 - FTF_{5,7} = 24 - 14 = 10$$

因此

$$ES_7 = \max\{6, 10\} = 10$$
$$EF_7 = ES_7 + D_7 = 10 + 14 = 24$$

由于 G 工作只有一个紧前工作，且 $FTS_{5,8} = 0$，则

$$ES_8 = EF_5 + FTS_{5,8} = 10 + 0 = 10$$
$$EF_8 = ES_8 + D_8 = 10 + 4 = 14$$

由于 I 工作只有一个紧前工作，且 $FTF_{8,10} = 4$，则

$$EF_{10} = EF_8 + FTF_{8,10} = 14 + 4 = 18$$
$$ES_{10} = EF_{10} - D_{10} = 18 - 6 = 12$$

由于 H 工作有两项紧前工作，$STS_{7,9} = 2$ 和 $STS_{6,9} = 4$，则

$$ES_9 = \max\{ES_7 + STS_{7,9}, EF_6 + STS_{6,9}\} = 16$$
$$EF_9 = ES_9 + D_9 = 16 + 4 = 20$$

Fn 是虚设的终点节点，$ES_{11} = \max\{EF_9, EF_{10}\} = \max\{20, 18\} = 20$，但是，$EF_7 = 24$，意味该节点的结束时间大于最后虚设节点的最早开始时间，需将该节点与终点节点用虚箭线相连，因此该任务的最晚结束时间由其中的最大值决定：

$$ES_{11} = \max\{EF_9, EF_{10}, EF_7\} = \max\{20, 18, 24\} = 24$$

②最晚结束时间和最晚开始时间。最晚结束时间和最晚开始时间是从终点开始向前推算的，紧后工作决定了本工作的最晚结束和最晚开始时间，当两工作间为开始—开始、开始—结束关系时，根据约束，应先求最晚开始时间，加上工期，求出最晚结束时间，但计算中需分别使用紧后工作的最晚开始数据和最晚结束数据，计算公式为

$$LS_i = \min\{LS_j - STS_{i-j}, LF_j - STF_{i-j}, \cdots\} \qquad (12\text{-}17)$$
$$LF_i = LS_i + D_i \qquad (12\text{-}18)$$

当两工作间为结束—开始、结束—结束关系时，根据约束，应先求最晚结束时间，再减去工期，求出最早结束时间，计算中也需分别使用紧后工作的最晚开始数据和最晚结束数据，计算公式为

$$LF_i = LF_j - FTF_{i-j} \text{ 或 } LF_i = LS_i - FTS_{i-j} \qquad (12\text{-}19)$$
$$LS_i = \min\{LF_i - D_i\} \qquad (12\text{-}20)$$

当有多个紧后工作时，均应取最小值。

在计算中需注意：凡与终点节点相连工作的最晚结束时间与终点节点最早结束时间相同；当计算出的最晚结束时间大于结束节点的最晚结束时间时，应将该工作用虚箭线与终点节点相连。

本例的计算如下：

与终点节点相连的工作有 H、I 和 F：

$$LF_{10} = LF_9 = LF_7 = 24$$
$$LS_{10} = 24 - 6 = 18$$
$$LS_9 = 24 - 4 = 20$$
$$LS_7 = 24 - 14 = 10$$

对 E 工作，由于 $STS_{6,9} = 4$，则

$$LS_6 = LS_9 - STS_{6,9} = 20 - 4 = 16$$
$$LF_6 = LS_6 + D_6 = 16 + 10 = 26$$

超过了工期，此时需将该工作与终点节点连接起来，使其紧后工作变成两条，重新计算：

$$LF_6 = \min\{26, 24\} = 24$$
$$LS_6 = \min\{16, 24 - 10\} = 14$$

对 G 工作，由于 $FTF_{8,10} = 4$，故

$$LF_8 = LF_{10} - FTF_{8,10} = 24 - 4 = 20$$
$$LS_8 = LF_8 - D_8 = 20 - 4 = 16$$

由于 F 工作同时受 H 工作和终点节点的制约，且 $STS_{7,9} = 2$，故

$$LS_7 = LS_9 - STS_{7,9} = 20 - 2 = 18$$
$$LF_7 = LF_7 + D_7 = 18 + 14 = 32$$

$$LF_7 = 24$$
$$LS_7 = 24 - 14 = 10$$
$$LF_7 = \min\{32, 24\} = 24$$
$$LS_7 = \min\{18, 10\} = 10$$

由于 D 工作有两个紧后工作 F 和 G，且 $FTS_{5,8} = 0$，$FTF_{5,7} = 14$，故
$$LF_5 = \min\{LS_8 - FTS_{5,8}, LF_7 - FTF_{5,7}\} = \min\{16, 10\} = 10$$
$$LS_5 = 10 - 10 = 0$$

C 工作有两项紧后工作，且 C，F 之间有两种搭接关系，$STS_{4,7} = 3$，$FTF_{4,7} = 6$，$STS_{4,6} = 6$，对 C 工作，按 $STS_{4,7} = 3$ 的限制，有
$$LS_4 = LS_7 - STS_{4,7} = 10 - 3 = 7$$
$$LF_4 = LS_4 + D_4 = 7 + 14 = 21$$

按 $FTF_{4,7} = 6$ 的限制，有
$$LF_4 = LF_7 - FTF_{4,7} = 24 - 6 = 18$$
$$LS_4 = 18 - 14 = 4$$

紧后工作 E 对 C 工作的限制，按 $STS_{4,6} = 6$，有
$$LS_4 = LS_6 - STS_{4,6} = 14 - 6 = 8$$
$$LF_4 = LS_4 + D_4 = 8 + 14 = 22$$

因此有
$$LS_4 = \min\{7, 4, 8\} = 4$$
$$LF_4 = LS_4 + D_4 = 4 + 14 = 18$$

B 工作只有一个紧后工作，且 $FTS_{3,6} = 2$，故
$$LF_3 = LS_6 - FTS_{3,6} = 14 - 2 = 12$$
$$LS_3 = LF_3 - D_3 = 12 - 8 = 4$$

A 工作有三个紧后工作 B，C，D，$STS_{2,3} = 2$，$FTF_{2,4} = 4$，$FTF_{2,5} = 2$，按 $STS_{2,3} = 2$ 计算，有
$$LS_2 = LS_3 - STS_{2,3} = 4 - 2 = 2$$

按 $FTF_{2,4} = 4$ 计算，有
$$LF_2 = LF_4 - FTF_{2,4} = 18 - 4 = 14$$
$$LS_2 = LF_2 - D_2 = 14 - 6 = 8$$

按 $FTF_{2,5} = 2$ 计算，有
$$LF_2 = LF_5 - FTF_{2,5} = 10 - 2 = 8$$
$$LS_2 = LF_2 - D_2 = 8 - 6 = 2$$
$$LS(2) = \min\{2, 8, 2\} = 2$$
$$LF(2) = 2 + 6 = 8$$

③时间间隔 $LAG_{i,j}$ 的计算。在有搭接关系的工作之间除搭接关系的限制外，还需考虑时间间隔 $LAG_{i,j}$，它反映的是后续工作最早开始时间与本工作最早结束时间之差，该工作最早结束时间受搭接关系制约，计算公式为

当搭接关系为 $FTS_{i,j}$ 时，
$$LAG_{i,j} = ES_j - EF_i - FTS_{i,j} \tag{12-21}$$

当搭接关系为 $FTF_{i,j}$ 时，

$$LAG_{i,j} = EF_j - EF_i - FTF_{i,j} \qquad (12\text{-}22)$$

当搭接关系为 $STS_{i,j}$ 时，

$$LAG_{i,j} = ES_j - ES_i - STS_{i,j} \qquad (12\text{-}23)$$

当搭接关系为 $STF_{i,j}$ 时，

$$LAG_{i,j} = EF_j - ES_i - STF_{i,j} \qquad (12\text{-}24)$$

当相邻工作间有多种搭接关系时，应取最小值：

$$LAG_{i,j} = \min \begin{cases} ES_j - EF_i - FTS_{i,j} \\ EF_j - EF_i - FTF_{i,j} \\ ES_j - ES_i - STS_{i,j} \\ EF_j - ES_i - STF_{i,j} \end{cases} \qquad (12\text{-}25)$$

本例时间间隔 $LAG_{i,j}$ 的计算如下：

起始阶段与 A,C,D 的时间间隔 $LAG_{1,2} = LAG_{1,5} = LAG_{1,4} = 0$。

工作 A 与 B 之间的关系为 STS，故时间间隔为

$$LAG_{1,3} = ES_3 - ES_1 - STS_{2,3} = 2 - 0 - 2 = 0$$

工作 A 与 C 之间的关系为 FTF，故时间间隔为

$$LAG_{2,4} = EF_4 - EF_2 - FTF_{2,4} = 14 - 6 - 4 = 4$$

工作 A 与 D 之间的关系为 FTF，故时间间隔为

$$LAG_{2,5} = EF_5 - EF_2 - FTF_{2,5} = 10 - 6 - 2 = 2$$

工作 B 与 E 之间的关系为 FTS，故时间间隔为

$$LAG_{3,6} = ES_6 - EF_3 - FTS_{3,6} = 12 - 10 - 2 = 0$$

工作 C 与 F 之间的关系为 STS，FTF，故时间间隔为

$$LAG_{4,7} = \min \begin{cases} ES_7 - ES_4 - STS_{4,7} \\ EF_7 - EF_4 - FTF_{4,7} \end{cases} = \min \begin{cases} 10 - 0 - 3 = 7 \\ 24 - 14 - 6 = 4 \end{cases} = 4$$

工作 C 与 E 之间的关系为 STS，故时间间隔为

$$LAG_{4,6} = ES_6 - ES_4 - STS_{4,6} = 12 - 0 - 6 = 6$$

工作 D 与 F 之间的关系为 FTF，故时间间隔为

$$LAG_{5,7} = EF_7 - EF_5 - FTF_{5,7} = 24 - 10 - 14 = 0$$

工作 D 与 G 之间的关系为 FTS，故时间间隔为

$$LAG_{5,8} = ES_8 - EF_5 - FTS_{5,8} = 10 - 10 - 0 = 0$$

工作 E 与 H 之间的关系为 STS，故时间间隔为

$$LAG_{6,9} = ES_9 - ES_6 - STS_{6,9} = 16 - 12 - 4 = 0$$

工作 E 与终点节点之间的关系为 FTS，故时间间隔为

$$LAG_{6,11} = ES_{11} - EF_6 - FTS_{6,11} = 24 - 22 - 0 = 2$$

工作 F 与 H 之间的关系为 STS，故时间间隔为

$$LAG_{7,9} = ES_9 - ES_7 - STS_{7,9} = 16 - 10 - 2 = 4$$

工作 G 与 I 之间的关系为 FTF，故时间间隔为

$$LAG_{8,10} = EF_{10} - EF_8 - FTF_{8,10} = 18 - 14 - 4 = 0$$

工作 H 与终点节点之间的关系为 FTS，故时间间隔为

$$LAG_{9,11}=ES_{11}-EF_9-FTS_{9,11}=24-20-0=4$$

工作 I 与终点节点之间的关系为 FTS，故时间间隔为

$$LAG_{10,11}=ES_{11}-EF_{10}-FTS_{10,11}=24-18-0=6$$

④ 工作的总时差和自由时差。工作的总时差为

$$TF_i=LS_i-ES_i=LF_i-EF_i \tag{12-26}$$

工作 A 的总时差 $TF_2=8-6=2$；

工作 B 的总时差 $TF_3=12-10=2$；

工作 C 的总时差 $TF_4=18-14=4$；

工作 D 的总时差 $TF_5=10-10=0$；

工作 E 的总时差 $TF_6=24-22=2$；

工作 F 的总时差 $TF_7=24-24=0$；

工作 G 的总时差 $TF_8=20-14=6$；

工作 H 的总时差 $TF_9=24-20=4$；

工作 I 的总时差 $TF_{10}=24-18=6$；

终点节点的总时差 $TF_{11}=24-24=0$。

自由时差为

$$FF_i=\min\{LAG_{i-j}\} \tag{12-27}$$

工作 A 的自由时差 $FF_2=\min\{LAG_{2,j}\}=\min\{0,4,2\}=0$；

工作 B 的自由时差 $FF_3=\min\{LAG_{3,j}\}=0$；

工作 C 的自由时差 $FF_4=\min\{LAG_{4,j}\}=\min\{6,4\}=4$；

工作 D 的自由时差 $FF_5=\min\{LAG_{5,j}\}=\min\{0,0\}=0$；

工作 E 的自由时差 $FF_6=\min\{LAG_{6,j}\}=\min\{0,2\}=0$；

工作 F 的自由时差 $FF_7=\min\{LAG_{7,j}\}=\min\{0,4\}=0$；

工作 G 的自由时差 $FF_8=\min\{LAG_{8,j}\}=0$；

工作 H 的自由时差 $FF_9=\min\{LAG_{9,j}\}=4$；

工作 I 的自由时差 $FF_{10}=\min\{LAG_{10,j}\}=6$；

终点节点的自由时差 $FF_{11}=0$。

⑤关键工作和关键线路。单代号搭接网络的关键工作是总时差最小的工作，关键线路是从开始阶段到终点节点均为关键工作，且所有工作的时间间隔均为 0。

本例的关键线路为：起点－D－F－终点。

12.2.2　图算法

1.双代号网络的图算法

这种算法是一种简单、明了、方便的算法，只适用于 50 个工作以下的小网络。图算法是把分析法每步的计算结果用不同的符号标在图上，节点法将节点的时间参数标在节点上，工作法将工作的时间参数标在工作上。以图 12-14 为例，以"□"表示事项的最早开始时间，以"△"表示事项的最晚结束时间，各节点上"△"和"□"内数字相等即总时差为零。把这些节点连接起来就是关键线路，计算结果如图 12-14 所示。

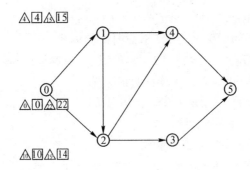

图 12-14　图算法

双代号网络的图算法如图 12-15 所示。

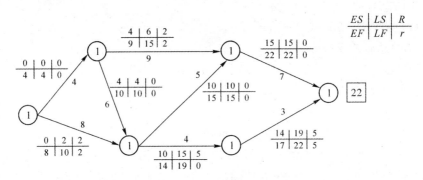

图 12-15　双代号网络的图算法

2. 单代号网络的图算法

单代号法的计算在各工作间仅存在紧前、紧后关系的情况下与双代号并无差别,只是需计算各工作的时间间隔,以决定自由时差,但需注意其总时差与自由时差的计算方法和关键线路的确定方法与双代号的略有不同。单代号网络的图算法图 12-16 所示。

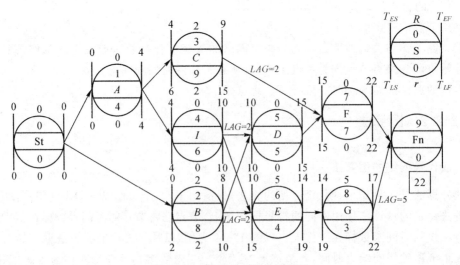

图 12-16　单代号网络的图算法

3. 有搭接关系的单代号网络的图算法

有搭接关系的单代号网络的图算法如图 12-17 所示。

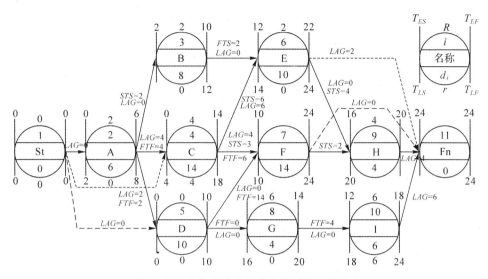

图 12-17　有搭接关系的单代号网络的图算法

12.2.3　表算法

表算法适用于 $50\sim100$ 个工作,其原理是在表格上用分析法进行计算。

该方法先编制一表格(如表 12-6 所示),并把已知数据填入表内。在填数据时,工作的顺序要由小到大,即首先是 i 由小到大,在相同的 i 中,j 由小到大。

在计算各工作的最早开始时间和最早结束时间时,计算 ES_{i-j} 是关键。其方法如下:

从第一项工作开始:$ES_{1-j}=0$;按 $EF_{1-j}=0+D_{1-j}$ 计算工作的最早结束时间,工作的最早开始时间为 $ES_{i-j}=\max\{ES_{k-i}+D_{k-i}\}$,由上至下在已计算出的最早结束时间中查找与 i 节点号码相同的最早结束时间作为 i 节点的最早开始时间,这时有两种情况:

第一,所有以 j 为完成节点的工作的最早结束时间均相同或只有一个,则节点的最早开始时刻均为该值。

第二,如不相同,则 i 节点的最早开始时刻应从中选一最大值,这体现出 i 节点的最早开始时间是由紧前工作所决定的;其他工作的最早结束时刻按 $EF_{i-j}=ES_{i-j}+D_{i-j}$ 计算,即第 3 栏加第 4 栏。由此,可求出第 4 和第 5 栏。

然后求 LS_{i-j} 和 LF_{i-j},将 T_p 或最后工作的最早结束时间填入第 7 栏的相应位置,由下向上按 $LS_{i-j}=LF_{i-j}-D_{i-j}$ 即可求出第 6 和第 7 栏的所有参数,其中 LF_{i-j} 是在进入同一节点的 LS 中选取的最小值。

总时差则是第 7 栏和第 5 栏的差或第 6 栏与第 4 栏的差,即 $LF_{i-j}-EF_{i-j}=TF_{i-j}$ 或 $LS_{i-j}-ES_{i-j}=TF_{i-j}$。

自由时差则根据 $FF_{i-j}=ES_{j-k}-EF_{i-j}$ 计算。如确定 $(0,2)$ 工作的自由时差 FF_{0-2},则由 $(2,3)$ 工作或 $(2,4)$ 工作的 $ES_{2-3}=ES_{2-4}=10$ 减去 $(0,2)$ 工作的 $EF_{0-2}=8$,得 $FF_{0-2}=2$。

最后根据 TF_{i-j} 最小的原则,确定关键线路。图 12-15 用表算法计算的过程如表 12-6 所示,关键工作为 0—1,1—2,2—4,4—5,即关键线路为 0—1—2—4—5,总工期为 22。

表 12-6　CPM 时间参数计算表

工序号		工期	最早开工	最早完工	最晚开工	最晚完工	总时差	自由时差	关键线路
i	j	D_{i-j}	ES	EF	LS	LF	TF_{i-j}	FF_{i-j}	CP
1	2	3	4	$5=3+4$	$6=7-3$	7	$8=6-4$	9	10
0	1	4	0	4	0	4	0	0	√
0	2	8	0	8	2	10	2	2	
1	2	6	4	10	4	10	0	0	√
1	4	9	4	9	6	15	2	2	
2	3	4	10	14	15	19	5	0	
2	4	5	10	15	10	15	0	0	√
3	5	3	14	17	19	22	5	5	
4	5	7	15	22	15	22	0	0	√

12.3　时标网络计划

12.3.1　概　念

前面所述的网络计划都是不带时标的,工作持续时间由箭线下方标注的数字说明,而与箭线本身长短无关,这种非时标网络计划与时标网络计划相比虽然修改方便,但是没有时标看起来不太直观,不能一目了然地在网络计划上直接看出各项工作的开工和完工时间,同时也不能按天统计资源需用量和编制资源需求量计划。为了克服一般网络计划的不足,产生了编制时标网络计划。双代号时标网络计划必须以水平时间坐标为尺度表示工作时间,时标的时间单位根据需要在编制网络计划之前确定,可为年、天、周、月或季。

时标网络计划是以时间坐标为尺度编制的网络计划,时标网络计划中应以实箭线表示工作,以虚箭线表示虚工作,以波形线表示工作的自由时差。时标网络计划中所有符号在时间坐标上的水平投影位置都必须与其时间参数相对应,节点中心必须对准相应的坐标位置,虚工作必须以垂直方向的虚箭线表示,虚工作不占用时间,有自由时差时加波形线表示。

12.3.2　时标网络计划的特点

双代号时标网络计划是以水平时间坐标为尺度编制的双代号网络计划,其主要特点如下:

(1)时标网络计划兼有网络计划与横道图的优点,它能够清楚地表明计划的时间进程,使用方便。

(2)时标网络计划能在图上直接显示出各项工作的开始与结束时间、工作的自由时差及关键线路。

(3)在时标网络计划中可以统计每一个单位时间对资源的需要量,以便进行资源优化和调整。

(4)由于箭线受到时间坐标的限制,当情况发生变化时,对网络计划的修改比较麻烦,往往要重新绘图。但在使用计算机以后,这一问题已较容易解决。

12.3.3　时标网络计划的编制

时标网络计划应以一般网络计划图为依据,按最早时间参数,在横道图进度计划的表格上编制,时间坐标可上、下方标注时标值日和工作日。时标网络计划的编制方法有两种:一种是首先计算一般网络计划节点最早开始时间,然后在时间坐标上确定几点位置,再按一般网络计划绘制实箭线和波形线,从而绘制成时标网络计划;另一种方法是不经过计算,一般是编一半时标网络计划的时间参数,直接在时标表上绘制时标网络计划。

1. 绘制要求

(1)宜按最早时间绘制;

(2)先绘制时间坐标表(顶部或底部,或顶、底部均有时标,可加日历;时间刻度线用细线,也可不画或少画);

(3)实箭线表示工作,虚箭线表示虚工作,波形线表示自由时差或时间间隔;

(4)节点中心对准刻度线;

(5)虚工作用垂直虚线表示,其水平部分(为时间间隔)用波形线。

2. 绘制方法

方法 1:先绘制一般网络计划并计算出时间参数,再绘时标网络计划图;

方法 2:直接按草图在时标表上绘制。

(1)起点定在起始刻度线上。

(2)按工作持续时间绘制外向箭线。

(3)每个节点必须在其所有内向箭线全部绘出后,定位在最晚完成的实箭线箭头处。未到该节点者,用波形线补足。

绘图时注意:从左向右绘制;节点尽量向左靠,箭线不得向左斜。

3. 应用举例

【例 12-2】　在如图 12-18 所示的双代号时标网络计划中,请大家分析判断并回答以下几个问题:(1)计算工期;(2)关键线路;(3)自由时差(取整数);(4)总时差。

解　(1)计算工期为 14;

(2)关键线路为 1—2—4—5—7—8;

(3)C,D,G 的自由时差分别为 2,0,3;

(4)总时差:

最后工作的总时差＝自由时差,

其他工作总时差＝紧后工作的总时差(最小值)＋自由时差,

I 工作总时差＝0,H 工作总时差＝1,G 工作总时差＝3,

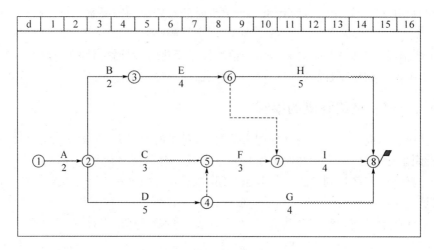

图 12-18　例 12-2 图

F 工作总时差＝0,6—7 工作总时差＝2,E 工作总时差＝1+0＝1。

【例 12-3】　双代号时标网络计划的特点之一是(　　)。

A. 可以在图上直接显示工作开始与结束时间和自由时差,但不能显示关键线路

B. 不能在图上直接显示工作开始与结束时间,但可以直接显示自由时差和关键线路

C. 可以在图上直接显示工作开始与结束时间,但不能显示自由时差和关键线路

D. 可以在图上直接显示工作开始与结束时间、自由时差和关键线路

【答案】　D

【解析】　双代号时标网络计划是以水平时间坐标为尺度编制的双代号网络计划,其主要特点如下:

(1)时标网络计划兼有网络计划与横道计划的优点,它能够清楚地表明计划的时间进程,使用方便。

(2)时标网络计划能在图上直接显示出各项工作的开始与结束时间、工作的自由时差及关键线路。

(3)在时标网络计划中可以统计每一个单位时间对资源的需要量,以便进行资源优化和调整。

(4)由于箭线受到时间坐标的限制,当情况发生变化时,对网络计划的修改比较麻烦,往往要重新绘图。但在使用计算机以后,这一问题已较容易解决。

【例 12-4】　在双代号时标网络图中,以波形线表示工作的(　　)。

A. 逻辑关系　　　　　　　　B. 关键线路

C. 总时差　　　　　　　　　D. 自由时差

【答案】　D

【解析】　时标网络计划中虚工作必须以垂直方向的虚箭线表示,有自由时差时加波形线表示。

【例 12-5】　双代号时标网络图中箭线末端(箭头)对应的标值为(　　)。

A. 该工作的最早开始时间　　　B. 该工作的最晚结束时间

C. 该工作的最早结束时间　　　D. 紧后工作的最晚结束时间

【答案】　C

【解析】　双代号时标网络图中箭线末端(箭头)对应的标值为该工作的最早结束时间。

【例 12-6】　某工程双代号时标网络计划如图 12-19 所示(时间单位:d),工作 A 的总时差为(　　)d。

A. 1　　　　　　　　B. 0　　　　　　　　C. 2　　　　　　　　D. 3

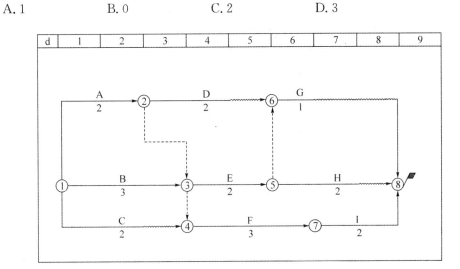

图 12-19　例 12-6 图

【答案】　A

【解析】　经计算可知,A 工作的最早开始时间为第 0d,而最晚开始时间为第 1d,两者差值即为总时差。另外可以使用简单方法,假设 A 工期延长 1d,调整后会发现并不影响总工期,延长 2d 则会影响,说明总时差为 1d。

【例 12-7】　双代号时标网络计划中,当某工作之后有虚工作时,则该工作的自由时差为(　　)。

A. 该工作的波形线的水平长度

B. 本工作与紧后工作间波形线水平长度和的最小值

C. 本工作与紧后工作间波形线水平长度和的最大值

D. 后续所有线路段波形线中水平长度和的最小值

【答案】　A

【解析】　时标网络计划中虚工作必须以垂直方向的虚箭线表示,有自由时差时加波形线表示。

3. 补充实际进度前锋线

所谓前锋线,是指在原时标网络计划上,从检查时刻的时标点出发,用点线依次将各项工作实际进展位置点连接而成的折线。

前锋线比较法是通过绘制某检查时刻工程项目实际进度前锋线,进行工程实际进度与计划进度比较的方法,它主要适用于时标网络计划。

采用前锋线比较法进行实际进度与计划进度的比较,其步骤如下:

（1）绘制时标网络计划图

工程项目实际进度前锋线是在时标网络计划图上标示的，为清楚起见，可在时标网络计划图的上方和下方各设一时间坐标。

（2）绘制实际进度前锋线

一般从时标网络计划图上方时间坐标的检查日期开始绘制，依次连接相邻工作的实际进展位置点，最后与时标网络计划图下方坐标的检查日期相连接。

（3）进行实际进度与计划进度的比较

前锋线可以直观地反映出检查日期有关工作实际进度与计划进度之间的关系。对某项工作来说，其实际进度与计划进度之间的关系可能存在以下三种情况：

①工作实际进展位置点落在检查日期的左侧，表明该工作实际进度拖后，拖后的时间为两者之差；

②工作实际进展位置点与检查日期重合，表明该工作实际进度与计划进度一致；

③工作实际进展位置点落在检查日期的右侧，表明该工作实际进度超前，超前的时间为两者之差。

（4）前锋线比较

进行实际进度与计划进度的比较

【例 12-8】　如图 12-20 所示的双代号时标网络计划，执行到第 4 周末及第 10 周末时，检查其进度如图 12-21 所示，检查结果表明（　　　　）。

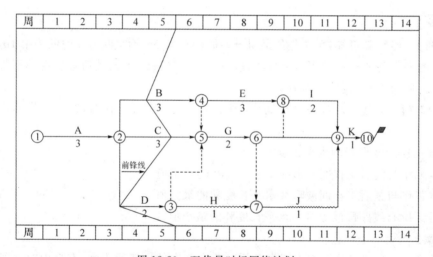

图 12-20　双代号时标网络计划

A.第 4 周末检查时工作 B 拖后 1 周，但不影响工期

B.第 4 周末检查时工作 A 拖后 1 周，影响工作 1 周

C.第 10 周末检查时工作 I 提前 1 周，可使工期提前 1 周

D.第 10 周末检查时工作 G 拖后 1 周，但不影响工期

E.在第 5 周到第 10 周内，工作 F 和工作 I 的实际进度正常

【答案】　BD

【解析】　由图 12-21 可知，第 4 周检查时工作 A，B 均拖后 1 周，A 处于关键线路，所以影响总工期 1 周，B 尽管不处于关键线路，但是第 4 周时 B 已经没有自由时差，所以对工期

有影响,因此选项 A 错,B 正确;第 10 周检查时 DG 和 EH 线路均有提前,但是无法确定具体哪项工作提前,C 错误;FI 进度正常但实际进度未必正常,E 错。

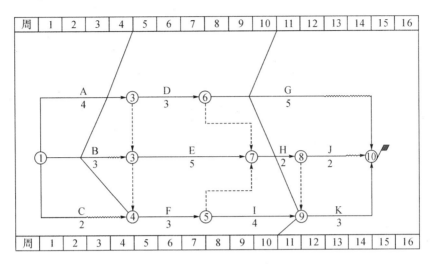

图 12-21　前锋线比较

12.4　网络计划的优化

在工程组织施工中,初始网络计划虽然以工作逻辑关系确定了施工组织的合理关系和各项时间参数,但这仅是网络计划的一个最初方案,一般还需要此网络计划中的各项参数符合工期要求、资源供应和工程成本最低等约束条件。这不仅取决于一个工作在时间上的协调,还取决于资源能否合理分配和费用的安排,要做到这些,就必须对初始网络计划进行优化。

经过调查研究,确定施工方案,划分施工过程,分析施工过程间的逻辑关系,编制施工过程一览表,绘制网络图,计算时间参数等步骤,可以确定网络计划的初始方案。然而要使工程计划顺利实施,获得缩短工期、质量优良、资源消耗小、工程成本低的效果,就要按一定标准对网络计划初始方案进行均衡化,必要时还需进行优化调整。

网络计划的优化目标应该按计划任务的需要和条件选定,包括工期目标、费用目标和资源目标;根据网络计划的优化目标,网络计划的优化分为工期优化、资源优化和费用优化三类,资源优化又可以分为资源有限时的工期最短优化和工期固定时的资源均衡化两种。网络计划优化的原理:一是利用时差前后移动各项工作改变有关工作的时间参数,从而达到资源参数的调整;二是利用关键线路对关键工作适当增加资源的投入,缩短其工作持续时间,从而达到缩短工期的目的。网络计划的优化就是在满足既定约束条件下按选定目标,通过不断改进网络计划寻求最满意的方案。

12.4.1　工期优化

所谓工期优化,是指网络计划的计算工期不满足要求工期时,通过压缩关键工作的持续时间以满足要求工期目标的过程。

1. 工期优化的原则

网络计划的工期优化,就是指当计算工期大于要求工期时,通过压缩关键工作的持续时间满足要求工期的过程,但在优化过程中不能将关键工作压缩成非关键工作,优化过程中出现多条关键线路时,必须同时压缩各关键线路上的持续时间,否则不能有效地缩短工期。网络计划在执行过程中,通过压缩关键工作的持续时间来达到缩短工期的目的,必须考虑实际情况和可能,应正确处理进度与质量资源供应和费用的关系,按照下列因素择优选择缩短持续时间的关键工作:

(1)缩短持续时间对质量和安全影响不大的关键工作;

(2)有充足备用资源的关键工作;

(3)持续缩短持续时间所增加的费用最小的管理工作。

将所有工作按其是否满足上述三方面的要求确定优选系数,选择优选系数最小的关键工作,并压缩其持续时间。若需要同时压缩多个关键工作的持续时间,则它们的优选系数之和最小者应优先作为压缩对象。

2. 工期优化的方法

网络计划工期优化的基本方法是在不改变网络计划中各项工作之间逻辑关系的前提下,通过压缩关键工作的持续时间来达到优化目的。在工期优化过程中,按照经济合理的原则,不能将关键工作压缩成非关键工作。此外,当工期优化过程中出现多条关键线路时,必须将各条关键线路的总持续时间压缩相同数值,否则,不能有效地缩短工期。

网络计划的工期优化可按下列步骤进行:

(1)确定初始网络计划的计算工期和关键线路。

(2)按要求工期计算应缩短的时间$\triangle t$:

$$\triangle t = t_c - t_r \tag{12-28}$$

式中:t_c——网络计划的计算工期;

t_r——要求工期。

(3)选择系数最小的关键工作。

(4)将所选定的关键工作的持续时间压缩至最短,并重新确定计算工期和关键线路。若被压缩的工作变成非关键工作,则应延长其持续时间,使之仍为关键工作。

(5)当计算工期仍超过要求工期时,则重复第2~4步,直至计算工期满足要求工期或计算工期已不能再缩短为止。

(6)当所有关键工作的持续时间都已达到其能缩短的极限而寻求不到继续缩短工期的方案,但网络计划的计算工期仍不能满足要求工期时,应对网络计划的原技术方案、组织方案进行调整,或对要求工期重新审定。

3. 工期优化示例

【例12-9】 已知某工程双代号网络计划如图12-22所示,箭线下方括号外数字为工作的正常持续时间,括号内数字为最短持续时间;箭线上方括号内数字为优选系数,该系数综合考虑质量、安全和费用增加情况而确定。选择关键工作压缩其持续时间时,应选择优选系数最小的关键工作。现假设要求工期为 15,试对其进行工期优化。

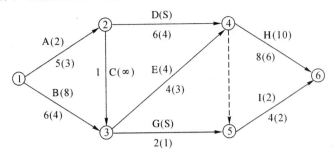

图 12-22　初始网络计划

解　该网络计划的工期优化可按以下步骤进行:

(1)根据各项工作的正常持续时间,用标号法确定网络计划的计算工期和关键线路,如图 12-23 所示。此时关键线路为①—②—④—⑥。

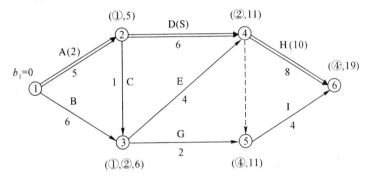

图 12-23　初始网络计划中的关键线路

(2)计算应缩短的时间:

$$\triangle t = t_c - t_r = 19 - 15 = 4$$

(3)由于此时关键工作为工作 a、工作 d 和工作 h,而其中工作 a 的优选系数最小,故应将工作 a 作为优先压缩对象。

(4)将关键工作 a 的持续时间压缩至最短持续时间 3,利用标号法确定新的计算工期和关键线路,如图 12-24 所示。

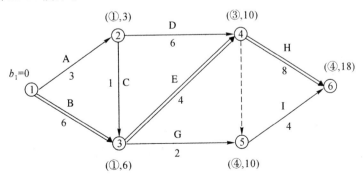

图 12-24　工作 a 压缩至最短时的关键线路

此时,关键工作 a 被压缩成非关键工作,故将其持续时间 3 延长为 4,使之成为关键工作。工作 a 恢复为关键工作之后,网络计划中出现两条关键线路,即①—②—④—⑥和①—③—④—⑥,如图 12-25 所示。

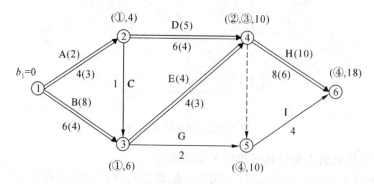

图 12-25　第一次压缩后的网络计划

(5)由于此时计算工期为 18,仍大于要求工期,故需继续压缩。

需要缩短的时间 $\triangle t_1 = 18 - 15 = 3$。在如图 12-24 所示的网络计划中,有以下五个压缩方案:

1)同时压缩工作 a 和工作 b,组合优选系数为 2+8＝10;

2)同时压缩工作 a 和工作 e,组合优选系数为 2+4＝6;

3)同时压缩工作 b 和工作 d,组合优选系数为 8+5＝13;

4)同时压缩工作 d 和工作 e,组合优选系数为 5+4＝9;

5)压缩工作 h,优选系数为 10。

在上述压缩方案中,由于工作 a 和工作 e 的组合优选系数最小,故应选择同时压缩工作 a 和工作 e 的方案。将这两项工作的持续时间各压缩 1(压缩至最短),再用标号法计算工期和关键线路,如图 12-26 所示。

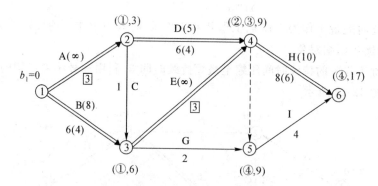

图 12-26　第二次压缩后的网络计划

此时,关键线路仍为两条,即:①—②—④—⑥和①—③—④—⑥。在图 12-26 中,关键工作 a 和 e 的持续时间已达最短,不能再压缩,它们的优选系数变为无穷大。

(6)由于此时计算工期为 17,仍大于要求工期,故需继续压缩。

需要缩短的时间 $\triangle t_2 = 17 - 15 = 2$。在如图 12-26 所示的网络计划中,由于关键工作 a 和 e 已不能再压缩,故此时只有两个压缩方案:

1)同时压缩工作 b 和工作 d,组合优选系数为 8+5=13;

2)压缩工作 h,优选系数为 10。

在上述压缩方案中,由于工作 h 的优选系数最小,故应选择压缩工作 h 的方案。将工作 h 的持续时间缩短 2,再用标号法确定计算工期和关键线路,如图 12-27 所示。此时,计算工期为 15,已等于要求工期,故如图 12-27 所示的网络计划即为优化方案。

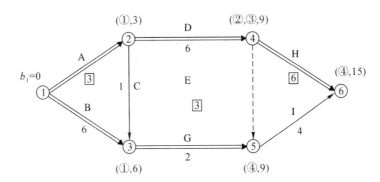

图 12-27　工期优化后的网络计划

12.4.2　费用优化

费用优化按照下列顺序进行:

(1)按工作的正常持续时间确定计算工期和关键线路。

(2)计算各项工作的直接费用率:

直接费用率=(最短持续时间完成工作的直接费用－正常持续时间完成工作的直接费用)/(正常持续时间－最短持续时间)

(3)当只有一条关键线路时,应找出直接费用率最小的一项关键工作,作为缩短持续时间的对象;当有多条关键线路时,应找出组合直接费用率最小的一组关键工作,作为缩短持续时间的对象。

(4)对于选定的压缩对象(一项关键工作或一组关键工作),首先比较其直接费用率或组合直接费用率与工程间接费用率的大小。

1)如果被压缩对象的直接费用率或组合直接费用率大于工程间接费用率,说明压缩关键工作的持续时间会使工程总费用增加,此时应停止缩短关键工作的持续时间,在此之前的方案即为优化方案;

2)如果被压缩对象的直接费用率或组合直接费用率等于工程间接费用率,说明压缩关键工作的持续时间不会使工程总费用增加,故应缩短关键工作的持续时间;

3)如果被压缩对象的直接费用率或组合直接费用率小于工程间接费用率,说明压缩关键工作的持续时间会使工程总费用减少,故应缩短关键工作的持续时间;

(5)当需要缩短关键工作的持续时间时,其缩短值的确定必须符合下列两条原则:

1)缩短后工作的持续时间不能小于其最短持续时间;

2)缩短持续时间的工作不能变成非关键工作。

(6)计算关键工作持续时间缩短后相应增加的总费用。

(7)重复上述(3)~(6),直至计算工期满足要求工期,或被压缩对象的直接费用率或组合直接费用率大于工程间接费用率为止。

(8)计算优化后的工程总费用。

【例 12-10】 已知某工程双代号网络计划如图 12-28 所示,图中箭线下方括号外数字为工作的正常时间,括号内数字为最短持续时间;箭线上方括号外数字为工作按正常持续时间完成时所需的直接费,括号内数字为工作按最短持续时间完成时所需的直接费。该工程的间接费用率为 0.8 万元/天,试对其进行费用优化。

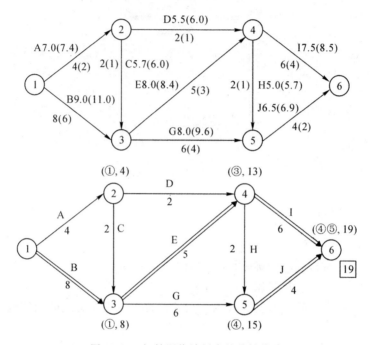

图 12-28 初始网络计划中的关键线路

解 (1)根据各项工作的正常持续时间,用标号法确定网络计划的计算工期和关键线路,如图 12-28 所示。计算工期为 19d,关键线路有两条,即①—③—④—⑥和①—③—④—⑤—⑥。

(2)计算各项工作的直接费用率:

$\triangle C_{1-2}=(7.4-7.0)/(4-2)=0.2$(万元/天),$\triangle C_{1-3}=(11.0-9.0)/(8-6)=1.0$(万元/天),$\triangle C_{1-2}=(7.4-7.0)/(4-2)=0.2$(万元/天),$\triangle C_{2-3}=0.3$(万元/天),$\triangle C_{2-4}=0.5$(万元/天),$\triangle C_{3-4}=0.2$(万元/天),$\triangle C_{3-5}=0.8$(万元/天),$\triangle C_{4-5}=0.7$(万元/天)$\triangle C_{4-6}=0.5$(万元/天),$\triangle C_{5-6}=0.2$(万元/天)。

(3)计算工程总费用:

1)直接费总和:$C_d=7.0+9.0+5.7+5.5+8.0+8.0+5.0+7.5+6.5=62.2$(万元);

2)间接费总和:$C_i=0.8\times19=15.2$(万元);

3)工程总费用:$C_t=C_d+C_i=62.2+15.2=77.4$(万元)。

(4)通过压缩关键工作的持续时间进行费用优化:

1)第一次压缩

从图 12-28 可知,该网络计划中有两条关键线路,为了同时缩短两条关键线路的总持续时间,有以下四个压缩方案:

①压缩工作 B,直接费用率为 1.0 万元/天;

②压缩工作 E,直接费用率为 0.2 万元/天;

③同时压缩工作 H 和工作 I,组合直接费用率为 0.7+0.5=1.2(万元/天);

④同时压缩工作 I 和工作 J,组合直接费用率为 0.5+0.2=0.7(万元/天)。

在上述压缩方案中,由于工作 E 的直接费用率最小,故应选择工作 E 为压缩对象。工作 E 的直接费用率为 0.2 万元/天,小于间接费用率 0.8 万元/天,说明压缩工作 E 可使工程总费用降低。将工作 E 的持续时间压缩至最短持续时间 3d,利用标号法重新确定计算工期和关键线路,如图 12-29 所示。此时,关键工作 E 被压缩成非关键工作,故将其持续时间延长为 4d,使 E 成为关键工作。第一次压缩后的网络计划如图 12-29 所示,图中箭线上方括号内数字为工作的直接费用率。

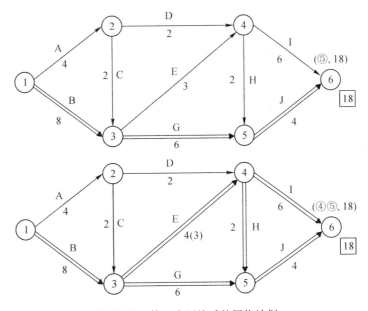

图 12-29　第一次压缩后的网络计划

2)第二次压缩

从图 12-30 可知,该网络计划中有三条关键线路,即①—③—④—⑥、①—③—④—⑤—⑥和①—③—⑤—⑥。为了同时缩短三条关键线路的总持续时间,有以下五个压缩方案:

①压缩工作 B,直接费用率为 1.0 万元/天;

②同时压缩工作 E 和工作 G,组合直接费用率为 0.2+0.8=1.0(万元/天);

③同时压缩工作 E 和工作 J,组合直接费用率为 0.2+0.2=0.4(万元/天);

④同时压缩工作 G、工作 H 和工作 J,组合直接费用率为 0.8+0.7+0.5=2.0(万元/天);

⑤同时压缩工作 I 和工作 J,组合直接费用率为 0.5+0.2=0.7(万元/天)。

在上述压缩方案中,由于工作 E 和工作 J 的组合直接费用率最小,故应选择工作 E 和工作 J 作为压缩对象。工作 E 和工作 J 的组合直接费用率为 0.4 万元/天,小于间接费用率

0.8万元/天,说明同时压缩工作 E 和工作 J 可使工程总费用降低。由于工作 E 的持续时间只能压缩 1d,工作 J 的持续时间也只能随之压缩 1d。工作 E 和工作 J 的持续时间同时压缩1d 后,利用标号法重新确定计算工期和关键线路。此时,关键线路由压缩前的三条变为两条,即①—③—④—⑥和①—③—⑤—⑥。原来的关键工作 H 未经压缩而被动地变成了非关键工作。第二次压缩后的网络计划如图 12-30 所示。此时,关键工作 E 的持续时间已达最短,不能再压缩,故其直接费用率变为无穷大。

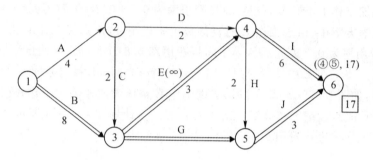

图 12-30　第二次压缩后的网络计划

3)第三次压缩

从图 12-30 可知,由于工作 E 不能再压缩,而为了同时缩短两条关键线路①—③—④—⑥和①—③—⑤—⑥的总持续时间,只有以下三个压缩方案:

①压缩工作 B,直接费用率为 1.0 万元/天;

②同时压缩工作 G 和工作 I,组合直接费用率为 0.8+0.5=1.3(万元/天);

③同时压缩工作 I 和工作 J,组合直接费用率为 0.5+0.2=0.7(万元/天)。

在上述压缩方案中,由于工作 I 和工作 J 的组合直接费用率最小,故应选择工作 I 和工作 J 作为压缩对象。工作 I 和工作 J 的组合直接费用率为 0.7 万元/天,小于间接费用率0.8 万元/天,说明同时压缩工作 I 和工作 J 可使工程总费用降低。由于工作 J 的持续时间只能压缩 1d,工作 I 的持续时间也只能随之压缩 1d。工作 I 和工作 J 的持续时间同时压缩1d 后,利用标号法重新确定计算工期和关键线路。此时,关键线路仍然为两条,即①—③—④—⑥和①—③—⑤—⑥。第三次压缩后,关键工作 E 的持续时间也已达最短,不能再压缩,故其直接费用率变为无穷大。

4)第四次压缩

从图 12-30 可知,由于工作 E 和工作 J 不能再压缩,而为了同时缩短两条关键线路①—③—④—⑥和①—③—⑤—⑥的总持续时间,只有以下两个压缩方案:

①压缩工作 B,直接费用率为 1.0 万元/天;

②同时压缩工作 G 和工作 I,组合直接费用率为 0.8+0.5=1.3(万元/天)。

在上述压缩方案中,由于工作 B 的直接费用率最小,故应选择工作 B 作为压缩对象。但是,由于工作 B 的直接费用率为 1.0 万元/天,大于间接费用率 0.8 万元/天,说明压缩工作 B 会使工程总费用增加。因此,不需要压缩工作 B,优化方案已得到。

(5)计算优化后的工程总费用

①直接费总和:C_{d0}=7.0+9.0+5.7+5.5+8.4+8.0+5.0+8.0+6.9=63.5(万元);

②间接费总和:C_{i0}=0.8×16=12.8(万元);

③工程总费用：$C_{t0}=C_{d0}+C_{i0}=63.5+12.8=76.3$（万元）。

网络优化是通过调整网络图中各工作的资源配置和持续时间或改变各工作间的流程特性，制订最优计划的过程。网络优化主要有时间优化、时间-费用优化和资源优化等。

12.4.3　时间优化

时间优化主要解决缩短工期的问题。网络计划有三种工期：计划工期 T_p、计算工期 T_c 和要求工期 T_r。当计划工期 T_p 或要求工期 T_r 比计算工期 T_c 短，即 $T_c>T_p$ 或 $T_c>T_r$ 时，所制订的方案不能满足需要，必须对其进行修改和调整。

T_c 的长短取决于关键线路上的情况，如果关键线路上工作的持续时间延长，总工期必定延长；反之，在关键线路不发生转移的前提下，总工期才随关键线路上工作持续时间的缩短而缩短，如果关键线路发生转移，则总工期的长短取决于新的关键路线。现主要介绍当 $T_c>T_p$ 时，压缩工期的方法。

1. 消除负时差法

图 12-31 所示网络图的关键线路为①—③—⑤—⑥—⑧，计算工期为 $T_c=45d$。当计划工期为 $T_p=40d$ 时，为了压缩工期，将关键线路中某一工作（如⑤—⑥工作）缩短 5d，总工期只能缩短 3d，这是由于关键线路转移到①—③—⑤—⑦—⑧造成的。现定义由最小和次小总时差的工作所组成的线路为次关键线路，并列于表 12-7 中。

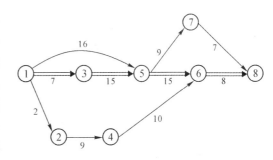

图 12-31　初始网络计划

表 12-7　总时差、关键线路与次关键线路

工序	总时差/d	关键线路	次关键线路	工序	总时差/d	关键线路	次关键线路
1—2	7			4—6	7		
1—3	−5	√	○	5—6	−5	√	
1—5	1			5—7	−2		○
2—4	7			6—8	−5	√	
3—5	−5	√	○	7—8	−2		○

消除负时差法的具体方法是：

(1)按计划工期计算出各工序的总时差，并确定关键线路和次关键线路。

(2)如仅关键线路的时差为负，按调整费用最少的原则选择一个或几个工作进行调整，直至不存在负时差。

(3)如存在次关键线路，则说明为达到计划工期，只在某些关键工作上调整可使关键线路转移。此时，若关键线路和次关键线路存在公共工序，且公共工序的调整费用最低，则可在公共工序上调整，使总时差为零。若不存在公共工序或公共工序调整费用较高，则需在关键和次关键线路上分别调整一些工作。如将关键线路和次关键线路的非公共工序部分称为平行路,则两平行路时差之差可称为平行路的有效松弛量,显然,该有效松弛量为次负时差与最负时差之差。以有效松弛量为调整量,调整关键线路上调整费用最少的非公共工序,则可得到两条关键线路。

(4)继续以新有效松弛量为调整量调整两条关键线路中费用较少的工序,直至使总时差全部为零为止,如图 12-32 所示。

两条以上关键线路工期的调整原则是在关键线路中选择调整费用最低的工序,若是公共工序,可直接压缩;若不是公共工序,则需分别考虑公共工序和非公共工序的调整费用来决定。

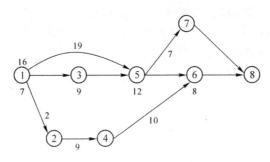

图 12-32 优化后的网络计划

2. 改串行工作为并行工作

改串行工作为并行工作是一种常用的缩短工期的方法。该方法把可分段进行的工作分段进行,即采用组织流水施工的方法把按顺序进行的工作变为并行工作。如挖地基和浇筑混凝土两道工序,本应在挖完地基之后再进行混凝土浇筑的工作,如图 12-33 所示。但这两项工作可交叉进行,如当地基挖到一半时,即可边挖地基边浇筑,从而节约了时间,其网络图如图 12-34 所示,总工期由 6+6=12d 缩短为 3+3+3=9d,缩短了 3d。如果这类工序在关键线路上,采用这种办法就可以缩短工期。

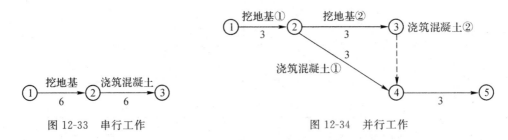

图 12-33 串行工作   图 12-34 并行工作

3. 增加资源缩短工期

每项工作的持续时间取决于配置的资源数量,增加关键工作的资源配置量,可缩短持续时间,而加快工期。合理利用非关键工作的时差,合理调配资源,充实关键工作,提高资源利用效率,也可使工期缩短。用改变轮班制、加班等方法增加时间资源也可缩短工期。

12.4.4 时间-费用优化

时间-费用优化主要解决以下两种类型问题:在限定工期内寻找调整费用最小的方案;寻找总费用最小的工期。这两类问题的基本思想是把线性规划和 CPM 网络结合起来,把网络结构和限定的工期作为约束条件,把调整所需的费用作为目标,应用线性规划的方法确定工序调整时间,进而编制出最优计划。

1. 限定工期 T,以最小调整费用为目标的线性规划方法

消除负时差法是以时间为主,在调整中兼顾费用的调整方法。以最小费用为目标的线性规划法是在详细计算调整费用变化的基础上确定各工作开始时间,达到计划工期。

现将包括 m 个工序 n 个节点的 CPM 网络图记为 $R(m, n-1)$,并令第 k 工序的开始节点、结束节点、正常工期、压缩后的工期、调整费用分别为 P_k,S_k,a_k,b_k 和 C_k $(k=1,2,\cdots,m)$。

如果 $R(m, n-1)$ 的各工序均按正常工期 a_k 工作,则总工期必定最长,此时工期以 $T_{\max}$ 表示。如果各工序均按压缩后的工期 b_k 工作,则总工期必最短,此时工期以 $T_{\min}$ 表示。第 k 工序的调整范围为 $(a_k - b_k)$,如设第 k 工序的实际作业时间为 t_k,则第 k 工序的结束节点 S_k 和开始节点 P_k 的发生时刻不能小于工作的作业时间,即 $t(S_k) - t(P_k) \geqslant t_k$,如限定工期为 $T (T_{\min} \leqslant T \leqslant T_{\max})$,问题可用下述线性规划模型描述:

目标函数:

$$Z = \sum_{k=1}^{m} C_k(a_k - t_k) \rightarrow \min \qquad (12\text{-}29)$$

s.t.(1)网络结构限制:

$$t(S_k) - t(P_k) \geqslant t_k \quad (k=1,2,\cdots,m) \qquad (12\text{-}30)$$

(2)工期限制:

$$t(n-1) - t(0) = T \qquad (12\text{-}31)$$

(3)工序时间限制:

$$b_k \leqslant t_k \leqslant a_k \quad (k=1,2,\cdots,m) \qquad (12\text{-}32)$$

(4)非负条件:

$$t(P_k) \geqslant 0, t(S_k) \geqslant 0 \quad (k=1,2,\cdots,m; P_k=1,2,\cdots,n-1) \qquad (12\text{-}33)$$

式中:$t(P_k)$——k 工序开始事项发生时刻;

$t(S_k)$——k 工序结束事项发生时刻。

令 $a_k - t_k = \tau_k$,$t(0) = 0$,且引入松弛变量,上述模型变为

目标函数:

$$Z = \sum C_k \tau_k \rightarrow \min \qquad (12\text{-}34)$$

s.t.(1)将式(12-29)与 $\tau_k = a_k - t_k$ 相加后引入松弛变量即可得网络结构限制:

$$t(S_k) - t(P_k) + \tau_k - \sigma_k = a_k \quad (k=1,2,\cdots,m) \qquad (12\text{-}35)$$

(2)因 $t(0) = 0$,工期限制为

$$t(n-1) = T \qquad (12\text{-}36)$$

(3)工序时间限制改写成

$$\tau_k \leqslant a_k - b_k \qquad (12\text{-}37)$$

（4）非负条件：

$$\tau_k \geqslant 0, t(S_k) \geqslant 0, t(P_k) \geqslant 0, \sigma_k \geqslant 0 \tag{12-38}$$

式中：σ_k 为松弛变量，其物理意义为宽裕时间。

在 $R(m, n-1)$ 中，不可压缩工序的特征为

$$b_k = t_k, \quad \tau_k = 0$$

故这类工序在约束式（12-31）中的形式是

$$t(S_k) - t(P_k) - \sigma_k = a_k \tag{12-39}$$

以 $(n-1)$ 为结束事项的工序，因 $t(S_k) = T$，故该类工序在约束式（12-31）中的形式为

$$t(P_k) - \tau_k + \sigma_k = T - a_k \tag{12-40}$$

将上述模型写成矩阵形式为

$$Z = c^{\mathrm{T}} W \rightarrow \min \tag{12-41}$$

s. t.

$$R(m, n-1)t + W - \sigma = a \tag{12-42}$$

$$t(n-1) = T \tag{12-43}$$

$$W \leqslant D \tag{12-44}$$

$$W \geqslant 0, t \geqslant 0, \sigma \geqslant 0 \tag{12-45}$$

式中：$R(m, n-1)$ 为网络矩阵。

$$C^{\mathrm{T}} = (C_1, C_2, \cdots, C_m)$$
$$a = (a_1, a_2, \cdots, a_m)^{\mathrm{T}}$$
$$W = (\tau_1, \tau_2, \cdots, \tau_m)^{\mathrm{T}}$$
$$b = (b_1, b_2, \cdots, b_m)^{\mathrm{T}}$$
$$\sigma = (\sigma_1, \sigma_2, \cdots, \sigma_m)^{\mathrm{T}}$$
$$t = (t_{(1)}, t_{(2)}, \cdots, t_{(n-1)})^{\mathrm{T}}$$
$$D = a - b = (d_1, d_2, \cdots, d_m)^{\mathrm{T}}$$

现举例说明该模型。

【例 12-11】　图 12-35 所示网络图的数据列于表 12-8，建立优化的线性规划模型。

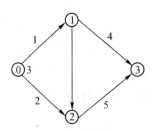

图 12-35　例 12-11 图

表 12-8　逻辑关系及费用调整

工序 k	开始节点 P_k	结束节点 S_k	正常工期 a_k/d	压缩后的工期 b_k/d	调整费用 $C_k/$千元
1	0	1	10	5	3
2	0	2	8	6	4

续表

工序 k	开始节点 P_k	结束节点 S_k	正常工期 a_k/d	压缩后的工期 b_k/d	调整费用 $C_k/$千元
3	1	2	5	3	2
4	1	3	9	4	5
5	2	3	4	2	1

这是一个 $R(5,3)$ 网络。

目标函数：$Z=3\tau_1+4\tau_2+2\tau_3+5\tau_4+\tau_5\to\min$

s.t.(1)网络结构限制：

$$\begin{bmatrix}1&0&0\\0&1&0\\-1&1&0\\-1&0&1\\0&-1&1\end{bmatrix}\begin{bmatrix}t_{(1)}\\t_{(2)}\\t_{(3)}\end{bmatrix}+\begin{bmatrix}\tau_1\\\tau_2\\\tau_3\\\tau_4\\\tau_5\end{bmatrix}-\begin{bmatrix}\sigma_1\\\sigma_2\\\sigma_3\\\sigma_4\\\sigma_5\end{bmatrix}=\begin{bmatrix}10\\8\\5\\9\\4\end{bmatrix}$$

(2)工期限制：

$$t(3)=T(T\text{ 为预先给定的工期})$$

(3)工序时间限制：

$$\begin{bmatrix}\tau_1\\\tau_2\\\tau_3\\\tau_4\\\tau_5\end{bmatrix}\leqslant\begin{bmatrix}d_1\\d_2\\d_3\\d_4\\d_5\end{bmatrix}=\begin{bmatrix}5\\2\\2\\5\\2\end{bmatrix}$$

(4)非负限制：

$$\tau_k\geqslant0,t_{(i)}\geqslant0\quad(k=1,2,\cdots,5)$$
$$\sigma_k\geqslant0\quad(i=1,2,3)$$

求解该线性规划模型即可得到 τ_k，由 $a_k-\tau_k$ 即可确定各工序的实际作业时间。$t_{(i)}$ 为各节点的发生时刻。由此可得到满足既定工期并使调整费用最省的调整方案。

2.确定最小费用工期的方法

(1)传统方法。生产费用可分为直接费用和间接费用，采取增加资源的方法缩短工期，其直接费用变化曲线如图 12-36(a)所示，由于压缩了工期，间接费用减少，间接费用变化曲线如图 12-36(b)所示，总费用的变化为两者的合成，如图 12-36(c)所示。

因直接费用和间接费用与时间的变化规律一般均成非线性关系，为了处理方便，现假设其为直线，故各工序压缩一天的直接费用 q 为

$$q=\frac{\text{压缩后工期费用}-\text{正常工期费用}}{\text{正常工期}-\text{压缩后工期}}$$

总工期每压缩 1d 的间接费用以生产管理费用的平均值 d 计算。

这样即可按不同压缩方案描出总费用变化曲线，找出最小点，从而确定最小费用工期。

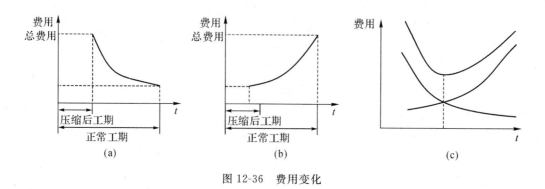

图 12-36　费用变化

现举例说明该算法。

【例 12-12】　图 12-37 所示网络的各项费用如表 12-9 所示,关键线路为①—③—⑤。现确定最小费用工期。

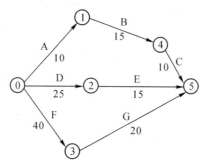

图 12-37　例 12-12 图

表 12-9　直接费用和调整费用表

工序	正常完工直接费用/元	压缩后工期的单位费用/元
A	800	—
B	3000	18
C	2000	120
D	1500	5d 内 60,5d 以上 100
E	3000	120
F	500	—
G	2000	150
间接费用 200/d		

在关键线路上压缩工期:

【方案 1】　正常工期(60d)的费用为 $12800+60\times200=24800$(元)。

【方案 2】　将工序 G 压缩 10d,关键线路未转移,总工期为 50d,费用为 $12800+50\times200+10\times150=24300$(元)。

【方案 3】　再将关键工序 G 压缩 10d,关键线路虽然转移,但出现两条关键线路,总工期为 40d,费用为 $12800＋20×150＋40×200＝23800$(元)。

【方案 4】　同时压缩 G 和 D 两工序,G 压缩 25d,D 压缩 5d,关键线路为 35d,费用为 $12800＋150×25＋60×5＋35×200＝23850$(元)。

依此类推即可画出时间-费用曲线,找出最小点,本例最小费用工期为 40d。

该方法的弊端是:

1)确定压缩方案、计算关键线路等工作是复杂的,而所确定的压缩方案又不是最优方案。若得到同一工期的最优压缩方案,还需计算该工期所对应的大量方案,对于大型网络显然是行不通的。

2)因每得一个工期和该工期的相应费用即得到时间-费用曲线上的一点,因此选择方案数量的多少将直接影响时间-费用曲线的精度,若选点多,精度可提高,但计算工作量加大,因此该方法只适用于小型简单网络。

(2)用线性规划法确定最小费用工期。应用例 12-11 中所建立的线性规划模型,可通过改变 T 的方法得到一条时间-费用曲线。其方法是让 T 在 T_{max} 和 T_{min} 之间变化,每选一个 T 则得到一相应的最小费用的调整方案,由此可得出不同工期与所对应最小费用的变化曲线。

如果将该线性规划模型与其他最优化方法结合起来,会直接搜索出最小费用工期。

12.4.5　资源优化

资源优化主要解决资源数量限定条件下使资源利用更均衡的一类问题,当前主要采用试探法。

方差常用作衡量资源利用均衡性的指标。如果资源量是时间的函数,在离散状态下,其方差为

$$U=(F_1-F_m)^2+(F_2-F_m)^2+\cdots+(F_n-F_m)^2=F_1^2+F_2^2+\cdots+F_n^2+nF_m^2 \quad (12-46)$$

假设 k_j 工作所需资源量为 f_{k_j},如果 k_j 工作向后推迟一天,则必然影响整个资源的分布。

设第 i 天所需资源量为 F_i,第 $j+1$ 天为 F_{j+1}。当 k_j 工作向后推迟 1d 时,第 i 天所需资源量减少 f_{k_j},变成 $F_i'=F_i-f_{k_j}$;第 $i+1$ 天所需资源量增加 f_{k_j},变成 $F_{i+1}'=F_{i+1}+f_{k_j}$;第 $i+1$ 天到第 j 天所需的资源量仍保持不变(如图 12-38 所示)。此时总方差的变化为

$$\Delta U=\left[(F_{i+1}+f_{k_j})^2-F_{i+1}^2\right]-\left[(F_j-f_{k_j})^2-F_j^2\right]$$

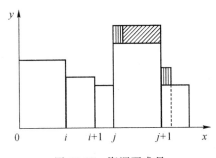

图 12-38　资源要求量

整理得

$$\Delta U=2f_{k_j}\left[F_{j+1}-(F_j-f_{k_j})\right]$$

由图 12-38 可知,因 $f_{k_j} \geqslant 0$,所以

$$[F_{j+1} - (F_j - f_{k_j})] < 0 \quad (\Delta U < 0)$$
$$[F_{j+1} - (F_j - f_{k_j})] = 0 \quad (\Delta U = 0) \tag{12-47}$$
$$[F_{j+1} - (F_j - f_{k_j})] > 0 \quad (\Delta U > 0)$$

$\Delta U = 0$ 说明 k_j 工序推迟 1d,资源利用与推迟前相同;$\Delta U > 0$,说明 k_j 工作推迟 1d 以后,方差比以前更大,资源利用更不均衡了;$\Delta U < 0$,说明 k_j 工作推迟 1d 以后,资源利用较以前均衡了。因此 ΔU 可作为评价某项工作向后推移 1d 时,资源利用变化情况的指标。

如 k_j 工作向后推移 2d,则可写成

$$\Delta U = F_{j+1} - (F_j - f_{k_j}) + F_{j+2} - (F_{j+1} - f_{k_j}) \tag{12-47}$$

按此规律可写出某工作向后推移 n 天的判别式。

在执行某项任务时,应注意关键工序,而在研究资源利用时,需利用非关键线路上各工序的宽裕时间,因此资源调整方法和步骤如下:

(1) 首先利用带关键线路和有时差标记的横条图,将非关键工序放置于最早开工时刻,画出相应的资源分布图。

(2) 由后向前在非关键线路上确定调整工序并在全部可能的调整范围内进行调整,确定较好的开工时刻,直至所有非关键线路上的工序进行完为止。

(3) 再按第 2 步计算,直至找不出更均衡的方案为止。

值得指出的是,第一次全部调整完后,并不等于调整工作结束。因其中某一工序调整之后,其他工序的变化将对它产生影响,因此必须按第 2 步重新调整,直至得到较满意的方案为止。一些软件(如 P3)已按该原理设计了程序,可方便地调用。

拓展阅读

项目管理软件简介

当前,网络计划技术已广泛用于各行各业,并已成为项目管理的重要工具。随着 IT 行业的发展和项目管理理论的成熟,以 CPM 基本原理为基础,将计算机技术与项目管理知识体系相结合开发的各种项目管理软件已得到普遍的应用,这些软件的使用不仅增强了项目管理的实操性,使项目管理水平大大提高,同时也促进了项目管理理论的发展。

1. 广义网络计划技术与综合计划方法

CPM 是计划管理的重要工具,由于项目任务的复杂性,在 CPM 网络应用初期,主要对项目进行时间管理。由于缺少必要的工具,资源、成本费用、风险、合同等管理工作滞后于时间管理,造成时间管理与相关的成本费用等管理工作脱节,进而也影响了 CPM 未来的应用。将时间、资源、成本费用、风险、合同等管理工作作为系统进行综合管理,只停留在理论研究阶段。

从 20 世纪 70 年代末开始,随着计算机的普及,以 CPM 基本原理为基础的应用软件开始出现并迅速发展,至今已由简单的工具软件发展成一种新的思想,开创出一种新的技术,研究出一种新的方法。

这种新思想就是项目系统管理思想,即将项目(任务)作为系统,用系统思想将项目中组织、工期、成本费用、资源等组成一个相互关联的整体,使原来单独进行的工期、成本费用、资

源等管理工作转变为可操作的系统的综合管理;应用综合平衡思想,在反复协调与平衡的基础上制订项目计划;应用控制原理,进行项目的跟踪与调整;在多目标优化思想的指导下,运用定量化技术实现项目管理目标的最优化。

在项目系统管理思想的指导下,人们以 CPM 为基础创立了以项目时间管理为基础,将项目进度、成本费用、资源配备等融为一体,对时间、成本费用、资源、风险进行一体化管理的广义网络计划技术。

应用广义网络计划技术,形成了一种新方法——综合计划管理法。综合计划管理法是将组成系统(项目或任务)的各项工作所需的各种资源,通过一定的计算方法,转换为成本费用(预算)并与工作的持续时间联系起来,按工作之间的逻辑关系,自动进行工期计算和资源综合平衡,从而制订最优综合计划、对计划进行跟踪和动态地对计划执行结果进行对比分析和调整,以保持系统一直处于受控状态的计划管理方法。

人们应用广义网络计划技术,采用综合计划方法开发了品种繁多的计算机软件,其中美国 Primavera 公司开发的 P3 系列软件、微软公司开发的 MS Project 软件、中国建筑科学研究院开发的 PKPM 系列软件等具有一定的代表性。

2. P3 软件简介

(1)P3 软件的基本功能

P3 系列软件是美国 Primavera 公司开发的企业级项目管理软件,它是在大型关系数据库 Oracle 和 MS SQL Server 上构架的包含现代项目管理知识体系,具有灵活性和开发性,以计划—协调—跟踪—控制—经验积累为主线的企业级工程项目管理软件。该软件是当前世界上应用较广、功能较全、性能较好的大型项目管理软件,当前有 P3e/c、P3e 等版本。

该软件的主要功能包括:

1)支持企业范围内的多项目群、多项目、多用户同时进行管理;

2)进度计算与资源平衡;

3)企业项目结构分解;

4)工作结构分解;

5)组织结构分解;

6)资源结构分解;

7)项目预算管理;

8)项目费用和费用科目管理;

9)项目目标管理;

10)报表生成;

11)作业、工时管理等。

(2) 软件简介

1)进行企业信息化编码。P3 软件是企业级大型软件,其最大的特点是可进行企业分层次的多项目管理。为方便协调工作和多用户对项目的管理,其设置了多种代码体系,这些代码体系的作用是为项目配置"环境",作为项目管理的基础。

企业信息化编码包括企业项目结构编码、组织分解结构编码、资源分类码及创建资源库资源、费用科目、项目分类码与全局作业分类码等。

①企业项目结构(enterprise project structure，EPS)编码反映企业对所有项目的组织形式，是以树状结构描述企业的管理层次，可按分公司、部门、项目地点、项目类别划分，可实现自下而上的逐层汇总、掌握各层次进度、费用与资源等信息和自上而下的预算、支出分配等。

②组织分解结构(organizational breakdown structure，OBS)编码是企业管理结构的层次化描述，主要用于设置各层次数据的访问权限和为 EPS 指定责任人。

③资源分类码及创建资源库资源是企业拥有的、可分配给所有项目完成各种工作所需要的人力、材料、机械等，其中的某一类资源称角色，如项目经理、钢筋工、吊车等。资源分类码就是对这些资源进行分类的编码，最多可分成 25 层。

④费用科目是按企业财务流程和成本费用控制要求设定的用于跟踪工作费用支出的编码体系，是一套账务处理系统，最多可设置 25 层，可逐层汇总。

⑤项目分类码是对企业中的所有项目的分类，它反映项目属性与类别；全局作业分类码是企业为所有项目中的工作设置的编码，如质量控制点、安全控制点、施工区等，为方便企业对项目进行管理时使用。

2)P3 软件计划编制程序，如图 12-39 所示。

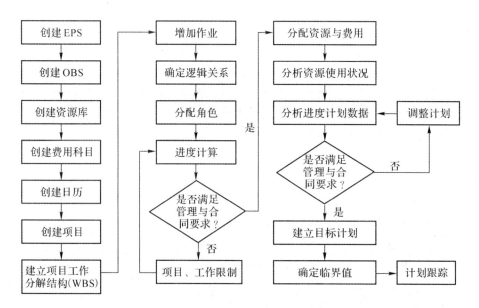

图 12-39　P3 软件的计划编制程序

3)基本进度计划。基本进度计划的编制是应用综合计划法编制项目计划的开始和关键。基本进度计划从创建项目开始，即将项目加入 EPS 节点、命名、确定项目经理、确定计划完成时间以及本项目预算汇总、资源及价格、支出计划、记事等内容的设置。

工作是项目的基础单元，按照任务分解的结果，可输入工作的基本属性和数据，一项工作应包括的属性与数据如图 12-40 所示。为计算总工期，工作的持续时间、工作代码、工作类型、逻辑关系是最起码的、必须具备的数据，因为它是计算总工期的基础。

该软件工作的输入有多种方式，支持各种搭接关系和对工作的各种限制，并可按逻辑关系表输入，也可直接绘制网络图或甘特图，得到逻辑关系表，详细数据和属性由工作详表输

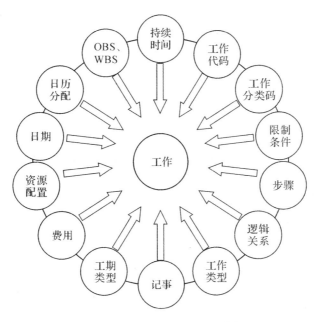

图 12-40　一项工作的属性与数据

入。当数据输入后,可自动计算工期。如果输入了详细资料,可按所设置的各种编码体系进行汇总、筛选和分析。

4)资源与费用管理。该软件的资源管理模式是直接从资源库中安排本项目所需资源或角色、选定单价、查看资源分布图或表、建立资源曲线等,并可对项目进行反复的资源平衡。

该软件的费用管理模式是以 EPS/WBS 为基础,采用自上而下的预算管理和自下而上的费用管理模式。自上而下的预算管理是企业高层管理者编制投资计划或实行费用分块包干的管理模式,自下而上的费用管理模式是利用费用科目逐层汇总的计划费用。软件中除单独采用这两种模式外,尚可采用自上而下和自下而上相结合方法,通过对比分析、反复调整方法编制资源和费用计划。

该软件的资源与费用管理是以基本进度计划为基础的,若调整资源的配置,工作的持续时间和费用则相应改变,关键线路和总工期也随之改变,逐层次的费用也随之改变。这样,通过改变资源配置,可得到不同工期、不同费用的很多计划方案,从中可选出理想方案作为目标计划,这正是使综合计划方法从理论走向实践的重要手段。

5)项目跟踪、记录与调整。将项目工作的实际进度、实际资源和实际费用输入已完成或正进行的工作,通过计算分析、与目标对比可确定未来的安排和修订进度计划。

6)项目执行情况分析。P3 软件中有很多分析工具,可在项目各层次进行进度分析(工作进展比较,分层汇总比较,前锋线、里程碑和旗帜作业对比等),资源费用分析(费用对比分析、赢得值分析等)和费用与进度综合分析("S 曲线"、赢得值分析等)。

7)其他工具。P3 软件还提供很多其他工具,如进度、资源与费用、生产率、费用比率、赢得值、资源与费用流量报表、资源与资减负荷报表、资源费用矩阵等报表和自定义报表的生成工具;各种图的生成工具,如横道图、网络图、时标网络图、各种(资源、费用)曲线图等;信息发布(Web)、数据导入导出、二次开发、权限设置等工具。

总之,P3 软件是完全按现代项目管理理论建立的、适用性很广的、功能齐全的项目管理软件,但其最基础的理论方法是 CPM。

思 考 题

12-1 什么是网络图? 什么是网络计划?

12-2 什么叫双代号网络图? 什么叫单代号网络图?

12-3 单代号与双代号网络图有什么区别?

12-4 工作和虚工作有什么不同? 虚工作的作用有哪些?

12-5 什么叫逻辑关系? 网络计划有哪两种逻辑关系? 有何区别?

12-6 什么叫虚箭线? 它在双代号网络图中起什么作用?

12-7 什么叫线路、关键工作、关键线路?

12-8 双代号网络图时间参数如何计算?

12-9 单代号网络图在计算自由时差时与双代号有何区别?

12-10 有搭接关系的单代号网络图的时间参数如何计算?

12-11 有搭接关系的单代号网络图在确定关键线路时与双代号网络图有什么不同?

12-12 试用建筑施工中组织流水施工的方法说明双代号网络中虚工作的作用。

12-13 网络优化包括哪些内容? 其基本原理是什么?

第 13 章 施工组织设计

【内容提要】

本章主要介绍了施工组织总设计及单位工程施工组织设计的编制程序、依据和内容。其中施工方案、施工进度计划以及施工平面图这三方面的内容是施工组织设计的核心,简称"一案、一表、一图"。

【学习要求】

通过本章学习,了解施工组织设计的作用,掌握其内容及编制方法,以便在后续的课程设计或毕业设计中能运用基本原理进行一般工程的施工组织设计的编制;能参考有关施工组织设计的实例,并结合工程进行必要的实际设计工作,以掌握施工组织设计技术。

现代化建设工程施工的特点表现为综合性与复杂性,要使施工有条不紊地顺利进行,以达到预定的目标,就必须用科学的方法加强施工管理,精心组织施工。施工组织的任务就是根据建设工程产品及其生产的特点,以及国家有关基本建设的方针和政策,按照客观的技术、经济规律,对整个施工过程做出全面、科学、合理的安排,使工程施工取得相对最佳的效果。施工组织对统筹建设工程全过程的施工、优化施工管理以及推动企业的技术进步均起到了核心的作用。

每一个建设项目都必须经过投资决策、计划立项、勘察设计、施工安装和竣工验收等阶段的工作,才能最终形成满足特定使用功能和价值要求的建筑或土木工程产品,并投入生产或使用。随着社会经济的发展和建筑技术的进步,现代建筑产品的复杂性越来越明显,主要体现在施工过程中参与施工的工种、施工机具、建筑材料和构配件的种类多,结构的类型和功能要求高等方面。运用科学有效的方法对整个施工过程进行施工组织和管理,最终达到提高施工工程质量、缩短施工工期、降低工程成本等目的,实现安全文明施工,这就是施工组织和管理的根本任务。

13.1 施工组织概论

13.1.1 施工组织的研究对象和任务

施工组织是研究工程建设统筹安排与系统管理客观规律,制定工程施工最合理组织与管理方法的一门学科。具体来说,施工组织的任务就是在充分理解建设意图和要求的基础上，提供各阶段的施工准备工作内容，对人力、资金、材料、机械和施工方法等进行科学安排，协调施工中各单位、各工种之间，资源与时间之间，各项资源之间的合理关系，达到优质量、低消耗、高效率地完成施工任务的目的。

施工组织的研究对象千差万别，现代的建筑物和构筑物无论从结构上、规模上、体形上还是功能上都在不断发展变化，给施工带来许多更加复杂的问题。面对施工中的这些问题，需要科学地加以分析，提出经济和技术可行的施工方案和组织措施，这是在施工前施工管理人员必须解决的问题。

13.1.2 工程建设项目

工程项目的种类繁多，为了适应科学管理的需要，可以从不同的角度进行分类：按照专业可分为建筑工程、公路工程、水利工程、港口工程、铁路工程等；按照建设性质可分为新建项目、扩建项目、改建项目、迁建项目和恢复项目；按照管理的差别可分为建设项目、设计项目、工程咨询项目和施工项目；按投资作用可分为生产性建设项目（工业建设项目、农业建设项目、基础设施建设项目和商业建设项目4种）和非生产性建设项目；按照项目规模可分为大型、中型和小型3种；按项目的效益和市场需求可分为竞争性项目、基础性项目和公益性项目3种；按其组成可分为单项工程、单位（子单位）工程、分部（子分部）工程和分项工程。工程项目的分解如图13-1所示。

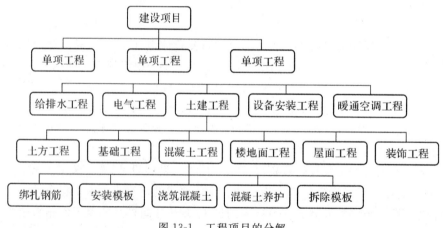

图 13-1　工程项目的分解

1. 单项工程

单项工程是指在一个工程项目中，具有独立的设计文件，竣工后可以独立发挥生产能力或效益的一组配套齐全的工程项目。单项工程是工程项目的组成部分，一个工程项目有时可以仅包括一个单项工程，也可以包括许多单项工程。单项工程体现了建设项目的主要建设内容，其施工条件往往具有相对的独立性。非生产性建设项目的单项工程，例如一所学校的图书馆、学生宿舍楼、食堂、教学楼、办公楼等。生产性建设项目的单项工程，一般是指能独立生产的车间、各种仓库、实验楼等。

2. 单位工程

单位工程是指具备独立施工条件并能形成独立使用功能的建筑及构筑物。在工业建设项目中,单位工程是单项工程的组成部分,如某个车间是一个单项工程,则车间的厂房建筑是一个单位工程,车间的生产设备也是一个单位工程。而一般的民用建筑,则以一幢建筑物的建筑工程(包括基础工程、主体结构工程、屋面及装饰工程)和设备安装工程(包括给排水及采暖、智能建筑、通风与空调工程、建筑电气和电梯)共同构成一个单位工程。

铁路、公路、港口、码头、隧道、桥涵等土木工程及市政工程根据其工程不同的特点划分单位工程。

3. 分部工程

分部工程是单位工程的组成部分,是按工程结构部位或专业而划分的。如在建筑工程中,按建筑主要部位划分为地基与基础工程、主体工程、地面楼面工程、装饰工程、屋面工程等;建筑设备安装工程则按工程的专业划分成电气安装工程、通风与空调工程、采暖卫生与煤气工程等。

4. 分项工程

分项工程是分部工程的组成部分,是按不同的施工工种或方法而划分的,它是施工组织的基本单位,例如砌砖工程、钢筋工程、玻璃工程、室内给排水管道安装工程、电气配管及管内穿线工程等。

13.1.3 工程项目的建设程序

工程建设程序是指从项目的投资意向和投资机会选择、项目决策、设计、施工到项目竣工验收投入生产阶段的整个过程,是工程建设客观规律的反映。它反映了建设项目内部联系和发展过程,是不可随意改变的。

我国新建项目的建设程序主要包括立项决策阶段、设计及准备阶段、实施阶段和竣工及交付使用阶段,如图 13-2 所示。

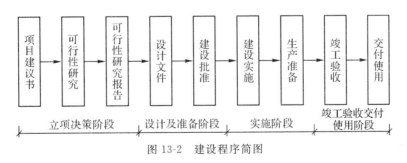

图 13-2 建设程序简图

1. 立项决策阶段

立项决策阶段应形成工程建设项目的建设方案,并正式立项,具体可分为项目建议书、可行性研究、编制可行性研究报告和批准可行性研究报告(即立项)等步骤。

2. 设计及准备阶段

设计及准备阶段具体可包括初步设计、技术设计、施工图设计及建设前期准备工作。

3. 实施阶段

实施阶段是将工程建设项目的图纸实现为建筑产品的阶段,具体可划分成申请批准工程项目建设(列入基建年度计划)、施工准备、组织施工和生产(或投入使用)准备四个步骤。

4. 竣工验收交付使用阶段

竣工验收交付使用阶段是检验工程的质量和功能是否满足预定的目标和要求,具体进行工程的竣工验收,然后交付使用。

在工程项目建设中,土建安装工程占有重要的地位。从投资方面来看,土建安装工程的资金投入量大,施工周期长,它的进展情况直接影响工程项目的投产或使用。所以,需多快好省地完成土建安装工程的施工任务,尽快发挥投资效益。

13.1.4 施工组织设计的分类和内容

施工组织设计是指导土木工程施工的技术经济文件。施工组织设计按照编制的主体、涉及的工程范围和编制的时间及深度要求,可以分为不同的类型,各自在工程建设过程中发挥不同的作用。

1. 按编制阶段的不同分类

(1)投标前编制的施工组织设计

在投标前由经营管理层组织编制的施工组织设计具有一定的规划性,其目的是为了能够中标取得一定的经济效益。

(2)签订工程承包合同后编制的施工组织设计

在签订工程承包合同后,由项目管理层编制的施工组织设计具有一定的作业性和指导性,其目的是为了提高施工效率和取得一定的经济效益。

2. 按编制的对象分类

施工组织设计按编制的对象分类,主要是指根据建设项目的分解结构,分别编制不同层次、不同范围、不同对象、不同深度的施工组织设计文件。

(1)施工组织条件设计

施工组织条件设计一般在初步设计时编制,它对拟建工程从施工角度分析工程设计与建设的可行性和经济合理性,同时做出轮廓性的施工规划,提出施工准备阶段应进行的工作。

(2)建设项目施工组织总设计

建设项目施工组织总设计是以整个建设项目为对象进行编制的,一般是指大中工业交通工程项目必须进行分期分批建设,确定施工总体部署的要求,以及各部分的衔接和相互关系,对整个项目做出统筹规划、分步实施、有序展开的战略性规划。

(3)单项工程施工组织总设计

为进行全面施工部署和施工管理目标的控制,必须编制相应的单项工程施工组织总设计文件。

(4)单位工程施工组织设计

单位工程施工组织设计是建设项目或单项工程施工组织总设计的进一步具体化,直接用于指导单位工程的施工准备和现场的施工作业技术活动。它在施工组织总设计和施工单位总的施工部署的指导下,具体地确定施工方案,安排人力、物力、财力。它是施工单位编制作业计划和进行现场布置的重要依据,也是指导现场施工的纲领性的技术文件。

(5)主要分部分项工程的施工组织设计

在单位工程中,对于施工技术复杂、工艺特殊的主要分部分项工程或冬、雨季施工等,一般都需要单独编制专门的、更为详尽的施工设计文件,例如基坑工程、打桩工程、大体积混凝土基础工程、钢结构网架拼装与吊装工程、玻璃幕墙工程等。

3. 施工组织设计的内容

施工组织设计的一般内容如下:

(1)工程概况;

(2)开工前施工准备;

(3)施工部署与施工方案;

(4)施工进度计划;

(5)施工现场平面布置图;

(6)劳动力、机械设备、材料和构件等供应计划;

(7)建筑工地施工业务的组织规划;

(8)主要技术经济指标的确定。

在上述几项基本内容中,第 2、第 4、第 5 项是施工组织设计的核心部分。

不同设计阶段编制的施工组织设计文件在内容和深度方面不尽相同,其作用也不一样。一般来说,施工组织条件设计是概略的施工条件分析,提出实施设计思想的可能性,并作为施工条件和建筑生产能力配备的总体规划;施工组织总设计是对建设项目进行总体部署的战略性施工纲领;单位工程施工设计则是详尽的实施性的施工计划,用以具体指导现场施工活动。根据不同的阶段或对象,其内容有所不同或侧重。施工组织总设计与单位工程施工组织设计的内容比较如表 13-1 所示。

表 13-1　施工组织总设计与单位工程施工组织设计的内容比较

内容	施工组织总设计	单位工程施工组织设计	备注
工程概况	工程项目主体 工程规模、性质、功能 生产工艺概要 工程结构形式 设备系统配制	工程项目主体 工程规模、性质、功能 设计概要(建筑、结构、装修、设备、总体等)	

续表

内容	施工组织总设计	单位工程施工组织设计	备注
施工条件分析	合同条件 现场条件 法规条件	合同、现场及法规条件 合同目标实施的重点和难点	
施工部署与施工方案	总体部署 分期分批实施系统 施工区段划分 施工阶段目标 开工前准备工作 各阶段施工的搭接 重大技术问题论证 施工物质供应	施工方案： 技术方案——施工工艺、方法、手段等； 组织方案——施工段划分、施工流向与顺序、劳动力组织等	
施工进度计划	施工总工期 各节点完成时间 主要项目的施工顺序与搭接 竣工投产(使用)日期	单位工程施工工期 劳动力需求计划 材料、构配件需求计划	
施工机械设备与设施配制	施工机械设备需求计划 供电计划 供水计划 供热、供气计划 临时道路修筑计划 仓库与堆场计划 办公、生产、生活设施	机械设备需求计划	对无施工组织总设计的工程，其有关内容应在单位工程施工组织设计中完成
施工平面图	全工程现场平面规划	单位工程施工平面图	
施工措施		质量控制措施 安全管理措施 成本控制措施 文明施工措施	

13.2 单位工程施工组织设计

单位工程施工组织设计是用以指导施工全过程的技术、组织、经济文件，是施工企业进行科学管理的主要手段，是一个总体性的工作计划。单位工程施工组织设计对施工具有指导、约束和控制作用。因此，在工程施工之前必须首先编制单位工程施工组织设计。

1. 单位工程施工组织设计的主要内容

由于工程性质、规模的不同，单位工程施工组织设计的内容和深度一般也不同。其主要内容包括工程概况、施工条件及施工特点，施工方案的拟定，施工进度计划，施工平面图，质量安全保证措施等。

（1）工程概况、施工条件及施工特点

工程概况是对工程全貌进行综合描述，说明拟建工程的建设单位、建设地点、工程性质、用途和规模,工程造价,开工、竣工日期,施工单位、设计单位名称,上级有关要求,施工图纸情况等内容。主要应介绍以下几方面情况:

1)建筑设计特点

说明拟建工程的平面形状及尺寸、层数、层高、总高、建筑面积,室内外装修情况,屋面保温隔热及防水的做法等。

2)结构设计特点

简述建筑物的基础类型、埋置深度、主体结构类型、预制构件的类型及安装位置等。

3)建设地点特征

建设地点特征包括拟建工程的位置、地形、工程地质和水文地质条件,不同深度土壤分析,冻结期与冻结厚度,地下水位,水质,气温,冬、雨季施工起止时间,主导风向,风力等。

4)施工条件及施工特点

包括三通一平情况,现场临时设施及周围环境,当地交通运输条件,材料供应及预制构件加工供应条件,施工企业机具设备供应及劳动力的落实情况,企业管理条件和内部组织形式等。

工程施工特点主要是概略地指出单位工程的施工特点和施工中的关键问题,以便在选择工程施工方案、组织资源供应、技术力量配备以及施工准备上采取有效措施,保证施工顺利进行。

工程概况和施工条件可能会影响施工方案的选择和进度计划的编制。

(2)施工方案的拟定

在任何工程施工之前,必须先拟定施工方案。施工方案的选择是施工组织设计的核心内容,包括确定合理的施工顺序,选择施工方法、施工机械设备等。施工方案选择的合理与否,对于保证施工质量、降低成本、保证工期具有决定性的影响。因此,一般需要进行多方案的技术经济比较和优化。

(3)施工进度计划

施工进度计划是对整个施工过程在时间上的安排。任何工程的施工都需要计划的指导。施工进度计划也是编制材料供应计划、劳动力供应计划、设备供应计划等的依据。施工进度计划对工程施工的时间具有约束性,是保证工期的重要前提条件。

(4)施工平面图

施工平面图就是要在整个施工过程中,对施工现场的场地使用做出规划,是对一个建筑物或构筑物的现场平面规划和空间布置图,主要包括设备的位置、临时设施、运输道路、水电设施等的布置。施工平面图布置合理与否会影响施工效率、施工质量,进而影响施工成本。施工平面的管理是一个动态的过程,随施工的不同阶段可能会有所调整。

(5)质量安全保证措施

为了保证施工质量和施工安全,一般在施工方案确定以后,结合具体的施工方法,有针对性地对在施工过程中可能产生质量问题的地方和容易发生安全事故的部位制定出具体的质量、安全保证措施,以便对施工人员进行技术交底和对质量、安全等问题进行事前控制。

另外,单位工程施工组织设计的内容还包括劳动力、材料、构件、施工机械等需要量的计划,主要技术组织措施,主要技术经济指标等。如果工程规模较小,可以编制简明扼要的施工组织设计,其内容是施工方案、施工进度计划表、施工平面图,简称"一案一表一图"。

2. 单位工程施工组织设计的编制程序和依据

(1)单位工程施工组织设计的编制程序

单位工程施工组织设计是指导和控制施工企业施工的技术经济文件。单位工程施工组织设计的一般编制程序如图 13-3 所示。

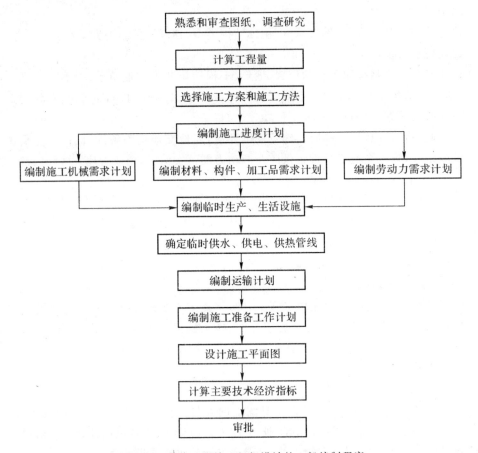

图 13-3　单位工程施工组织设计的一般编制程序

(2)单位工程施工组织设计的编制依据

单位工程施工组织设计应以工程对象的类型和性质、建设地区的自然条件和技术经济条件及施工企业收集的其他资料等作为编制依据,主要应包括:

1)工程施工合同,特别是施工合同中有关工期、施工技术限制条件、工程质量标准要求等,对施工方案的选择和进度计划的安排有重要影响;

2)施工组织总设计对该工程的有关规定和安排;

3)施工图纸及设计单位对施工的要求,包括全部施工图纸、会审记录和标准图等有关设计资料;

4)施工企业年度生产计划对该工程的安排和规定的有关指标,如其他项目的穿插施工的要求;

5)建设单位可能提供的施工条件和水、电等的供应情况,如业主提供的临时房屋、水压、

供水量、电压、供电量能否满足施工的要求;

6)各种资源的配备情况,如原材料、劳动力、施工设备和机具、预制构件等的市场供应和来源情况;

7)施工现场的自然条件和技术经济条件资料,如工程地质、水文地质、气象情况、交通运输,及原材料、劳动力、施工设备和机具等的市场价格情况;

8)预算或报价文件以及相关现行规范、规程等资料,预算提供了工程量报价清单和预算成本,相关现行规范、规程等资料和相关定额是编制进度计划的主要依据。

13.2.1　施工方案

任何工程的施工首先必须制订施工方案。施工方案是施工组织设计的核心,施工方案选择的合理与否直接影响单位工程施工的经济效益和工程质量。一个工程的施工方案往往有多种选择,确定施工方案必须从施工项目的特点和施工条件出发,拟出各种可行的施工方案,进行技术经济分析比较,选择技术可行、工艺先进、经济合理的施工方案。

施工方案的制订和选择一般包括确定施工程序、确定施工的起点流向、确定施工顺序、确定施工方法和施工机械、制定技术组织措施、施工方案的技术经济比较等。

1.确定施工程序

单位工程施工的一般程序为:接受施工任务→施工准备→施工→交工验收。每一个阶段都必须完成规定的工作内容,并为下一阶段的工作创造条件。

接受施工任务主要是通过投标获取工程,明确施工项目的内容和范围、技术质量要求、工程造价等。施工准备是指在工程施工前必须完成的各项准备工作,包括施工环境准备,技术准备,材料、设备、劳动力等各种资源的准备。完成施工准备工作以后,就可以正式开工,进入施工阶段,这一阶段要按照施工组织设计确定的施工进度计划以及施工方案进行施工,并对进度、质量、成本等进行管理和控制。最后工程完工,进行交工验收,工程合格交付使用,施工完毕,进入保修期。在施工阶段中,单位工程应遵循的一般程序原则为:

(1)先地下后地上。先地下后地上指的是在地上工程施工之前,尽量把管道、线路等地下设施和土方工程、基础工程完成或基本完成,以免对地上部分产生干扰,带来不便。

(2)先土建后设备。先土建后设备指的是无论是工业建筑还是民用建筑,都要处理好土建与水、暖、电、卫等设备的施工顺序,工业建筑的土建与设备安装的施工顺序与厂房的性质有关,如精密仪器厂房一般要求土建、装饰工程完工之后安装工艺设备;重型工业厂房则有可能先安装设备后建厂房,或设备安装与土建同时进行,因为这样的厂房设备体积一般很大,当厂房建好以后,设备无法进入和安装,如重型机械厂房、发电厂的主厂房等。

(3)先主体后围护。先主体后围护主要指结构中主体与围护的关系。在框架结构施工中应注意在总的程序上有合理的搭接。一般来说,多层建筑主体结构与围护结构以少搭接为宜;而高层建筑则应尽量搭接施工,以便有效地节约时间。

(4)先结构后装饰。先结构后装饰主要指先进行主体结构施工,后进行装饰工程施工,这是就一般情况而言的。有时为了节约时间,也可以部分搭接施工。另外,随着建筑施工工业化水平的提高,某些装饰与结构构件是在工厂一次完成以后运到现场组装的。

2. 确定施工的起点流向

确定施工的起点流向,就是确定单位工程在平面和空间上施工的开始部位及其展开方向。对于单层建筑物,主要指分区分段地确定出其在平面上的施工流向;对于多层建筑物,除了确定每层在平面上的施工流向外,还需确定其在竖向上的施工流向。

确定单位工程的施工起点流向时,一般应考虑如下因素:

(1)车间的生产工艺流程,往往是确定施工流向的关键因素。因此,从生产工艺上考虑,凡是影响其他工段试车投产的工段应该先施工。

(2)满足生产和使用的需要,建设单位对生产或急需使用的工段或部位一般应先施工。

(3)工程的繁简程度和施工过程之间的相互关系。技术复杂、施工进度较慢、工期较长的区段和部位一般应先施工。密切相关的分部分项工程的流水施工,一旦前导施工过程的起点流向确定了,后续施工过程也就随之而定了。如单层工业厂房的挖土工程的起点流向决定柱基础施工过程和某些预制、吊装施工过程的起点流向。

(4)房屋高低层和高低跨,如柱子的吊装应从高低跨并列处开始。屋面防水层应按先高后低的方向施工,同一屋面则由檐口到屋脊方向施工。基础有深浅之分时,应按先深后浅的顺序进行施工。

(5)工程现场条件和施工方案、施工场地的大小、道路布置和施工方案中采用的施工方法和机械也是确定施工起点流向的主要因素。如土方工程边开挖边余土外运,则施工起点应确定在离道路远的部位并应按由远及近的方向进展。

(6)分部分项工程的特点及其相互关系。例如多层建筑的室内装饰工程除平面上的起点流向以外,在竖向上还要决定其流向,而竖向的流向确定显得更重要。

根据装饰工程的工期、质量、安全、使用要求以及施工条件,其施工起点流向一般分为自上而下、自下而上以及自中而下再自上而中三种。

1)室内装饰工程自上而下的施工起点流向,通常是指主体结构工程封顶、做好屋面防水层后,从顶层开始,逐层往下进行。其施工流向如图 13-4 所示,有水平向下和垂直向下两种情况,通常采用水平向下的流向较多。此种起点流向的优点是:主体结构完成后,有一定的沉降时间,能保证装饰工程的质量;做好屋面防水层后,可防止在雨季施工时因雨水渗漏而

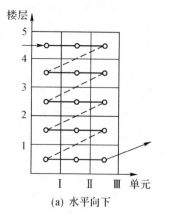

(a) 水平向下

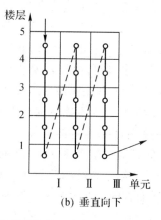

(b) 垂直向下

图 13-4　室内装饰工程自上而下的施工流向

影响装饰工程的质量。并且,自上而下的流水施工,各工序之间交叉少,便于组织施工,保证施工安全,方便从上往下清理垃圾。其缺点是不能与主体施工搭接,因而工期较长。

2)室内装饰工程自下而上的起点流向,是指当主体结构工程施工到二三层以上时,装饰工程从第一层开始,逐层向上进行。其施工流向如图 13-5 所示,有水平向上和垂直向上两种情况。此种起点流向的优点是:可以和主体砌墙工程进行交叉施工,使工期缩短。其缺点是:工序之间交叉多,需要很好地组织施工并采取安全措施。当采用预制楼板时,由于板缝填灌不严密,以及靠墙边处较易渗漏雨水和施工用水,影响装饰工程质量,因此在上下两相邻楼层中,应首先抹好上层地面,再做下层天棚抹灰。

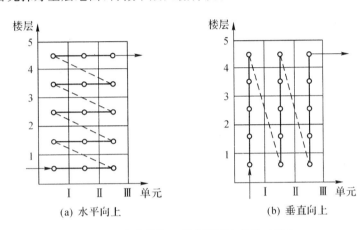

图 13-5　室内装饰工程自下而上的施工流向

3)自中而下再自上而中的起点流向,综合了上述两者的优缺点,适用于中高层建筑的装饰工程。室外装饰工程一般总是采取自上而下的起点流向。应当指出,在流水施工中,施工起点流向决定了各施工段的施工顺序,因此确定施工起点流向的同时,应当确定施工段的划分和顺序编号。

3. 确定施工顺序

施工顺序是指分项工程或工序之间的先后顺序。合理确定施工顺序也是编制施工进度计划,充分利用好空间和时间,做好工序之间的搭接,以及缩短工期的需要。

(1)确定施工顺序的注意事项

确定施工顺序时应该注意以下几点:

1)施工流向合理。确定施工流向时,应考虑施工组织的分区、分段以及主导工程的施工顺序。对于单层建筑,应确定分段(跨)在平面上的流向;对于多层建筑,除了定出平面流向外,还应定出分层的流向。

2)有利于保证质量和成品保护。比如,室内装饰宜自上而下,先做湿作业,后做干作业,以便于后续工程插入施工,反之则会影响施工质量。又比如安装灯具和粉刷,一般应先粉刷后装灯具,否则会污染灯具,不利于成品保护。

3)减少工料消耗,有利于降低成本费用。比如室内回填土与底层墙体砌筑,应先做回填土比较合理,可以为后续工序(砌墙)创造条件,方便水平运输,提高工效。

4)有利于缩短工期。缩短工期,加快施工进度,可以靠施工组织手段在不增加资源的情况下带来经济效益。如装饰工程施工可以在主体结构施工完毕后从上到下进行,但工期较长。若与主体交叉施工,则将有利于缩短工期。

因此,确定合理的施工顺序,使工程达到优和快的目的,最根本的就是要充分利用工作面,发挥工人和设备的效率,使各分部分项工程的主导工序能连续均衡地进行。

(2)具体施工顺序

现将多层混合结构、多层全现浇钢筋混凝土框架结构房屋和装配式钢筋混凝土结构单层工业厂房的施工顺序分别叙述如下:

1)多层混合结构房屋的施工顺序

多层混合结构房屋的施工,一般可划分为基础工程,主体结构工程,屋面及装饰工程,水、暖、电、卫等工程,施工顺序如图 13-6 所示。

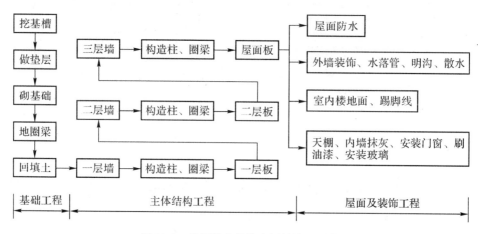

图 13-6　多层混合结构房屋的施工顺序

①基础工程的施工顺序

基础工程一般以房屋底层的室内地坪±0.000 为界,以上为主体工程,以下为基础工程。其施工顺序一般为:挖基槽→做垫层→砌基础→地圈梁→回填土。若有地下障碍物、坟穴、孔洞、软弱地基等,需先进行处理;若有桩基础,应先进行桩基础施工。

需注意的是,挖基槽和做垫层的施工搭接要紧凑,时间间隔不宜过长,以防雨后基槽(坑)内灌水,影响地基的承载力。垫层施工完毕要留有一定的技术间歇时间,使其具有一定强度后,再进行下一道工序。各种管沟的挖土、做管沟垫层、砌管沟墙、管道铺设等应尽可能与基础工程施工配合,平行搭接进行。回填土根据施工工艺的要求,可以在结构工程完工以后进行,也可在上部结构开始以前完成,施工中采用后者的较多。这样,一方面可以避免基槽遭雨水或施工用水浸泡,另一方面可以为后续工程创造良好的工作条件,提高生产效率。回填土原则上是一次分层夯填完毕。对零标高以下室内回填土(房心土),最好与基槽(坑)回填土同时进行,但要注意水、暖、电、卫、煤气管道沟的回填标高,若不能同时回填,也可在装饰工程之前,与主体结构施工同时交叉进行。

②主体结构工程的施工顺序

主体结构工程施工阶段的工作,通常包括搭脚手架,墙体砌筑,安装门窗框,安装预制门窗过梁,安装预制楼板和楼梯,现浇构造柱、楼板、圈梁、雨篷、楼梯、屋面板等分项工程。若多层混合结构房屋的圈梁、楼板、楼梯均为现浇,则主导工程是砌墙以及现浇构造柱、楼板、圈梁和雨篷、屋面板等分项工程。其施工顺序为:立柱筋→砌墙→安装柱模→浇筑混凝土→安装梁、板、楼梯模板→安装梁、板、楼梯钢筋→浇梁、板、楼梯混凝土。当楼板为预制时,砌筑墙体和安装预制楼板工程量较大,为主导施工过程,它们在各楼层之间的施工是交替进行的。在组织工程施工时应尽量使砌墙连续施工,在浇筑构造柱、圈梁的同时浇筑厨房、卫生间楼板。各层预制楼梯段的吊装应在砌墙、安装楼板的同时完成。

主体结构施工时应尽量组织流水施工,可将每栋房屋划分为2~3个施工段,便于主导工程施工能够连续进行。

③屋面及装饰工程的施工顺序

这个阶段具有施工任务多、劳动消耗量大、手工操作多、需要时间长的特点。主体工程完工后,首先进行屋面防水工程的施工,以保证室内装饰的顺利进行。卷材防水屋面工程的施工顺序一般为:找平层→隔气层→保温层→找平层→冷底子油结合层→防水层→保护层。对于刚性防水屋面的现浇钢筋混凝土防水层,应在主体结构完成后开始,并尽快完成,以便为室内装饰创造条件。在一般情况下,屋面工程可以和装饰工程搭接或平行施工。

装饰工程可分为室内装饰(天棚、地面、楼地面、楼梯等抹灰,门窗扇安装,门窗油漆,安装玻璃,墙裙油漆,做踢脚线等)和室外装饰(外墙抹灰、勒脚、散水、台阶、明沟、水落管等)。

室内外装饰工程的施工顺序通常有先内后外、先外后内、内外同时进行三种顺序。具体顺序应视施工条件和气候条件而定。通常室外装饰应避开冬季或雨季;如果室内为水磨石楼面,为防止楼面施工时水的渗漏对外墙面的影响,应先完成水磨石的施工;如果为了加速脚手架的周转或要赶在冬、雨季到来之前完成室外装修,则应采取先外后内的顺序。

室外装饰工程的施工顺序一般为:外墙抹灰(或其他饰面)→勒脚→散水→明沟→台阶。外墙装饰一般采取自上而下,同时安装落水管和拆除脚手架。

同一层的室内抹灰施工顺序有两种:一种是楼地面→天棚→墙面;另一种是天棚→墙面→楼地面。前一种顺序便于清理地面,地面质量易于保证,且便于收集墙面和天棚的落地灰,节省材料。但由于地面需要留养护时间及采取保护措施,墙面和天棚抹灰时间推迟,进而影响工期。后一种顺序在做地面前必须将天棚和墙面上的落地灰和渣滓扫清洗净后再做面层,否则会影响楼面面层同预制楼板间的黏结,引起地面起鼓。底层地面施工一般是在各层天棚、墙面、楼面做好之后进行。

楼梯间和踏步抹面在施工期间易损坏,通常是在其他抹灰工程完成后,自上而下统一施工。门窗扇安装可在抹灰之前或之后进行,视气候和施工条件而定。例如,室内装饰工程若是在冬季施工,为防止抹灰层冻结和加速干燥,门窗扇和玻璃均应在抹灰前安装完毕。门窗玻璃安装一般在门窗扇油漆之后进行。

④水、暖、电、卫等工程的施工顺序

水、暖、电、卫等工程不同于土建工程那样可以分成几个明显的施工阶段,它一般与土建工程中有关的分部分项工程进行交叉施工,紧密配合。

a.在基础工程施工时,在回填土之前,应完成上下水、暖气等相应的管道沟的垫层和地沟墙。

b.在主体结构施工时,应在砌砖墙和现浇钢筋混凝土楼板的同时,预留出上下水管和暖气立管的孔洞、电线孔槽或预埋木砖和其他预埋件。

c.在装饰工程施工前,安设相应的各种管道和电器照明用的附墙暗管、接线盒等。水、暖、电、卫安装一般在楼地面和墙面抹灰前(或后)穿插施工。若电线采用明线,则应在室内粉刷后进行安装。

(2)多层全现浇钢筋混凝土框架结构房屋的施工顺序

钢筋混凝土框架结构房屋施工过程一般可分为基础工程、主体结构工程、围护工程和装饰工程四个施工阶段。一幢七层现浇钢筋混凝土框架结构地下独立基础房屋的施工顺序如图13-7所示。

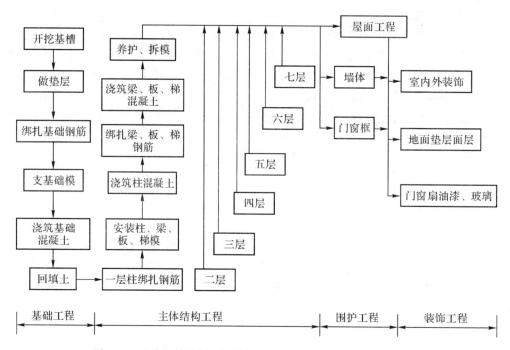

图 13-7　现浇钢筋混凝土框架结构地下独立基础房屋的施工顺序

1)±0.000以下工程施工顺序

多层全现浇钢筋混凝土框架结构房屋的基础工程一般可分为有地下室和无地下室基础工程。

若有地下室,且房屋建造在软土地基,基础工程的施工顺序一般为:桩基→围护结构→土方开挖→垫层→地下室底板→地下室墙、柱(防水处理)→地下室顶板→回填土。

若无地下室,且房屋建造在土质较好的地区,柱下独立基础工程的施工顺序为:挖基槽(基坑)→做垫层→基础(绑扎钢筋、支模、浇筑混凝土、养护、拆模)→回填土。

多层框架结构房屋的基础工程在施工之前,和混合结构施工一样,也要先处理好基础下部的松软土、洞穴等,然后分段进行平面流水施工。施工时,应根据当地的气候条件,加强对垫层和基础混凝土的养护,在基础混凝土达到拆模要求时及时拆模,并提早回填土,从而为上部结构施工创造条件。

2)主体结构工程的施工顺序(假定采用木制模板)

主体结构工程即全现浇钢筋混凝土框架的施工顺序一般为:绑扎柱钢筋→安装柱、梁、板、梯模→浇筑柱混凝土→绑扎梁、板钢筋→浇筑梁、板混凝土;或者为绑扎柱钢筋→安装柱、梁、板、梯模→绑扎梁、板钢筋→浇筑柱、梁、板混凝土。柱、梁、板的支模,绑扎钢筋,浇筑混凝土等施工过程的工程量大,耗用的劳动力和材料多,而且对工程质量和工期也起着决定性作用,为主导施工工序。通常应尽可能地将多层框架结构的房屋分成若干个施工段,组织平面和竖向的流水施工。

3)围护工程的施工顺序

围护工程的施工包括墙体工程、安装门窗框和屋面工程。墙体工程包括砌筑用的脚手架的搭设,内、外墙砌筑等分项工程。不同的分项工程之间可组织平行、搭接、立体交叉等流水施工。屋面工程、墙体工程应密切配合,如在主体结构工程结束之后,先进行屋面保温层、找平层施工,待外墙砌筑到顶后,再进行屋面油毡防水层的施工。脚手架应配合砌筑工程搭设,在室外装饰之后、做散水坡之前拆除。

屋面工程的施工顺序与混合结构房屋的屋面工程的施工顺序相同。

4)装饰工程的施工顺序

装饰工程的施工分为室内装饰和室外装饰:室内装饰包括天棚、墙面、楼地面、楼梯等抹灰,门窗扇安装,门窗油漆,安装玻璃等;室外装饰包括外墙抹灰、勒脚、散水、台阶、明沟等施工。其施工顺序与混合结构居住房屋的施工顺序基本相同。

(3)装配式钢筋混凝土单层工业厂房的施工顺序

装配式钢筋混凝土单层工业厂房的施工可分为基础工程、预制工程、结构安装工程、围护工程和装饰工程五个施工阶段。其施工顺序如图 13-8 所示。

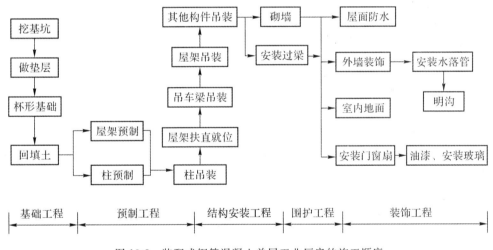

图 13-8　装配式钢筋混凝土单层工业厂房的施工顺序

1)基础工程的施工顺序

基础工程的施工顺序为:基坑开挖→做垫层→安装基础模板→绑扎钢筋→浇筑混凝土→养护→拆基础模板→回填土等分项工程。

单层工业厂房与民用建筑不同的是其一般具有设备基础和比较复杂的地下管网。由于设备基础与柱基础的埋深不同,且设备可能体积庞大,重量重,因此,厂房柱基础与设备基础的施工顺序存在几种方案,需根据具体情况决定,不同的施工顺序常常会影响主体结构的安装方法和设备安装投入的时间。通常有以下两种方案:

①当厂房柱基础的埋置深度大于设备基础的埋置深度时,安排厂房柱基础先施工,设备基础后施工,这称为封闭式施工顺序。

一般来说,当厂房施工处于冬季或雨季施工时,或设备基础不大,在厂房结构安装后对厂房结构的稳定性并无影响时,或对于较大、较深的设备基础采用了特殊的施工方法(如沉井)时,可采用封闭式施工,即厂房主体结构施工完后,机械设备基础开挖。

其主要优点是:厂房施工时,工作面大,构件现场预制、安装方便,起重机开行路线灵活,主体结构施工快,设备基础施工时不受气候影响,还可利用厂房内的吊车施工。

②当设备基础的埋置深度大于厂房柱基础的埋置深度时,通常设备基础与厂房柱基础同时施工,这称为开敞式施工顺序。

一般只有当设备基础较大、较深,其基坑的挖土范围已经与厂房柱基础的基坑挖土范围连成一片或深于厂房柱基础,以及厂房柱基础所在地土质不佳时,才采用"开敞式"施工顺序。如果设备基础与厂房柱基础的埋置深度相同或接近,则两种施工顺序均可随意选择。

开敞式施工顺序的优缺点与封闭式施工顺序正好相反。

单层工业厂房基础工程在施工之前,和民用房屋一样,要先处理好基础下部的松软土、洞穴等,然后分段进行平面流水施工。施工时,应根据当时的气候条件,加强对钢筋混凝土垫层和基础的养护,在基础混凝土达到拆模要求时及时拆模,并提早回填土,从而为现场预制工程创造条件。

2)预制工程的施工顺序

单层工业厂房结构构件通常采用加工厂预制和现场预制相结合的方法。具体预制方案应结合构件技术特征、当地加工厂的生产能力、工程的工期要求、现场施工及运输条件等因素,经过技术经济分析之后确定。通常,对于体积大、重量大的大型构件,因运输困难会产生较多问题,所以多采用在拟建厂房内部就地预制,如柱、托架梁、屋架、预应力吊车梁等。对于中小型构件,如大型屋面板等标准构件、木制品及钢结构构件等,可在加工厂预制。加工厂生产的预制构件应随着厂房结构安装工程的进展陆续被运往现场,以便安装。

单层工业厂房钢筋混凝土预制构件现场预制的施工顺序为:场地平整夯实→支模→绑扎钢筋→埋入铁件→预留孔道→浇筑混凝土→养护→拆模→张拉预应力钢筋→锚固→灌浆。

一般来说,只要基础回填土、场地平整完成一部分以后,且安装方案已定,构件平面布置图已绘出,就可以开始制作。制作的起点流向和先后次序应与基础工程的施工流向一致。这样既能使构件早日开始制作,又能及早让出工作面,为结构安装工程提早开始创造条件。实际上,现场内部就地预制构件的预制位置和流向,是与吊装机械、吊装方法同时考虑的。

①当预制构件采用分件安装方法时,预制构件的施工有三种方案:一是若场地狭窄而工期又允许,不同类型的构件可分别进行制作,首先制作柱和吊车梁,待柱和吊车梁安装完毕再进行屋架制作;二是若场地宽敞,可以依次安排柱、梁及屋架的连续制作;三是若场地狭窄且工期要求又紧迫,可首先将柱和梁等构件在拟建厂房内部就地制作,接着或同时将屋架在拟建厂房外部进行制作。

②当预制构件采用综合安装方法时,由于是分节间安装完各种类型的所有构件,因此,构件需一次制作。这样在构件的平面布置等问题上,综合安装方法要比分件安装法困难得多,需视场地的具体情况确定出构件是全部在拟建厂房内就地预制,还是一部分

在拟建厂房外预制。

3）结构安装工程的施工顺序

结构安装工程是单层工业厂房施工中的主导工程。其施工内容为柱、吊车梁、连系梁、地基梁、托架、屋架、天窗架、大型屋面板等构件的吊装、校正和固定。

一般来说，钢筋混凝土柱和屋架的强度应分别达到70%和100%设计强度后，才能进行吊装；预应力钢筋混凝土屋架、托架梁等构件在混凝土强度达到100%设计强度时，才能张拉预应力钢筋，而灌浆后的砂浆强度要达到$15N/mm^2$时才可以进行就位和吊装。

结构安装工程的施工顺序取决于安装方法。当采用分件安装方法时，一般起重机分三次开行才能安装完全部构件，其安装顺序是：第一次开行安装全部柱子，并对柱子进行校正与最后固定，待杯口内的混凝土强度达到设计强度的70%后，起重机第二次开行安装吊车梁、连系梁和基础梁，第三次开行安装屋盖系统。当采用综合安装方法时，其安装顺序是：先安装第一节间的四根柱，迅速校正并灌浆固定，接着安装吊车梁、连系梁、基础梁及屋盖系统，如此依次逐个节间地进行所有构件安装，直至整个厂房全部安装完毕。抗风柱的安装顺序一般有两种：一是在安装柱的同时，先安装该跨一端的抗风柱，另一端的抗风柱则在屋盖系统安装完毕后进行；二是全部抗风柱的安装均待屋盖系统安装完毕后进行。

结构吊装的流向通常应与预制构件制作的流向一致。当厂房为多跨且有高低跨时，构件安装应从高低跨柱列开始，先安装高跨，后安装低跨，以适应安装工艺的要求。

4）围护工程的施工顺序

围护工程的施工包括墙体砌筑、安装门窗框和屋面工程。单层工业厂房的围护工程的施工顺序与现浇钢筋混凝土框架结构房屋的施工顺序基本相同。

5）装饰工程的施工顺序

装饰工程的施工分为室内装饰和室外装饰：室内装饰包括地面的平整、垫层、面层，门窗扇和玻璃安装，以及油漆、刷白等分项工程；室外装饰包括勾缝、抹灰、勒脚、散水等分项工程。

一般单层工业厂房的装饰工程施工是不占总工期的，常与其他施工过程穿插进行。如地面工程应在设备基础、墙体工程完成了地下部分和地下的管道电缆及管道沟完成之后进行，或视具体情况穿插进行；钢门窗的安装一般与砌筑工程穿插进行，或在砌筑工程完成之后进行；门窗油漆可在内墙刷白后进行，或与设备安装同时进行；刷白应在墙面干燥和大型屋面板灌缝后进行，并在油漆开始前结束。

6）水、暖、电、卫等工程的施工顺序

单层工业厂房水、暖、电、卫等工程与混合结构居住房屋水、暖、电、卫等工程的施工顺序基本相同，但应注意空调设备安装工程的安排。生产设备的安装一般由专业公司承担，由于其专业性强、技术要求高，应遵照相关专业的生产顺序进行。

上面所述三种类型房屋的施工过程及其顺序仅适用于一般情况。土木工程施工是一个复杂的过程，建筑结构、现场条件、施工环境不同，均会对施工过程及其顺序的安排产生不同的影响。因此，对于每一个单位工程，必须根据其施工特点和具体情况，合理地确定施工顺序，最大限度地利用空间，争取时间。为此应组织立体交叉、平行流水施工，以期达到时间和空间的充分利用。

4. 确定施工方法和施工机械

施工方法和施工机械是紧密联系的,施工机械的选择是确定施工方法的中心环节,施工机械和施工方法在施工方案中具有决定性作用。施工方法一经确定,施工机具和施工组织则只能按确定的施工方法确定。施工方法的选择直接影响施工进度、质量、安全和工程成本。

(1)选择施工方法

确定施工方法时,首先应考虑该方法在工程上是否切实可行,是否符合国家相关技术政策,经济上是否合算。其次,必须考虑是否满足工期(工程合同)要求,确保工程按期交付使用。

选择施工方法时,应重点考察工程量大的、对整个单位工程影响大以及施工技术复杂或采用新技术、新材料的分部分项工程的施工方法。必要时编制单独的分部分项的施工作业设计,提出质量要求及达到这些质量要求的技术措施。

在确定施工方法时,要注意施工的技术质量要求以及相应的安全技术要求,应进行方案比较,在满足工期和质量的同时,选择较优的方案,力求降低施工成本。下面介绍常见的主要分部分项工程施工方法。

1)土方工程

确定土方工程施工方法时主要考虑以下几点:

①采用机械开挖还是采用人工开挖;

②一般建筑物、构筑物墙、柱的基础开挖方法及放坡的坡度、支撑形式等;

③挖土、填土、余土外运所需机械的型号及数量;

④地下水、地表水的排水方法,排水沟、集水井、井点的布置,所需设备的型号及数量;

⑤大型土方工程土方调配方案的选择。

2)钢筋混凝土工程

①模板工程:模板的类型和支模方法是根据不同的结构类型、现场条件确定现浇和预制用的各种类型模板(如工具式钢模、木模,翻转模板,土、砖、混凝土胎模,钢丝网水泥、竹、纤维板模板等)及各种支撑方法(如钢、木立柱、桁架、钢制托具等),并分别列出采用的模板类型、部位和数量以及隔离剂。

②钢筋工程:明确构件厂与现场加工的范围,钢筋调直、切断、弯曲、成型、焊接方法,钢筋运输及安装方法。

③混凝土工程:一般均采用商品混凝土,若采用分散搅拌,则应确定其砂石筛选、计量、上料方法,拌和料、外加剂的选用及掺量,搅拌、运输设备的型号及数量,浇筑顺序的安排,工作班次,分层浇筑厚度,振捣方法,施工缝的位置,养护制度等。

3)结构安装工程

①构件尺寸、自重、安装高度;

②选用吊装机械型号及吊装方法,塔吊回转半径的要求,吊装机械的位置或开行路线;

③吊装顺序,运输、装卸、堆放方法,所需设备型号及数量;

④吊装运输对道路的要求。

4)垂直及水平运输

①确定标准层垂直运输量,如砖、砌块、砂浆、模板、钢筋、混凝土和各种装修用料、水电材料、工具脚手架数量等;

②垂直运输方式的选择及型号、数量、布置、服务范围、穿插班次。通常垂直运输设备选用井架、门架、塔吊等;

③水平运输方式及设备的型号及数量,通常水平运输设备选用各种运输车(如手推车、机动小翻斗车、架子车、构件安装小车等)和输送泵;

④地面及楼面水平运输设备的行驶路线。

5)装饰工程

装饰工程主要包括室内外地面抹灰、门窗安装、油漆涂抹和玻璃安装等。

①室内外装饰抹灰工艺的确定;

②施工工艺流程与流水施工的安排;

③装饰材料的场内运输,减少临时搬运的措施。

6)特殊项目

对四新(新结构、新工艺、新材料、新技术)项目,高耸、大跨、重型构件,水下、深基础、软弱地基,冬季施工等项目均应单独编制施工作业设计,单独编制的内容包括工程平面、剖面示意图、工程量、施工方法、工艺流程、劳动组织、施工进度、技术要求、质量与安全措施、材料、构件及机具设备需要量等。

(2)施工机械的选择

施工机械的选择是确定施工方法的核心。选择施工机械时应着重考虑以下几点:

1)首先选择主导施工机械,如地下工程的土方机械、桩机,主体结构工程的垂直或水平运输机械,结构工程的吊装机械等。

2)所选机械的类型及型号必须满足施工要求。此外,为发挥主导施工机械的效率,应同时选择与主机配套的辅助机械,如土方工程施工中,采用挖掘机挖土、汽车运土时,汽车的载重量应为挖掘机斗容量的整数倍,同时还要选择合适的铲运比,尽可能地发挥挖掘机的工作效率,降低工程成本。

3)充分发挥本单位现有机械能力。尽量选择本单位现有的或可能获得的机械,以降低成本。选择机械时应尽可能地减少机械类型,做到实用性与多样性的统一,以方便机械的现场管理和维修工作。当施工单位的机械不能满足工程需要时,应购买或租赁所需的机械。

5. 制定施工技术组织措施

为保证工程进度、施工质量,实现安全生产、降低成本和文明施工等目标,需要制定技术组织措施,这些措施应既行之有效,又切实可行。主要的技术组织措施包括如下内容:

(1)保证工程进度的措施

为了保证工程施工按照进度要求顺利进行,通常可以采取以下一些措施:

1)建立工程例会制度,定期开会分析研究、解决各种矛盾问题。一般工程可由施工企业内部建立例会制度,由工地负责人主持,各工种负责人和材料、构件等物资供应部门负责人参加,主要协调施工企业内部各部门的矛盾问题。对于较复杂的工程,在施工企业内部例会制度基础上,应建立更大范围的例会制度,由总承包单位主持,业主单位、施工单位、设计单位、监理单位以及材料、设备供货单位参加,主要解决影响工程进度的各种外部矛盾问题。

2)组织劳动竞赛。在整个施工过程中,有计划地组织若干次劳动竞赛,如填充墙砌块竞赛、抹灰竞赛、贴面砖竞赛等,有节奏地掀起几次生产高潮,调动广大职工的生产积极性,以促进和保证工程进度目标的实现。

3)扩大构件预制的工厂化程度和施工机械化程度。如钢筋加工、构件预制尽可能在工厂制作完成后送往工地使用;混凝土采用泵送商品混凝土;垂直运输设备采用移动式塔吊,服务半径大;构件采用机械吊装等。

4)采用先进施工技术并合理组织流水作业施工。如采用工具式、组合式模板,拆装方便,损耗少、效率高;组织流水作业施工,扩大施工作业面。

5)规范操作程序,使施工操作紧张而有序地进行,避免返工或浪费,促进施工进度加快。

(2)保证工程质量的措施

通常可采取的保证工程质量的措施如下:

1)建立各级技术责任制,完善内部质量保证体系,明确各级技术人员的职责范围,做到职责明确,各负其责;

2)推行全面质量管理活动,开展创优工程竞赛,制定奖优罚劣措施;

3)定期进行质量检查活动,召开质量分析会议;

4)加强人员培训工作,如对使用的新技术、新工艺、新材料,或是质量通病顽症进行分析讲解,以提高施工操作人员的质量意识和工作质量,从而确保工程施工质量;

5)制定和落实季节性施工技术措施,如雨季、夏季高温及冬季施工措施等。

(3)保证安全措施

1)建立各级安全生产责任制,明确各级施工人员的安全职责;

2)制定重点部位的安全生产措施,在土方施工时,应明确边坡稳定的措施,对各种机电设备应明确安全用电、安全使用的措施,外用电梯、井架、塔吊等与主体结构拉结的措施,脚手架防止倾斜、倒塌的措施,易燃易爆品、危险品的贮存、使用安全措施,季节性施工安全措施,各施工部位要有明显的安全警示牌等;

3)加强安全交底工作,施工班组要坚持每天开好班前会,针对施工操作中的安全及质量等问题及时进行提示教育;

4)定期进行安全检查活动并召开安全生产分析会议,及时对不安全因素进行整改;

5)重视和加强对新工人的安全知识教育,需要持证上岗的岗位应严格实行持证上岗。

(4)降低施工成本措施

1)临时设施尽量利用已有的各项设施,或利用已建工程,或采用工具式活动工棚等,以减少临时设施费用。

2)砂浆、混凝土中掺用外加剂,节约水泥用量。有些大体积的基础混凝土,亦可掺入粉煤灰或25%左右的块石,以节约水泥用量。

3)在楼面结构层施工和室内装修施工中,采用工具模板、工具式脚手架,以节约模板和脚手架费用。

4)合理使用垂直运输设备和吊装设备,尽量减少机械设备停置费用,缩短大型和重型吊装机械设备的进场施工时间,避免多次重复进场使用。

5)采用先进的钢筋焊接技术,以节约钢筋。

6)加快工程款的回收工作。

(5)文明施工措施

1)建立现场文明施工责任制、保洁区等管理制度,做到随做随清,谁做谁清;

2)各种材料、构件应根据工程进度有序进场,避免盲目进场或后用先进等情况,进场的材料、构件应堆放整齐;

3)定期进行检查活动,针对薄弱环节,不断总结提高;

4)做好成品保护和机械保养工作。

6. 施工方案的技术经济对比分析

一个施工项目的施工方案往往不止一个,通常是先提出所有可行的方案,然后对所有可行方案进行技术经济对比分析以后确定一个最优方案。

施工方案的技术经济对比分析方法有定性分析和定量分析两种。

定性分析是结合实际的施工经验分析各方案的优缺点,主要考虑:其工期是否符合要求,能否保证工程质量和施工安全,机械和设备供应的可能性,能否为后续工程提供有利的条件,冬、雨季对施工的影响程度等。评价时受评价人的主观因素影响较大,因此其只用于施工方案的初步评价。

定量分析是对各方案的投入与产出进行计算,即计算出各方案的劳动力、材料与机械台班消耗量、工期、成本等,并直接进行对比,用数据说明问题,因此定量分析方法比较客观,是方案评价的主要方法。

施工方案的技术经济对比分析主要指标有以下三类,还有其他一些定性或定量指标。

(1)技术性指标,指各种技术参数,例如主体结构的混凝土用量等;

(2)经济性指标,包括工程施工成本、施工中主要资源需要量、主要工种工人需要量、劳动力消耗量等;

(3)工程效果指标,指采用该施工方案后预期达到的效果,例如施工工期、工作效率、成本降低率、资源节约率等。

13.2.2 单位工程施工进度计划

施工进度计划是单位工程施工组织设计的重要组成部分。它的任务是按照组织施工的基本原则,根据选定的施工方案,在时间和施工顺序上做出安排,以最少的人力、财力,保证在规定的工期内完成合格的单位建筑产品。

施工进度计划的作用是控制单位工程的施工进度,按照单位工程各施工过程的施工顺序,确定各施工过程的持续时间以及它们相互间(包括土建工程与其他专业工程之间)的配合关系;确定施工所必需的各类资源(人力、材料、机械设备、水、电等)的需要量。同时,它也是施工准备工作的基本依据,是编制月、旬作业计划的基础。

编制施工进度计划的依据是单位工程的施工图,建设单位要求的开工、竣工日期,单位工程施工图预算及采用的定额和说明,施工方案和建筑地区的地质、水文、气象及技术经济资料等。

施工进度计划一般采用水平图表(横道图)、垂直图表和网络图的形式。本节主要阐述用横道图编制施工进度计划的方法及步骤。

单位工程施工进度计划横道图的形式和组成如表 13-2 所示。表的左面列出各分部分项工程的名称及相应的工程量、劳动量和需用机械等基本数据。表的右面是由左面数据算得的指示图线,用横线条形式可形象地反映出各施工过程的施工进度以及各分部分项工程间的配合关系。

表 13-2 单位工程施工进度计划

序号	分部分项工程名称	工程量		××定额	劳动量		需用机械		每日工作班数	每日工作人数	工作天数	进度日程									
												×月					×月				
		单位	数量		工种	工日	名称	台班				5	10	15	20	25	5	10	15	20	25

1. 编制施工进度计划的一般步骤

(1)确定工程项目

编制施工进度计划应首先按照施工图和施工顺序将单位工程的各施工项目列出,项目包括从准备工作直到交付使用的所有土建、设备安装工程,将其逐项填入表中工程名称栏内〔名称参照现行概(预)算定额手册〕。

工程项目划分取决于进度计划的需要。对控制性进度计划,其划分可较粗,列出分部工程即可。对实施性进度计划,其划分需较细,特别是对主导工程和主要分部工程,要求更详细具体,以提高计划的精确性,便于指导施工。如对框架结构住宅,除要列出各分部工程项目外,还要把各分部分项工程都列出。如现浇工程可先分为柱浇筑、梁浇筑等项目,然后还应将其分为支模、扎筋、浇筑混凝土、养护、拆模等项目。

施工项目的划分还要结合施工条件、施工方法和劳动组织等因素。凡在同一时期可由同一施工队完成的若干施工过程可合并,否则应单列。对次要零星项目,可合并为"其他工程",其劳动量可按总劳动量的 10%～20% 计算。水、暖、电、卫,设备安装等专业工程也应列于表中,但只列项目名称并标明起止时间。

(2)计算工程量

工程量的计算应根据施工图和工程量计算规则进行。若已有预算文件且采用的定额和项目划分又与施工进度计划一致,可直接利用预算工程量;若有某些项目不一致,则应结合工程项目栏的内容计算。计算时要注意以下问题:

1)各项目的计量单位应与采用的定额单位一致,以便计算劳动量、材料、机械台班时直接利用定额;

2)要结合施工方法并满足安全技术的要求,如土方开挖应考虑坑(槽)的挖土方法和边坡稳定的要求;

3)要按照施工组织分区、分段、分层计算工程量。

(3)确定劳动量和机械台班数

根据各分部分项工程的工程量 Q,计算各施工过程的劳动量或机械台班数 p。

(4)确定各施工过程的作业天数

单位工程各施工过程作业天数 T 可根据安排在该施工过程的每班工人数或机械台数 n 和每天工作班数 b 算。

工作班制一般宜采用一班制,因其能利用自然光照,适宜于露天和空中交叉作业,有利于安全和工程质量。在特殊情况下可采用二班制或三班制作业,以加快施工进度,充分利用施工机械。对某些由于工作面狭窄和工期限定等因素必须连续施工的施工过程亦可采用多班制作业。在安排每班劳动人数时,须考虑最小劳动组合、最小工作面和可供安排的人数。

(5)安排施工进度表

各分部分项工程的施工顺序和施工天数确定后,应按照流水施工的原则,力求主导工程连续施工。在满足工艺和工期要求的前提下,尽量使大多数工作能平行地进行,使各个工作队的工作最大可能地搭接起来,并在施工进度计划表的右半部画出各项目施工过程的进度线。根据经验,安排施工进度计划的一般步骤如下:

1)首先找出并安排控制工期的主导分部工程,然后安排其余分部工程,并使其与主导分部工程最大可能地平行进行或最大限度地搭接施工。

2)在主导分部工程中,首先安排主导分项工程,然后安排其余分项工程,并使进度与主导分项工程同步而不致影响主导分项工程的展开。如框架结构中柱、梁浇筑是主导分部工程之一,它由支模、绑扎钢筋、浇筑混凝土、养护、拆模等分项工程组成。其中浇筑混凝土是主导分项工程。因此安排进度时,应首先考虑混凝土的施工进度,而其他各项工作都应在保证浇筑混凝土的浇筑速度和连续施工的条件下安排。

3)在安排其余分部工程时,应先安排影响主导工程进度的施工过程,后安排其余施工过程。

4)所有分部工程都按要求初步安排后,单位工程施工工期就可直接从横道图右半部分起止日期求得。

(6)施工进度计划的检查与调整

施工进度计划表初步排定后,要对单位工程限定工期、施工期间劳动力和材料均衡程度、机械负荷情况、施工顺序是否合理、主导工序是否连续及工序搭接是否有误等进行检查。检查中发现有违上述各点中的某一点或几点时,要进行调整。调整进度计划可通过调整工序作业时间、工序搭接关系或改变某分项工程的施工方法等实现。当调整某一施工过程的时间安排时,必须注意对其余分项工程的影响。通过调整,在工期能满足要求的前提下,使劳动力、材料需用量趋于均衡,主要施工机械利用率比较合理。

2. 资源需要量计划

单位工程施工进度计划确定之后,应该编制主要工种的劳动力、施工机具、主要材料、构配件等资源需要量计划,并提供给有关职能部门按计划调配或供应。

(1)劳动力需要量计划

将各分部分项工程所需要的主要工种劳动量叠加,按照施工进度计划的安排,提出每月需要的各工种人数,如表 13-3 所示。

表 13-3 劳动力需要量计划

序号	工种名称	总工日数	每月人数				
			1	2	3	4	…12

(2)施工机具需要量计划

根据施工方法确定机具类型和型号,按照施工进度计划确定数量和需用时间,提出施工机具需要量计划,如表 13-4 所示。

表 13-4　施工机具需要量计划

序号	机具名称	型号	需要量		使用时间
			单位	数量	

（3）主要材料需要量计划

主要材料根据预算定额按分部分项工程计算后分别叠加,按施工进度计划要求组织供应,如表 13-5 所示。

表 13-5　主要材料需要量计划

序号	材料名称	规格	单位	数量	每月需要量					
					1	2	3	4	5	…12

（4）构配件需要量计划

构配件需要量计划根据施工图纸和施工进度计划编制,如表 13-6 所示。

表 13-6　构配件需要量计划

序号	构配件名称	规格图号	单位	数量	使用部位	每月需要量			
						1	2	3	…12

13.2.3　单位工程施工平面图

施工平面图是施工方案在施工现场空间的具体反映,是现场布置施工机械、仓库、堆场、临时设施、道路等的依据,也是施工准备工作的一项重要依据。施工平面图是实现文明施工、合理利用施工场地、减少临时设施及使用费用的前提。施工平面图设计是施工组织设计的重要组成部分。施工平面图不但要在设计时周密考虑,而且应认真贯彻执行,这样才会使施工现场井然有序,施工顺利进行。当然,施工现场平面的管理是一个动态的过程,在不同的施工阶段可能会发生变化与调整,以便适应不同阶段的需要。

施工平面图一般按 1∶200～1∶500 的比例绘制。

1. 单位工程施工平面图设计的内容

（1）垂直运输设备的布置,如塔式起重机、施工电梯或井架的位置。

（2）生产和生活用临时设施的位置和面积。主要有:

1）场地内外的临时道路,可利用的永久性道路;

2）各种材料、构件、半成品的堆场及仓库;

3）各种搅拌站、加工厂的位置;

4)行政和生活用的临时设施,如办公室、食堂、宿舍、门卫等;

5)临时水、电、气、管线;

6)一切安全和消防设施的位置,如消防栓的位置等。

(3)测量轴线及定位线标志,测量放线桩和永久水准点的位置。

2. 单位工程施工平面图编制的依据

(1)相关的设计资料,如建筑设计总平面图、原有的地下管网图等;

(2)现场可利用的房屋、施工场地、道路、水源、电源、通信等情况;

(3)环境对施工的限制情况,如施工现场周围的建筑物和构筑物的影响,交通运输条件以及施工周围环境对施工现场噪声、卫生条件、废气、废液、废物的特殊要求;

(4)施工组织设计资料,包括施工方案资源需要量计划等,以确定各种施工机械、材料和构件的堆场,施工人员办公室和生活用房的位置、面积和相互关系。

3. 单位工程施工平面图设计的基本原则

(1)在满足施工条件的前提下,平面布置要力求紧凑,尽可能地减少施工用地,不占或少占农田;

(2)在满足施工需要的前提下,尽可能地减少临时设施,使临时管线的长度最短,尽可能地利用现场或附近原有的建筑物作为临时设施用房,以达到减少施工费用的目的;

(3)合理地布置现场的运输道路、搅拌站、加工厂、各种材料堆场或仓库的位置,尽可能地做到短运距,少搬运,减少或避免二次搬运;

(4)临时设施的位置应有利于施工管理和工人的生产、生活,如办公室宜靠近施工现场,生活福利设施最好能与施工区分开;

(5)施工平面布置应符合劳动保护、安全和消防的相关规范要求。

4. 单位工程施工平面图的设计步骤

单位工程施工平面图的设计步骤如图 13-9 所示。

(1)确定垂直运输设备的位置

垂直运输机械的位置直接影响搅拌站、材料堆场、仓库的位置及场内道路和水、电、管网的位置,因此,必须首先确定。各种垂直运输设备的位置分述如下:

1)固定式垂直运输机械(如井架、龙门架、固定式塔吊等)的布置,应考虑建筑物的平面形状和场地大小、施工段的划分、材料来向以及已有运输道路的情况而定。其目的是充分发挥起重机械的能力,并使地面和楼面的运输距离最短。通常,当建筑物各部位的高度相同时,布置在施工段的分界处;当建筑物各部位的高度不相同时,布置在高低分界处。这样布置的优点是楼面上各施工段的水平运输互不干扰。井架、龙门架最好布置在有窗口的地方,以避免墙体留槎,减少井架拆除以后的修补工作。井架的卷扬机不应距起重机过近,以便司机能够看到整个升降过程。点式高层建筑可选用附着式或自升式塔吊,布置在建筑物的中间或转角处。

2)布置有轨道式塔式起重机时,应考虑建筑物的平面形状、大小和周围场地的具体情况。应尽量使起重机在工作幅度内能将建筑材料和构件运送到操作地点,避免出现死角。

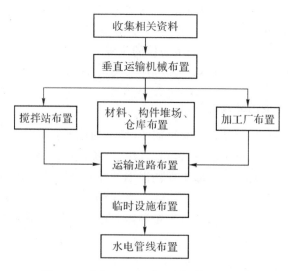

图 13-9　单位工程施工平面图的设计步骤

3)布置履带式起重机时,应考虑开行路线、建筑物的平面形状、起重高度、构件重量、回转半径和吊装方法等。

4)外用施工电梯又称人货两用电梯,是一种安装在建筑的外部、施工期间用于运送施工人员及建筑材料的垂直提升机械。外用施工电梯是高层建筑施工中不可缺少的关键设备之一。在施工时应根据建筑体形、建筑面积、运输量、工期及电梯价格、供货条件等选择外用施工电梯,其布置的位置应方便人员上下和物料集散,由电梯口至各施工处的平均距离应最近,且便于安装附墙装置等。

5)混凝土泵是在压力推动下沿管道输送混凝土的一种设备,该设备能一次连续完成水平运输和垂直运输,配以布料杆或布料机还可有效地进行布料和浇筑,在高层建筑施工中已得到广泛应用。混凝土泵应根据工程结构特点、施工组织设计要求、泵的主要参数及技术经济比较等进行选择。通常,在浇筑基础或高度不大的结构工程时,若在泵车布料杆的工作范围内,采用混凝土泵车最为适宜。在施工高度大的高层建筑时,可用一台高压泵一泵到顶,亦可采用接力输送方式,这应取决于方案的技术经济比较。在使用中,混凝土泵设置处应场地平整,道路畅通,供料方便,距离浇筑地点近,便于配管、排水、供水、供电,在混凝土泵作用范围内不得有高压线等。

(2)选择砂浆搅拌站的位置

砂浆及混凝土搅拌站的位置应根据房屋类型、现场施工条件、起重运输机械和运输道路的位置等来确定。布置搅拌站时应考虑尽量靠近使用地点,使运输、卸料方便;或布置在塔式起重机工作半径内,使水平运输距离最短。

(3)确定材料及半成品的堆放位置

材料及半成品是指水泥、砂、石、砖、石灰及预制构件等。这些材料及半成品的堆放位置在施工平面图上很重要,应根据施工现场条件、工期、施工方法、施工阶段、运输道路、垂直运输机械和搅拌站的位置以及材料储备量等综合考虑。

搅拌站所用的砂、石堆场和水泥库房应尽量靠近搅拌站布置,同时,石灰、淋灰池也应靠近搅拌站布置。若用袋装水泥,应设专门的干燥、防潮水泥库房;若用散装水泥,则需用水泥罐贮存。砂、石堆场应与运输道路连通或布置在道路边,以便卸车。沥青堆放场及熬制锅的位置应离开易燃品仓库或堆放场,并宜布置在下风向处。

当采用固定式垂直运输设备时,建筑物基础和第一层施工所用材料应尽量布置在建筑物的附近。当混凝土基础的体积较大时,混凝土搅拌站可以直接布置在基坑边缘附近,待混凝土浇筑完后再转移,以减少混凝土的运输距离。同时,应根据基坑(槽)的深度、宽度和放坡坡度确定材料的堆放地点,并与基坑(槽)边缘保持一定的安全距离($\geqslant 0.5\text{m}$),以避免产生土壁塌方。第二层以上用的材料、构件应布置在垂直运输机械附近。

当采用移动式起重机时,宜沿其开行路线布置在有效起吊范围内,其中构件应按吊装顺序堆放。材料、构件的堆放区距起重机开行路线不小于 1.5m。

(4)运输道路的布置

现场运输道路应尽可能利用永久性道路,或先修好永久性道路的路基,在土建工程结束之前再铺路面。布置现场道路时,应保证行驶畅通并有足够的转弯半径。运输道路最好围绕建筑物布置成环形。单车道路宽不小于 3.5m;双车道路宽不小于 6m。道路两侧一般应结合地形设置排水沟,深度不小于 0.4m,底宽不小于 0.3m。

(5)临时设施的布置

临时设施分为生产性临时设施和生活性临时设施。生产性临时设施有钢筋加工棚、木工房、水泵房等。生活性临时设施有办公室、工人休息室、开水房、食堂、厕所等。临时设施的布置原则是有利生产,方便生活,安全防火。

1)生产性临时设施如钢筋加工棚和木工加工棚宜布置在建筑物四周稍远位置,且有一定的材料、成品堆放场地。

2)在一般情况下,办公室应靠近施工现场,设于工地入口处,亦可根据现场实际情况选择合适的地点设置。工人休息室应设在工人作业区,宿舍应布置在安全的上风向一侧,收发室宜布置在入口处等。

(6)水、电、管网的布置

1)施工现场临时供水

施工现场临时供水包括生产、生活、消防等用水。通常,施工现场临时用水应尽量利用工程的永久性供水系统,减少临时供水费用。因此在做施工准备工作时,应先修建永久性给水系统的干线,至少把干线修至施工工地入口处。若系高层建筑,必要时,可增设高压泵以保证施工对水头的要求。

消防用水一般利用城市或建设单位的永久性消防设施获取。室外消防栓应沿道路布置,间距不应超过 120m,距房屋外墙一般不小于 5m,距道路不应大于 4m。工地消防栓 2m以内不得堆放其他物品。室外消防栓管径不得小于 100mm。

临时供水管的铺设最好采用暗铺法,即埋置在地面以下,防止机械在其上行走时将其压坏。临时管线不应布置在将要修建的建筑物或室外管沟处,以免这些项目开工时,切断水源影响施工用水。施工用水的水龙头位置通常由用水地点的位置来确定,例如搅拌站、淋灰池、烧砖处等,此外,还应考虑方便室内外装修工程用水。

2)施工现场临时供电

随着机械化程度的不断提高,在施工中用电量将不断增多,因此必须正确确定用电量和合理选择电源和电网供电系统。通常,为了维修方便,施工现场多采用架空配电线路,且要求架空线与施工建筑物水平距离不小于 10m,与地面距离不小于 6m,跨越建筑物或临时设施时,垂直距离不小于 2.5m。现场线路应尽量架设在道路一侧,尽量保持线路水平,以免电杆受力不均。在低电压线路中,电杆间距应为 25～40m,分支线及引入线均应由电杆处接出,不得由两杆之间接线。

单位工程施工用电应在全工地性施工总平面图中一并考虑。在一般情况下,计算出施工期间的用电总数,提供给建设单位,不另设变压器。只有独立的单位工程施工时,才根据计算的现场用电量选用变压器,其位置应远离交通要道及出入口处,布置在现场边缘高压线接入处,四周用铁丝网围绕加以保护。

建筑施工是一个复杂多变的生产过程,工地上的实际布置情况会随时改变,如基础施工、主体施工、装饰施工等各阶段在施工平面图上是经常变化的。但是,对整个施工期间使用的一些主要道路,垂直运输机械,临时供水、供电线路和临时房屋等,则不会轻易变动。对于大型建筑物且施工期限较长或建设地点较为狭小的工程,应按施工阶段布置多张施工平面图;对于较小的建筑物,一般按主要施工阶段的要求布置施工平面图。

13.3　施工组织总设计

施工组织总设计是以若干个单位工程或整个建设项目为对象,根据初步设计或扩大初步设计图纸以及其他相关资料和现场施工条件编制,用以指导全工地各项施工准备和施工活动的技术经济文件。当施工项目有多个单位工程或为群体工程时,一般应由建设总承包单位或建设主管部门领导下的工程建设指挥部(业主)负责编制施工组织总设计。

13.3.1　施工组织总设计概述

1.施工组织总设计的作用

(1)从全局出发,为整个项目的施工做出全面的战略部署;

(2)为单位工程施工组织设计提供依据;

(3)能够对整个项目的施工进行优化,达到提高经济效益的目的;

(4)为全场的各种施工准备、物质供应提供依据。

2.施工组织总设计的内容

施工组织总设计的内容视工程性质、规模、建筑结构的特点、工期要求、施工条件等的不同可有所不同,通常包括工程概况和工程的特点、施工部署和主要建筑物施工方案、施工总进度计划、全场性的施工准备工作计划及各项资源需要量计划、施工总平面图和主要技术经济指标等部分。

3.施工组织总设计编制的依据

施工组织总设计一般以下列资料为依据:

(1)计划文件及相关的合同,包括可行性研究报告、国家批准的固定投资计划、单位工程项目一览表、分期分批投资交付使用的期限、投资额、材料和设备订货计划、建设项目所在地区主管部门的批件、招标文件及工程承包合同、材料设备的供货合同等；

（2）设计文件，包括初步设计和技术设计、设计说明书、总概算或修正总概算、建筑总平面图等；

（3）工程勘察和技术经济调查资料，包括地形、地貌、工程地质、水文、气象等自然条件，运输状况、建筑材料、预制构件、商品混凝土、设备供应及价格等技术经济条件；

（4）相关的政策法规、技术规范、规程、定期以及类似工程项目建设的资料等。

13.3.2　施工部署和主要项目的施工方案

施工部署是对整个项目进行全面安排，并对影响全局的重大问题进行战略决策，拟定指导整个项目施工的技术经济文件。施工总体部署必须首先明确项目管理模式及管理目标，总承包单位或工程建设指挥部（业主）应结合实际情况，采取适宜的管理模式，明确应分包的项目，明确各施工单位的工程任务，提出质量、工期、成本等控制目标及要求。施工部署和施工方案分别为施工组织总设计和单项工程施工组织设计的核心。施工部署主要包括以下几个方面的内容。

1. 确定工程项目的开展程序

确定建设项目中各项工程合理的开展顺序，应根据生产工艺和业主的要求，确定分期分批施工交付投产使用的主要项目，以及穿插于工程施工的项目，正确处理土建工程、设备安装及其他专业工程之间的配合与协调。

有些大型工业企业项目，如冶金联合企业、化工联合企业、火力发电厂等都是由许多工厂或车间组成的，在确定施工开展程序时，主要应考虑以下几点：

（1）在保证工期的前提下，实行分期分批建设，既可使各具体项目迅速建成，尽早投入使用，又可在全局上实现施工的连续性和均衡性，减少暂设工程数量，降低工程成本，充分发挥国家基本建设投资的效果。

（2）统筹安排各类项目施工，保证重点，兼顾其他，确保工程项目按期投产。按照各工程项目的重要程度，应优先安排的工程项目是：

1）按生产工艺要求，需先期投入生产或起主导作用的工程项目；

2）工程量大、施工难度大、工期长的项目；

3）运输系统、动力系统，如厂区内外道路、铁路和变电站等；

4）生产上需先期使用的机修车间、办公楼及部分家属宿舍等；

5）供施工使用的工程项目，如采砂（石）场、木材加工厂、各种构件加工厂、混凝土搅拌站等施工附属企业及其他为工程服务的临时设施。

对于建设项目中工程量小、施工难度不大、周期较短而又不急于使用的辅助项目，可以考虑与主体工程相配合，作为平衡项目穿插在主体工程的施工中进行。

（3）所有工程项目均应按照先地下、后地上，先深后浅，先干线后支线的原则进行安排。如地下管线和修筑道路的程序应先铺设管线，后在管线上修筑道路。

（4）要考虑季节对施工的影响。例如大规模土方工程的深基础施工最好避开雨季；寒冷地区入冬以后，最好封闭房屋并转入室内作业的设备安装。

对于大中型的民用建设项目（如居民小区），一般亦应按年度分批建设。除考虑住宅以外，还应考虑幼儿园、学校、商店和其他公共设施的建设，以便交付使用后能保证居民的正常生活。

2. 主要项目的施工方案

在施工组织总设计中应对主要项目的单位工程、分部工程或特种结构工程的施工工艺流程及施工工段的划分提出原则性的意见。这些项目通常是建设项目中工程量大、施工难度大、工期长，对整个建设项目的建成起关键性作用的建筑物（或构筑物），以及全场范围内工程量大、影响全局的特殊分项工程。

拟定主要工程项目的施工方案，目的是为了进行技术和资源的准备工作，同时也为了施工顺利开展和现场的合理布置。

施工方案拟定的主要内容包括确定施工方法、施工工艺流程、施工机械设备等。

施工方法的确定要兼顾技术的先进性和经济上的合理性，对施工机械的选择，应使主导机械的性能既能满足工程的需要，又能发挥其效能，在各个工程上能够实现综合流水作业，减少其拆、装、运的次数。对于辅助配套机械，其性能应与主导施工机械相适应，以充分发挥主导施工机械的工作效率。

3. 全场性的施工准备

全场性的施工准备工作包括"三通一平"，测量控制网的设置，生产、生活等临时设施的规划，材料设备、构件的加工订货及供应，施工现场排水、防洪、环保等所采取的技术措施。根据施工开展程序和主要工程项目方案，编制好施工项目全场性的施工准备工作计划。

施工准备工作计划的主要内容一般包括：

（1）安排好场内外运输、施工用主干道，水、电、气来源及其引入方案；

（2）安排场地平整方案和全场性排水、防洪；

（3）安排好生产和生活基地建设，包括商品混凝土搅拌站，预制构件厂，钢筋、木材加工厂，金属结构制作加工厂，机修厂以及职工生活设施等；

（4）安排建筑材料、成品、半成品的货源和运输、贮存方式；

（5）安排现场区域内的测量工作，设置永久性测量标志，为放线定位做好准备；

（6）编制新技术、新材料、新工艺、新结构的试用计划和职工技术培训计划；

（7）冬、雨季施工所需要的特殊准备工作。

13.3.3 施工总进度计划

施工总进度计划是根据施工部署和施工方案，合理地确定所有工程项目的先后顺序、施工期限、开工和竣工的日期，以及它们之间的搭接关系，以确定施工现场的劳动力、材料、施工机械的需要量和供应日期，以及现场临时设施、供水、供电的数量等。因此，编制合理的施工总进度计划对于保证各项目以及整个建设项目的按期交付使用、降低成本等都具有重要意义。

1. 施工总进度计划的编制原则

（1）遵守合同工期，以配套投产为目标。对于工业项目，应处理好生产车间和辅助车间之间、生产性建筑和非生产性建筑之间的先后顺序，分清各项工程的轻重缓急，把工艺调试在前、施工难度较大、工期较长的安排在前面,把工艺调试在后、施工难度一般、工期较短的项目安排在后面,以便在形成新的生产能力的同时,降低投资额,充分发挥投资效益。

(2)从资金的时间价值观念出发,在年度投资额的分配上,尽可能将投资额少的工程项目安排在最初年内施工,投资额大的项目安排在最后施工年度内施工,以减少投资贷款利息。

(3)采用合理的施工方法。所有单位工程,主要的分部、分项工程尽可能组织流水施工,使施工连续、均衡地进行,降低工程施工成本。

(4)充分估计设计出图的时间和材料、设备的到货情况,使每个施工项目的施工准备、土建工程、设备安装和试车运转的时间能合理地搭接。

(5)确定一些调剂项目,如办公楼、宿舍楼等穿插其间,以达到既保证重点又均衡施工的目的。

(6)合理安排施工顺序,除本着先地下后地上、先深后浅、先干线后支线、先地下管线后道路的原则外,还应及时完成主要工程必需的准备工作,准备工作完成后主要工程才能开工,充分利用永久性建筑和设施为施工服务,以减少暂设工程的费用,充分考虑当地的气候条件,尽可能地减少雨季施工的附加费用。如大规模土方和深基础施工应避开雨季,现浇混凝土结构应避开雨季,高空作业应避开风季等。

2. 施工总进度计划的内容

施工总进度计划一般包括估算主要项目的工程量,确定各单位工程的施工期限,确定各单位工程开工、竣工日期和相互搭接关系,编制施工总进度计划表等。

3. 施工总进度计划的编制步骤和方法

(1)列出项目一览表并计算工程量

由于施工总进度计划主要起控制作用,因此项目划分不宜过细,可按确定的主要工程项目的开展顺序排列,一些辅助工程、临时设施可以合并列出。在工程项目一览表的基础上,按工程的开展顺序和单位工程计算主要实物工程量。在计算工程量时,可按初步(或扩大初步)设计图纸并根据各种定额手册进行。常用的定额资料有以下几种:

1)万元消耗指标,即万元、10 万元投资工程量、劳动力及材料消耗扩大指标,这种定额规定了某一种结构类型建筑,每万元或每 10 万元投资中劳动力、主要材料的消耗数量。根据设计图纸中的结构类型,即可估算出拟建工程各分项需要的劳动力和主要材料的消耗数量。

2)概算指标或扩大结构定额,这两种定额都是预算定额的进一步扩大,概算指标是以建筑物每 100m³ 体积为单位,扩大结构定额则以每 100m² 建筑面积为单位。查定额时,首先查找与本建筑物结构类型、跨度、高度相类似的部分,然后查出这种建筑物按定额单位所需要的劳动力和各项主要材料消耗量,从而推算出拟计算项目所需要的劳动力和材料的消耗数量。

3)标准设计或已建房屋、构筑物的资料,可采用标准设计或已建成的类似房屋实际所消耗劳动力及材料加以类比,按比例估算。但是,由于和拟建工程完全相同的已建工程是极为少见的,因此在利用已建工程资料时,一般都要进行换算、调整。

如果施工图已经完成,则可以按照预算定额计算工程量,得到工程量清单一览表,或者直接以业主招标文件提供的工程量清单中的工程量为依据。

（2）确定各单位工程的施工期限

单位工程的施工期限应根据建筑结构类型、工程规模、施工条件及企业施工技术和管理水平来确定，此外，还应参考相关类似工程的工期。

（3）确定各单位工程开工、竣工时间和相互搭接关系

根据施工部署及单位工程施工期限，可以安排各单位工程的开工、竣工时间和相互搭接关系。安排时通常应考虑以下因素：

1）保证重点，兼顾一般。既要保证在规定的工期内能配套投产使用，同时要保证在同一工期施工的项目不宜过多，以免人力、物力分散。

2）既要考虑冬、雨季施工的影响，又要做到全年均衡施工，使劳动力、材料和机械设备在全工地内均衡使用。

3）应使主要工种工程能流水施工，充分发挥大型机械设备的效能。

4）应使准备工程或全场性工程先行，充分利用永久性工程和设施为施工服务。

5）全面考虑各种条件的限制，如施工场地、出图时间、施工能力等的限制。

（4）总进度计划的调整与修正

施工总进度计划表绘制完后，需要调整一些单位工程的施工速度或开工、竣工时间，以便消除高峰或低谷，使各个时期的工作量尽可能达到均衡。

在编制了各个单位工程的施工进度以后，有时需对施工总进度计划进行必要的调整。在实施过程中，也应随着施工的进展及时做出必要的调整，对于跨年度的建设项目，还应根据年度国家基本建设投资情况，对施工进度计划予以调整。

13.3.4　资源需要量计划

施工总进度计划编制好以后，就可以编制各种主要资源的需要量计划。其主要内容有劳动力需要量计划，主要材料需要量计划，主要材料、预制加工品需用量进度计划，主要材料、预制加工品运输量计划，施工机具需用量计划等。

1. 劳动力需要量计划

劳动力需要量计划是规划暂设工程和组织劳动力进场的依据。将总进度计划表纵坐标方向上各单位工程同工种的人数叠加在一起并连成一条曲线，即为某工种的劳动力动态曲线图。根据各工种劳动力动态曲线图列出主要工种劳动力需要量计划，如表 13-7 所示。

表 13-7　劳动力需要量计划

序号	工种名称	施工高峰需用人数	××××年				××××年				现有人数	多余（＋）或不足（－）
			一季度	二季度	三季度	四季度	一季度	二季度	三季度	四季度		

注：工种名称除生产工人外，还应包括附属辅助工人（如机修、运输、构件加工、材料保管等）以及服务和管理用工。

2. 各种物质需要量计划

根据工程量和总进度计划的要求,套用概算指标或类似工程经验资料进行计算和编制。

(1)主要材料需要量计划

根据工程量汇总表所列各建筑物的工程量,参照本地区概算定额或已建类似工程资料便可计算出主要材料需要量,如表 13-8 所示。

表 13-8　主要材料需要量计划

材料名称 \ 工程名称	主要材料						
	钢材/t	木材/m³	水泥/t	砖/块	砂/m³	石/m³	…

(2)主要材料、预制加工品需用量进度计划

根据主要材料需要量计划,参照施工总进度计划和主要分部分项工程流水施工进度计划,大致估计出主要建筑材料在某季度的需要量,从而编制出主要材料、预制加工品需用量进度计划,如表 13-9 所示,以便组织运输和筹建仓库。

表 13-9　主要材料、预制加工品需要量进度计划

序号	材料、预制加工品名称	规格	单位	需要量	需要量进度							
					××××年				××××年			
					一季度	二季度	三季度	四季度	一季度	二季度	三季度	四季度

(3)主要材料、预制加工品运输量计划

主要材料、预制加工品运输量计划如表 13-10 所示。

表 13-10　主要材料、预制加工品运输量计划

序号	材料、预制加工品名称	单位	数量	折合吨数	运距/km			运输量/(t·km)	分类运输量/(t·km)			备注
					装货点	卸货点	运距		公路	铁路	水路	

(4)施工机具需用量计划

主要施工机械,如挖掘机、起重机等的需用量,应根据施工进度计划、主要建筑物施工方法和工程量,并套用机械产量定额求得。辅助机械可以根据建筑安装工程每 10 万元扩大概算定额指标求得,运输机械的需要量根据主要材料、预制加工品运输量计划确定,如表 13-11 所示。

表 13-11　施工机具需用量计划

序号	机具设备名称	规格型号	电动机功率	数量				购置价值/千元	使用时间	备注
				单位	需用	现有	不足			

13.3.5　全场性暂设工程

为满足工程项目施工的需要，在工程正式开工之前，应按照工程项目施工准备工作计划的要求，建造相应的暂设工程。其类型和规模因工程而异，主要有工地加工厂、工地仓库、办公及生活福利设施、工地供水和工地供电等。

1. 工地加工厂组织

（1）工地加工厂类型及结构

工地加工厂的类型主要有钢筋混凝土预制构件加工厂、木材加工厂、钢筋加工厂、结构构件加工厂和机械修理厂等。

各种加工厂的结构应根据使用期限长短和建设地区的条件而定。一般使用期限较短者，宜采用简易结构，如一般油毡、铁皮或草屋面的竹木结构；使用期限较长者，宜采用瓦屋面的砖木结构、砖石或装拆式活动房屋等。

（2）工地加工厂面积的确定

加工厂建筑面积主要取决于设备尺寸、工艺过程及设计、加工量、安全防火等，通常可参考《建筑施工手册》以及相关经验指标等资料确定。

对于钢筋混凝土构件预制厂、锯木车间、模板加工车间、细木加工车间、钢筋加工车间（棚）等，其建筑面积的计算公式为

$$F = \frac{K \cdot Q}{T \cdot S \cdot \alpha} \tag{13-1}$$

式中：F——所需确定的建筑面积（m^2）；

Q——加工总量；

K——不均衡系数，取 1.3～1.5；

T——加工总工期（月）；

S——每平方米场地月平均加工定额；

α——场地或建筑面积利用系数，取 0.6～0.7。

各种常用临时加工厂的面积参考指标可参照《建筑施工手册》中的相关指标。

2. 工地仓库面积

（1）工地仓库类型和结构

建筑工程施工中所用的仓库有以下几种：

1）转运仓库：设在火车站、码头等地，作为转运之用；

2）中心仓库：用以贮存整个企业、大型施工现场材料；

3）现场仓库：为某一工程服务的仓库；

4）加工厂仓库：专供某加工厂贮存原材料和已加工的半成品构件的仓库。

工地仓库结构按保管材料的方法不同可分为露天仓库、库棚和封闭库房。

正确的仓库组织，应在保证施工需要的前提下，使材料的贮备量最少，贮备期最短，装卸及转运费最省。此外，还应选择经济而适用的仓库形式及结构，尽可能地利用原有的或永久性的建筑物，以减少修建临时仓库的费用，并应遵守防火条例的要求。

（2）仓库面积的确定

某一种建筑材料的仓库面积，与该建筑材料需贮备的天数、材料的需要量，每平方米能贮存的定额等因素有关。仓库面积的计算公式为

$$F = \frac{P}{q \cdot k} \tag{13-2}$$

式中：F——仓库总面积（m^2）；

　　　P——仓库材料贮备量；

　　　q——每平方米仓库面积能存放的材料、半成品和制品的数量；

　　　k——仓库面积有效利用系数（考虑人行道和车道所占面积），如表 13-12 所示。

对于仓库材料贮备量，一方面要确保工程施工顺利进行的需要，另一方面要避免材料的大量积压，以免仓库面积过大，增加投资、积压资金。通常材料贮备量根据现场条件、供应条件和运输条件来确定。对经常或连续使用的材料，如砖、瓦、砂、石、水泥和钢材，可按式（13-3）计算

$$P = T_e \frac{Q_i \cdot R_i}{T} \tag{13-3}$$

式中：P——材料贮备量（t 或 m^3）；

　　　T_e——贮备天数（d），如表 13-12 所示；

　　　Q_i——材料、半成品的总需量；

　　　T——有关项目的施工工作日；

　　　R_i——材料使用不均衡系数。

在设计仓库时，还应正确决定仓库的长度和宽度，仓库的长度应满足货物装卸的要求。

表 13-12　计算仓库面积的有关系数表

序号	材料及半成品	单位	贮备天数 T_e/d	不均衡系数 R_i	每平方米贮存定额	有效利用系数 k	仓库类别	备注
1	水泥	t	30~60	1.3	1.5~1.9	0.65	封闭式	堆高 10~12 袋
2	生石灰	t	30	1.1	1.7	0.7	棚	堆高 2.0m
3	砂子（人工堆放）	m^3	15~30	1.4	1.5	0.7	露天	堆高 1.0~1.5m
4	砂子（人工堆放）	m^3	15~30	1.4	2.5~3	0.8	露天	堆高 2.5~3.0m
5	石子（人工堆放）	m^3	15~30	1.5	1.5	0.7	露天	堆高 1.0~1.5m
6	砂子（机械堆放）	m^3	15~30	1.5	2.5~3	0.8	露天	堆高 2.5~3.0m
7	块石	m^3	15~30	1.5	10	0.7	露天	堆高 1.0m
8	预制钢筋混凝土槽形板	m^3	30~60	1.3	0.26~0.30	0.6	露天	堆高 4 块
9	梁	m^3	30~60	1.3	0.8	0.6	露天	堆高 1.0~1.5m
10	柱	m^3	30~60	1.3	1.2	0.6	露天	堆高 1.2~1.5m
11	钢筋（直筋）	m^3	30~60	1.4	2.5	0.6	露天	堆高 0.5m
12	钢筋（盘筋）	t	30~60	1.4	0.9	0.6	封闭式或棚	堆高 1.0m
13	钢筋成品	t	10~20	1.5	0.07~0.10	0.6	露天	
14	型钢	t	45	1.4	1.5	0.6	露天	堆高 0.5m

续表

序号	材料及半成品	单位	贮备天数 T_e/d	不均衡系数 R_i	每平方米贮存定额	有效利用系数 k	仓库类别	备注
15	金属结构	t	30	1.4	0.2～0.3	0.6	露天	
16	原木	m³	30～60	1.4	0.3～1.5	0.6	露天	堆高2.0m
17	成材	m³	30～45	1.4	0.7～0.8	0.6	露天	堆高1.0m
18	废木材	m³	15～20	1.2	0.3～0.4	0.6	露天	
19	门窗扇	m³	30	1.2	45	0.6	露天	堆高2.0m
20	门窗框	m³	30	1.2	20	0.6	露天	堆高2.0m
21	木屋架	m³	30	1.2	0.6	0.6	露天	
22	木模板	m³	10～15	1.4	4～6	0.7	露天	
23	模板修理	m³	10～15	1.2	1.5	0.65	露天	
24	砖	千块	15～30	1.2	0.7～0.8	0.6	露天	堆高1.5～1.6m

3. 办公及生活福利设施的组织

在工程建设期间,必须为施工人员修建一定数量的临时房屋,以供行政办公之用或作为生活用房。行政管理和生产用房包括施工单位办公室、传达室、车库及各类材料仓库和辅助性修理车间等;居住生活用房包括家用宿舍、职工单身宿舍、商店、医务室、浴室、厕所等。这类房屋应尽可能利用原有的或永久性的建筑物,以减少修建临时仓库的费用,对必要的所需临时房屋的建筑面积,可根据建筑工地的人数参照表13-13所列的指标计算。

计算所需要的各种生活、办公用房屋,应尽量利用施工现场及其附近的永久性建筑物,不足的部分修建临时建筑物。临时建筑物的修建应遵循经济、适用、装拆方便的原则,按照当地的气候条件、工期长短确定结构形式,通常有帐篷、装拆式房屋或利用地方材料修建的简易房屋等。

表 13-13　行政、生活福利临时建筑面积参考指标　　　　单位:m²/人

序号	临时房屋名称	指标使用方法	参考指标	序号	临时房屋名称	指标使用方法	参考指标
一	办公室	按使用人数	3～4	3	理发室	按高峰年平均人数	0.01～0.03
二	宿舍	按高峰年(季)平均人数		4	俱乐部	按高峰年平均人数	0.1
1	单层通铺	(扣除不在工地住人数)	2.5～3.0	5	小卖部	按高峰年平均人数	0.03
2	双层床	(扣除不在工地住人数)	2.0～2.5	6	招待所	按高峰年平均人数	0.06
3	单层床	按高峰年平均人数	3.5～4.0	7	托儿所	按高峰年平均人数	0.03～0.06
三	家属宿舍		16～25	8	其他公用	按高峰年平均人数	0.05～0.10
四	食堂	按高峰年平均人数	0.5～0.8	六	小型		
	食堂兼礼堂	按高峰年平均人数	0.6～0.9	1	开水房	按高峰年平均人数	10～40
五	其他合计	按高峰年平均人数	0.5～0.6	2	厕所	按工地平均人数	0.02～0.07
1	医务室	按高峰年平均人数	0.05～0.07	3	工人休息室	按工地平均人数	0.15
2	浴室	按高峰年平均人数	0.07～0.10				

4. 临时供水

建筑工地需敷设临时供水系统，以满足生产、生活和消防用水的需要。在规划临时供水系统时，必须充分利用永久性供水设施为施工服务。

工地各类用水量计算如下：

（1）现场施工用水量

$$q_1 = K_1 \sum \frac{Q_1 \cdot N_1}{T_1 \cdot t} \cdot \frac{K_2}{8 \times 3600} \tag{13-4}$$

式中：q_1——生产用水量（L/s）；

　　K_1——未预计的施工用水系数，取 1.05～1.15；

　　Q_1——年（季）度工程量（以实物计量单位表示）；

　　N_1——施工用水定额（见《建筑施工手册》）；

　　T_1——年（季）度有效作业日（d）；

　　t——每天工作班数（班）；

　　K_2——用水不均衡系数，如表 13-14 所示。

表 13-14　施工用水不均衡系数

编号	用水名称	系数
K_2	现场施工用水 附属生产企业用水	1.5 1.25
K_3	施工机械、运输机械 动力设备	2.00 1.05～1.10
K_4	施工现场用水	1.30～1.50
K_5	生活区生活用水	2.00～2.50

（2）施工机械用水量

$$q_2 = K_1 \sum Q_2 N_2 \frac{K_3}{8 \times 3600} \tag{13-5}$$

式中：q_2——施工机械用水量（L/s）；

　　K_1——未预见用水量的修正系数，取 1.05～1.15；

　　Q_2——同一种机械台数（台）；

　　N_2——施工机械用水定额（见《建筑施工手册》）；

　　K_3——施工机械用水不均衡系数，如表 13-14 所示。

（3）施工现场生活用水量

$$q_3 = \frac{P_1 N_3 K_4}{t \times 8 \times 3600} \tag{13-6}$$

式中：q_3——施工现场生活用水量（L/s）；

　　P_1——施工现场高峰期工人数（人）；

　　N_3——施工现场生活用水定额，一般为 20～60 升/（人·班），主要视当地气候而定；

　　K_4——施工现场用水不均衡系数，如表 13-14 所示；

t——每天工作班数(班)。

(4)生活区生活用水量

$$q_4 = \frac{p_2 N_4 K_5}{24 \times 3600} \tag{13-7}$$

式中:q_4——生活区生活用水量(L/s);

P_2——生活区居民人数(人);

N_4——生活区昼夜全部用水定额(见《建筑施工手册》);

K_5——生活区用水不均衡系数,如表 13-14 所示。

(5)消防用水量

消防用水量 q_5 应根据建筑工地的大小及居住人数确定,可参考表 13-15 取值。

表 13-15 消防用水量

序号	用水名称	火灾同时发生次数	单位	用水量
1	居民区消防用水 5000 人以内 10000 人以内 25000 人以内	一次 二次 三次	L/s L/s L/s	10 10~15 15~20
2	施工现场消防用水 施工现场在 0.25km² 以内 每增加 0.25km² 递增	一次	L/s	10~5 5

(6)总用水量 Q

1)若 $(q_1 + q_2 + q_3 + q_4) \leqslant q_5$,则

$$Q = q_5 + \frac{1}{2}(q_1 + q_2 + q_3 + q_4) \tag{13-8}$$

2)若 $(q_1 + q_2 + q_3 + q_4) > q_5$,则

$$Q = q_1 + q_2 + q_3 + q_4 \tag{13-9}$$

3)若工地建筑面积小于 50000m^2,并且 $(q_1 + q_2 + q_3 + q_4) < q_5$,则

$$Q = q_5 \tag{13-10}$$

供水管径的大小则根据工地总的需水量计算确定,即

$$D = \sqrt{\frac{4Q \times 1000}{\pi \times v}} \tag{13-11}$$

式中:D——供水管径(mm);

Q——总用水量(L/s);

v——管网中的水流速度(m/s),考虑消防供水时取 2.5~3。

5. 建筑工地临时供电

建筑工地临时供电组织包括:计算用电总量,选择电源,确定变压器,确定导线截面面积并布置配电线路等。

(1)工地总用电计算

施工现场用电量大体上可分为动力用电和照明用电两类。在计算用电量时,应考虑以

下几点：

　　1)全工地使用的电力机械设备、工具和照明的用电功率；

　　2)施工总进度计划中,施工高峰期同时用电数量；

　　3)各种电力机械的利用情况。

　　总用电量可按下式计算

$$P = (1.05 \sim 1.1)\left[K_1 \frac{\sum P_1}{\cos\varphi} + K_2 \sum P_2 + K_3 \sum P_3 + K_4 \sum P_4 \right] \qquad (13\text{-}12)$$

式中：P——供电设备总需要容量(kVA)；

　　P_1——电动机额定功率(kW)；

　　P_2——电焊机额定容量(kVA)；

　　P_3——室内照明容量(kW)；

　　P_4——室外照明容量(kW)；

　　$\cos\varphi$——电动机的平均功率因数,施工现场最高为 0.75~0.78,一般为 0.65~0.75；

　　K_1,K_2,K_3,K_4——需要系数,如表 13-16 所示。

表 13-16　需要系数 K 值

用电名称	数量	需要系数		备注
		K	数值	
电动机	3~10 台 11~30 台 30 台以上	K_1	0.7 0.6 0.5	如果施工中需用电热时,应将其用电量计算进去。为使计算接近实际,式中各项用电根据不同性质分别计算
加工厂动力设备			0.5	
电焊机	3~10 台 10 台以上	K_2	0.6 0.5	
室内照明		K_3	0.8	
室外照明		K_4	1.0	

　　(2)电源选择

　　工地上临时供电的电源应优先选用施工现场附近已有的高压线路或变电所,只有在无法利用或电源不足时,才考虑设临时电站供电。通常是将附近的高压电,经设在工地的变压器降压后引入工地。但事先必须将施工需要的用电量向供电部门提出申请。

　　(3)确定变压器

　　变压器功率的计算公式为

$$P = K\left[\frac{\sum P_{\max}}{\cos\varphi} \right] \qquad (13\text{-}13)$$

式中：P——变压器输出功率(kVA)；

　　K——功率损失系数,取 1.05；

　　$\sum P_{\max}$——各施工区最大计算负荷累计(kW)；

　　$\cos\varphi$——功率系数。

根据计算所得容量,在变压器产品目录中选用略大于该功率的变压器,根据变压器规格确定变压器站的面积。

(4)确定配电导线截面积

配电线路的布置方案有枝状、环状和混合式三种,主要根据用户的位置和要求、永久性供电线路的形状而定。一般 3kV～10kV 的高压线路采用环状,380V/220V 的低压线路可用枝状。线路中的导线截面必须具有足够的机械强度,可耐受电流通过所产生的温升,且使得电压损失在允许范围内。通常先根据负荷电流的大小选择导线截面,然后再以机械强度和允许电压降进行复核。

13.3.6　施工总平面图

施工总平面图是拟建项目施工场地的总布置图。按照施工部署、施工方案和施工总进度计划(施工总控制网络计划),将各项生产、生活设施(包括房屋建筑、临时加工预制场、材料仓库、堆场、水源、电源、动力管线和运输道路等)在现场平面上进行周密规划和布置,从而正确处理全工地施工期间所需各项设施和永久性建筑以及拟建工程之间的空间关系。

施工总平面图是一个具体指导现场施工部署的行动方案,建筑施工的过程是一个变化的过程,工地上的实际情况随时在改变。因此,对于大型建筑工程或施工期限较长或场地狭窄的工程,施工总平面图还应按照施工阶段分别进行布置,或者根据工地的变化情况,及时对施工总平面图进行调整和修正,以便适应不同时期的需要。绘图的比例一般为 1∶1000 或 1∶2000。

1. 施工总平面图的内容

施工总平面图的内容如下:

(1)原有地形图和等高线,一切已有的地上、地下建筑物和构筑物,铁路、道路和各种管线,测量的基准点,钻井和探坑等。

(2)一切拟建的永久性建筑物、构筑物,铁路、公路,地上、地下管线和建筑坐标网。

(3)为施工服务的一切临时设施的布置,其中包括:

1)土地上各种运输业务用的建筑物和运输道路;

2)各种加工厂、半成品制备站及机械化装置等;

3)各种材料、半成品及零件的仓库和堆场;

4)行政管理、宿舍、文化生活及福利用的临时性建筑物;

5)水源、电源、变压器位置,临时给水排水管线、供电线路、蒸汽及压缩空气管道等;

6)机械站和车库位置;

7)一切安全、防火设施。

(4)永久性及半永久性坐标位置,取土与弃土位置。

2. 施工总平面图设计的原则

(1)尽量减少施工用地,少占农田,使平面布置紧凑合理;

(2)合理组织运输,减少运输费用,保证运输方便通畅;

(3)施工区域划分和场地的确定应符合施工流程要求,尽量减少专业工种和各工程之间的干扰；

(4)充分利用各种永久性建筑物、构筑物和原有设施为施工服务,降低临时设施的费用；

(5)各种生产生活设施应便于工人的生产和生活；

(6)满足安全防火和劳动保护的要求。

3.设计施工总平面图所需资料

设计施工总平面图所需的资料主要有：

(1)设计资料,包括建筑总平面图,竖向设计、地形图,区域规划图,建设项目范围内的一切已有和拟建房屋及地下管网位置等；

(2)施工总进度计划和拟建主要工程施工方案,以了解各施工阶段情况,便于进行施工平面规划；

(3)各种建筑材料、构件、加工品、施工机械和运输机械需要量一览表,以便规划工地内部的贮放场地和运输线路；

(4)各构件加工厂规模,仓库,各种生产、生活用临时房屋及其他临时设施的数量和外轮廓尺寸。

4.施工总平面图的设计方法与步骤

(1)大宗材料、成品、半成品等进场问题

设计全工地性施工总平面图时,首先应从研究大宗材料、成品、半成品、设备等进入工地的运输方式入手。大宗材料、成品、半成品等进入工地的方式有铁路、公路和水运等。当大宗材料由铁路引入时,应将建筑总平面图中的永久性铁路专用线提前修建为工程施工服务,引入时应注意铁路的转弯半径和竖向设计；当大宗材料由水路引入时,应考虑码头的吞吐能力,码头数量一般不少于两个,码头宽度应大于 2.5m；当大宗材料由公路引入时,则应先布置场内仓库和加工厂,然后再布置场内外交通道路,这样做是因为汽车线路可以灵活布置。

(2)仓库的布置

若用铁路引入现场,仓库位置可沿铁路线布置,但应有足够的卸货前线,否则宜设转运站。汽车运输时,仓库布置较灵活。通常在布置仓库时,应考虑尽量利用永久性仓库,仓库和材料堆场应接近使用地点；仓库位于平坦、宽敞、交通便利之处,且应遵守安全技术和防火规定。

(3)加工厂的布置

由于建设工程的性质、规模、施工方法不同,建筑工地需设的临时加工厂亦不相同。但一般工程都设有混凝土、木材、钢筋、金属结构等加工厂。决定它们位置的主要要求是,使零件及半成品由生产企业运往需要地点所需运输费用最少,同时照顾到生产企业有最好的工作条件,生产与建筑施工不致互相干扰,此外,还需考虑今后的扩建和发展。通常是把生产企业集中布置在工地边缘。这样,既便于管理,又能降低铺设道路、动力管线及给排水管道的费用。例如,木材加工厂、集中搅拌站等应布置在铁路线附近或码头附近。当运输条件较差时,多采用分散布置方式。

(4)工地内部运输道路的布置

应根据各生产企业、仓库以及各施工对象的相对位置布置道路,并研究货物周转运行图,以明确各段道路上的运输负担,区别主要道路与次要道路。规划时应注意满足运输车辆安全行驶的要求,避免产生交通断绝或阻塞现象,道路应有足够的宽度和转弯半径,主要道路应避免出现盲肠道。

(5)临时房屋的布置

应尽量利用已有和拟建的永久性房屋。布置时,生产区与生活区应分开布置,管理用房靠近出口,生活福利用房应该在干燥地区、工人较集中之处。布置时还应注意尽量缩短工人上下班的路程。

(6)临时水电管网及其他动力线路布置

临时水池、水塔应设在地势较高处,临时给排水干管和输电干线应沿主要干道布置,最好成环形线路,消防水站一般应设在工地入口附近,沿道路设置消防水栓。消防水栓间距不应大于 100m,消防水栓距道路边缘不应大于 2m。

上述布置方法与步骤并不是截然分割各自孤立进行的,而应是互相结合起来,统一考虑,反复修正,直到满意合理后才能最后确定下来。要得到较妥善的施工总平面图,往往还应编制几个方案进行比较,从中选择一个最优、最理想的方案。

5. 施工总平面图的管理

加强施工总平面图的管理,对合理使用场地,科学地组织文明施工,保证现场交通道路、给排水系统的畅通,避免安全事故,降低成本,以及美化环境、防灾、抗灾等均具有重大意义。为此,必须重视施工总平面图的管理。

(1)建立统一的施工总平面图管理制度,首先划分施工总平面图的使用管理范围,实行场内、场外、分区、分片管理,要设专职管理人员,深入现场,检查、督促施工总平面图的贯彻,要严格控制各项临时设施的拟建数量、标准、修建的位置、标高等。

(2)总承包施工单位应负责管理临时房屋、水电管网和道路的位置,挖沟、取土、弃土地点,机具、材料、构件的堆放场地。

(3)严格控制施工总平面图堆放材料、机具、设备的位置及占用时间和占用面积。施工中做到余料退库,废料入堆,现场无垃圾、无坑洼积水,工完场清。不得乱占场地,擅自拆迁临时房屋或水、电线路,任意变动总图;不得随意挖路断道、堵塞排水沟渠。当需要断水、断电、堵路时,须事先提出申请,经有关部门批准后方可实施。

(4)对各项临时设施要经常性维护检修,加强防火、保安和交通运输的管理。

拓展阅读

带着 iPad 查工地
——BIM 技术助力超级工程

于 2015 年年中竣工运营的"绿色垂直城市"上海中心是上海市应用建筑信息模型(building information model,BIM)技术的代表性项目之一。作为举世瞩目的超高层建筑,上海中心在设计施工难度巨大的现实下依然保障了 2008 年建设之初制定的工期及预算,其所依靠的就是 BIM 技术的研发与广泛应用,如图 13-10 所示。上海中心体量庞大,工程信息海量复杂,施工图数量超过 1 万张,深化图纸数量超过 15 万张。如果依靠传统的"角尺加图纸"建筑工程模式,将对这一超级工程的设计、施工和管理提出巨大的挑战。

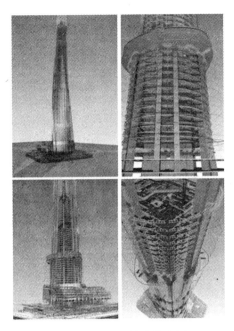

图 13-10　BIM 技术的应用

从项目设计开始,BIM 技术就为上海中心把好了第一关,其高精确度的运算能力和高灵活度的参数化设计,帮助设计方美国 GENSLER 事务所实现上海中心建筑的创新外形;BIM 三维可视化设计帮助同济大学设计院实现高效出图,从设计源头避免了复杂空间中大量错、漏、碰、缺等问题。运用 BIM 技术在上海中心项目中提前发现并解决的碰撞点数超过10 万个,按单个碰撞点平均返工费用 1000 元左右计算,保守估计可节约建设费用至少超过1 亿元。

以机电安装为例,建设者要在 120 层、561m 高的塔冠部位安装冷却塔,在 116 层、536m高处安装变配电站,在 124 层、574m 的塔冠钢结构之上安装风力发电机组,这也将是我国最高的能源中心、最高的变配电站和最高的风力发电机组。同时,主楼核心筒、外墙幕墙等施工交叉进行,高峰时,整座大楼有 3500 多名工人同时施工。借助世界领先的 BIM 技术,实施工程总承包的上海建工集团,不仅能把所有工序理得清清楚楚,重要的环节还能先在电脑上预演。设在工地现场的 BIM 工作室里,只见工程涉及的所有专业分项设计图纸,都以三维模型的方式录入电脑。"瞧,这里显示主楼钢结构和机电管线碰撞了,必须请设计人员修改图纸。"现场人员指着一张三维合成后的图纸说。原来,运用 BIM 技术,设计人员把原先各专业单位分头设计的图纸都合成在一起了。哪里碰撞了,哪里衔接不到位了,一目了然,避免了返工。

上海中心顶部有 4 台塔吊,每台自重 450t,每 4 或 5 层便向上爬升一次。工程人员在电脑里,先让这 4 个庞然大物模拟爬升,模拟成功后才正式付诸实施。

BIM 技术带来的是整个设计与施工管理水平的提升。项目管理人员检查工地,只需带个 iPad,现场所有的实景都按照既定的三维图景实现,所有的技术参数可随时查阅、比对。

思 考 题

13-1 试述工程项目的分类。

13-2 工程项目的建设程序是什么？

13-3 施工组织设计分为哪几类？

13-4 施工组织总设计和单位工程施工组织设计的内容有何异同？

13-5 施工组织设计编制的依据是什么？

13-6 试述多层砖混结构、多层全现浇钢筋混凝土框架结构房屋和装配式钢筋混凝土结构单层工业厂房的施工顺序。

13-7 试述单位工程施工平面图和施工总平面图设计的步骤。

参考文献

[1] 毛鹤琴. 土木工程施工[M]. 4 版. 武汉:武汉理工大学出版社,2012.

[2] 重庆大学,同济大学,哈尔滨工业大学. 土木工程施工上册[M]. 2 版. 北京:高等教育出版社,2008.

[3] 严心娥. 土木工程施工[M]. 北京:北京大学出版社,2010.

[4] 丁克胜. 土木工程施工[M]. 武汉:华中科技大学出版社,2009.

[5] 邓寿昌李晓目. 土木工程施工[M]. 北京:北京大学出版社,2006.

[6] 李国柱. 土木工程施工[M]. 杭州:浙江大学出版社,2007.

[7] 应惠清. 土木工程施工[M]. 2 版. 北京:高等教育出版社,2009.

[8] 郭正兴. 土木工程施工[M]. 南京:东南大学出版社,2012.

[9] 李慧民. 土木工程施工技术[M]. 北京:中国建筑工业出版社,2011.

[10] 郑少瑛,周东明. 土木工程施工技术[M]. 2 版. 北京:中国电力出版社,2015.

[11] 李书全. 土木工程施工[M]. 上海:同济大学出版,2013.

[12] 李文渊. 土木工程施工[M]. 武汉:华中科技大学出版社,2013.

[13] 刘宗仁. 土木工程施工[M]. 北京:高等教育出版社,2003.

[14] 陈金洪,杜春海. 土木工程施工[M]. 武汉:武汉理工大学出版社,2009.

[15] 熊丹安,汪芳,李秀. 土木工程施工[M]. 广州:华南理工大学出版社,2015.

[16] 丁红岩. 土木工程施工[M]. 天津:天津大学出版社,2015.

[17] 李慧玲. 土木工程施工技术[M]. 2 版. 大连:大连理工大学出版社,2014.

[18] 徐伟,吴水根. 土木工程施工基本原理[M]. 2 版. 上海:同济大学出版社,2014.

[19] 北京土木建筑学会. 混凝土工程[M]. 北京:机械工业出版社,2012.

[20] 肖光宏. 钢结构[M]. 重庆:重庆大学出版社,2011.

[21] 全国一级建造师执业资格考试用书编写委员. 建筑工程管理与实务[M]. 4 版. 北京:中国建筑工业出版社,2014.

[22] 王海军,魏华,李金云,等. 房屋建筑学[M]. 北京:高等教育出版社,2015.